DAS GROSSE VOLKS-LEXIKON

1000 FRAGEN UND ANTWORTEN

ERDE UND WELTALL

BERTELSMANN LEXIKON INSTITUT
DER CLUB BERTELSMANN

Gemeinschaftsausgabe für Wissen Media Verlag GmbH, Gütersloh/München sowie für die RM Buch und Medien Vertrieb GmbH und die angeschlossenen Buchgemeinschaften.

Redaktionelle Leitung BILD: Florian von Heintze
Redaktionelle Leitung Wissen Media Verlag: Dr. Beate Varnhorn

Projektleitung Wissen Media Verlag: Christian Adams, Claudia Haschke
Projektkoordination BILD: Dr. Markus Dömer, Ute Rieken
Redaktion Wissen Media Verlag: Dr. Matthias Herkt, Christina Langner, Thekla Sielemann, Cordula Speer
Redaktion LOOP Redaktionsgruppe: Henning Aubel (Leitung), Ellen Astor, Birgit Bödeker, Manfred Brocks, Dietmar Falk, Dr. Heidrun Kiegel, Ute Kleinelümern

Art Direktion: Veronika Illmer (BILD)

Layout: 2form Werbeagentur, Bielefeld, Hannover; Böcking Gestaltung, Bochum;
Jo Pelle Küker-Bünermann (Wissen Media Verlag)
Einbandgestaltung: INIT, Büro für Gestaltung, Bielefeld

Herstellung: Martin Kramer
Satz: Böcking Gestaltung, Bochum
Druck und Bindung: Mohn Media · Mohndruck GmbH, Gütersloh

Gedruckt auf chlorfrei gebleichtem Papier

Printed in Germany 2006

ISBN-13: 978-3-577-07551-0
ISBN-10: 3-577-07551-1

Buch-Nr. 84382
www.derclub.de
www.donauland.at

Liebe Leserinnen und Leser,

wo liegen die Erdplatten? Wie entstehen Berge oder Inseln? Was löst Tsunamis aus? Warum erscheint die Erde vom All aus blau? Was genau ist eine Eiszeit? Wie setzt sich die Atmosphäre zusammen und wo endet sie? Wird Leben auf dem Mars in Zukunft möglich? Warum ist der Regenwald so artenreich? Was genau sind Sterne?

Diese und über 1000 weitere Fragen beantwortet der erste Band der BILD-Wissensbibliothek. Er behandelt die Zeit vom Urknall bis zur Entstehung der Glutkugel Erde und stellt die geologischen Grundlagen für das Leben auf der Erde ebenso vor wie die gestaltenden Kräfte Klima, Wasser, Erdbeben, Vulkanismus und Eiszeiten. Darüber hinaus beleuchtet der Band kritisch die Veränderungen der Erde durch den Einfluss des Menschen und bietet Hintergrundwissen zu aktuellen Umweltthemen und -herausforderungen: Wie kann das Artensterben gestoppt werden? Sind wir für den Treibhauseffekt verantwortlich? Werden wir in Zukunft immer heftigere Stürme erleben?

Die Erde ist einer der neun Planeten unseres Sonnensystems. Die unendlichen Weiten und Galaxien des Weltalls oder Universums bilden die Welt als Ganzes und beheimaten unzählige Sterne. Durch die moderne Technik hat die Wissenschaft heute erstaunliche Einblicke in die Tiefen des Universums.

So wissen wir, dass das Weltall mit Phänomenen wie roten Riesen, weißen Zwergen und schwarzen Löchern gefüllt ist und die Erkenntnisse um unseren Heimatplaneten sind nicht weniger beeindruckend. Viele, aber längst nicht alle Fragen, die die Entstehung und das Sein der Erde und des Weltalls betreffen, sind beantwortet.

Begeben Sie sich mit diesem Buch auf eine spannende Wissensreise, die zahlreiche überraschende Sachverhalte an den Tag bringen wird.

Viel Freude beim Lesen und Entdecken wünschen herzlich Ihr

Dr. Ulf Merbold

Dr. Hellmuth Karasek

Inhalt

Das Weltall – Unendlichkeit in Bewegung

Das Weltall oder Universum ist die Welt als Ganzes, der mit Materie und Strahlung erfüllte Raum, in dem sich auch alle zeitlichen Vorgänge abspielen. Die Astronomie, die Wissenschaft von den Gestirnen, und die Kosmologie, die sich mit dem räumlichen und zeitlichen Aufbau sowie der Entstehung und Entwicklung des Universums beschäftigt, haben in den letzten Jahrzehnten grundlegende Entdeckungen gemacht und die Forschung damit aus dem Feld der Spekulation in den Bereich exakter Beobachtung und experimenteller Erhärtung geführt. Fragen nach der Entstehung des Weltalls sowie der Entwicklung der Sterne sind einer Beantwortung ein beträchtliches Stück näher gekommen; dennoch bleiben Ursprung und Ende des Universums im Ungewissen.

Die moderne Technik hat es der Menschheit ermöglicht, mehr zu erkennen als simple »Sterne«. Heute wissen wir, dass das Weltall mit Phänomenen gefüllt ist, die u. a. als rote Riesen, weiße Zwerge oder schwarze Löcher bezeichnet werden. Die Sonne, das Zentralgestirn unseres Planetensystems, ist aufgrund ihrer Leuchtkraft, ihrer Temperatur und ihrer Größe nur ein durchschnittlicher Vertreter unter Milliarden Sternen.

Auch die Planeten, für die Menschen lange mythologisch verklärte Himmelskörper, verlieren mehr und mehr von ihren Geheimnissen. An die sprichwörtlichen grünen Männchen auf dem Mars glaubt längst niemand mehr. Erkundungssonden haben nicht nur Neues über Venus, Jupiter oder Saturn enthüllt, einige haben sogar unser Sonnensystem verlassen. Jahr für Jahr werden neue Missionen in die Tiefe des Alls gestartet. Die von ihnen gesammelten Proben und Bilder bergen Spektakuläres und zuvor Unerblicktes. Die Tür scheint geöffnet, um in absehbarer Zeit Menschen auf den Mars zu schicken.

◀ Der Teleskopblick zeigt den Carinanebel im Sternbild Kiel des Schiffes (Carina) des Südhimmels. Er liegt im Süden der Milchstraßengalaxis und ist bis zu 10 000 Lichtjahre von der Erde entfernt.

▲ Die Spiralgalaxie M 100 gehört zu den mehr als 1000 Galaxien im »Haar der Berenike«, einem Sternbild, das am Himmel der nördlichen Hemisphäre gesehen werden kann.

Bleibt das Weltall, wie es ist?

Nein, es dehnt sich aus. Bis in die Mitte des 20. Jahrhunderts glaubten die Astronomen, dass das Weltall zwar unendlich groß und alt sei, mit Ausnahme der Eigenbewegungen der Himmelskörper aber in sich statisch.

Erst der US-Amerikaner Edwin Powell Hubble (1889–1953) konnte nachweisen, dass alle Galaxien voneinander fortstreben und zwar mit umso höherer Geschwindigkeit, je weiter sie voneinander entfernt sind. Messungen dieser Fluchtgeschwindigkeit ergaben, dass die Expansion des Universums wahrscheinlich die Folge einer gewaltigen Eruption vor rd. 14 Mrd. Jahren war. Zum Zeitpunkt dieses sog. Urknalls war die gesamte heute existierende Materie und Energie des Universums vermutlich so stark zusammengepresst, dass sie kleiner als ein heutiger Atomkern war.

Wussten Sie, dass ...

- Astronomen die unvorstellbaren Entfernungen im Weltall in astronomischen Einheiten messen? Eine astronomische Einheit (AE) entspricht etwa dem mittleren Abstand zwischen Erde und Sonne, also 149,6 Mio. km.
- ein Lichtjahr keine Zeit-, sondern eine Längeneinheit ist? Ein Lichtjahr (Lj) ist die Strecke, die das Licht in einem Jahr zurücklegt: 9460,8 Mrd. km; pro Minute schafft das Licht also rd. 18 Mio. km, in einer Sekunde legt es 300 000 km zurück.

Was geschah nach dem Urknall?

In den ersten Augenblicken nach dem Urknall durchlief das Weltall verschiedene Entwicklungszustände: 10^{-35} Sekunden nach dem Urknall, der sog. Planck-Zeit, herrschte eine heute kaum vorstellbare Temperatur von 10^{32} °C. Daran anschließend dehnte sich das Weltall aus, und gleichzeitig kühlte es sich ab. Während dieser Hyperinflation genannten Phase – das Weltall hatte etwa die Größe eines Fußballs – bildeten sich gleichsam aus dem Nichts Quarks und Leptonen, die ersten Elementarteilchen.

Ungefähr den Wimpernschlag von einer hunderttausendstel Sekunde später war die Materie auf 10 Billionen °C so weit ab-

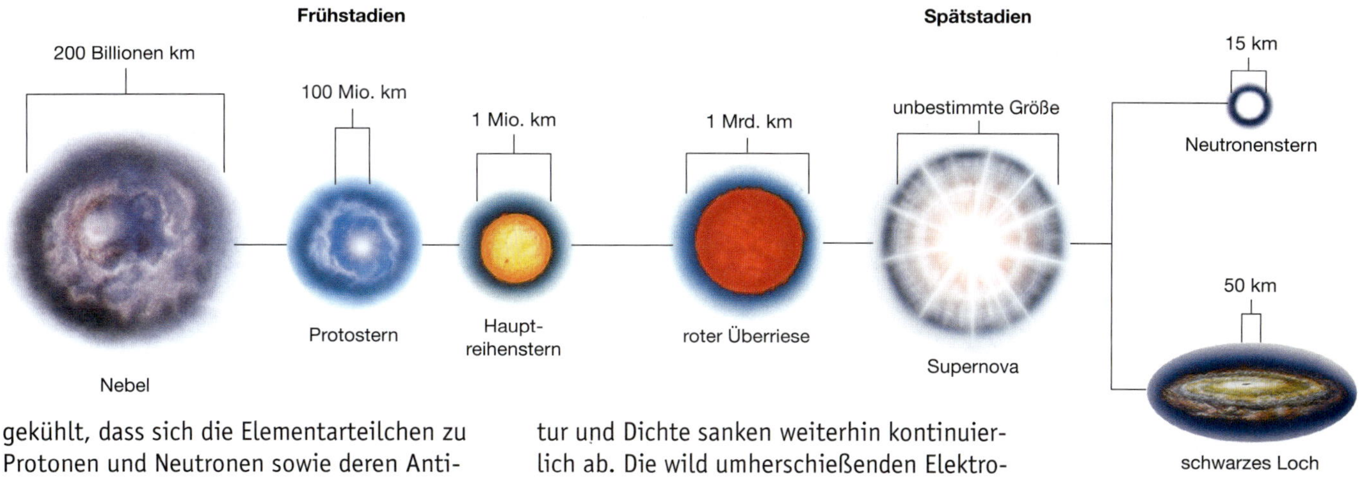

▲ Lebenszyklus eines Sterns mit großer Masse

gekühlt, dass sich die Elementarteilchen zu Protonen und Neutronen sowie deren Antiteilchen zusammenschlossen. Die meisten Teilchen und Antiteilchen »zerstrahlten« sofort wieder unter Energiefreisetzung zu Quanten. Da es jedoch einen kleinen Überschuss von Teilchen gab, konnte eine geringe Anzahl von ihnen »überleben«: Diese restlichen Teilchen bildeten die Grundlage der gesamten heutigen Materie. Bereits nach einer hundertstel Sekunde, der Hadronenära, war dieser Vorgang abgeschlossen.

Wie alt sind die ersten Atome?

Eine Sekunde nach dem Urknall entstanden Elektronen. Während der folgenden drei Minuten, die Temperatur betrug 1 Mrd. °C, bildeten sich die ersten Atome: überwiegend Wasserstoff und rd. 25 % Helium. Temperatur und Dichte sanken weiterhin kontinuierlich ab. Die wild umherschießenden Elektronen wurden langsamer und konnten von den Atomkernen eingefangen werden. Die ersten neutralen Atome entstanden. Durch diesen Vorgang wurde das Universum, das bis dahin aus einem undurchdringlichen Plasma elektrisch geladener Teilchen bestanden hatte, durchsichtig. Etwa 1 Mio. Jahre nach dem Urknall endete damit die Strahlungsära. Die Temperatur betrug nun 3000 °C. Die anschließend einsetzende sog. Materie- oder Sternära ist die Phase, in der wir heute leben.

Übrigens: Unregelmäßigkeiten während des Urknalls führten dazu, dass die Materie im rasant expandierenden Weltall ungleichmäßig verteilt wurde. Unter dem Einfluss der Schwerkraft bildeten sich nach rd. 1 Mrd.

Was sind Quasare?

Quasare, Kurzform für quasistellare Objekte, sind sternförmige Himmelsobjekte in kosmologischen Entfernungen – sehr kompakt und äußerst leuchtintensiv.
In den Tiefen des Universums wurde in den letzten Jahrzehnten eine Reihe neuartiger Objekte entdeckt, die nicht in das bisher aufgestellte System von Galaxien passen. So gibt es Sternsysteme, die neben sichtbarem Licht besonders starke Radio- und Infrarotstrahlung aussenden. Unter diesen sog. aktiven Galaxien ragen vor allem diejenigen mit einem Quasar im Zentrum heraus. Bisherige Beobachtungen lassen den Schluss zu, dass die Leuchtkraft beim Sturz von Sternen in ein zentrales supermassives schwarzes Loch freigesetzt wird.

▼ Der Cirrus-Nebel im Sternbild Schwan ist der 30 000 Jahre alte Rest einer Supernova.

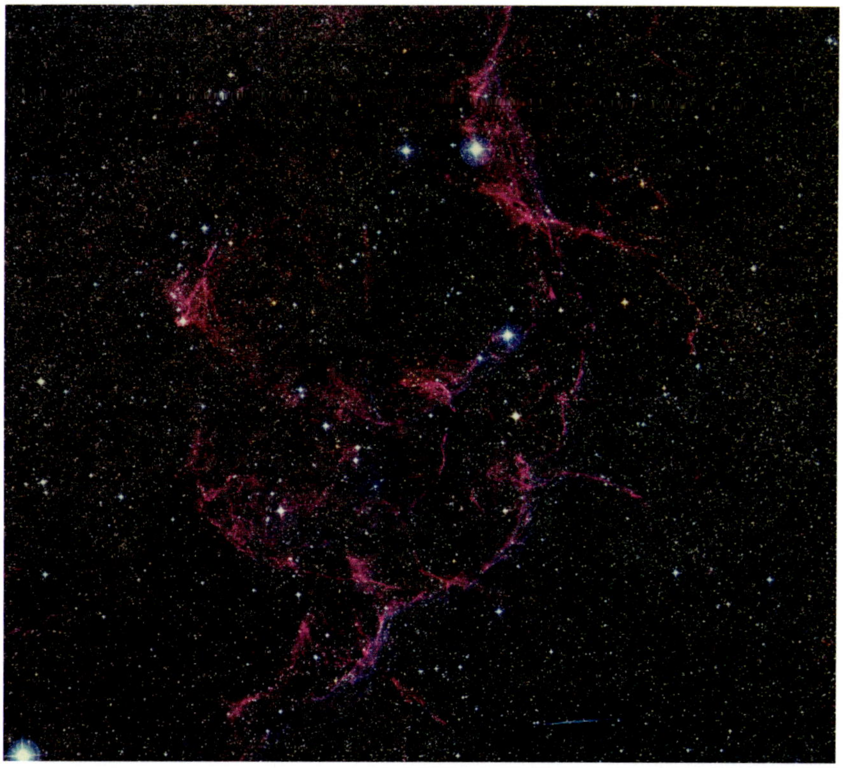

Jahren die ersten Galaxien bzw. Galaxienhaufen, weitere 3 Mrd. Jahre später entstanden die ersten Sterne und schließlich die Planeten.

Hat das All Zukunft?

Ja, aber wie sie genau aussehen wird, weiß niemand. So wie die Astronomen die Vergangenheit des Universums ergründet haben, versuchen sie auch, seine Zukunft vorherzusagen.

Grundsätzlich sind aus dem heutigen Blickwinkel zwei Szenarien denkbar. Im ersten Fall gehen die Forscher davon aus, dass sich das Weltall unendlich weiter ausdehnt. Dabei wird zwar die Geschwindigkeit abnehmen, doch das ändert nichts daran, dass die Galaxien immer weiter voneinander wegstreben. Irgendwann – eine genaue Vorhersage wagt niemand – wird dann der letzte Stern erloschen und die Materie in schwarzen Löchern verschwunden sein. Übrig bliebe ein nahezu leerer Kosmos. In ihm würden sich nur noch wenige Gas- und Staubwolken befinden und lediglich eine schwache Strahlung würde an den Urknall erinnern.

Kann man 2 Mio. Lichtjahre voneinander entfernt leben und doch Nachbarn sein?

Im Weltall ist das möglich. Der Andromedanebel ist eine Nachbargalaxie der Milchstraße und das einzige andere Sternensystem, das von der Erde aus mit bloßem Auge sichtbar ist. Im Herbst und im Winter kann man auf der Nordhalbkugel die Galaxie im Sternbild Andromeda als blassen Lichtfleck erkennen. Der US-amerikanische Astronom Edwin Powell Hubble entdeckte die Nachbargalaxie und berechnete ihre Entfernung von der Erde auf 2 Mio. Lichtjahre. Der sprialförmige Andromedanebel hat einen Durchmesser von 100 000 Lichtjahren. »Nur« 160 000 Lichtjahre entfernt ist die nächst gelegene Galaxie, die Große Magellan'sche Wolke, in der 1987 ein mit bloßem Auge erkennbarer Supernova-Ausbruch stattfand.

Der zweite denkbare Fall wäre das Gegenteil des ersten. Die herrschende Schwerkraft wäre dann groß genug, um die Expansionskraft zu überwinden, von einer Ausdehnung des Universums wäre keine Rede mehr. Nachdem das Weltall seinen größten Durchmesser erreicht hätte, würde es sich immer weiter zusammenziehen. Die Galaxien würden sich mit immer größer werdender Geschwindigkeit einander annähern, die Sterne würden zusammenstoßen, die gesamte Materie sich aufheizen und schließlich Masse, Zeit und Raum in einem Punkt kollabieren, kurz: den Zustand einnehmen, den sie vor dem Urknall hatte. Denkbar, dass dann alles wieder von vorne beginnen würde.

Was genau sind Sterne?

Während man im volkstümlichen Sprachgebrauch alles als »Sterne« bezeichnet, was man in einer klaren Nacht als Lichtpunkte am Himmel beobachtet, sind für den Astronomen Sterne im engeren Sinn selbständig leuchtende Himmelskörper, die durch Verschmelzung von leichteren zu schwereren Atomkernen Energie erzeugen. Es handelt sich um leuchtende Gaskugeln, wie unsere Sonne, die eine große Vielfalt hinsichtlich Masse, Farbe, Temperatur und Leuchtkraft aufweisen.

▼ Sternbilder der nördlichen Halbkugel:
1 Fische, 2 Widder, 3 Walfisch, 4 Stier, 5 Andromeda, 6 Dreieck, 7 Kassiopeia, 8 Perseus, 9 Orion, 10 Polarstern, 11 Giraffe, 12 Fuhrmann, 13 Kleiner Bär/Kleiner Wagen, 14 Zwillinge, 15 Großer Bär/Großer Wagen, 16 Luchs, 17 Krebs, 18 Löwe, 19 Haupthaar der Berenike, 20 Bärenhüter, 21 Nördliche Krone, 22 Schlangenträger, 23 Herkules, 24 Drache, 25 Leier, 26 Adler, 27 Schwan, 28 Delfin, 29 Wassermann, 30 Pegasus

Wie verbrauchen Sterne ihren Energievorrat?

Wie im »richtigen« Leben gibt es auch im Universum Energiesparer. Und wie im »richtigen« Leben finden sich im All ebenso Energieverschwender.

Die Temperatur, die Leuchtkraft, der weitere Lebensweg und die Lebenserwartung hängen entscheidend von der Masse des Sterns ab. Je massereicher, desto höher die Zentraltemperatur und desto schneller die Verwandlung von Wasserstoff in Helium. Bereits nach – kosmisch gesehen – kurzer Zeit ist z. B. der Energievorrat der Überriesen, dabei handelt es sich um extrem leuchtstarke und große Sterne, verbraucht.

Unsere Sonne ist nicht so verschwenderisch mit ihrem Energievorrat. Sie entstand vor etwa 4,5 Mrd. Jahren, und es wird mindestens ebenso lange dauern, bis der Wasserstoffvorrat in ihrem Kern verbraucht ist. Noch sparsamer sind massearme rote Zwergsterne wie der sonnennächste Fixstern Proxima Centauri. Weil sie ihre Masse so langsam in Strahlung umwandeln, werden sie wesentlich älter; Proxima Centauri wird unsere Sonne wohl um einige Milliarden Jahre überleben.

Was passiert mit massearmen Sternen?

Bei Sternen kann es passieren, dass sich gigantische Riesengebilde zu kleinen Sternen zurückbilden. Es ist die Masse, die über das Endstadium eines Sterns entscheidet.

Rote Riesen und weiße Zwerge sind Erscheinungen auf dem Existenzweg massearmer Sterne. Ist der Wasserstoffvorrat in ihrem Inneren aufgebraucht, kommt die Kernfusion zum Erliegen. Er bläht sich zum roten Riesen auf und fällt nach mehreren Millionen Jahren zu einem weißen Zwerg mit einem Durchmesser von wenigen tausend Kilometern zusammen. Nach Milliarden Jahren wird die gesamte ihm noch innewohnende Energie abgestrahlt sein, und er verlischt als schwarzer Zwerg.

Übrigens: Supernova-Ausbrüche entstehen am Ende der Entwicklung massereicher Sterne: Bei Erschöpfen aller atomaren Energiereserven fällt ein solcher Stern in sich zusammen – er wird ein Opfer seiner eigenen, extremen Schwerkraft. Bei diesem Prozess wird kurzzeitig eine enorme Menge an Energie freigesetzt, die zum charakteristischen plötzlichen Aufleuchten auf das Millionenfache der normalen Leuchtkraft führt. Dabei werden die äußeren Schichten des Sterns abgestoßen und schwere Elemente in den Raum geschleudert. Der Rest der Sternmasse kollabiert. Alles, was übrig geblieben ist, fällt zu einem extrem dichten Körper zusammen, der noch höchstens 10–20 km Durchmesser hat. Bei einem solchen Phänomen sprechen Astronomen von einem Neutronenstern.

▲ Die Masse des Andromedanebels im Sternbild Andromeda beträgt 310 Mrd. Sonnenmassen.

▼ Unser Sonnensystem ist Teil der Milchstraße, die aus Milliarden von Sternen besteht und einen Durchmesser von 100 000 Lichtjahren hat.

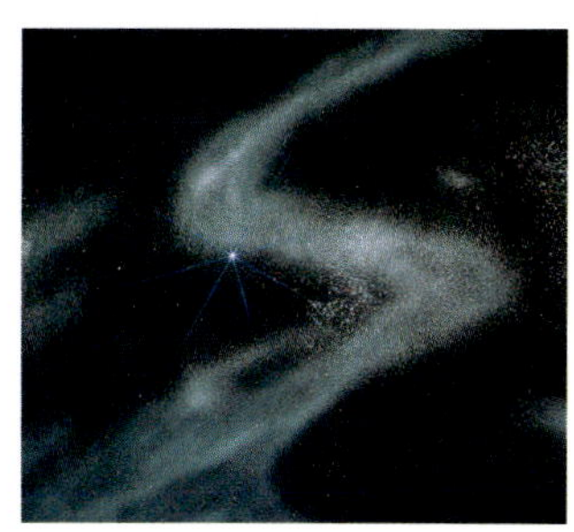

Wussten Sie, dass ...

- der erdnächste Fixstern, Proxima Centauri, 4,2 Lichtjahre entfernt ist? Auf den ersten Blick erscheint das wenig, dahinter verbergen sich jedoch 40 000 Mrd. km. Wir sehen den Stern also nicht, wie er »jetzt« ist, sondern wie er vor 4,2 Jahren war.
- unsere Sonne annähernd 30 000 Lichtjahre vom Zentrum der Milchstraße entfernt ist?
- die Masse der Milchstraße mindestens 220 Mrd. Sonnenmassen beträgt? Wenigstens 10 % machen dabei interstellares Gas und Staub aus.

▲ Ein weiter Blick in die Milchstraße: Dieses Entstehungsgebiet von Sternen ist 350 Lichtjahre von der Erde entfernt.

Ist die Milchstraße durchgehend weiß?

Nur auf den ersten Blick. Das Sonnensystem ist eingebettet in ein Sternsystem, die Milchstraße oder Galaxis. Wer durch ein Fernrohr schaut, sieht das einheitliche Leuchten der Milchstraße als das Strahlen von Milliarden weit entfernter Sterne. Am Nachthimmel kann man es als unregelmäßiges, schwach leuchtendes ringförmiges Band erkennen.

Unsere Erde liegt als verschwindend kleiner Punkt weit außerhalb des Milchstraßenzentrums. Nur in der uns bekannten Seitenansicht erscheint die Milchstraße als Band. Betrachtet man sie von oben, wird ihre vor allem aus Kugelsternhaufen bestehende Spiralstruktur sichtbar.

Übrigens: Einige Astronomen vermuten im Zentrum der Milchstraße ein schwarzes Loch, also einen Bereich extremer Materieverdichtung und Massenanziehung. So ein schwarzes Loch ist tatsächlich völlig schwarz, weil es kein Licht ausstrahlt. In jüngster Zeit haben Beobachtungen die Annahme bestärkt.

Wussten Sie, dass …

- der nicht sichtbare Teil der Materie im Weltall 90 % ausmacht und als dunkle Materie bezeichnet wird? Über sie kann man nur Vermutungen anstellen, denn sie lässt sich nur anhand ihrer Gravitationswirkung nachweisen.
- der bekannteste aller Kometen immer wieder am Himmel auftaucht? Der nach dem britischen Astronom Edmond Halley benannte Halley'sche Komet kommt alle 76 Jahre in Sonnennähe. Zuletzt konnte er 1986 von der Erde aus beobachtet werden, das nächste Mal wird er wieder 2061 zu sehen sein.
- sich unmittelbar nach der Sonne die vier Gasriesen Jupiter, Saturn, Uranus und Neptun bildeten? Dieser Prozess dauerte 10 Mio. Jahre, und danach stand im Sonnensystem keine nennenswerte Gasmenge mehr zur Verfügung.

Gibt es nur eine Galaxis?

Ja, unsere, denn die Milchstraße wird auch Galaxis genannt. Sternensysteme außerhalb der Milchstraße heißen Galaxien. Neben Milliarden von Sternen verfügen sie über staub- und gasförmige Materie. Mittlerweile kennt man mehr als drei Milliarden Galaxien. Sie haben meist eine elliptische oder spiralförmige, seltener eine unregelmäßige Struktur. Die nächst größeren Objekte im Universum sind riesige Galaxienhaufen.

Wie sah die Geburt des Sonnensystems aus?

Das Sonnensystem entstand vor Milliarden von Jahren aus dem Sonnennebel. Beim Zusammenziehen dieses Gasnebels blieb dessen Drehbewegung erhalten, die den Nebel zu einer flachen Scheibe umformte. Die im Nebel vorhandenen Staubteilchen verdichteten sich schließlich zu Planeten.

Am Anfang des Sonnensystems stand eine große, sich um sich selbst drehende Staubwolke, zum überwiegenden Teil aus Wasserstoff und Helium bestehend. Im Lauf von Jahrmillionen verdichtete sich die Wolke immer mehr, drehte sich immer schneller und nahm aufgrund der Fliehkraft die Form einer flachen Scheibe an. In den äußeren Bereichen bildeten sich Eiskörner, im Zentrum fand eine Kernfusion statt: Die Geburtsstunde unserer Sonne hatte geschlagen.

Die in der Wolke enthaltenen Staubteilchen stießen zusammen, vereinigten sich zu immer größeren Körpern, die sich schließlich zu den Planeten zusammenschlossen. Der Sonnenwind vertrieb die Reste der leichten Gase aus dem innersten Teil des Sonnensystems. So setzen sich die inneren Planeten vor allem aus schwereren Gesteinen und Metallen zusammen. Die sonnenferneren Planeten sammelten hingegen Eis und riesige Gasmengen auf, so dass sie heute vor allem aus Wasserstoff und Helium bestehen. Durch hohe Temperaturen wurde die chemische und physikalische Beschaffenheit der Himmelskörper zum Teil stark verändert.

Wie beherrscht die Sonne unser Sonnensystem?

Die Sonne, unser Zentralgestirn, überstrahlt nicht nur alles andere im Sonnensystem, sie ist auch ein Schwergewicht: Als zentraler Himmelskörper verfügt sie über annähernd 99,9 % der Masse des gesamten Sonnensystems.

Die Sonne ist ein kugelförmiger Stern mit einem Durchmesser von 1,392 Mio. km, um den sich die Planeten drehen. Sie strahlt Licht und Wärme aus und macht dadurch erst Leben auf der Erde möglich. Durch Massenanziehung oder Gravitation wird die Gaskugel, die zu 75 % aus Wasserstoff, zu 23 % aus Helium und zu 2 % aus schwereren Elementen besteht, zusammengehalten.

Gibt es Planeten außerhalb des Sonnensystems?

Ja. Diese Planeten bezeichnet man auch als Exoplaneten oder extrasolare Planeten. Bisher hat man bei etwa 60 Sternen Himmelskörper entdeckt, die vermutlich als Planeten bezeichnet werden können. Ihr Nachweis gelingt nur indirekt mithilfe des Doppler-Effekts oder durch Beobachtung der periodischen Veränderung der Helligkeit eines Sterns; das Strahlen verringert sich nämlich durch die Teilabdeckung des umkreisenden Planeten. Die gut 100 bisher entdeckten Planeten haben aber keine Ähnlichkeit mit unserer Erde. Die mittlerweile zahlreichen Planetenjäger suchen fieberhaft weiter.

Ist das Sonnensystem zwischen den Planeten leer?

Ganz und gar nicht. Zu den kleinsten Himmelskörpern in unserem Sonnensystem gehören die Asteroiden (Planetoiden), die in der Mehrzahl zwischen Mars- und Jupiterbahn die Sonne umkreisen. Ihre Größe reicht von einigen Metern bis zu einigen hundert Kilometern im Durchmesser.

▼ Falschfarbenaufnahme des 1995 entdeckten Kometen Hale-Bopp; er hat eine Umlaufzeit um die Sonne von etwa 3000 Jahren. Zuletzt kam er der Erde 1997 nahe.

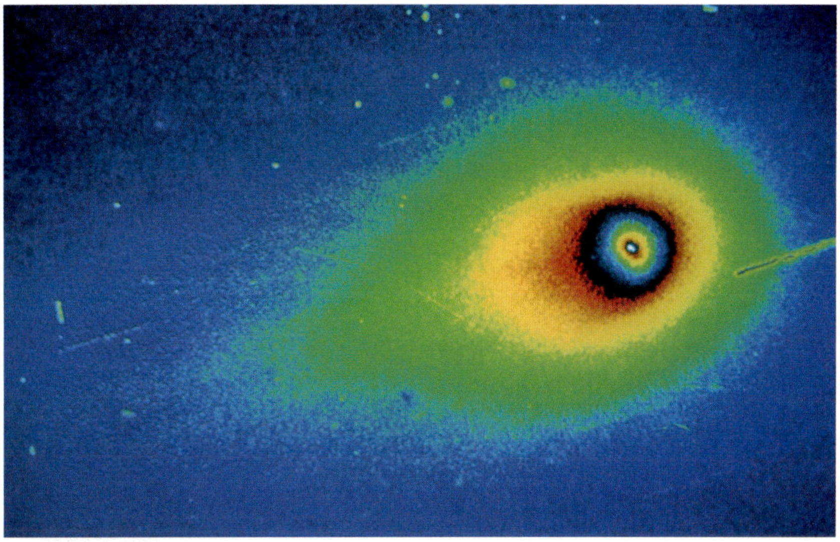

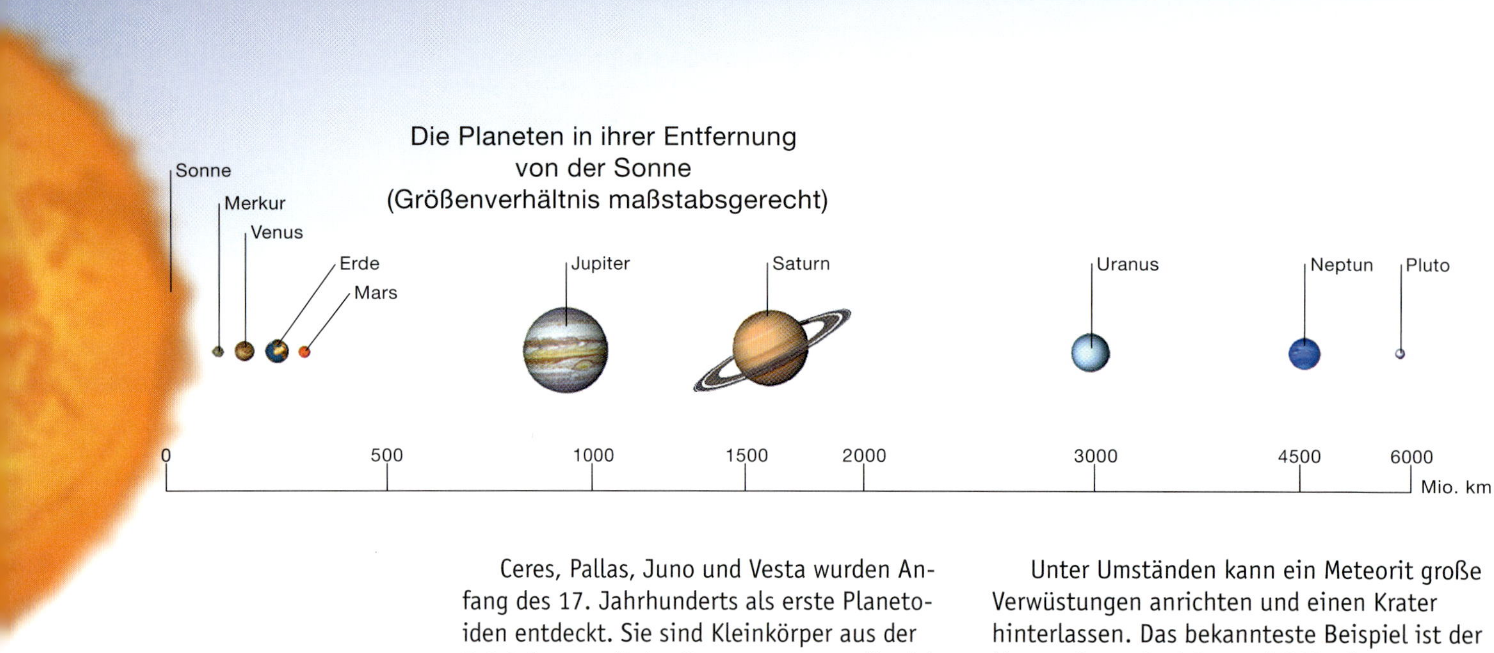

Ceres, Pallas, Juno und Vesta wurden Anfang des 17. Jahrhunderts als erste Planetoiden entdeckt. Sie sind Kleinkörper aus der Entstehungszeit des Sonnensystems, die sich wegen der Störung durch Jupiter nicht zu einem größeren Körper zusammenfügten.

Heißt es Meteoroid oder Meteorit?

Es gibt beide Begriffe. Ein Meteoroid ist ein kleiner Himmelskörper, der beim Eintritt aus dem Weltall in die Erdatmosphäre eine Leuchterscheinung hervorrufen kann. Diese als Meteoren bezeichneten Leuchterscheinungen nennt man je nach Helligkeit Sternschnuppen (schwächer) oder Feuerkugeln bzw. Boliden (stärker). Trifft ein Meteoroid auf die Erdoberfläche, wird er als Meteorit bezeichnet.

Unter Umständen kann ein Meteorit große Verwüstungen anrichten und einen Krater hinterlassen. Das bekannteste Beispiel ist der Meteor Crater in Arizona (USA) mit 1260 m Durchmesser und einem Alter von etwa 30 000

Woher weiß man, wie das Sonnensystem entstanden ist?

Natürlich weiß man es nicht, man kann es nur vermuten. Aber 1998 gab es ein Experiment, das die Theorie der Planetenbildung stützt: An Bord einer Raumfähre (Spaceshuttle) befand sich eine Kammer, in der winzig kleine Glaskugeln zufällig umhertrieben. In der Schwerelosigkeit bildeten sie Klumpen, sobald sie mit geringen Geschwindigkeiten aneinanderstießen. Daraus leiteten die Wissenschaftler ab, dass nach diesem Prinzip auch die Planeten entstanden sein müssen.

► Ein Meteorit von 300 000 t Masse hat vor 30 000 Jahren in der Wüste Arizonas diesen Krater von 1260 m Durchmesser hinterlassen.

Wusstes Sie, dass ...

- Sternschnuppen nichts anderes als Teile von Kometen sind? Auf dem Weg zur Sonne verliert ein Komet große Teile an Staubpartikeln. Durchquert die Erde diesen Staubgürtel, dringen Teilchen in die obere Atmosphäre unseres Planeten ein, bringen die Luft zum Leuchten und verglühen zumeist als Sternschnuppen.
- größere Galaxien häufig kleinere Begleiter haben? So umlaufen die große und die kleine Magellan'sche Wolke, die als helle Wolken am südlichen Himmel erscheinen, das Milchstraßensystem.
- im März 1996 der Komet Hyakutake dicht an der Erde vorüberflog und mit bloßem Auge beobachtet werden konnte? Übertroffen wurde er in seiner Helligkeit vom Kometen Hale-Bopp im Frühjahr 1997.

Jahren. Vor etwa 15 Mio. Jahren schlug ein über 500 m im Durchschnitt messender Eisen-Nickel-Meteorit in Süddeutschland ein – sein Aufschlagskrater ist das heutige Nördlinger Ries, das von Kraterrand zu Kraterrand 25 km misst.

Was weiß man eigentlich über Kometen?

Kometen sind mit ihren langen Schweifen besonders auffallende Himmelserscheinungen. In früheren Zeiten verbreitete ihr unvorhersehbares Erscheinen Angst und Schrecken, galten sie doch als Vorboten von Krankheit, Seuchen, Missernten, Naturkatastrophen oder Kriegen. Sie haben einen Kern, dessen Durchmesser zwischen 1 und 50 km beträgt und der sich aus Eispartikeln, gefrorenen Gasen und festen Staubteilchen zusammensetzt.

Langperiodische Kometen, die sich in extrem lang gestreckten Ellipsen um unsere Sonne bewegen, stammen vermutlich aus der Oort'schen Wolke, einem riesigen Kometenreservoir, das unser Sonnensystem in einer annähernd sphärischen Form im Abstand von bis zu zwei Lichtjahren umgibt. Kurzperiodische Kometen stammen dagegen aus dem Kuiper-Ring, einer Zone, die knapp hinter der Neptunbahn liegt.

Übrigens: Durch die Schwerkraft der äußeren Planeten oder nah vorbeiziehender Sterne können Kometen in ihrer Bahn gestört werden. Dann gibt es zwei Möglichkeiten: Entweder werden sie ganz aus unserem Sonnensystem geschleudert oder aber sie dringen weiter in das Sonnensystem ein. Werden Kometen im inneren System von der Sonne erwärmt, verdampft ihr Eis. In einem solchen Fall entsteht um den Kern herum eine ausgedehnte Gashülle, die leuchtet. Von Astronomen wird diese Hülle Koma genannt. Der Sonnenwind drückt die Gase weg, die dann häufig einen viele Millionen Kilometer langen und für Kometen typischen Schweif bilden, der stets von der Sonnenposition abgewandt ist.

Wie viel Zeit bleibt unserem Sonnensystem noch?

Noch kann sich die Menschheit beruhigt zurücklehnen, es wird noch viele Generationen geben. Die Lebensdauer der Sonne und damit auch des Sonnensystems einschließlich unserer Erde wird auf insgesamt zehn Milliarden Jahre geschätzt. Weil das Sonnensystem vor 4,6 Mrd. Jahren entstand, ist unsere Uhr aber fast zur Hälfte abgelaufen.

▼ Sternschnuppen entstehen oberhalb der Stratosphäre durch Kometenstaub, der in die Atmosphäre eindringt.

▲ Sonnenprotuberanzen – aufgenommen von Kalifornien aus während der Sonnenfinsternis am 28. Mai 1900

Wie alt ist die Sonne?

Die Sonne ist zwar kein Stern der ersten Generation, dennoch ist sie nach menschlichem Ermessen uralt. Sie entstand vor etwa 4,5 Mrd. Jahren vermutlich aufgrund einer Supernovaexplosion aus einer Wolke interstellarer Materie.

Durch die Schockwelle stürzte die Wolke in sich zusammen, begann zu rotieren und flachte immer weiter ab. Nachdem sich im zentralen Bereich die Materie mehr und mehr verdichtet hatte und Druck sowie Temperatur immer stärker anstiegen, begann ein nuklearer Fusionsprozess, bei dem Wasserstoffatome zu Heliumatomen verschmolzen. Dabei wurden riesige Mengen an Energie freigesetzt. Dadurch entstand ein Gleichgewicht zwischen dem nach außen wirkenden Gas- und Strahlungsdruck und der nach innen gerichteten Schwerkraft. Es war ein leuchtender Stern entstanden, der Wärme und Lichtenergie abzustrahlen begann. Aus dem restlichen Material der anfänglichen Wolke bildeten sich in der Ebene der Umlaufbahn die Planeten.

Gibt es Fackeln auf der Sonne?

Es gibt sie. Zu den spektakulärsten Merkmalen der Sonne gehören die Protuberanzen, die am Rand als helle Bögen oder leuchtende Fackeln zu beobachten sind. Auf der Sonnenscheibe sind sie als dunkle, fadenförmige Gebilde (Filamente) wahrnehmbar.
Bei diesen Gasausbrüchen wird Sonnenmaterie mit hoher Geschwindigkeit bis in den Bereich der Korona geschleudert, von wo sie wieder auf die Oberfläche zurückströmt. Die Lebensdauer der Protuberanzen reicht von wenigen Stunden bis hin zu mehreren Monaten; ändert sich das Magnetfeld der Sonne, können sie sich auch ganz von der Sonne lösen. Bei solchen Massenauswürfen werden bis zu 100 Mrd. t Sonnenmaterial ins All geschleudert – mit einer Geschwindigkeit von rd. 1000 km/s. Die Energie entspricht dabei jener von mehreren Milliarden thermonuklearen Sprengköpfen.

Ist die Sonne ein Stern der Superlative?

In unserem Sonnensystem schon, doch im universalen Maßstab ist sie ein kleines Licht. Sie befindet sich ca. 30 000 Lichtjahre vom Zentrum unserer Heimatgalaxie, der Milchstraße, entfernt im sog. Orionarm.

Bei einer Geschwindigkeit von ungefähr 250 km/s braucht sie für einen Umlauf um das galaktische Zentrum 240 Mio. Jahre. Sie ist 330 000-mal schwerer als die Erde. Ihr Durchmesser von 1 392 000 km entspricht dem 109-fachen des Erddurchmessers: Auf der Sonnenscheibe würde unser Planet samt Mondbahn bequem Platz finden.

Übrigens: Auf der Oberfläche herrschen Temperaturen von etwa 5500 °C, im extrem dichten Innern erreicht die Temperatur

Wussten Sie, dass ...

- die Sonne, wenn sie sich in 5 Mrd. Jahren zu einem roten Riesen aufbläht, Merkur, Venus und Erde verschlucken wird?
- sich nicht nur die Planeten um sich selbst drehen, sondern auch die Sonne dies tut? Bei einer Rotationsgeschwindigkeit am Äquator von 7200 km/h benötigt sie 25 Tage für eine Umdrehung.
- dass der Sonnenwind einen langen Atem hat? Als Sonnenwind bezeichnet man die beständige Teilchenstrahlung der Sonne. Dieser Strom aus Elektronen und Protonen dringt mit Geschwindigkeiten von 160 km/s bis zu den entferntesten Planeten unseres Sonnensystems vor.

14,6 Mio. °C. Hier befindet sich das »Kraftwerk« der Sonne, das in einer Sekunde etwa 655 Mio. t Wasserstoff in Helium umwandelt. Bei dieser Verschmelzung verliert die Sonne etwa 5 Mio. t ihrer Masse, die in Energie umgewandelt wird.

Wie bahnt sich die Energie ihren Weg?

Die im Kern der Sonne frei werdende Energie wird im Wesentlichen durch Strahlung vom Innersten des Feuerballs nach außen transportiert.

Dabei wird die Energie auf ihrem Weg durch die Sonnenmaterie unzählige Male abgelenkt und wieder zurückgeworfen. Etwa 200 000 km unterhalb der Oberfläche trifft die Strahlung dann auf eine Schicht, in der es für sie aufgrund der niedrigeren Temperatur kein Durchkommen gibt – doch was heißt schon niedrige Temperatur, es ist dort immer noch etwa 2 Mio. °C heiß. Stattdessen wird die Energie vom Gas am unteren Rand der Konvektionszone »eingefangen«. Dadurch entstehen heiße Gasblasen, die mit einer Geschwindigkeit von etwa 1 km/s in die Höhe steigen. Diese Gasblasen werden von Wissenschaftlern auch als Granulen bezeichnet.

An der Oberfläche angekommen, geben die Granulen ihre Energie wieder in Form von Strahlung frei. Dabei kühlen die Blasen ab und sinken zurück in die Tiefe. Die Lebensdauer der Granulen beläuft sich auf wenige Minuten. So gering diese Zeitspanne auch ist, sie erreichen eine immense Größe; ihr Durchmesser beträgt einige hundert Kilometer. Dieser brodelnde Vorgang lässt sich in etwa mit kochendem Wasser vergleichen, dessen strudelnde Blasen auch ständig in Bewegung sind. Diese Bewegung zeigt sich auf der Oberfläche der Sonne als körnige Hell-Dunkel-Struktur, man spricht dabei auch von Granulation. Die Sonnenoberfläche, die sog. Photosphäre, verändert also ständig ihre Form.

Ist die Sonne ein einziger glühender Feuerball?

Nein, denn sie lässt sich in unterschiedliche Sphären gliedern.

Die Photosphäre, die auch als Lichtschicht bezeichnet wird, ist die sichtbare äußere Begrenzung der Sonnenkugel. Sie besteht aus einer 400 km dicken Gasschicht, die etwa 5500 °C heiß ist. Nach außen hin schließen sich die 2000 km mächtige Chromosphäre (Farbschicht) sowie die mehrere Millionen Kilometer weit ins Weltall hinaus reichende Korona an, die man zusammen auch als Sonnenatmosphäre bezeichnet.

▼ Ultraviolettaufnahme der Sonne mit einer riesigen Protuberanz links unten, aufgenommen vom Forschungssatelliten SOHO

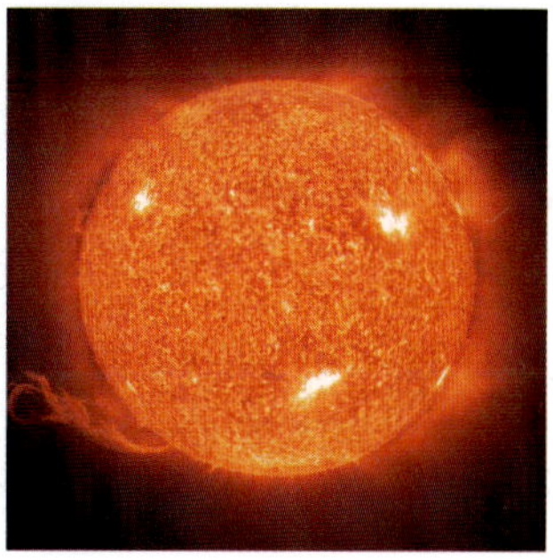

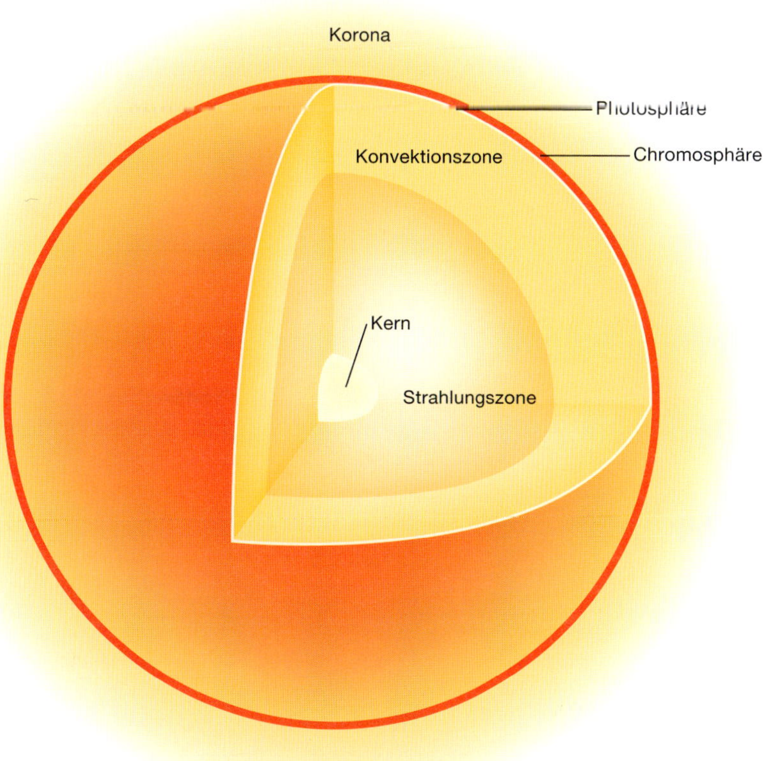

▲ Die Sonne mit Flecken und Protuberanzen, nach Beobachtungen des Jesuiten Christoph Scheiner (1635)

Warum ist die Korona nur selten zu sehen?

Sie ist einfach nicht hell genug. Der strahlenförmige Lichtschein der äußeren Korona wird überwiegend durch Streuung des Sonnenlichts an festen Partikeln hervorgerufen; die innere Korona besteht zum überwiegenden Teil aus fein verteilten Gasen und freien Elektronen und Ionen. Da sie rund 10 000-mal schwächer leuchtet als die Photosphäre, kann man die Korona ohne technische Hilfsmittel mit dem bloßen Auge nur während einer totalen Sonnenfinsternis erkennen: Sie bildet dann einen Strahlenkranz um die vom Neumond vollständig bedeckte Sonnenscheibe.

Übrigens: Eine Besonderheit und ein bislang ungelöstes Rätsel ist die hohe Temperatur der Korona, die von innen nach außen zunimmt und dort über 1 Mio. °C erreichen kann. Vermutlich sind relativ kleine schleifenförmige Magnetfelder für das Aufheizen verantwortlich.

Was hat die Sonne mit den Polarlichtern auf der Erde zu tun?

Ohne die Sonne würde es diese Lichter nicht geben: Chromosphärische Eruptionen (Flares) sind als sehr helle Bereiche auf der Sonne sichtbar. Bei ihnen handelt es sich um regional eng begrenzte und kurzlebige Erscheinungen – ihre Lebensdauer liegt zwischen wenigen Minuten und einigen Stunden. Sie setzen in dieser Zeit gewaltige Energie, sowohl Materie als auch elektrisch geladene, hochenergetische Teilchen, frei, die durch das All rasen und beim Eindringen in die Erdatmosphäre magnetische Stürme verursachen können; die Flares sind auch die eigentliche Ursache der Polarlichter.

Hat die Sonne Flecken auf ihrem makellosen Gelb?

Das Gelb der Sonne ist alles andere als makellos. Die augenfälligsten Erscheinungen der Sonne sind die Sonnenflecken. Darunter versteht man kalte Gebiete der Photosphäre, die aus einem zentralen Schattengebiet und einem helleren Hof bestehen – das eine wird Umbra genannt, das andere ist bei Astronomen als Penumbra bekannt. Sie kommen überwiegend in zwei Zonen vor, die parallel zum Sonnenäquator verlaufen. Ihre Größe

Strahlt die Sonne nur Licht und Wärme aus?

Nein, nicht nur, neben der sichtbaren Strahlung, die wir mit unserem Auge wahrnehmen können, sendet die Sonne auch noch verschiedene andere elektromagnetische Wellenlängen aus. Dazu gehört die Röntgenstrahlung, die Ultraviolettstrahlung sowie die Infrarotstrahlung und die Radiostrahlung. Die kürzeren Wellenlängen der thermischen Radiostrahlung stammen vor allem aus der Photosphäre und der unteren Chromosphäre, die längeren Wellenlängen von den höheren Bereichen aus der oberen Chromosphäre und der Sonnenkorona.

Wussten Sie, dass ...

- die Energie, die im Inneren der Sonne entsteht, etwa 170 000 Jahre braucht, um an die Oberfläche zu kommen? Das Licht, das heute auf die Erde trifft, ist also älter als der Neandertaler.
- der Abstand zwischen Sonne und Erde durchschnittlich 150 Mio. km beträgt und das Licht etwa acht Minuten braucht, um diese Entfernung zurückzulegen?

reicht von einzelnen Flecken mit 2000 km Durchmesser bis hin zu Gruppen, die sich über 100 000 km hinziehen können. Ihre Häufigkeit schwankt in einer Periode von elf Jahren.

Um die Sonnenflecken herum können sog. photosphärische Fackeln beobachtet werden, die energiereiche Materie abgeben. Die Fackeln haben eine längere Lebensdauer als die Flecken, so dass auch vereinzelte Fackelherde beobachtet werden können, die an der Stelle einer früheren Sonnenfleckengruppe noch einige Zeit weiter existieren. Die größten Sonnenfleckengruppen haben eine Lebensdauer von wenigen Monaten. Die meisten Flecken verkümmern schon nach wenigen Tagen.

Warum ist der Himmel blau?

Der Himmel ist gar nicht blau, wir sehen ihn nur so. Das Sonnenlicht ist ein Gemisch der verschiedenen Farben des sichtbaren Spektrums, die sich durch ihre Wellenlänge unterscheiden. Durchdringt das Sonnenlicht die Atmosphäre der Erde, streuen die Luftmoleküle die einfallenden Strahlen in alle Richtungen. Dabei wird der kurzwellige blaue Anteil etwa fünfmal stärker gestreut als der rote Anteil: Der Himmel erscheint blau.

Steht jedoch die Sonne am frühen Morgen oder am späten Abend nahe dem Horizont, müssen die Lichtstrahlen einen wesentlich längeren Weg durch die wasserhaltige und mit Staubpartikeln verschmutzte Atmosphäre zurücklegen, bevor sie die Erde erreichen. Dabei geht ein großer Teil der blauen Komponente des Sonnenlichts verloren: Das Licht erscheint rötlich.

Ist die Dämmerung immer gleich?

Nein! Nach dem Sonnenuntergang wird es nicht sofort dunkel, da zerstreutes Sonnenlicht in höheren Schichten der Atmosphäre noch Helligkeit verbreitet. Die Länge der Dämmerung hängt davon ab, wie schnell die Sonne unter den Horizont sinkt.

Wenn die Sonne weniger als 6 Grad unter dem Horizont steht, herrscht bürgerliche Dämmerung; sie dauert in Mitteleuropa 37–51 Minuten. Bei einem Sonnenstand von 6–12 Grad unter dem Horizont herrscht nautische Dämmerung, von 12–18 Grad astronomische Dämmerung und über 18 Grad völlige Dunkelheit. In hohen Breiten gehen Abend- und Morgendämmerung im Sommer ineinander über (»weiße Nächte«). Dagegen ist die Dämmerung in den Tropen wegen der steileren Sonnenbahn nur kurz – die Sonne hüpft förmlich über den Horizont.

▼ Wenn viele Sonnenwindteilchen in das Magnetfeld der Erde eindringen, »entfachen« sie das Nordlicht.

Wie wichtig ist der Abstand zwischen Sonne und Erde?

Lebenswichtig! Der Abstand zwischen den beiden Himmelskörpern bewirkt, dass das für alles Leben notwendige Wasser in flüssiger Form erhalten bleibt, also weder verdampft noch zu Eis erstarrt.

▲ Sonnenuntergang in Neufundland; nur noch das rote Licht der letzten Sonnenstrahlen erreicht den Betrachter.

Zunächst drang die ultraviolette Strahlung der Sonne noch völlig ungehindert durch die Uratmosphäre. Dabei entstanden durch die Spaltung von Wasserstoffmolekülen erste kleine Mengen freier Sauerstoff. Doch erst durch das Auftreten von photosynthetisch aktiven Cyanobakterien vermehrte sich der Sauerstoffgehalt in der Atmosphäre merklich. Heute beträgt der Anteil von Sauerstoff 21 %; nach wie vor ist Stickstoff mit einem Anteil von 78 % dominierend.

Ist Leben auf der Erde ohne Sonne möglich?

Die Sonne ist die Energiequelle der Erde. Ohne ihre Wärme und ihr Licht wäre das Leben, so wie wir es kennen, nicht möglich. Von der Sonne kommt die Energie, mit deren Hilfe grüne Pflanzen Kohlendioxid und Wasser in organische Stoffe und Sauerstoff umwandeln, sie ist der Motor für das Wettergeschehen und langfristige Klimaveränderungen. Die Sonne bestimmt den Rhythmus der Jahreszeiten und letztlich den Wechsel von Hell und Dunkel, von Warm und Kalt, dem sich Pflanzen, Tiere und Menschen angepasst haben.

Warum tut die Sonne dem Menschen gut?

Wer leicht einen Sonnenbrand bekommt oder gar eine Sonnenallergie hat, wird das wohl anders sehen. Aber: Die Infrarotstrahlung spendet Wärme, die UV-Strahlung steuert nicht nur die Photosynthese der Pflanzen,

Wussten Sie, dass ...

- die Form der Sonnenkorona von der Verteilung der Magnetfelder abhängt und im Rhythmus von elf Jahren wechselt? Während eines Maximums erscheint sie nahezu kreisförmig. Im Minimum zeigen sich in der Äquatorzone breite, weit in den Raum hinausgreifende Strahlenbündel, an den Polen dagegen nur kurze -büschel.
- die Sonnenflecken bereits 1610 von Galileo Galilei beobachtet wurden?

► Die Polargebiete der Erde vermitteln einen Eindruck davon, wie es auf der ganzen Erde aussehen könnte, wenn weniger Sonnenenergie zu uns gelangte.

◀ Tropischer Regenwald in Südamerika: Ohne Sonnenenergie gäbe es auf der Erde keine Pflanzen, keine Photosynthese und folglich keine Tiere und Menschen.

sondern bildet auch in unserem Organismus das für die Calciumaufnahme in den Knochen wichtige Vitamin D, mobilisiert den Stoffwechsel, das Immunsystem und fördert das allgemeine Wohlbefinden.

Andererseits ist vor allem die kurzwellige »harte« ultraviolette Strahlung eine Gefahr für das Leben auf der Erde, da sie in hoher Dosierung genetische Schäden und Zellmutationen auslöst, die missgebildeten Nachwuchs bzw. Krebserkrankungen verursachen können. Diese gefährliche Strahlung wird jedoch zu einem Großteil durch die Ozonschicht, einem Teil der Erdatmosphäre, von der Erdoberfläche ferngehalten.

Wie sieht das Ende der Sonne aus?

Auf jeden Fall dunkel! In 4–5 Mrd. Jahren wird die Sonne ihren Wasserstoffvorrat im Zentralbereich verbraucht und in Helium umgewandelt haben. Damit kommt die Kernfusion langsam aber sicher zum Erliegen und die Sonne beginnt zu schrumpfen. Sie erhitzt sich so stark, dass sie erneut Wasserstoff fusionieren kann. Doch auch diese Reserve wird irgendwann aufgebraucht sein, die Brennregion wandert immer weiter nach außen. Der aus Helium bestehende Kern nimmt dagegen immer mehr an Masse zu, schrumpft unter seinem Eigengewicht und wird im Lauf der Zeit immer heißer.

Als Reaktion auf den »Energiestau« im Inneren dehnen sich die äußeren Schichten der Sonne aus. Ihr Durchmesser wird sich verhundertfachen und ihre Oberfläche abkühlen. Die Temperatur im Zentrum dieses roten Riesensterns erreicht dann 100 Mio. °C.

Massearme Sterne wie unsere Sonne fallen nach mehreren Millionen Jahren schließlich zu einem weißen Zwerg mit einem Durchmesser von wenigen tausend Kilometern zusammen. Nach Milliarden Jahren wird sämtliche Energie abgestrahlt sein, und die Sonne erlischt als schwarzer Zwerg.

Geht es auch ohne Sonne?

Durchaus: Ende der 1970er Jahre stieß man bei der Erforschung der Tiefsee am Meeresboden auf heiße Quellen. Das austretende Wasser wird durch Mineralien dunkel gefärbt, deshalb heißen diese Quellen schwarze Raucher (Blacksmokers). In ihrer Umgebung haben sich ungewöhnliche Lebensgemeinschaften entwickelt. Sie ernähren sich von Bakterien, die in der heißen, lichtlosen Umgebung mithilfe der Chemosynthese im Wasser vorhandenen Schwefelwasserstoff in Sulfat umwandeln und die dabei freigesetzte Energie für ihren eigenen Stoffwechsel nutzen – Sonnenenergie wird hier nicht benötigt. Auch Bakterien, die an kalten Quellen austretendes Methan zu Wasser und Kohlendioxid verbrennen, sind nicht auf die Sonne angewiesen.

► Die vulkanisch geprägte Oberfläche der Venus, Falschfarbenansicht nach Daten von Radaraufnahmen der Raumsonde »Magellan«

▲ Der Mond der Erde; fast alle Planeten unseres Sonnensystems werden ebenfalls von einem oder mehreren Monden begleitet.

Gibt es Außenseiter unter den Planeten?

Ja, denn entsprechend ihrer Entfernung zur Sonne werden sie in innere und äußere Planeten unterteilt. Zu den äußeren oder jovianischen Planeten gehören die vier Gasriesen Jupiter, Saturn, Uranus und Neptun. Sie besitzen zahlreiche Monde und unterschiedlich ausgeprägte Ringsysteme.

Der »Außenseiter« Pluto, der äußerste Planet des Sonnensystems, ist dagegen wie die inneren, terrestrischen Planeten Merkur, Venus, Erde und Mars ein sog. Gesteinsplanet. Diese sind von geringerer Größe, haben dünnere Atmosphären, feste Oberflächen und eine hohe Dichte. Die Zahl ihrer Monde ist gering, bei Merkur und Venus fehlen sie völlig. Zwischen Mars und Jupiter befindet sich der Asteroidengürtel, der aus zehntausenden von unregelmäßig geformten Gesteinsbrocken und Kleinstplaneten besteht.

Was haben Planeten und Monde gemeinsam?

Die Erklärung ist eindeutig: Planeten und Monde sind kalte, aus eigener Kraft nicht leuchtende Himmelskörper, die sich auf elliptischen Bahnen bewegen – die Planeten um die Sonne, die Monde oder Trabanten um die Planeten.

Bei der Entwicklung eines Sterns umkreisen Gas- und Staubteilchen den Einzelstern, bis sie aneinanderhaften. Ab einer gewissen Größe entwickeln diese Teilchenklumpen Anziehungskräfte und ballen sich zu immer größeren Einheiten, den Planeten, zusammen. Im inneren, sonnennahen Planetensystem, zu dem auch die Erde gehört, gibt es nur drei Monde, im äußeren weitaus mehr. Noch sind mit Sicherheit nicht alle entdeckt.

Ist unser Mond ein Einzelgänger?

Der Mond ist zwar der einzige Begleiter der Erde, aber fast alle anderen Planeten haben ebenfalls einen oder mehrere Monde. Die

Wussten Sie, dass ...

- der mächtigste Vulkan des Sonnensystems auf dem Mars zu finden ist? Mit einer Höhe von rd. 22,7 km und einem Durchmesser von etwa 600 km ist der »Olympus Mons« der ungeschlagene Gigant.
- die ersten vier Monde des Jupiter, Io, Europa, Ganymed und Kallisto, bereits 1610 von Galileo Galilei entdeckt wurden?
- die Existenz des Neptun bereits 1845 vorausgesagt wurde, bevor er ein Jahr später mit einem Fernrohr aufgespürt werden konnte?

meisten, nämlich 63, hat Jupiter. Damit verweist der größte Planet des Sonnensystems den Saturn mit »nur« 47 Monden auf Platz zwei. Es folgen Uranus mit 27, Neptun mit 13 und Pluto mit drei Monden. Der Mars hat zwei Monde, die Erde einen, Merkur und Venus besitzen gar keinen Trabanten. Während bei den äußeren Planeten in den letzten Jahren immer wieder neue Monde entdeckt wurden, kann man sich bei den erdnahen Planeten Merkur und Venus sicher sein, keinen Mond mehr zu finden.

Übrigens: Jupiter besitzt mit Ganymed auch den größten Mond unseres Sonnensystems. Er hat einen Durchmesser von 5270 km – unser Mond kommt dagegen nur auf etwa 3480 km.

Wie kann man sich die Reihenfolge der Planeten am besten merken?

Wie für viele Dinge, die man auswendig lernen möchte, gibt es auch bei der Reihenfolge der Planeten eine Eselsbrücke: »Mein Vater erklärt mir jeden Sonntag unsere neun Planeten.« Dieser bekannte Merksatz beschreibt die Reihenfolge bzw. den Abstand der Planeten von der Sonne. Die Anfangsbuchstaben der Worte stehen für die Planeten Merkur, Venus, Erde, Mars, Jupiter, Saturn, Uranus, Neptun und Pluto.

Würde man auf Merkur ins Schwitzen geraten?

Selbst wenn wir Menschen auf Merkur leben könnten, müssten wir nicht nur schwitzen. Merkur ist zwar der sonnennächste Planet. Von daher wäre also zu vermuten, dass es auf seiner mit Kratern übersäten Oberfläche dauernd sehr heiß sein müsste. Das ist aber nicht der Fall.

Merkur hat praktisch keine Atmosphäre, die ausgleichend auf die Temperaturen wirken könnte. Deshalb hat Merkur von allen großen Planeten die stärksten Temperaturgegensätze zwischen Tag- und Nachtseite. Auf der stark elliptischen Umlaufbahn erhitzt sich die sonnenzugewandte Seite bis auf +430 °C, auf der Nachtseite fallen die Temperaturen dagegen bis auf –200 °C ab.

Die inneren Planeten unseres Sonnensystems

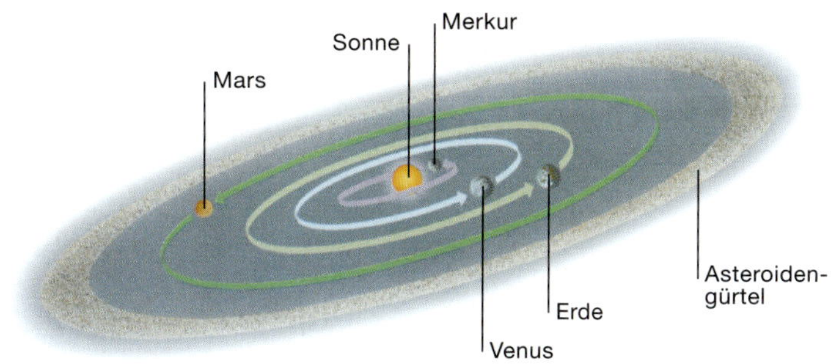

Nach wem ist der Planet Venus benannt?

Nach der römischen Göttin der Liebe und Schönheit. Doch ist der Planet alles andere als lieblich, auch wenn er alle anderen Planeten und Sterne an Helligkeit übertrifft.

Im Gegensatz zu ihrem Nachbarplaneten Merkur besitzt die Venus eine wolkenreiche, wenn auch lebensfeindliche Atmosphäre. Diese besteht vor allem aus Kohlendioxid, das auch auf der Erde für den Treibhauseffekt verantwortlich ist. Am Venusboden, wo die Temperatur weit über 400 °C beträgt, herrscht ein atmosphärischer Druck, der 90-mal größer ist als der Druck auf der Erde. Die dichten Wolken über der Venus verwehren einen Blick auf die Oberfläche des strahlenden Morgen- und Abendsterns, der alle anderen Planeten an Helligkeit übertrifft.

▼ Der Merkur ist – wie unser Mond – übersät mit Meteoritenkratern.

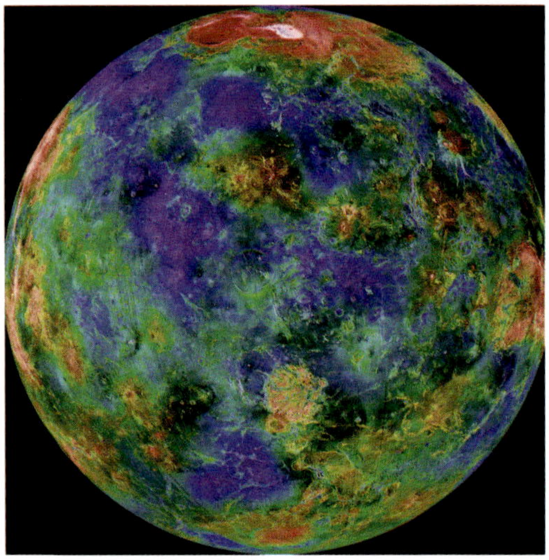

▶ Radarmosaikkarte des Planeten Venus; würde die Erde der Sonne etwas näher sein – so wie ihre »kleine Schwester« Venus –, wäre wohl auch die Erdatmosphäre lebensfeindlich.

Übrigens: Seit Anfang der 1990er Jahre wissen wir etwas mehr über das Aussehen der Venus: Die Raumsonde »Magellan« funkte Daten von der Venuslandschaft, die Hinweise auf hohe Berge, Meteoritenkrater und Spuren von Vulkanismus, zumindest in früheren Epochen des Planeten, gaben.

Was hat es mit dem Namen des »roten Planeten« auf sich?

Der Mars ist nach dem römischen Kriegsgott benannt. Seine beiden Monde heißen Phobos (Furcht) und Deimos (Schrecken).

Furcht und Schrecken erwarteten die Menschen auch lange, weil sie dachten, dass der Mars bewohnt sein könnte und diese Bewohner bei einem Besuch der Erde nicht freundlich sein könnten. Heute wissen wir, dass solche Gedanken unbegründet sind.

Seinen Beinamen »roter Planet« verdankt der Mars dem rötlichen Eisenoxid, das seine ausgedehnten Sandwüsten bedeckt und die Oberfläche prägt. Der Planet besitzt eine abwechslungsreiche Oberfläche mit Cañons und langen, schmalen Tälern – möglicherweise handelt es sich dabei um Flusstäler. Sie könnten ebenso wie die Cañons Hinweis darauf sein, dass es früher einmal große Flüsse auf dem Mars gegeben hat. Zudem gibt es zahlreiche Krater und mehrere, heute allerdings nicht mehr aktive Vulkane.

Warum enthält der Merkur so viel Metall?

Ein Wissenschaftler der Universität Bern hat 2006 auf diese Frage eine mögliche Antwort gefunden: Er geht davon aus, dass der Planet vor 4,5 Mrd. Jahren von einem Asteroiden getroffen wurde. Bei einer Simulation am Computer verlor der Merkur nach dem Zusammenprall seine äußeren Gesteinsschichten. Übrig blieb nur der dichte Planetenkern, der aus Metall besteht.

▶ Eine Landschaft auf dem Mars, aufgenommen von der europäischen Raumsonde »Mars Express«

Ist die Erde der einzige Planet mit Jahreszeiten?

Nein. Da der Marsäquator um 25 Grad gegen die Bahnebene geneigt ist, hat auch er Jahreszeiten mit ausgeprägten Wetterphänomenen wie Temperaturstürzen, Sandstürmen und Nebelbildungen.

Die Pole sind im Winter mit einer dünnen Schicht aus Wasserschnee und Trockeneis (gefrorenes Kohlendioxid) bedeckt, die im Sommer abschmilzt. Die Temperaturen liegen am Äquator bzw. in den Marstropen zwischen 20 °C und –70 °C. In den Polargebieten fallen die Temperaturen, vor allem in der Polarnacht, sogar auf –130 °C. Damit sind die Temperaturunterschiede deutlicher als die auf der Erde.

Ist ein Leben auf dem Mars möglich?

Wenn ja, dann aber nicht in Form von »kleinen grünen Männchen«, die zu den von Menschen erdachten Fantasiegeschöpfen gehören.

Der »rote Planet« ist von allen Planeten des Sonnensystems der erdähnlichste. Obwohl die Marsatmosphäre eher lebensfeindlich erscheint – sie besteht zu 95 % aus Kohlenmonoxid, der Rest vor allem aus Stickstoff und dem Edelgas Argon –, glauben manche Forscher, dass es in früheren Zeiten einmal Lebensformen auf dem Mars gegeben haben könnte. Bisherige Untersuchungen von Gesteinsproben von vom Mars stammenden Meteoriten brachten aber noch keine eindeutigen Beweise für diese These.

Übrigens: Die vor einigen Jahren von der Raumsonde »Mars Odyssey« entdeckten riesigen Eismassen heizen die Diskussion über Leben auf dem Mars wieder an. Unter der Oberfläche des roten Planeten lagern große Wasserstoffmengen in Form von Eis. Bei den 1877 entdeckten sog. Marskanälen, einem System linienförmiger Gebilde, die zu wilden Spekulationen führten, handelt es sich allerdings um eine optische Täuschung. Die Linien sind Teil eines überwiegend von Schutt und Ablagerungen zugedeckten Kraters, der wohl Zeugnis eines gewaltigen Meteoriteneinschlags ist.

◀ Nicht nur die Erde hat eine Atmosphäre – auch andere Planeten unseres Sonnensystems sind von einer Gashülle umgeben. Eindrucksvoll sind die Wolkenströme des Jupiter; rechts oben der »Große Rote Fleck«.

Wie ist das Wetter auf Jupiter?

Offenbar recht stürmisch. Die Atmosphäre von Jupiter wird von Wolkenwirbeln wie dem riesigen und langlebigen »Großen Roten Fleck« durchzogen, der schon im 17. Jahrhundert beobachtet wurde – und heute als seit Ewigkeiten tobender Sturm gedeutet wird.

Jupiter ist ein stark von Winden geprägter Planet; Geschwindigkeiten von über 150 m/s sind nicht selten – das entspricht etwa der fünffachen Vorwärtsgeschwindigkeit der Luft bei einem irdischen Orkan. Welche Verwüstungen solche Stürme auf der Erde hinterlassen würden, mag man sich nicht ausmalen.

Wussten Sie, dass …

- einer von zwei 2006 entdeckten Ringen des Uranus blau ist? Normalerweise sind die Ringe des Uranus rot. Der farbliche Außenseiter besteht jedoch aus einer Masse winziger Eispartikel, die das Sonnenlicht blau reflektieren.
- es am 4. Januar 2004 auf der Erde eine sensationelle Meldung gab: »Wir haben Anzeichen für Hüpfen auf der Oberfläche des Mars.«? Man hatte jedoch keine Marsbewohner entdeckt, sondern nur die erfolgreiche Landung der Raumkapsel »Spirit« registriert.
- die Erkenntnisse über die Planeten rasant zunehmen? Noch 1997 wusste man erst von 18 Monden des Saturn. Ein Jahrzehnt später sind bereits 47 bekannt.

▲ Zu den kleinen Himmelskörpern unseres Sonnensystems gehört der Halley´sche Komet, der schon 240 v. Chr. gesichtet wurde.

Mit einem Durchmesser von 143 000 km ist er der größte Planet in unserem Sonnensystem mit einer Masse, doppelt so groß wie die aller anderen Planeten zusammen. Seine Schwerkraft beeinflusst weite Bereiche des Sonnensystems. Im Laufe der Jahre wurden immer neue Monde des Gasriesen entdeckt, mittlerweile sind 63 bekannt. Erst 1979 stieß die Raumsonde »Voyager 1« auch auf das Ringsystem des Jupiters.

▶ Die Bildmontage zeigt den Saturn mit seinem Ringsystem und einigen größeren seiner zahlreichen Monde.

Gibt es Ringe im All?

Der Saturn mit seinem prachtvollen Ringsystem kann als Herr der Ringe im Sonnensystem bezeichnet werden.

Der dichte Schwarm von Eis- und Staubteilchen hat einen Durchmesser von 278 000 km und wurde 1656 von dem niederländischen Astronomen Christiaan Huygens beschrieben. Die Bilder der »Voyager«-Sonden zeigten, dass sich die drei Hauptringe in hunderte von Einzelringen auflösen; heute weiß man, dass es mehr als 100 000 sind. Außerdem hat der Planet 47 größere Monde, vier zusätzliche Winzlinge von ca. 100 m Durchmessern wurden Anfang 2006 entdeckt. Der größte Mond dagegen, Titan, hat einen Durchmesser von etwa 5150 km und besitzt als Einziger der bisher entdeckten Monde im Sonnensystem eine Atmosphäre. Anfang 2005 durchdrang die Sonde »Huygens« diese Atmosphäre und konnte zwei Stunden lang Bildsignale an die Erde senden. An der Oberfläche waren zerklüftete Landschaften zu erkennen.

Wussten Sie, dass ...

- sich zwischen den Bahnen von Mars und Jupiter mehr als 11 000 Kleinplaneten befinden? Bei diesem sog. Asteroidengürtel handelt es sich möglicherweise um Überreste eines zerbrochenen Großplaneten.
- 2001 eine Sonde auf dem Asteroiden Eros landete? Die Landung war Maßarbeit, denn der Himmelskörper ist nur 33 km lang, 13 km hoch und 13 km breit.
- 1994 Teile des Kometen Shoemaker-Levy9 auf dem Jupiter einschlugen? Bei den Kollisionen erhoben sich spektakuläre Feuerbälle weit über die Wolkenschicht des Planeten hinaus.

Kann ein Planet auf seiner Umlaufbahn rollen?

Der Uranus beweist, dass es geht.

Die drei äußersten Planeten Uranus, Neptun und Pluto waren den Astronomen der Antike und des Mittelalters noch unbekannt. Der erdnächste von ihnen ist der Uranus, dessen starke Achsenneigung auffällig ist. Seine Drehachse steht nicht wie bei den meisten Planeten nahezu senkrecht auf der Bahnebene, sondern ist um 98 Grad geneigt. Uranus »rollt« sozusagen auf seiner Bahn dahin. Möglicherweise wurde er einst von einem anderen Himmelskörper getroffen und aus der Achse gekippt. Uranus wird von 27 Monden umkreist. Die fünf größten, Ariel, Umbriel, Titania, Oberon und Miranda, wurden ab 1787 von der Erde aus entdeckt. 2003 spürte das Hubble-Weltraumteleskop die bisher kleinsten Satelliten mit den vorläufigen Bezeichnungen S/2003 U1 und S/2003 U2 auf.

Übrigens: Wie Jupiter und Saturn wird auch Uranus von Ringen umgeben. Es sind insgesamt elf und sie sind vergleichsweise dünn.

Wo im Sonnensystem gibt es kalten Vulkanismus?

Nicht nur der Uranus, sondern auch der Neptun hat eine blaugrüne Farbe, die auf Methan in der Atmosphäre zurückgeht. Neptun besitzt neben zwölf anderen Begleitern einen größeren Satelliten mit einem Durchmesser von 2704 km: Triton. Neben der Erde, der Venus und dem Jupitermond Io zählt er zu den wenigen Orten im Sonnensystem mit aktivem

Vulkanismus. Doch nicht glutheiße Lava dringt hier an die Oberfläche, sondern eiskalter, flüssiger Stickstoff.

Wer ist der Sonderling unter den neun Planeten?

Es ist der Pluto, der am weitesten von der Erde entfernte Planet des Sonnensystems. In vielen Belangen spielt er eine Sonderrolle.

Der erst 1930 von dem US-amerikanischen Astronomen Clyde William Tombaugh entdeckte Pluto ist nicht nur der äußerste, sondern mit einem Durchmesser von rd. 2300 km zugleich der kleinste Planet in unserem Sonnensystem. Seine Umlaufdauer um die Sonne beträgt ganze 247,7 Jahre. Pluto hat vermutlich eine mit einer Eisschicht überzogene Oberfläche, deren Temperatur –230 °C beträgt. Steht der Planet auf seiner stark exzentrischen Bahn in Sonnennähe, verdampft ein Teil des Methaneises und bildet eine dünne Atmosphäre.

Vor allem seiner geringen Masse wegen sehen einige Wissenschaftler seit Jahrzehnten in Pluto keinen Planeten, sondern lediglich einen Planetoiden. Andere betrachteten ihn lange als einen Doppelplaneten, denn sein 1978 entdeckter Mond Charon ist halb so groß wie er selbst. Von dieser »Zwillingsidee« muss man sich jedoch verabschieden, denn neuerdings wissen die Astronomen, dass Charon nicht der einzige Mond des Pluto ist. Mit dem Hubble-Weltraumteleskop entdeckten sie zwei weitere Monde, die allerdings nur einen Durchmesser von 45 bzw. 160 km haben.

Gibt es weitere Planeten?

Nachdem die Forschung einige Jahrzehnte lang annahm, außerhalb der Plutobahn keine großen Planeten mehr zu finden, wurde die Diskussion im November 2003 plötzlich neu belebt. Ein Wissenschaftlerteam entdeckte zwischen Pluto und dem Asteroiden Quaoar den bislang größten äußeren Himmelskörper unseres Sonnensystems: Sedna, mit einem geschätzten Durchmesser von ungefähr 1800 km. Über den Ursprung von Sedna ist bisher nichts bekannt, dafür kennt man die Umlaufbahn relativ genau. Mit einem maximalen Abstand von 130 Mrd. km bewegt sich das rötlich erscheinende Objekt etwa alle 10 500 Jahre um unsere Sonne. Damit liegt die Bahn vermutlich außerhalb des Kuiper-Rings, und Sedna könnte, wenn schon nicht als Planet eingestuft, das erste bekannte Objekt aus der Oort'schen Wolke sein, über deren Existenz bislang nur gemutmaßt wurde.

▼ Eine NASA-Zeichnung des nach der Inuit-Meeresgöttin Sedna benannten Himmelskörpers, der erst Ende 2003 entdeckt wurde

▲ Nachdem sich die frühe Erde zu einem Erdkörper verdichtet hatte, wurde sie noch lange Zeit von vulkanischer Hitze beherrscht.

Wie sah wohl der Anfang des Planeten Erde aus?

Die Erde entstand vor rd. 4,5 Mrd. Jahren gemeinsam mit der Sonne und den übrigen Planeten. Diese Himmelskörper gingen vermutlich aus einer mit hoher Geschwindigkeit rotierenden Wolke interstellarer Materie hervor. Durch die Schockwellen einer Supernova-Explosion stürzte die Wolke in sich zusammen, begann zu rotieren und flachte sich im Lauf der Zeit immer weiter ab. Im Zentrum verdichtete sich die Materie und die beginnende Kernfusion leitete die Geburtsstunde unserer Sonne ein. Während der Sonnenwind die flüchtigen Bestandteile der rotierenden Urwolke weit nach außen trieb, ballten sich die festen Staubteilchen zu kleinen Materiebrocken zusammen. Immer wieder kollidierten diese Brocken miteinander und verbanden sich zu größeren Körpern, den sog. Planetesimalen, die schließlich zu den inneren Planeten unseres Sonnensystems anwuchsen. Einer von ihnen, der in 150 Mio. km Abstand die Sonne umkreiste, war die Proto-Erde.

Wussten Sie, dass ...

- die Erde von den fünf Gesteinsplaneten des Sonnensystems der größte und schwerste ist?
- es genau genommen Zufall ist, dass die Hauptmenge des Wassers als Flüssigkeit in den Ozeanen erhalten blieb? Befände sich die Erde näher an der Sonne, wäre das Wasser verdampft; bei einer größeren Entfernung würde es nur Eis geben.
- die Ozeane Schutz vor den energiereichen UV-Strahlen boten, die Wasser nur bis in wenige Meter Tiefe durchdringen? Nur so konnte die Ursuppe entstehen.

Gab es eine Schöpfung in nur sieben Tagen?

Nach dem biblischen Schöpfungsmythos dauerte die Erschaffung der Erde sieben Tage, sogar einschließlich eines Tages Rast.

So schnell ging es nach wissenschaftlichen Erkenntnissen zwar nicht, doch auch nach kosmischen Maßstäben verging vom Verschmelzen der ersten kosmischen Staubteilchen bis zum ausgewachsenen kugelförmigen Erdkörper mit knapp 13 000 km Durchmesser eine relativ kurze Zeit: vermutlich nicht mehr als 30 Mio. Jahre.

Wie entstand eigentlich der Erdkern?

Der kosmische Staub, aus dem die Erde entstand, enthielt vorwiegend Kristalle von Aluminium-, Magnesium-, Eisen- und Nickelverbindungen sowie Silicate. Unter dem Druck der stetig anwachsenden Masse wurde das Erdinnere bis zum glutflüssigen Zustand erhitzt. Aber auch die Wärmeentwicklung beim Zerfall radioaktiver Elemente ließ das Innere aufschmelzen. Dadurch kam es zu einer Stofftrennung: Die schweren Elemente, vor allem Nickel und Eisen, die insgesamt ein Drittel der Erdmasse ausmachen, sanken ab und ballten sich zu einem metallischen Kern zusammen, die leichteren Stoffe, besonders Silicate, stiegen an die Oberfläche.

Übrigens: Ob die Erde jemals völlig aufgeschmolzen war, ist nicht sicher. Vermutlich war diese chemische Zonierung etwa bis 100 Mio. Jahre nach der Geburt der Erde abgeschlossen. Es hatte sich eine Schalenstruktur herausgebildet.

War die Bildung der Atmosphäre Zufall?

Keineswegs! An vielen Stellen bahnte sich die Glutschmelze ihren Weg durch die noch brüchige Erdkruste. Durch Vulkane gelangten aber nicht nur Lava, sondern auch gewaltige Mengen an Wasserdampf, Wasserstoff, Kohlendioxid, Ammoniak und Methan an die Oberfläche. Aufgrund der Erdanziehungskraft entwichen diese Gase nicht ausschließlich in den Weltraum, sondern bildeten eine Gashülle um die Erdkugel.

Übrigens: Freier Sauerstoff war kaum Bestandteil vulkanischer Gase. Sauerstoff ist chemisch sehr reaktionsfähig. Eisen wird beispielsweise von Sauerstoff leicht angegriffen und zu Eisenoxid umgewandelt, ein Vorgang, der allgemein als »rosten« bekannt ist. Da an den alten Gesteinsschichten jedoch keine Spuren von Rost zu entdecken sind, kann vor ungefähr 4 Mrd. Jahren kein freier Sauerstoff in der Erdatmosphäre enthalten gewesen sein, zumindest nicht in nennenswerten Mengen.

War die frühe Erde schon lebensfreundlich?

Nein, in der ersten Phase der Erdgeschichte deutete nichts darauf hin, dass sich einmal Leben entwickeln würde. Es war ein Ort der Extreme: Feuer speiende Vulkane, eine giftige Atmosphäre und von Kometeneinschlägen bombardiert. Es wüteten schwere Gewitter, unablässig schlugen Blitze ein und die ultraviolette Strahlung der Sonne drang ungehindert bis zur Oberfläche durch. Erst mit zunehmender Abkühlung wurden die Bedingungen günstiger: Es entstand die Ursuppe, in der sich jene Verbindungen bilden konnten, aus denen das Leben hervorging.

▼ Dieser Lavasee des Vulkans Erta Ale in Äthiopien lässt ahnen, wie es in der Erdfrühzeit in weiten Teilen der Erde ausgesehen hat.

Ist Sauerstoff ein Abfallprodukt?

Genaugenommen ist Sauerstoff ein Abfallprodukt, aber ein wichtiges! Einer der wichtigsten Vorgänge in der Natur der Erde ist die Photosynthese: Sie bildet die Grundlage für das Leben aller tierischen Organismen einschließlich des Menschen. Die aus vielen Teilschritten bestehende Umwandlung der Lichtenergie in chemische Energie findet in spezialisierten Zellorganellen der Pflanzen, den Chloroplasten, statt. Im Innern der Chloroplasten befindet sich das für Pflanzen so charakteristische Blattgrün, das Chlorophyll. Angeregt durch die Sonnenenergie, werden hier Wassermoleküle gespalten. Dabei entsteht gewissermaßen als Abfallprodukt Sauerstoff, der über die Spaltöffnungen der Blätter an die Umgebung abgegeben wird.

Wie kam der Sauerstoff auf die Erde?

Die Sauerstoffproduktion begann erst mit der Aufspaltung des Wassermoleküls in Wasserstoff und Sauerstoff durch die ultraviolette Strahlung der Sonne.

Während die leichten Wasserstoffatome in den Weltraum entwichen, blieben die schweren Sauerstoffatome aufgrund der Erdanziehungskraft an die Atmosphäre gebunden. Hier bildete sich im Lauf der Zeit eine, wenn auch zunächst nur dünne, wirkungsvolle Schutzschicht vor der ultravioletten Strahlung. Große Teile des Sauerstoffs wurden in der Frühphase der Erde sofort wieder in den Gesteinen gebunden. Erst durch das Auftreten von Cyanobakterien vor 3,5 Mrd. Jahren, die Kohlendioxid in Kohlenstoff und Sauerstoff aufspalten konnten, vergrößerte sich der Sauerstoffanteil in der Atmosphäre merklich; 2,5 Mrd. Jahre später waren bis zu 10 % enthalten.

▼Erst durch die Uratmosphäre konnten große Ozeane entstehen.

Seit wann gibt es Ozeane?

Luft und Wasser sind eng miteinander verknüpft, denn die Bildung der Uratmosphäre ging einher mit der Entstehung der Ozeane.

Die wichtigste chemische Verbindung in der ersten Erdatmosphäre war Wasserdampf aus dem Erdinneren. Nachdem die Luft mit ihm gesättigt war, kondensierte der Wasserdampf und ging in gewaltigen Gewitterstürmen nieder. Da die Erde jedoch noch stark aufgeheizt war, verdampften große Mengen des hochgradig sauren Regens sofort. Dadurch wurde der Erdball Jahrmillionen nach seiner Bildung so weit abgekühlt, dass das »ausgeschwitzte« Wasser die Senken des Erdkörpers auffüllte.

Wann entwickelte sich das erste Leben?

Das dauerte noch, denn am Ende der Erdzeit (auch Sternzeit genannt) waren der Erdkern und der größte Teil des geschmolzenen Materials noch heiß.

Die Erdkruste war jedoch weitgehend abgekühlt und somit erstarrt. Es folgte die Frühzeit der Erde, das Präkambrium. Diese Epoche setzte vor rd. 4 Mrd. Jahren ein, zu einer Zeit, als auf der Erdoberfläche Temperaturen von weniger als 100 °C herrschten. Das Ende des Präkambriums wird mit dem Auftreten der ersten skeletttragenden Tiergruppen vor vermutlich 600 Mio. Jahren im Ediacarium datiert.

Dieses rd. 3,4 Mrd. Jahre andauernde Erdzeitalter umfasst rd. drei Viertel der gesamten Erdgeschichte. In diesen Zeitraum fällt sowohl die Bildung der ersten Kontinente als auch die Entstehung des pflanzlichen und tierischen Lebens. Die Entstehung der heute die Erde besiedelnden Arten ist vor relativ kurzer Zeit erfolgt.

◀ Es dauerte Jahrmillionen, bis die Erde so weit abgekühlt war, dass sich die Meere bilden konnten; in ihnen begann die Entwicklung des Lebens (Blick über die Liparischen Inseln, Italien, mit der Insel Vulcano im Vordergrund).

Sind wir Menschen allein im Weltall?

Vielleicht wird diese Frage nie beantwortet werden können, denn unsere Sonne ist nur einer unter hunderten Milliarden Sternen allein in der Milchstraße – von anderen Galaxien ganz zu schweigen.

Bei vielen Sternen liegt aufgrund der Bewegung des Zentralsterns die Vermutung nahe, dass sich vielleicht Planeten gebildet haben. Die Schwierigkeit besteht jedoch darin, diese Himmelskörper zu finden, da sie so lichtschwach sind, dass sie auch den größten Teleskopen bislang verborgen blieben.

Übrigens: Die meisten bisher entdeckten Planeten außerhalb unseres Sonnensystems sind riesige Gasplaneten, die als potenzielle »Lebensträger« ausscheiden. Obwohl eine neue Wahrscheinlichkeitsrechnung von etwa einer Milliarde erdähnlicher Planeten allein in unserer Heimatgalaxie ausgeht, bleibt angesichts der räumlichen Dimensionen die Jagd nach ihnen die sprichwörtliche Suche nach der Nadel im Heuhaufen.

Ist das Alter der Erde nur geschätzt?

Nein, seit etwa 100 Jahren weiß man genau Bescheid. Bis Anfang des 20. Jahrhunderts ließen die Messmethoden keine genaue Bestimmung des geologischen Alters von Gesteinen zu; das Alter der Erde und die Dauer der Epochen konnten daher nur grob geschätzt werden. Erst die Entdeckung der Radioaktivität 1896 durch den französischen Physiker Henri Becquerel eröffnete der Wissenschaft die Möglichkeit der radiometrischen Altersbestimmung.

Radioaktive Elemente gehen im Lauf der Zeit unter Abgabe von Strahlungsenergie in andere Elemente über. Die Zeit, in der die Hälfte der Ausgangsmenge zerfällt, wird Halbwertszeit genannt. Sie ist für jedes radioaktive Element charakteristisch und kann zwischen Bruchteilen von Sekunden und Millionen von Jahren betragen – die Halbwertszeit von Kohlenstoff 14 liegt bei 5730 Jahren, die von Uran -238 bei fast 4,5 Mrd. Jahren. Für die Bestimmung des Alters benötigt man radioaktive Elemente, die ausreichend in dem Gestein enthalten sind und deren Halbwertszeit bekannt ist.

Wussten Sie, dass …

- die Erde auch schon mal ein Eisplanet war? Vor etwa 750–580 Mio. Jahren war unser Planet so stark abgekühlt, dass es auf der Oberfläche nur noch in der Nähe des Äquators flüssiges Wasser gab.
- sich die älteste Phase der Erdgeschichte, das Präkambrium, nur sehr schwer erforschen lässt? Zum einen wurde die frühe Erdkruste schon damals vielfach umgewandelt, zum anderen haben spätere Zeiten die Zeugnisse dieser Ära verändert.

▲ Am Mondhorizont ist gerade die Erde aufgegangen.

Wie entstand der Mond?

Genau weiß das niemand. Eine ältere Hypothese besagt, dass der Mond unabhängig von der Erde entstand und von ihr aufgrund der großen Anziehungskraft »eingefangen« wurde. Neueren Theorien zufolge ist der Mond jedoch das Ergebnis eines planetarischen Zusammenstoßes der Erde mit dem Protoplaneten Theia. Dieser war vermutlich so groß wie der Mars, und die Kollision hatte entsprechende Auswirkungen.

Durch den Zusammenprall vor mehr als 4 Mrd. Jahren wurde Theia zerstört, sein schwereres Material dem Erdkern einverleibt und das leichtere Material in eine Erdumlaufbahn geschleudert. Auch wurden beträchtliche Teile der äußeren Erdschichten durch den Aufprall abgesprengt. Die Trümmerteile der beiden Himmelskörper verblieben in einer Umlaufbahn um die Erde, vermischten sich und verdichteten sich schließlich zum Mond, wie wir ihn heute kennen.

▲ Die erdabgewandte Mondseite lässt zahlreiche Krater erkennen (Aufnahme von Apollo 16).

Übrigens: Diese Theorie würde erklären, warum der Mond in seiner chemischen Zusammensetzung der Erde zwar sehr ähnlich ist, sich im Detail aber deutlich unterscheidet. So besteht der Mond fast nur aus Gesteinen und hat einen viel geringeren Eisengehalt als die Erde. Zudem hat er eine verhältnismäßig geringe Dichte.

Wie ist der Mond aufgebaut?

Unter der Schuttschicht an der Oberfläche – einem Gemisch aus feinem Staub und felsigem Geröll, das durch Meteoriteneinschläge entstanden ist – verbirgt sich eine festere Schicht, unter der sich die eigentliche Mondkruste befindet. Diese Kruste aus feldspathaltigem Gestein ist durchschnittlich 65 km dick. Ihr Material ist von Basalt durch-

Wussten Sie, dass ...

- der Fußabdruck, den der US-amerikanische Astronaut Neil Armstrong am 21. Juli 1969 bei seinem »kleinen Schritt für einen Menschen, aber riesigen Sprung für die Menschheit« hinterließ, auch heute noch sichtbar ist? Auf dem Mond gibt es nämlich weder Luft, Wind noch Wasser, die ihn verwischen könnten.
- der Mond einen Durchmesser von 3480 km hat und damit größer ist als Pluto, der kleinste Planet unseres Sonnensystems?
- es auch auf dem Mond Beben gibt? Mit einer maximalen Stärke von zwei auf der Richterskala sind sie jedoch sehr schwach, oft werden sie durch Meteoriteneinschläge ausgelöst.

zogen, das aus dem oberen festen Mondmantel in 800–1000 km Tiefe stammt. Der Kern des Mondes, der nur etwa 1 % der gesamten Masse umfasst, ist wahrscheinlich zähflüssig und hat einen Radius von weniger als 350 km. Seine genaue Zusammensetzung ist nicht bekannt, als Hauptbestandteile werden Eisen und Schwefel vermutet. Die Temperatur im innersten Bereich beträgt etwa 1200 °C.

Wie stark ist die Schwerkraft?

Die Astronauten, die auf dem Mond landeten, haben bewiesen, dass sie große Sprünge machen konnten. Das war deshalb möglich, weil die Schwerkraft dort nur etwa einem Sechstel der Erdgravitation entspricht.

Wegen dieser geringen Schwerkraft gibt es auf dem Mond nahezu keine Atmosphäre. Seine minimale Restatmosphäre besteht möglicherweise aus Gasen, die beim radioaktiven Zerfall bestimmter Elemente in den Mondgesteinen sowie durch den schwach vorhandenen Vulkanismus freigesetzt werden.

Woher hat unser Trabant seine Narben?

Nach der Abkühlungsphase formte ein pausenloses Bombardement von Planetesimalen sowie größeren und kleineren Meteoriten in der Frühzeit unseres Sonnensystems gewaltige Becken- und Kraterlandschaften, die sog. Ringgebirge oder Wallebenen, mit einem Durchmesser von bis zu mehreren hundert Kilometern. Im Laufe der Zeit nahm die Zahl der Einschläge merklich ab und auch die Größe der Himmelskörper, die auf die Oberfläche auftrafen, wurde geringer. Die Narben des Mondes sind also meist alte »Verletzungen«.

Wie gebirgig ist der Mond?

Auch der Erdtrabant hat seine »Alpen« und seinen »Himalaya«.

Während der früheren Perioden des aktiven Vulkanismus stiegen enorme Mengen von Magma aus dem Mondinnern an die Oberfläche und füllten die Becken mit Lava. Am größten ist das Mare Imbrium, das »Meer des Regens«, mit einem Durchmesser von 960 km. Die gewaltigen Kraterränder präsentieren sich heute als Gebirgszüge mit Höhen bis zu 10 000 m. Dazu gehören vor allem die Gebirge, die in Anlehnung an terrestrische Gebirgszüge Karpaten, Apenninen, Kaukasus, Alpen und Jura genannt werden.

Übrigens: Die weitflächigen Ebenen oder Meere werden von vielen feinen Lavarillen durchzogen. Unterirdische Lavablasen haben die Mondoberfläche aufgewölbt und sog. Dome gebildet, auf deren Spitze sich kleine Aufsturzkrater befinden.

Gibt es Wasser auf dem Mond?

Lange Zeit dachte man, dass die Schwerkraft viel zu gering sei, um überhaupt Wasser an der Mondoberfläche halten zu können. Neuere Messungen legen die Vermutung nahe, dass an den beiden Mondpolen zumindest Wassereis vorhanden ist, wenn auch in sehr geringen Mengen. Dafür kommen nur Gebiete im Dauerschatten, z. B. in sehr tiefen Kratern, infrage, da durch die ungehemmte Sonnenstrahlung auf dem Mond Temperaturen bis zu 120 °C herrschen.

▼ Neil Armstrong betrat am 21. Juli 1969 als erster Mensch den Mond. Seine Fußabdrücke sind bis heute erhalten geblieben.

Wusstem Sie, dass ...

- die Kruste auf der Mondrückseite mit etwa 100 km deutlich dicker ist als auf der Mondvorderseite?
- die lavagefüllten Meere, die rd. 16 % der Mondoberfläche einnehmen, fast nur auf der sichtbaren Mondseite vorhanden sind, während auf der Mondrückseite die kraterübersäten Hochländer (Terraegebiete) dominieren?
- durch die Anziehungskraft des Mondes nicht nur die Gezeiten auf der Erde entstehen, sondern auch die Rotation unseres Planeten gebremst wird?
- bis heute 382 kg Mondgestein zur Erde zurückgebracht worden ist?

Wann bleibt der Erdenhimmel nachts besonders dunkel?

Bei Neumond. Der Mond verändert nämlich während seines Erdumlaufs durch die unterschiedliche Sonnenbeleuchtung ständig seine sichtbare Form. Läuft er zwischen der Erde und der Sonne hindurch, ist der Erde seine Nachtseite zugekehrt, so dass er am Abendhimmel unsichtbar ist: Neumond.

In den folgenden Tagen wächst eine schmale Sichel, bis etwa 7,5 Tage nach Neumond der zunehmende Halbmond oder das erste Viertel erstrahlt. Nach weiteren 7,5 Tagen nimmt die Mondscheibe weiter zu bis am 15. Tag der Trabant von der Erde aus gesehen der Sonne gegenüber steht: Vollmond. Danach nimmt der Mond wieder ab. Etwa 22,5 Tage nach Neumond ist abnehmender Halbmond oder das letzte Viertel zu sehen: Die linke Seite ist hell, die rechte dunkel. Danach wird die abnehmende Mondsichel zunehmend schmaler. Etwa 29,5 Tage nach Neumond ist wiederum Neumond, und der Zyklus beginnt von neuem.

▼ Die erste weiche Mondlandung gelang 1966 der Sowjetunion mit der Sonde »Luna 9« (Zeichnung).

Ist der Mond immer gleich groß?

Natürlich, nur sehen wir ihn auf der Erde zu unterschiedlichen Zeiten unterschiedlich groß.

Da die Umlaufbahn des Mondes nicht kreisförmig, sondern elliptisch ist, verändert sich die Entfernung zur Erde innerhalb eines Monats von 356 400 km am erdnächsten Punkt (Perigäum) auf 406 700 km am erdfernsten Punkt (Apogäum). Deshalb erscheint der Mond am erdnächsten Punkt ein wenig größer als am erdfernsten Punkt. Treffen das Perigäum und Vollmond zeitlich zusammen, scheint der Mond besonders groß und hell.

Was ist mit dem Hof des Mondes gemeint?

Nicht immer bildet sich der Mond am Nachthimmel als klar umrissene Scheibe oder Sichel ab: Gelegentlich wird er von einem mehr oder weniger blasshellen oder verschwommenen Lichthof umgeben.

Dieser entsteht immer dann, wenn sich in der Erdatmosphäre genau über dem Betrachter eine dünne Wolkenschicht aus winzigen Eiskristallen befindet. Diese zerstreuen das von der Mondoberfläche reflektierte Sonnenlicht. Aus einem klaren Rand bildet sich deshalb ein eher milchiger Hof. Streuen nicht Eiskristalle, sondern Wassertropfen das Licht, entsteht ein schmalerer Hof, da die Reflexion nicht so stark ist wie durch feste Eispartikel. Dieser schmale Mondhof wird als Kranz oder Korona bezeichnet, während für den breiten Mondhof der Begriff Halo verwendet wird.

◀ Teilansicht der Mondoberfläche mit den Kratern Aristarchus (A) und Prinz (P)

Da er auf der ganzen Welt zu sehen ist, taucht er auch in den Mythen vieler Kulturen auf. Für die Babylonier, Chinesen und Hebräer war der Mond ebenso Zeitgeber des himmlischen Kalenders wie bei den Völkern der Südsee oder einigen altamerikanischen Hochkulturen. Noch heute werden die Feste im Islam nach dem Mondkalender berechnet. Bei den nordamerikanischen Ureinwohnern waren der männliche Mond und die weibliche Sonne Geschwister und in Liebe verbunden.

Übrigens: In vielen Kulturen wurde dem Mond eine weibliche Rolle zugeteilt: Die römische Mondgöttin Luna entsprach der griechischen Selene. Hohes Ansehen genossen auch die Mondgöttinnen Hina bei den Polynesiern und Ix Chel, die in der Mythologie der Mayas im ewigen Streit mit der Sonne lag.

▼ Den abnehmenden Mond erkennt man daran, dass der »Bauch« der Sichel wie beim Buchstaben »a« (für »abnehmend«) nach links zeigt.

Wie viele Menschen waren auf dem Mond?

Zwölf Männer – allesamt US-amerikanische Astronauten – haben als bisher einzige Menschen den Mond betreten.

Da der Mond in 27,32 Tagen um seine Achse rotiert, in derselben Zeit aber auch einmal um die Erde kreist, wendet er dieser – mit geringfügigen Abweichungen – stets dieselbe Seite zu. Etwa 41 % der Mondfläche bleiben daher für den Betrachter von der Erde aus unsichtbar. Erst der Einsatz von Mondsonden gewährte den Blick auf die verborgene Rückseite. 1959 funkte die sowjetische Raumsonde Lunik III erstmals Daten über die erdabgewandte Seite; 1965 wurde die erste Karte der Mondrückseite angefertigt.

Nachdem 1966 Luna 9 die erste weiche Mondlandung gelungen war, lieferte Luna 13 die erste chemische Analyse vom Mondboden. Im Verlauf des US-amerikanischen Apollo-Programms landeten 1969–72 sechs bemannte Missionen mit insgesamt zwölf Astronauten auf dem Erdtrabanten.

Sind wir mondsüchtig?

Nur sehr wenige Menschen »schlafwandeln« und können sich nach dem Aufwachen nicht mehr dran erinnern (dieses Phänomen nennt man Somnambulismus oder Mondsucht). Allerdings hat der Mond die Menschen seit jeher fasziniert.

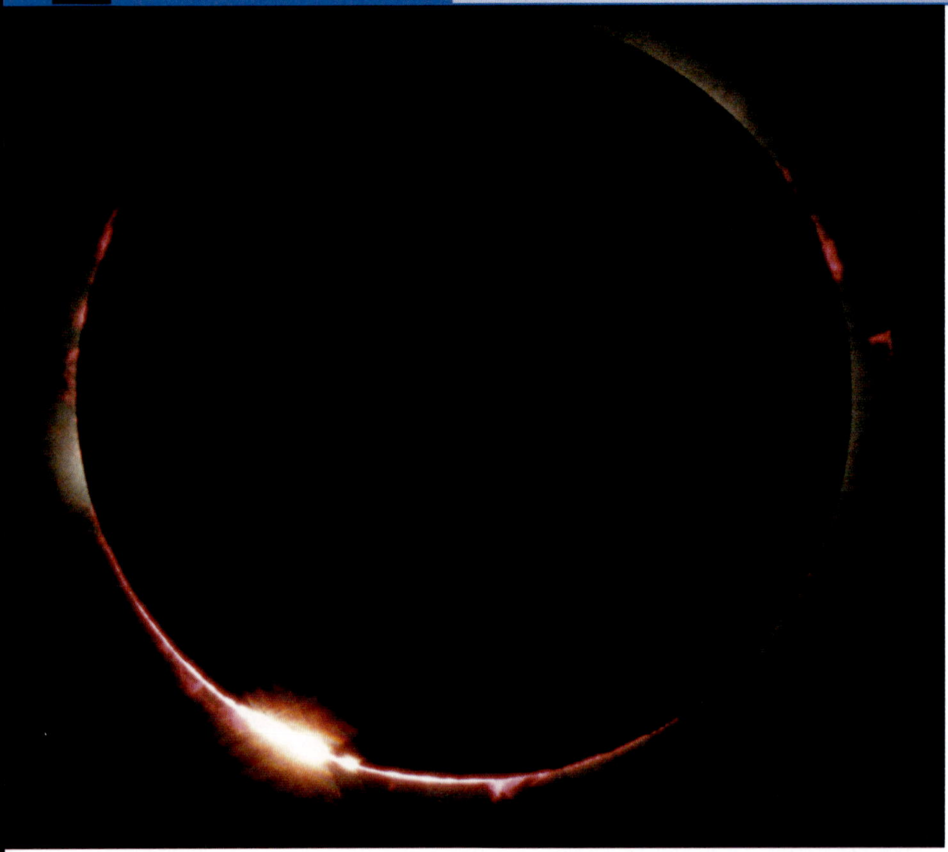

▲ Bei dieser Sonnenfinsternis im August 1999 ist von der mondverdeckten Sonne nur noch die Chromosphäre mit Protuberanzen zu sehen.

Was ist eine Finsternis?

In der Astronomie bezeichnet man als Finsternis jede Erscheinung, bei der für den Betrachter ein Himmelskörper von einem anderen für eine gewisse Zeit entweder ganz (totale Finsternis) oder teilweise (partielle Finsternis) abgedunkelt wird.

Die Finsternis ist also eine rein optische Erscheinung. Neben den bekannten Phänomenen Sonnen- und Mondfinsternis gibt es auch die Sternbedeckung, bei der der Mond zwischen Erde und Stern tritt, sowie die Durchgänge, also die Vorübergänge der Planeten Merkur und Venus vor der Sonnenscheibe. Alle diese Phänomene lassen sich genau berechnen.

Wie spielt sich eine Sonnenfinsternis ab?

Eine Sonnenfinsternis findet immer dann statt, wenn sich der Mond zwischen Sonne und Erde befindet, also bei Neumond. Von einem irdischen Standpunkt aus betrachtet, schiebt sich der Mond von West nach Ost vor die Sonne und wirft dabei seinen Schatten auf die Erde.

Das passiert relativ selten, weil die Mondbahn um gut 5 Grad zur Erde geneigt ist, die drei Himmelskörper also in der Regel keine Gerade bilden. Obwohl die Sonne einen 400-mal größeren Radius als der Mond hat, erscheint er während einer Sonnenfinsternis fast so groß wie die Sonne, denn die Sonne ist auch 400-mal weiter von der Erde entfernt als der Mond. Der Kernschatten des Mondes, das ist der Bereich, bei dem die Sonne während einer totalen Sonnenfinsternis völlig bedeckt wird, ist nur maximal 270 km breit. Wegen der Bewegung des Mondes und der gleichzeitigen Drehung der Erde um sich selbst rast dieser Kernschatten mit einer Geschwindigkeit von etwa 2000 km/h über die Erde. In diesem Kernschattenstreifen kann man die Sonnenfinsternis am jeweiligen Standort nur für wenige Minuten beobachten.

Bei einer partiellen Sonnenfinsternis bedeckt der Mond nur einen Teil der Sonne. Diesen außerhalb des Kernschattens liegenden, etwa 3000 km breiten Bereich nennt man Halbschatten. Zu einer ringförmigen Sonnenfinsternis kommt es, wenn die Mondscheibe, deren Größe wegen der elliptischen Mondumlaufbahn schwankt, zu klein ist, um die Sonne vollständig zu bedecken.

Was ist zu sehen, wenn es dunkel ist?

Während einer totalen Sonnenfinsternis erkennt man um die vom Neumond vollstän-

Wussten Sie, dass ...

- eine der in der Bibel erwähnten zehn Plagen Ägyptens eine Sonnenfinsternis war?
- die erste sicher datierte, überlieferte Beobachtung einer Sonnenfinsternis aus Mesopotamien stammt? Sie ereignete sich am 15. Juni 763 v. Chr.
- der Astronom Theodor von Oppolzer 1887 eine Aufstellung aller Sonnen- und Mondfinsternisse von 1206 v. Chr. bis 2161 n. Chr. erarbeitete?
- es allein im 20. Jahrhundert 375 Verfinsterungen gab?
- eine totale Sonnenfinsternis höchstens 7,6 Minuten dauert?

Sonnenfinsternis

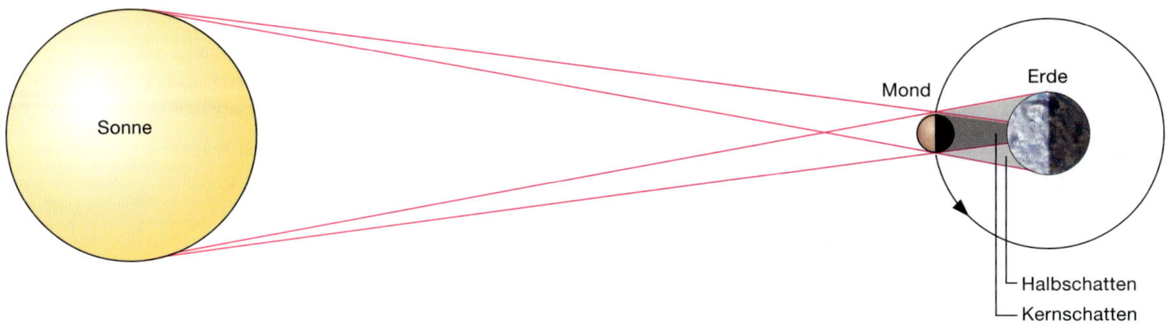

dig bedeckte Sonnenscheibe einen Strahlenkranz, die sog. Korona. Mit etwas Glück kann man auch die Protuberanzen (Gaswolken) der Sonne beobachten. Eine eigentümliche Erscheinung sind die kurz vor und nach der Totalität auftauchenden fliegenden Schatten, die durch die Dichteunterschiede der Luft entstehen. Da selbst bei einer Finsternis die Strahlen der Sonne noch kräftig sind, ist bei der Beobachtung die Benutzung einer speziellen Schutzbrille unerlässlich. Hält man sich nicht daran, können schwere Netzhautschäden auftreten.

Und wie ist es bei einer Mondfinsternis?

Wie bei einer Sonnenfinsternis stehen auch bei einer Mondfinsternis Erde, Mond und Sonne auf einer Geraden, nur liegt hier der Mond im Schatten der Erde und kann von der Sonne nicht bestrahlt werden.

Eine Mondfinsternis tritt nur bei Vollmond auf, also wenn die Sonne weniger als 13 Grad vom Schnittpunkt ihrer Bahn mit der des Mondes entfernt ist. Im Gegensatz zur Sonnenfinsternis kann die bis zu 1,7 Stunden dauernde Mondfinsternis von allen dem Mond zugewandten Orten der Erde aus beobachtet werden – die Erde, die sehr viel größer als der nicht allzu weit entfernte Mond ist, wirft einen breiten Schatten, in dem der Mond lange verschwindet.

Wann wird es über Deutschland wieder dunkel?

Nur wenige von uns werden die nächste Sonnenfinsternis über Deutschland erleben, denn die wird erst am 3. September 2081 stattfinden. Wer weit reisen möchte, hat vorher gute Chancen: Am 1. August 2008 verdunkelt sich die Sonne über Kanada, Grönland, Russland, der Mongolei und China, am 22. Juli 2009 über Indien, Nepal und China. Am 11. Juli 2010 werden die Osterinsel sowie Chile und Argentinien mit Dunkelheit bedacht, am 13. November 2012 ist es über Australien soweit.
Mit dem dunklen Mond über Deutschland sieht es günstiger aus. In den nächsten Jahren kann er gleich dreimal bewundert werden: am 3./4. März 2007 um 0.21 Uhr, am 21. Februar 2008 um 4.26 Uhr und am 21. Dezember 2010 um 9.16 Uhr.

Übrigens: Mond- und Sonnenfinsternis wiederholen sich nach einer Periode von 6585 Tagen, dem schon den Babyloniern bekannten Saroszyklus, nach dessen Ablauf der Mond wieder exakt die gleiche Stellung zu Sonne und Erde einnimmt.

Mondfinsternis

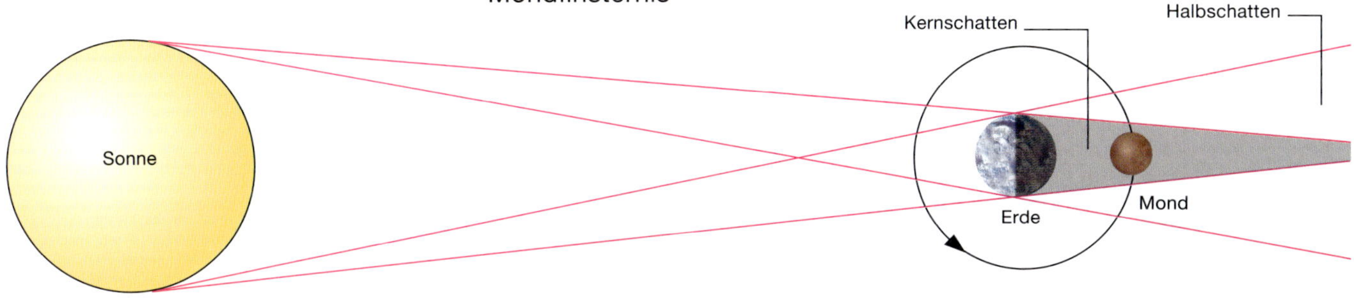

▲ Mit geöffneten Frachtraumklappen zeigt sich hier das Spaceshuttle »Endeavour« im All.

Was war der »Sputnikschock«?

Der »Sputnikschock« war die Reaktion der USA auf den Erfolg der UdSSR, der es am 4. Oktober 1957 mit »Sputnik 1« gelungen war, den ersten Satelliten in eine Erdumlaufbahn zu befördern. Dadurch wurden die Fortschritte in der Raumfahrt beschleunigt, die im Laufe der Jahrzehnte immer mehr wissenschaftlichen Charakter bekam: 1969–72 betraten zwölf US-Astronauten den Mond. Zeitgleich konzentrierte sich die UdSSR darauf, ihre Raumstationen und robotergesteuerten Raumfahrzeuge zu verbessern. 1971–88 waren Saljut 1 bis Saljut 7 im All, 1986–2001 war es die Raumstation Mir.

Der Traum der Menschheit, die Erde zu verlassen und den Weltraum zu bereisen, ist alt. Der erste Schritt zu seiner Verwirklichung konnte aber erst getan werden, als die Raketentechnik beherrschbar geworden war, also ab den 1950er Jahren. Den größten Schub erhielt die Forschung durch den Zweiten Weltkrieg, der die ersten Raketen hervorbrachte. Auch in den folgenden Jahrzehnten sollten militärische Interessen im Vordergrund stehen: Die Großmächte USA und UdSSR versprachen sich von der Eroberung des Weltraums Vorteile bei einem erneut drohenden Krieg bzw. bei ihren Verteidigungsstrategien. Entsprechend groß war der »Sputnikschock«.

► Eine Trägerrakete mit der Raumkapsel Sojus-TM wird auf dem Weltraumflughafen Baikonur zur Abschussrampe gebracht; das wichtigste russische Raumfahrtzentrum soll bald ersetzt werden, weil es in Kasachstan liegt.

Wo liegen die Zentren der Raumfahrt?

Neben den USA und der UdSSR trat ab 1975 mit der europäischen Weltraumagentur ESA (European Space Agency) eine dritte wichtige Kraft in der Raumfahrt an. Heute sind mehr als 20 Raumfahrtzentren über die Erde verteilt. Die wichtigsten sind Baikonur, das Russland nach dem Zusammenbruch der UdSSR 1994 für 20 Jahre von Kasachstan gepachtet hat; Plessezk bei Archangelsk, das Baikonur bald ersetzen soll; Cape Canaveral in Florida für die NASA sowie Kourou in Französisch-Guyana für die ESA.

Was kennzeichnet die heutige Raumfahrt?

Die internationale Zusammenarbeit, denn die Zeiten, in denen zwei Supermächte ihre Kräfte im Weltall maßen, sind längst vorbei.

Heute arbeiten zahlreiche Staaten gemeinsam an großen Projekten, nicht zuletzt deshalb, weil sie anders nicht zu finanzieren wären.

Die Internationale Raumstation ISS (International Space Station) ist das Projekt im All, an dem die meisten Staaten beteiligt sind. Auch die USA und Russland arbeiten bei der ISS Hand in Hand. Der Bau der Station begann 1998, schon zwei Jahre später zog die erste ständige Besatzung ein. In den folgenden 20 Jahren sollen Menschen aus 16 Nationen dort arbeiten – ob sie sich Kosmonauten, Astronauten oder anders nennen, wird dabei keine Rolle mehr spielen.

Übrigens: Im Juli 2006 ging erneut eine Langzeitbesatzung an Bord der ISS. Mit Thomas Reiter war erstmals ein Deutscher dabei.

Was ist eigentlich …

- die NASA? Die Abkürzung steht für »National Aeronautics and Space Administration«. Die zivile Behörde der USA für Luft- und Raumfahrt wurde 1958 gegründet.
- ein Taikonaut? Die UdSSR nannte ihre Raumfahrer Kosmonauten, die Amerikaner schicken seit jeher Astronauten ins All. Als China 2003 seinen ersten Mann ins All sandte, wurde für ihn die neue Bezeichnung Taikonaut geschaffen.
- Hubble? Das 13 m lange und über 12 t schwere Großteleskop wurde 1990 auf einer Erdumlaufbahn in 560 km Höhe stationiert. Benannt ist es nach dem US-Astronomen Edwin Powell Hubble (1889–1953).

Wie viele Satelliten umkreisen die Erde?

Wirklich eng ist es auf den Umlaufbahnen um die Erde nicht, aber es wird immer enger.

1965 schossen die USA mit »Early Bird« den ersten nichtstaatlichen Nachrichtensatelliten ins All. Zu Beginn des 21. Jahrhunderts befanden sich fast 2500 funktionierende Satelliten auf ihren Umlaufbahnen, über 1300 gehörten Russland, knapp 700 den USA. Die Zahl aller jemals ins All beförderten Satelliten betrug zu dem Zeitpunkt knapp 25 000.

Es gibt Kommunikationssatelliten, ohne die internationale Telefonate oder Livesendungen undenkbar wären. Satelliten dienen der Erkundung der Erdoberfläche und des Wetters – mal zu zivilen, mal zu militärischen Zwecken. Mit Astronomiesatelliten wird der Weltraum erforscht. Mit Navigationssatelliten finden in Friedenszeiten Autofahrer ihre Wege zu unbekannten Orten, in Kriegszeiten werden auch Raketen und Bomben durch diese Satelliten zu ihren Zielen gelenkt.

Hat man Leben außerhalb der Erde gefunden?

Nein. Dieser Traum – oder die Befürchtung – der Menschheit hat sich noch nicht erfüllt. Bei einigen Projekten wurde aber darauf spekuliert, auf intelligentes Leben im All zu stoßen.

1977 sandte die NASA zwei Raumsonden ins All, die für die Erkundung der äußeren Planeten konstruiert worden waren. Ihre Namen waren Programm: Voyager, Reisender. Bis 1981 hatten »Voyager 1« und »Voyager 2« die Planeten Jupiter und Saturn passiert. 1986 flog »Voyager 2« an Uranus vorbei, 1989 an Neptun. Den Raumsonden sind zahlreiche Erkenntnisse zu verdanken, u. a. wurden mit ihnen 22 neue Monde entdeckt, allein zehn des Uranus. Beide Sonden haben mittlerweile unser Sonnensystem verlassen und entfernen sich immer weiter. Im Jahr 2000 benötigten

▼ An Bau und Nutzung der Internationalen Raumstation (ISS) sind zahlreiche Staaten beteiligt; sie gilt als das größte internationale Weltraumprojekt.

► Schwerelos bewegen sich der italienische Astronaut Roberto Vittori (links) und der südafrikanische »Weltraumtourist« Mark Shuttleworth 2002 schwebend in der Internationalen Raumstation (ISS).

die Signale von »Voyager 2« über acht Stunden, bis sie auf der Erde empfangen werden konnten. Die Verbindung zum Heimatplaneten werden die zwei Reisenden spätestens 2020 mit dem Ende ihrer Batterien verloren haben. »Voyager 2« könnte in 296 000 Jahren Sirius, den von der Erde aus sichtbaren hellsten Stern, passieren. Beide Sonden tragen jeweils eine kupferne Datenplatte, auf denen nicht nur 115 Bilder der Erde zu sehen sind, sondern auch Musik zu hören ist, u. a. der erste Satz von Ludwig van Beethovens 5. Sinfonie.

▼ Jurij Alexejewitsch Gagarin (1934–68)

Welche Raumstation blieb länger als geplant im All?

Dier russische Raumstation »Mir« – der Name bedeutet Frieden. Als sie 1986 in Betrieb genommen wurde, war ihr Einsatz nur für fünf Jahre geplant. Doch erst 2001, nach 15 Dienstjahren, wurde sie kontrolliert zum Absturz gebracht; hunderte Trümmerteile gingen über dem Südpazifik nieder, ein Großteil war bereits zuvor in der Atmosphäre verglüht. Zum Schluss war nur noch über die Pannen berichtet worden, die Höhepunkte der Raumstation konnte dies aber nicht vergessen machen. So stellte der Kosmonaut Walerij Poljakow 1994/95 einen wahrlich einsamen Rekord auf, indem er 438 Tage in der »Mir« verbrachte. 1995 koppelte zum ersten Mal ein Raumtransporter der USA an.

Womit beschäftigt sich die Raumfahrt heute?

Die Projekte der internationalen Raumfahrt werden immer vielfältiger. Dabei geht es den Forschern nicht nur darum, immer weiter in das All vorzustoßen, sondern auch Erkenntnisse über die Vergangenheit zu gewinnen.

Zu den spektakulärsten Missionen gehörte »Cassini-Huygens«. Die Doppelsonde

Wer war Jurij Gagarin?

Unter allen Raumfahrern wird Jurij Gagarin für immer eine Sonderstellung einnehmen: Im April 1961 flog der 27-jährige Fliegeroffizier als erster Mensch ins All. Die UdSSR hatte damit diesen Wettlauf für sich entscheiden können. Mit seiner Raumkapsel »Wostok 1« – das russische Wort bedeutet Osten – blieb Gagarin eine Stunde und 48 Minuten auf einer Erdumlaufbahn. Den Erfolg konnte er nicht lange auskosten, denn 1968 starb er bei einem Flugzeugabsturz.

war 1997 zur Erkundung des Saturn gestartet worden. 2004 erreichte sie mit 20 000 km Entfernung zur Saturnoberfläche die geringste Distanz zum Planeten. Besonderes Aufsehen erregten nicht nur die Bilder von den Ringen und Monden: Anfang 2005 landete »Huygens« auf dem Saturnmond Titan und nahm Daten und mehrere hundert Fotos auf.

Spektakulär war auch der Erfolg von »Stardust«: Nach siebenjähriger Reise kam die Sonde Anfang 2006 zur Erde zurück. Im Gepäck hatte sie Staub des Kometen »Wild 2«, der mit 4,5 Mrd. Jahren so alt wie unser Sonnensystem ist. Ein anderer Komet, »Tempel 1« war 2005 von einem Projektil der Sonde »Deep Impact« beschossen worden, um aus dem abgesprengten Material Rückschlüsse auf die Rolle von Kometen bei der Bildung des Sonnensystems ziehen zu können.

Wussten Sie, dass ...

- das erste Lebewesen, das von der Erde aus in den Weltraum flog, ein russischer Hund war? »Laika« startete am 3. November 1957 und starb auf dem Rückweg zur Erde.
- der US-amerikanische Astronaut John Glenn gleich zwei Rekorde hält? Am 20. Februar 1962 umrundete er als Erster mehrmals die Erde. Den Altersrekord stellte er auf, als er im Oktober 1998 als 77-Jähriger erneut in den Weltraum flog.
- der erste Weltalltourist 20 Mio. US-Dollar für seinen Ausflug bezahlen musste? Es war der US-Amerikaner Dennis Tito, der 2001 für eine Woche die Internationale Raumstation ISS besuchte.

Welche Missionen sind in der Zukunft geplant?

In den USA wird wieder davon gesprochen, nach jahrzehntelanger Unterbrechung erneut den Mond anzusteuern. Auch China plant, bis zum Jahr 2020 Menschen auf den Mond zu bringen.

Unser Nachbarplanet Venus bleibt ebenfalls nicht unbeachtet: 2006 erreichte die Sonde »Venus Express« den Planeten, dem sie ihren Namen zu verdanken hat. Unserem anderen Nachbarplaneten, dem Mars, gilt schon lange besonderes Interesse. Längst haben ihn diverse Missionen erreicht, und seine rote Oberfläche ist kein Geheimnis mehr. Es ist nicht auszuschließen, dass in einigen Jahrzehnten bemannte Missionen zum Mars fliegen werden. Nach dem heutigen Stand der Technik wird es eine Reise zum Pluto dagegen für bemannte Raumschiffe nicht geben. Stattdessen wurde 2006 die Sonde »New Horizons« auf den Weg gebracht, die den äußersten Planeten unseres Sonnensystems 2015 erreicht haben wird.

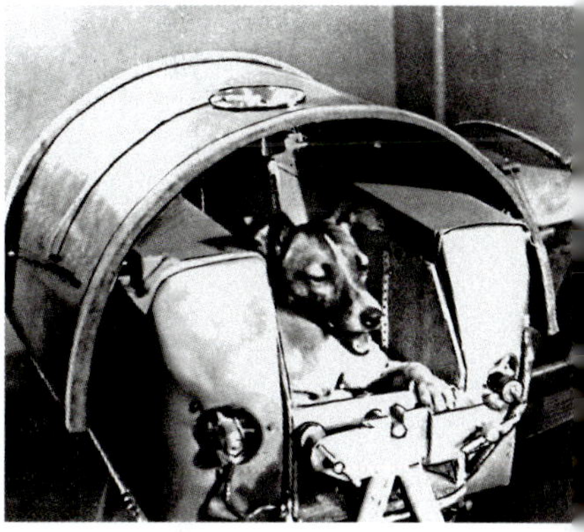

▲ Der russische Weltraumhund Laika wurde mit Sputnik 2 ins All gebracht.

◀ Die Raumstation »Mir« über dem Pazifischen Ozean; das russische Projekt wurde nach 15 Jahren Betrieb 2001 aufgegeben.

Der Blaue Planet – Oase im All

Über zwei Drittel der Erdoberfläche sind von Meeren bedeckt, der Rest ist Landmasse. Im Inneren besteht die Erde aus Schalen. Ein harter innerer Kern ist von einem flüssigen äußeren Kern umgeben. Um ihn schmiegt sich ein Mantel, der sich aus einem inneren und einem äußeren Ring zusammensetzt. Die äußere Hülle des Erdballs bildet die Kruste. Alles Leben spielt sich in und auf dieser Erdkruste ab.

Man unterscheidet im Krustenbereich folgende Wirkungskreise: Die Lithosphäre wird von Gesteinen beherrscht, die Pedosphäre vom Boden. Die Hydrosphäre, die Wasserhülle der Erde, umfasst die Meere und alle anderen Gewässer der Erde, während die Atmosphäre die Lufthülle der Erde bezeichnet. Alle von Lebewesen bewohnten Lebensräume schließen sich zur Biosphäre zusammen. Denn im Gegensatz zu anderen Planeten sind auf der Erde im Lauf der letzten 4,5 Mrd. Jahre Bedingungen entstanden, die die Entstehung von Leben zuließen. Eine Voraussetzung für dieses Leben ist die Atmosphäre, die den Stoffwechsel der Tiere und Pflanzen ermöglicht. Auch das Wasser der Hydrosphäre ist lebenswichtig.

Die Schwerkraft der Erde ist dafür verantwortlich, dass kein Objekt von der Erdoberfläche hinunterfällt. Die im Vergleich zur Erde viel geringere Schwerkraft des Mondes übt dennoch eine starke Anziehung auf das Wasser der Erde aus; deshalb gibt es Ebbe und Flut. Ohne das Magnetfeld der Erde würden gefährliche Teilchenstrahlungen wie der Sonnenwind alles Leben zerstören. Erzeugt wird dieses Magnetfeld durch einen Dynamoeffekt im äußeren, flüssigen Erdkern. Gewaltige Konvektionsströme steuern diesen Geodynamo. Die Ströme erhalten ihren Antrieb aus der Rotation, der Drehung der Erde um sich selbst.

◀ Aus dem Weltall betrachtet, erscheint unser Heimatplanet blau, weil er überwiegend von Meer bedeckt und von einer Lufthülle umgeben ist. Auf dem Bild ist rechts die Küste Nordafrikas zu sehen.

▲Begegnung dreier Erdsphären an der Granitfelsenküste Sardiniens: Die Lithosphäre entsteigt hier der Hydrosphäre und ragt in die Atmosphäre hinein.

Was umhüllt die Erde?

Die Erdhülle oder Geosphäre. In diesem Raum berühren und durchdringen sich die Gesteinsschicht sowie Wasser- und Lufthülle. Man bezeichnet diese Bereiche auch als Lithosphäre, Hydrosphäre und Atmosphäre. Die Lithosphäre umfasst die Gesteinswelt der obersten Erdschichten. Die Hydrosphäre schließt sämtliches Wasser der Erde ein, die Atmosphäre ist die Luftschicht der Erde. Die Biosphäre ist der gesamte mit Lebewesen besiedelte Raum der Erde. Im Boden ist die gegenseitige Durchdringung der Teilhüllen besonders ausgeprägt. Hier wirken Bodenluft und -wasser sowie Bodenorganismen und verwittertes Gestein auf engstem Raum aufeinander ein. Die Bodenschicht wird deshalb auch als eigene Hülle oder Pedosphäre bezeichnet.

Übrigens: Alle Sphären sind miteinander verknüpft und beeinflussen sich gegenseitig. So hängt der Bodenaufbau der Pedosphäre vom jeweiligen Gesteinsuntergrund der Lithosphäre ab. Gleichzeitig bestimmen das Wasser der Hydrosphäre und die Luft der Atmosphäre die Bodenentwicklung. Lebewesen der Biosphäre nutzen den Boden als Lebensraum oder bearbeiten und verändern ihn.

Wie weit reicht die feste Gesteinsschicht?

Etwa 100 km tief. Diese Schicht, auch Lithosphäre genannt, umfasst die gesamte Erdkruste und Teile des Erdmantels.

Ist Stein gleich Stein?

Nein. Die Geologen unterscheiden drei Gruppen: Magmatische Gesteine wie Granit haben sich als Erstarrungsgesteine aus den heißen Schmelzen des oberen Erdmantels gebildet. Metamorphe Gesteine entstehen, wenn einem Gestein andere, mächtige Gesteinsschichten aufliegen und damit hoher Druck und große Hitze vorherrschen. Unter diesen Bedingungen ändern sich Struktur und Substanz der Gesteine – aus Kalk wird z. B. Marmor. Auch der Kontakt mit heißen Magmen führt zur Metamorphose. Werden metamorphes oder magmatisches Gestein durch Wind oder Wasser abgetragen und lagern sich die transportierten Gesteinsteile an anderer Stelle wieder ab, formen sie dort die dritte Gesteinsgruppe, die Sedimente. Ein typisches Sedimentgestein ist beispielsweise Sandstein.

Die Lithosphäre bildet jedoch keine durchgehend feste Schale, sondern ist in mehrere Platten zerlegt, die auf der sog. Asthenosphäre, dem Erdmantelbereich in 100–200 km Tiefe, »schwimmen« und den Untergrund der Kontinente und Meere aufbauen. Den Meeresboden bildet die dünne und relativ schwere ozeanische Kruste, die überwiegend aus Basalten besteht. Das Festland besteht aus der dicken und leichteren kontinentalen Kruste, in der vorwiegend Granite vorkommen.

Wussten Sie, dass ...

- Salz, das in Gestein eindringt, dieses zum Platzen bringen kann? Das Gleiche schaffen auch Pflanzenwurzeln, die sich in Spalten vortasten.
- fast ein Viertel der Landoberfläche abflusslos ist? In diesen Gebieten gibt es keine Flüsse, die das Wasser in die Weltmeere führen.
- sich das gesamte Wettergeschehen in der 9–18 km hoch reichenden Troposphäre abspielt? Die Troposphäre ist die unterste Schicht der Atmosphäre.

Was ist typisch für einen Boden?

Im Boden, genauer gesagt, in der Verwitterungsschicht aus mineralischen und organischen Substanzen, laufen mehrere Prozesse ab. Sie werden durch das Ausgangsgestein, Niederschläge und andere Klimafaktoren sowie durch Lebewesen beeinflusst und führen zur Bildung eines charakteristischen Bodens. Jeder Boden hat also seinen eigenen »Fingerabdruck«. Alle Böden der Erde bilden zusammen die Pedosphäre. Diese ist eng mit der Lithosphäre, der Hydrosphäre, der Atmosphäre und der Biosphäre verbunden.

Bedingen sich Klima und Boden gegenseitig?

Ja, in jeder Klimazone gibt es charakteristische Böden. Braunerden sind z. B. typisch für die Laub- und Mischwaldzonen der gemäßigten Breiten, wie bei uns in Deutschland, Podsole dagegen für die Nadelwaldregion der Taiga, etwa in Sibirien. In den Tropen sind Rotböden weit verbreitet.

Böden dienen den höheren Pflanzen als Lebensstandort. Sie werden dort nicht nur mit lebenswichtigen Nährstoffen und Wasser versorgt, sondern auch vor schädlichen Stoffen geschützt.

Wo überall lässt sich Wasser finden?

In der Hydrosphäre, der Wasserhülle der Erde. Sie umfasst das Oberflächen- und das oberflächennahe Wasser. Dazu zählen das Meereswasser, das Boden- und Grundwasser sowie das Wasser der Flüsse und Seen. Ein großer Teil des Regenwassers fließt an der Oberfläche oder unterirdisch ab. Grundwasser bildet sich aus Sickerwasser, das sich über einer wasserundurchlässigen Schicht staut. Undurchlässig für Wasser sind neben Tonen und Mergel auch vulkanische Gesteine. Ein Teil des Wassers ist auch in der Mineralstruktur von Gesteinen gebunden. Ein anderer Teil füllt die Poren zwischen den einzelnen Bodenpartikeln oder durchdringt den Boden in Form von Wasserdampf. Die zur Hydrosphäre gehörende Kryosphäre umfasst das feste Eis, also die Polkappen, die Eisschilde (z. B. auf Grönland), die Gletscher sowie das Eis der Eishöhlen und der Dauerfrostböden.

▲ Der Kreidesandsteinfelsen »Bastei« im Elbsandsteingebirge über der Elbe; Flüsse gehören zur Hydrosphäre der Erde.

◀ Die Erdspalte in Thingvellir auf Island markiert die Grenze von zwei Lithosphärenplatten: der Amerikanischen und der Eurasischen Platte.

Warum erscheint die Erde vom All aus blau?

Weil mehr als zwei Drittel ihrer Fläche von Wasser bedeckt ist. Der größte Teil der rd. 1,4 Mrd. km^3 Wasser befindet sich in den drei großen Weltmeeren: dem Atlantik, dem Pazifik und dem Indischen Ozean. Diese drei Ozeane und ihre Nebenmeere bedecken mit einer Fläche von ca. 360 Mio. km^2 mehr als zwei Drittel der Erdoberfläche.

Wie entstanden die meisten Seen?

Sie verdanken ihre Entstehung den Eiszeiten. Gletscherseen wurden durch Moränen, also dem vom Gletscher mitgeführten oder nach seinem Abschmelzen abgelagerten Gesteinsschutt, aufgestaut. Seen wie die des Alpenvorlandes bildeten sich in Vertiefungen, die eiszeitliche Gletscher ausgehobelt hatten. Die Seen der Mecklenburgischen Seenplatte sind auf einer solchen Moränenlandschaft entstanden. Viele Seen, darunter einige in Ostafrika, verdanken ihre Entstehung Einbrüchen der Erdkruste. Die Maarseen der Eifel sind mit Wasser gefüllte vulkanische Explosionstrichter. Karstseen hingegen bilden sich dort, wo ein kalkreicher Untergrund durch chemische Prozesse, die sog. Verkarstung, ausgeräumt wurde.

Wo auf der Erde regnet es am meisten?

Am Südhang des Himalaya gehen jährlich mehr als 10 000 mm nieder. In extrem trockenen Gebieten wie der Atacama-Wüste in Südamerika fällt praktisch überhaupt kein Regen. Insgesamt finden sich 13 000 km^3 Wasser als Wasserdampf in der Atmosphäre, das sind 0,001 % der globalen Wassermenge. Aus Wasserdampf bilden sich Wolken, aus denen jedes Jahr etwa 500 000 km^3 Niederschlag auf die Erde fällt. Ein Teil des Wassers verdunstet über offenen Wasserflächen und Oberflächen und gelangt so wieder in die Atmosphäre. Die Pflanzen geben ebenfalls Wasser dorthin ab.

Wo endet die Atmosphäre?

Die Atmosphäre, die Lufthülle der Erde, geht in 300–400 km Höhe allmählich in den Weltraum über. Sie besteht in ihren unters-

▼ Der Wasserkreislauf sorgt für eine dauernde Durchmischung der Sphären; besonders viel Wasser verdunstet in den Meeren, um als Wasserdampf in die Atmosphäre aufzusteigen und später als Regen in die Pedo- und die Lithosphäre einzusickern.

◀ Ein Puma in den Rocky Mountains; er gehört als Teil der Fauna ebenso wie die Nadelbäume als Teil der Flora zur Biosphäre.

ten 20 km aus einem Gemisch verschiedener Gase und gasförmiger Elemente, die von der Schwerkraft der Erde festgehalten werden. Mit 78 % hat Stickstoff den größten Anteil, Sauerstoff nimmt etwa ein Fünftel ein. Der Rest setzt sich aus Wasserdampf, Argon, Wasserstoff, Kohlendioxid und Edelgasen zusammen. In den unteren Schichten der Atmosphäre, dort wo sich auch das Wettergeschehen abspielt, gibt es erhebliche Mengen an Schwebeteilchen, sog. Aerosole – Staub, Dämpfe und Rauch. Insgesamt hat die Erdatmosphäre eine Masse von etwa 1500 Billionen Tonnen.

Wie verteilt sich das Leben?

Die Pedosphäre ist der Lebensraum der meisten Tiere und Pflanzen. Dazu zählen sämtliche Landtiere sowie der größte Teil der Pflanzen. Atmosphäre und Hydrosphäre steuern das Klima – Temperaturen und Niederschlagswerte sind für die Lebensbedingungen von entscheidender Bedeutung. Der Gesteinsuntergrund und der Boden versorgen die Pflanzen mit mineralischen Nährstoffen und speichern das lebenswichtige Wasser.

Auch in der Hydrosphäre und der Atmosphäre gibt es Leben: Meeresflora und -fauna sind an den hohen Salzgehalt des Meerwassers angepasst. Die gesamte Lebewelt am Grund der Meere und der Seen wird als Benthos (griechisch = Tiefe) bezeichnet. Die frei schwimmende Lebewelt wird unter dem Begriff Nekton (Schwimmendes) zusammengefasst, die passiv schwebende heißt Plankton (Umhertreibendes).

Wo gibt es kein Leben?

Im Innern der Erde sowie in den oberen Schichten der Atmosphäre; diese Bereiche liegen außerhalb der Biosphäre. Die Biosphäre umfasst nur den erdnahen Luftraum, den Boden sowie alle Gewässer und Höhlensysteme der Erde. Selbst in der »schwarzen« Tiefsee gibt es Leben: schätzungsweise 10 Mio. Arten.

In der Atmosphäre schweben kleinste Organismen wie Bakterien, Pilze, Sporen, Pollen und andere Keime durch die unteren Schichten der Lufthülle unserer Erde; in den bodennahen Luftschichten über Land treten in jedem Kubikmeter Luft 500–1000 solcher Organismen auf. Oberhalb von 3000 m ist die Luft dagegen keimfrei.

Die Lebewesen sind unter den jeweiligen Verhältnissen in den verschiedenen Sphären entstanden. Ob Tiere oder Pflanzen, Bakterien oder Pilze – jede Sphäre verfügt über ihre eigenen Spezialisten.

▲ Foucault'sches Pendel unter der Kuppel des Panthéon in Paris: Mit seiner Versuchsanordnung bewies der französische Physiker Léon Foucault 1851 die Rotation der Erde.

Wie entstehen Tag und Nacht?

Die Erde rotiert um ihre eigene Achse, die sich quer durch den Globus vom Nordpol bis zum Südpol zieht. Etwa 24 Stunden braucht unser Planet, um sich einmal um sich selbst zu drehen. Durch die Rotation sind die Gebiete der Erde der Sonne mal zu- und mal abgewandt – lichte Tage wechseln sich mit dunklen Nächten ab.

Vom Nordpol aus betrachtet, bewegt sich die Erde entgegen dem Uhrzeigersinn von Westen nach Osten. Wenn die Sonne tagsüber am Horizont einen Halbkreis beschreibt, dreht sich in Wirklichkeit die Erde unter der Sonne hinweg. Durch die West-Ost-Drehung geht die Sonne im Osten auf. Bevor in Deutschland die Sonne hinter dem Horizont hervorkommt, ist es in Asien also schon längst hell und in den USA noch lange dunkel.

Warum gibt es Schaltjahre?

Schaltjahre dienen dazu, den Unterschied zwischen der Umlaufzeit der Erde um die Sonne und dem nicht ganz exakten Kalenderjahr auszugleichen. Alle vier Jahre wird mit dem 29. Februar ein zusätzlicher Tag in den Kalender aufgenommen. In den vollen Jahrhundertjahren (1800, 1900) fällt das Schaltjahr aus. Ausnahme: Alle 400 Jahre, zuletzt im Jahr 2000, wird dieser Regel zum Trotz ein Schalttag eingefügt. Eingeführt wurde dieser Kalender im 16. Jahrhundert unter Papst Gregor XIII., daher heißt er gregorianischer Kalender.

Wie beweist man, dass sich die Erde dreht?

Den ersten Beweis für die Erdrotation lieferte der französische Physiker Léon Foucault (1819–68), als er den nach ihm benannten Foucault'schen Pendelversuch 1851 im Pariser Panthéon vorführte.

Foucault befestigte an der Kuppel des Pantheóns ein 68 m langes Pendel und ließ es hin- und herschwingen. Unten an der Kugel war ein Stift angebracht, der die Bewegung des Pendels in einer Sandschicht nachzeichnete. Die Ebene, in der ein Pendel im Raum schwingt, bleibt aufgrund der Trägheit immer gleich. Die Erde unter dem Pendel bewegt sich dagegen infolge der Erdrotation weiter. Diese Richtungsänderung machte das Pendel im Sand sichtbar.

Wer erkannte die Sonne als Zentrum?

Der Astronom Nikolaus Kopernikus behauptete im 16. Jahrhundert, dass sich die Erde und ihre Nachbarplaneten in Kreisbahnen um die Sonne bewegen. Diese Theorie des heliozentrischen Weltbildes war so revolutionär, dass man auch von der »kopernikanischen Wende« spricht. Denn viele Jahrhunderte lang betrachtete man die Erde als das Zentrum des Weltalls. Bei diesem geozentrischen Weltbild kreisen Mond, Sonne und alle Planeten um die Erde.

Wann kommt die Erde der Sonne am nächsten?

Am 2. Januar, dann liegen 147,1 Mio. km zwischen Sonne und Erde. Diese Position unseres Planeten wird als Perihel bezeichnet. Am 2. Juli ist die Erde mit 152,1 Mio. km am weitesten von der Sonne entfernt. Man nennt diese Position Aphel.

Die Strecke, die die Erde bei einer Umrundung um die Sonne zurücklegt, ist 940 Mio. km lang. Die Bahn entspricht der Form einer Ellipse. Auf den verschiedenen Abschnitten dieser Ellipse ist die Erde unterschiedlich weit vom glühenden Zentrum unseres Sonnensystems entfernt.

Die Drehung der Planeten um die Sonne wird als Revolution bezeichnet. Die Erde braucht dafür exakt 365 Tage, 5 Stunden, 48 Minuten und 46 Sekunden, also ein ganzes Jahr. Ihre Nachbarplaneten Venus und Mars schaffen es in 0,62 bzw. 1,88 Erdenjahren, Pluto dagegen benötigt fast 250 Jahre.

Torkelt die Erde?

In der Tat, während sich die Erde um sich selber dreht, torkelt sie. Aber sie gerät dadurch nicht aus der Bahn.

Für das Schlingern verantwortlich sind die Anziehungskräfte des Mondes und der Sonne. Durch sie verlässt die Erde die Idealform der Ellipse immer wieder, vergleichbar einem Kreisel, dessen Achse nicht mehr senkrecht zum Boden steht. Die Achse des Kreisels beginnt, sich um die Senkrechte zu drehen und beschreibt dabei die Form eines Kegels. Diese Bewegung der Erdachse heißt Präzession. Die Erdachse braucht ganze 25 780 Jahre für einen vollen Umlauf dieses gedachten Kegels. Auch der Mond weist eine solche Präzession auf. Sie bewirkt eine zusätzliche »nickende Bewegung« der Erdachse, die sog. Nutation.

Was zeigt eigentlich der Polarstern an?

Die Nordrichtung. Deswegen diente er den Seefahrern lange Zeit zur Orientierung. In der Gegenwart zeigt die Erdachse genau in Richtung des Sterns »Alpha Ursae Minoris« im Sternbild des Kleinen Bären bzw. des Kleinen Wagens. Dieser Stern wird deswegen Polarstern genannt. Aufgrund der Bewegung der Erdachse, der Präzession, wird in 12 000 Jahren die Vega (»Alpha Lyrae«) im Sternbild der Leier die Funktion des Polarsterns einnehmen.

Wussten Sie, dass ...

- ein Punkt am Nord- oder Südpol immer am gleichen Fleck verharrt, während ein Punkt am Äquator in jeder Sekunde 465 m zurücklegt?
- die Erde durch die Drehung um ihre eigene Achse am Pol leicht zusammengedrückt und am Äquator etwas herausgewölbt ist und deswegen keineswegs eine perfekte Kugel ist?
- auf der Nordhalbkugel die Luft aus einem Hochdruckgebiet in einem rechtsgerichteten Wirbel im Uhrzeigersinn und auf der Südhalbkugel gegen den Uhrzeigersinn abströmt?

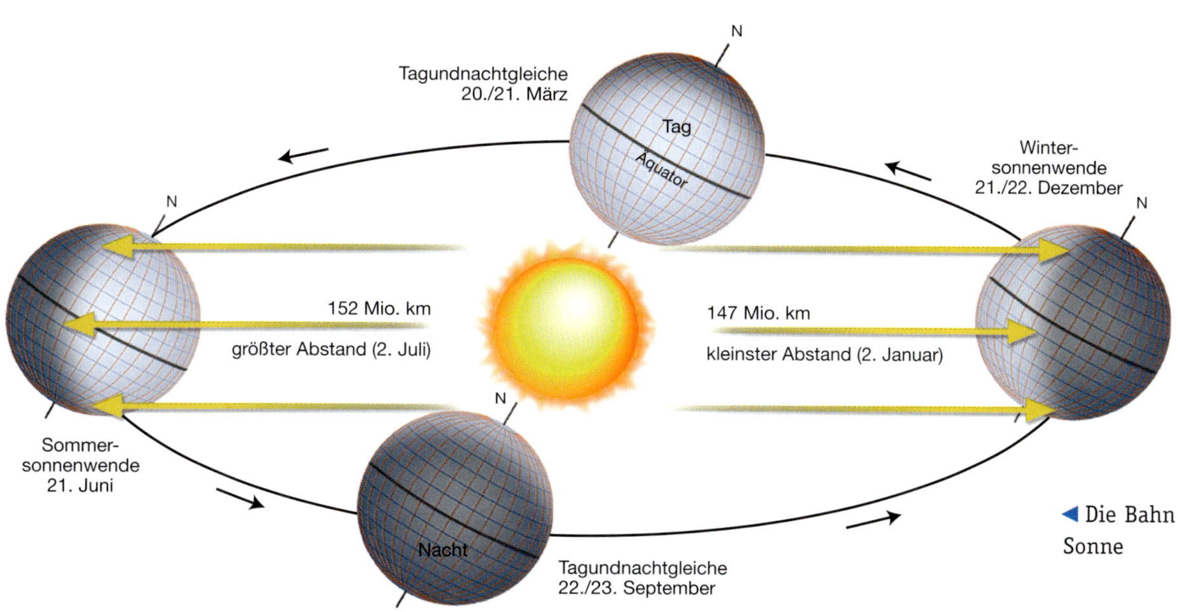

◀ Die Bahn der Erde um die Sonne

► Ein Ahorn im Frühling, Sommer, Herbst und Winter; in unseren Breiten prägen vor allem die Laubgehölze das wechselnde Gesicht der Landschaft im Rhythmus der Jahreszeiten.

Wie entstehen die Jahreszeiten?

Der in unseren Breiten gut zu beobachtende Wechsel zwischen den Jahreszeiten Frühling, Sommer, Herbst und Winter beruht auf dem Umlauf der Erde um die Sonne, der Erdrotation sowie der »Schieflage« des Erdkörpers.

Diese sog. Schiefe der Ekliptik bezieht sich auf die Abweichung der Erdachse von der Senkrechten auf der Ebene der Erdumlaufbahn um die Sonne. Jener Winkel von 23° 30′ spielt eine besondere Rolle bei der Unterscheidung der Jahreszeiten, in denen das Sonnenlicht in unterschiedlichem Winkel auf die Erde fällt.

Warum ist es im Sommer warm und im Winter kalt?

Im Bereich zwischen den Wendekreisen und den Polarkreisen schwanken die Temperaturen und die Beleuchtungsverhältnisse im Verlauf eines Jahres beträchtlich. Im Sommer kommen diese Regionen in den Genuss relativ steil einfallender Sonnenstrahlen. Es ist warm und die Tage sind lang, die Nächte kurz. Im Winter befindet sich die Sonne dagegen über dem südlichen Wendekreis im Zenit. Die Tage sind kurz, die langen Nächte kalt.

Zwischen diesen beiden Extremen liegen die Übergangsjahreszeiten Frühling und Herbst. Im Frühling werden die Tage allmählich wärmer und es bleibt länger hell. Im Herbst wird es langsam kühler und die Tage werden immer kürzer.

Gibt es Jahreszeiten am Äquator?

Nein, die heiße Zone rund um den Äquator erfreut sich ganzjährig eines hohen Sonnenstands.

Am Äquator selber wechseln sich an allen Tagen des Jahres zwölf Stunden Licht mit zwölf Stunden Dunkelheit ab. Dabei variieren die Temperaturen im Jahresverlauf nur mini-

Wussten Sie, dass …

- es am 21. März und 23. September auf allen Punkten der Erde 12 Stunden Tag und 12 Stunden Nacht ist? Man nennt diese Tage Frühlingstagundnachtgleiche bzw. Herbsttagundnachtgleiche.
- bestimmte Pflanzenproteine die Tageslänge messen und dadurch den Pflanzen vermitteln, dass sie blühen sollen?

mal. Im Lauf eines einzelnen Tages können sie dagegen beträchtlich schwanken. Man bezeichnet deswegen das Klima in der heißen Zone rund um den Äquator als Tageszeitenklima – im Gegensatz zum Jahreszeitenklima, das in den gemäßigten Breiten, z. B. in Mitteleuropa, herrscht.

Wo ist es ein halbes Jahr lang dunkel?

Den ganzen Winter über herrscht an den Polen Finsternis, sechs Monate geht die Sonne nicht auf. An den Polarkreisen bleibt sie nur einen einzigen Tag hinter dem Horizont verborgen.

Im Sommer ist es umgekehrt: An den Polen geht die Sonne ein halbes Jahr lang nicht unter, an den Polarkreisen leuchtet sie 24 Stunden lang über dem Horizont. Je weiter man Richtung Nord- oder Südpol reist, desto extremer werden die Unterschiede zwischen Sommer und Winter. Dabei darf man nicht vergessen, dass auf der Südhalbkugel genau dann Sommer ist, wenn bei uns Winter herrscht.

Wann beginnt der Sommer?

Nach den astronomischen Jahreszeiten beginnt der Sommer am 21. Juni, also am Tag der Sommersonnenwende, dann ist die Nacht am kürzesten. Für die Meteorologen beginnt der Sommer bereits am 1. Juni. Der Grund dafür liegt in langjährigen Wetterbeobachtungen. Auch für die anderen Jahreszeiten wurden die meteorologischen Anfangsdaten jeweils auf den ersten Tag des Monats gelegt, in dem die entsprechende Jahreszeit laut astronomischer Berechnung beginnt.

Übrigens: Aus den langjährigen Aufzeichnungen über den Lebenslauf der Pflanzen leitet sich für Mitteleuropa ein Kalender ab, der sich an den jeweiligen Entwicklungsstadien bestimmter Pflanzen orientiert (phänologischer Kalender). So beginnt der Frühsommer mit der Blüte des Holunders und des Waldgeißbarts, im Hochsommer blühen die Sommerlinde und die Gewöhnliche Wegwarte. Der Spätsommer lässt die Frucht der Felsenbirne

◀ Ein Rentier an der norwegischen Küste im Licht der Mitternachtssonne

reifen und die Herbstanemone aufblühen. Die phänologischen Jahreszeiten lassen sich nicht mit festen Kalendertagen in Verbindung bringen, denn sie variieren im Ost-West-Verlauf.

Wieso gibt es Zeitzonen?

Aus Bequemlichkeit: Ein Reisender, der in Richtung Osten einmal die Erde umrundet, muss alle 15 Längengrade seine Uhr um eine Stunde vorstellen. An seinen Ausgangspunkt zurückgekehrt, würde seine Uhr einen ganzen Tag vorgehen. Um diese Zeitverschiebung auszugleichen, wurden die Zeitzonen und entlang des 180. Längengrades die Datumsgrenze eingeführt. Wer diesen Längengrad überquert, hat also einen Tag »gewonnen« oder »verloren« – das hängt davon ab, aus welcher Richtung er kommt.

◀ Die zierlichen Blüten des Schneeglöckchens zeigen im phänologischen Kalender für Mitteleuropa den Beginn des Vorfrühlings an.

Ausgehend vom willkürlich festgelegten Nullmeridian von Greenwich bei London hat man die Erde in 24 Zeitzonen unterteilt, die jeweils im Durchschnitt 15 Längenkreise einnehmen. Unsere Zonenzeit ist die Mitteleuropäische Zeit, MEZ, für den 15. Längengrad östlich von Greenwich. Bezugspunkt für die Uhrzeit ist immer die Sonne, die Zeitangabe 12 Uhr bezieht sich an jedem Ort der Erde immer auf den höchsten Sonnenstand.

▲ Im Hafen von Erquy in der Bretagne liegen bei Ebbe die Boote auf dem Trockenen.

Wer ist für Ebbe und Flut verantwortlich?

In erster Linie der Mond. Eine gedachte Verbindungslinie zwischen dem Mittelpunkt der Erde und dem des Mondes trifft etwa 1700 km unterhalb der Erdoberfläche auf den gemeinsamen Massenschwerpunkt des Erde-Mond-Systems. Durch die Eigendrehung der Erde verlagert dieser Punkt seinen Bezug zum Mond täglich. Die durch die Rotation des ganzen Systems ausgelöste Fliehkraft und die Anziehungskraft des Mondes bewirken zusammen, dass das Meerwasser zu einem Flutberg angehoben wird.

Wussten Sie, dass ...

- sich Ebbe und Flut jeden Tag um 60 Minuten nach vorn schieben? Wenn sich die Erde in 24 Stunden einmal um sich selber gedreht hat, ist der Mond durch seine Drehung um die Erde ebenfalls ein Stück weiter gewandert.
- ein Wattenmeer ein flacher Meeresteil an der Küste ist, der bei Ebbe trockenliegt? Das größte Wattenmeer der Erde ist das etwa 8000 km² große Wattenmeer der Nordsee. Während der Ebbe wird der schlammige Meeresboden, das Watt, entblößt.
- Gezeiten eine große Menge an Energie in sich bergen? Das Heben und Senken des Meeres macht sich der Mensch in Gezeitenkraftwerken zunutze.

Auf der dem Mond zugewandten Seite überwiegen dabei die Anziehungskräfte des Mondes, so dass sich der Flutberg in dessen Richtung erhebt. Gleichzeitig entsteht auf der dem Mond abgewandten Seite ein zweiter Flutberg, bei dem die Fliehkraft die Anziehungskraft des Mondes überlagert. Beide Flutberge wandern aufgrund der Erddrehung von Osten nach Westen um die Erde.

Von der Küste aus betrachtet, zeigen sich die Flutberge in den Gezeiten. Bei Ebbe ist der Wasserstand niedrig, bei Flut ist er hoch. Den Unterschied des Wasserstandes bezeichnet man als Tidenhub. Aufgrund der Erddrehung treten an den meisten Küsten täglich zweimal Ebbe und zweimal Flut auf.

Auch wenn die Anziehungskraft des Mondes auf unserem Planeten 2,5-mal stärker als die der 380-mal weiter entfernten Sonne zu spüren ist, hat auch sie Einfluss auf Ebbe und Flut. Denn die Sonne besitzt die 27-millionenfache Masse des Mondes.

An welchen Tagen ist die Flut besonders stark?

Bei Vollmond und Neumond. Wenn sich Sonne, Mond und Erde in einer gedachten Linie hintereinander aufreihen, wirken die Anziehungskräfte des Mondes und der Sonne in die gleiche Richtung und summieren sich: Die Flut wird zur Springflut bzw. Springtide.

Stehen Sonne, Mond und Erde dagegen im rechten Winkel zueinander, heben sich die Anziehungskräfte teilweise auf. Ebbe und Flut sind nur gering, und es herrschen sog. Nipptiden.

Wo ist der Tidenhub am höchsten?

Wie stark sich die Gezeiten an den Küsten auswirken, hängt von der Form der Ozeanbecken, aber auch vom Verlauf der jeweiligen Küstenlinie ab; in engen Buchten ist er besonders groß. Den weltweit höchsten Wert erreicht der Tidenhub in der Fundybai an der Ostküste Kanadas. Der Wasserstand zwischen Ebbe und Flut schwankt dort um annähernd 21 m.

Während der Tidenhub im offenen Meer nur wenige Zentimeter beträgt, nimmt er zu den Küsten hin deutlich zu. Im Ärmelkanal zwischen Großbritannien und Frankreich schwankt die Höhe des Meeresspiegels um etwa 2 m, doch an den Küsten kann der Unterschied zwischen Ebbe und Flut 11 m erreichen. In Binnenmeeren macht sich der Tidenhub dagegen kaum bemerkbar. Selbst im riesigen Mittelmeer beträgt der Tidenbub lediglich 40 cm. Auch an der Ostsee hebt sich das Meer bei Flut nur wenig.

▲ Mangrove – hier in den Sundarbans (Bangladesch) – ist eine Vegetationszone der tropischen Küsten, die an das Auf und Ab der Gezeiten angepasst ist.

Wo enden die Gezeiten?

In Flüssen, die in Trichtermündungen ins Meer fließen, machen sich die Gezeiten bis weit ins Landesinnere bemerkbar. In der Elbe hebt und senkt sich das Wasser noch in 148 km Entfernung von der Mündung. Im Amazonas wirken sich die Gezeiten sogar bis 1000 km von der Mündung entfernt aus.

Stößt das Meerwasser bei Flut bis in den Mündungstrichter eines Flusses vor, wird es an der Wellenfront durch die auftretende Verengung abgebremst. Das nachfolgende Wasser strömt aber ungebremst nach, so dass eine hohe Sprungwelle, eine sog. Bore entsteht. Diese wandert sprunghaft den Fluss aufwärts. Die Boren im Amazonas werden bis zu 5 m hoch, die des Ganges erreichen sogar bis zu 6 m. Auch in Europa treten übrigens Boren auf: Im Fluss Severn in Südwest-England dringen beispielsweise 2 m hohe Boren mit einer Höchstgeschwindigkeit von 14 km/h flussaufwärts vor.

Welche Rolle spielen Wind und Wetter?

Die Größe der Wellen, mit denen die Flut an Land schlägt, ist von der Windstärke abhängig. Streicht der Wind leicht über das Meer, kräuselt sich die Meeresoberfläche. Weht er heftig, bilden sich hohe Wellen, die den Wasserberg mehr als 3 m über die normale Fluthöhe anheben können. Starke, in Richtung Küste wehende Winde können regelrechte Sturmfluten verursachen. Eine solche Sturmflut traf am 16./17. Februar 1962 die deutsche Nordseeküste. Zahlreiche Deiche an der Küste, der Elbe und der Weser konnten den meterhohen Wassermassen und heftigen Orkanböen nicht standhalten. Im 100 km von der Küste entfernten Hamburg zerstörte die Sturmflut mehrere Deiche der Elbe und überflutete ganze Stadtteile. 300 Menschen fanden in den Fluten den Tod.

Wehen die Winde vom Land aufs Meer, wird das Wasser von der Küste weggedrückt. Wellen, die aus verschiedenen Richtungen kommen, überlappen sich dann zur Dünung.

Auch Luftdruckunterschiede beeinflussen den Tidenhub. Ein hoher Luftdruck presst das Meerwasser hinunter und die Flut ist niedrig. Bei niedrigem Luftdruck ist sie dagegen höher.

▼ Fundybai im Südosten Kanadas bei Ebbe; wenn das Meer zurückweicht, hinterlässt es eine bizarre Steinlandschaft.

▲ Auch aktive Vulkane liefern den Geologen aufschlussreiche Informationen aus der Tiefe. Mit der Lava fördern sie Xenolithe, Gesteine aus dem Erdmantel, zu Tage.

Wie wird das Erdinnere erforscht?

Wissenschafter, die Geophysiker, messen auf dem ganzen Globus mit Seismographen die Ausbreitung und die Geschwindigkeit von Erdbebenwellen durch das Erdinnere. Daraus gewinnen sie Informationen über den Aufbau der Erde.

Je dichter das Material ist, das die Erdbebenwellen durchqueren, desto schneller verbreiten sie sich. An bestimmten Stellen werden die Erdbebenwellen zurückgeworfen, dort, wo unterschiedliches Material aneinandergrenzt, »springen« sie. So entstand die Vorstellung, dass die Erde aus mehreren unterschiedlich dichten, schalenförmig angeordneten Abschnitten aufgebaut ist: der Erdkruste, dem Erdmantel und dem Erdkern. Grenzflächen, sog. Diskontinuitäten, trennen die einzelnen Schalen voneinander. Von der Erdoberfläche bis zum Kern steigen Temperatur, Druck und Dichte beständig an.

Wussten Sie, dass ...

- die tiefste jemals durchgeführte Bohrung auf der russischen Halbinsel Kola stattfand und gerade einmal 12 km in die Tiefe reichte? Das ist nicht viel für die Erde mit ihrem Durchmesser von über 12 700 km.
- sich die Erde zu je einem Drittel aus Eisen und Sauerstoff, 15 % Silicium und 13 % Magnesium zusammensetzt? Den Rest bilden Nickel, Schwefel, Calcium, Aluminium sowie andere Elemente.

Wie dünn ist die Erdkruste?

Im Vergleich zu den anderen Schalen ist die Erdkruste, die äußerste Schicht, so dünn wie eine Eierschale. An ihrer dicksten Stelle erreicht sie gerade einmal 50 km. Schon dort steigen die Temperaturen auf 100 °C an. Der Druck beträgt in der Kruste bis zu 15 kbar.

Die kontinentale Kruste ist 10–50 km mächtig und besteht überwiegend aus Graniten mit hohen Silicium- und Aluminiumgehalten. Deshalb wird sie auch als »Sial« bezeichnet. In der ozeanischen Kruste überwiegen dagegen schwere Gesteine wie Basalt und Gabbro. Der Anteil an Magnesium und Eisen liegt im Vergleich zur kontinentalen Kruste höher. Ihrem Silicium- und Magnesiumgehalt

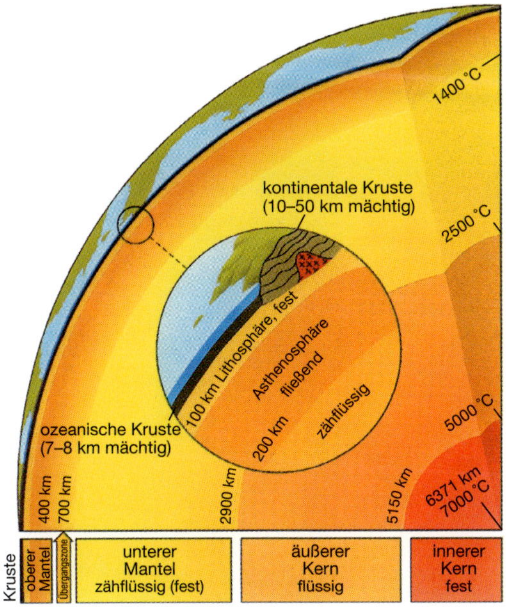

◀ Der Aufbau der Erde

verdankt die ozeanische Kruste die Bezeichnung »Sima«. Sie ist mit 7–8 km Dicke wesentlich dünner als die kontinentale Kruste.

Welche der Erdschalen ist die dickste?

Der Erdmantel. Er beginnt maximal 50 km unterhalb der Erdoberfläche und reicht bis in 2900 km Tiefe. Insgesamt nimmt er 83 % des Volumens der Erde ein. Kruste und Erdmantel werden durch die Mohorovičić-Diskontinuität (kurz: »Moho«) getrennt. Der Erdmantel teilt sich in einen oberen und einen unteren Teil, dazwischen befindet sich eine einige hundert Kilometer mächtige Übergangszone.

Was unterscheidet den oberen vom unteren Erdmantel?

Der etwa 400 km dicke obere Erdmantel ist außen fest und zum Erdzentrum hin flüssig. Dagegen besteht der untere Erdmantel überall aus festem Gestein.

Außen bildet der obere Erdmantel zusammen mit der Erdkruste die Lithosphäre, die äußere Gesteinshülle der Erde. In Richtung Erdinneres schließt sich der Lithosphäre die Asthenosphäre an. Temperaturen von rd. 1400 °C und ein Druck von 200–350 kbar lassen das Gestein hier zu flüssigem Magma schmelzen. Dieses besteht zu großen Teilen aus Peridotit, einem überwiegend aus Silikaten aufgebautem Gestein.

Im festen unteren Erdmantel steigt der Druck auf 1000–1400 kbar. Über die stoffliche Zusammensetzung dieser Schicht ist sich die Wissenschaft noch nicht einig; wahrscheinlich besteht sie aus Verbindungen von Silicium mit anderen Elementen. Die Temperaturen steigen auf bis zu 2500 °C an.

Wo ist die Erde am heißesten ?

Im inneren Erdkern. Dort werden Temperaturen von 5000–7000 °C erreicht. Dagegen herrschen im flüssigen äußeren Erdkern »nur« 3000 °C. Nach außen kühlt sich die Erde immer weiter ab.

Der Erdkern besteht aus einer äußeren flüssigen und einer inneren festen Schicht. Er hat einen Durchmesser von nur 7000 km und wird durch eine etwa 200 km mächtige Grenzzone, die Wichert-Gutenberg-Diskontinuität, vom Erdmantel getrennt.

Die meisten Forscher gehen davon aus, dass der äußere Kern aus glutflüssigem Eisen und Eisenoxid besteht, der innere aus festem Eisen und Nickel. Am Übergang zwischen äußerem und inneren Kern lagert sich flüssiges Eisen aus dem »eisernen Ozean« des äußeren Kerns am festen inneren Kern an. Der innere Kern wächst dadurch pro Jahr um ca. 1 cm.

▼ Mit modernen Seismographen werden kleinste Erschütterungen in der Erdkruste aufgezeichnet.

▲ Nur die wehenden Haare zeigen uns, dass diese Menschen nicht frei schweben, sondern von der Schwerkraft rasend schnell in Richtung Erde gezogen werden.

Wieso fällt nichts von der Erde herunter?

Das liegt an der Schwerkraft. Durch sie ziehen sich alle Objekte gegenseitig an. Die Erde besitzt mit $5{,}97 \times 10^{24}$ kg eine sehr große Masse – viel mehr als alle Objekte, die sich auf ihr befinden – und zieht daher andere Körper besonders stark an.

Übrigens: Auch der Mond wird von der Erde angezogen. Da er aber weit von ihr entfernt ist, fällt er nicht auf sie herab, sondern wird von der Schwerkraft in eine nahezu kreisförmige Umlaufbahn gezwungen. Die Anziehungskraft des Mondes wirkt ihrerseits auf die Erde ein und bremst sie in ihrer Rotation um die eigene Achse.

Wer lüftete das Geheimnis des Magnetismus?

Der Engländer William Gilbert (1544–1603) entdeckte Ende des 16. Jahrhunderts, dass die Erde selbst wie ein riesiger Magnet wirkt. Dass eine frei bewegliche Magnetitnadel sich in Nord-Süd-Richtung einpendelt, ist in Europa mindestens seit dem 13. Jahrhundert bekannt. Seit dieser Zeit nutzen die Europäer die unsichtbare Kraft des Magnetismus mithilfe des Magnet-Kompasses als Orientierungshilfe.

Was hält einen Satelliten in seiner Bahn?

Auch dafür ist die Schwerkraft verantwortlich. Um um die Erde zu fliegen, müssen Satelliten und Raumschiffe mit genügend Kraft in eine zur Erde parallele Umlaufbahn befördert werden. Dort bewegen sie sich mit sehr hoher Geschwindigkeit fort.

Die Fernsehsatelliten, die sich auf sog. geostationären Bahnen in 36 000 km Höhe befinden, bewegen sich genauso schnell wie sich die Erde um sich selbst dreht; damit stehen sie immer über demselben Erdpunkt.

Ist die Erde ein Dynamo?

Heute geht man davon aus, dass ein riesiger Geodynamo im Erdinnern das Magnetfeld der Erde aufrecht hält. Angetrieben wird er durch die Konvektionsströme im äußeren Erdkern. Dort befindet sich flüssiges Eisen, das nicht nur einen ausgezeichneten elektrischen Leiter abgibt, sondern auch leicht ins Strömen gerät. Die Bewegung des flüssigen Eisens erzeugt ein elektrisches Feld, welches das Magnetfeld der Erde aufbaut. Das Magnetfeld seinerseits hält den Geodynamo in Gang, ein Phänomen, das in der Elektrotechnik genutzt wird, z. B. bei der Stromerzeugung durch Generatoren.

Das irdische Magnetfeld wird durch den Sonnenwind auf seiner der Sonne zugewandten Seite zu einer 65 000 km breiten Schicht zusammengedrückt. Auf der sonnenabgewandten Seite bildet das Magnetfeld einen mehrere Millionen Kilometer langen Schweif.

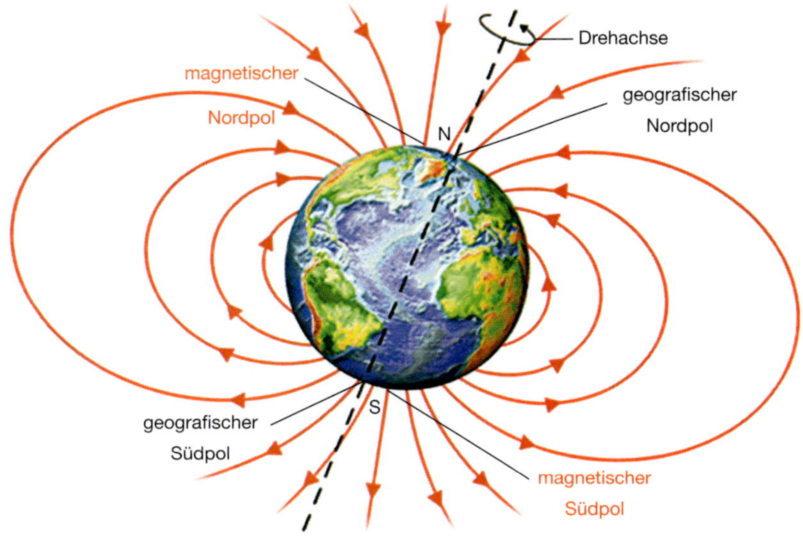

Wo liegen die magnetischen Pole?

Der magnetische Nordpol befindet sich derzeit nördlich von Kanada, etwa 1400 km vom geographischen Nordpol entfernt. Jahr für Jahr wandert er etwa 7,5 km weiter nach Norden. Zwischen dem magnetischen und dem geographischen Südpol liegen sogar 2700 km. Der magnetische Südpol legt jedes Jahr etwa 10 km in nordwestlicher Richtung zurück, entfernt sich also vom geographischen Südpol. Die Magnetpole verändern ihre Position, weil die magnetischen Feldlinien, die sich zwischen ihnen in Bögen um die Erde spannen, in Form und Stärke variieren.

Wussten Sie, dass ...

- sich die Erde ohne die Anziehungskraft des Mondes dreimal schneller um sich selbst drehen würde? Ein Tag wäre statt 24 nur acht Stunden lang.
- die Schwerkraft am Äquator geringer als an den Polen ist? Ursache dafür sind Fliehkräfte, die durch die Rotation der Erde entstehen.
- die Schwerkraft für den Gleichgewichtssinn des Menschen verantwortlich ist? In den Ohren befinden sich kleine kristallartige Steinchen, die mit der Schwerkraft nach unten sinken. Das Gehirn berechnet daraus die jeweilige Position bzw. Ausrichtung des Körpers im Raum.

Steht uns eine Umpolung bevor?

Wahrscheinlich. Im Laufe der Erdgeschichte hat sich das Magnetfeld der Erde mehrmals umgepolt: Der Nordpol wurde zum Südpol, der Südpol zum Nordpol. Im Durchschnitt geschieht dies alle 500 000 Jahre. Der letzte Wechsel fand vor 760 000 Jahren statt, eine neue Umkehr wäre demnach bald fällig.

Allerdings geschieht die Umpolung des Magnetfeldes nicht von heute auf morgen. Vielmehr kündigt sie sich durch leichte Veränderungen im Magnetfeld an. Seit Beginn der Messungen vor 150 Jahren hat die Kraft des Magnetfeldes kontinuierlich abgenommen. Bis das komplette Magnetfeld zusammenbricht, vergehen wahrscheinlich noch Jahrhunderte. Dann büßt die Erde kurzzeitig ihren magnetischen Schutzschild vor dem Sonnenwind ein.

▼ Wie diese Bastardschildkröte nutzen zahlreiche Tiere das Magnetfeld der Erde zu ihrer Orientierung.

▲ Satellitenaufnahme der Erde aus 35 800 km Entfernung; durch das Wasser, das mehr als 70 % der Oberfläche bedeckt, dominiert die Farbe Blau – daher auch der Name »Blauer Planet«.

Was haben alle Kontinente gemeinsam?

Alle Kontinente waren ursprünglich im Urkontinent Pangäa vereinigt, der von einem riesigen Urozean umspült wurde. Im Lauf der letzten etwa 220 Mio. Jahre zerfiel Pangäa in Teilstücke, die ihrerseits in die heutigen Kontinente zerbrachen. Nur 29 % der Erde liegen auf dem Festland, das sind 510 Mio. km². Dagegen nehmen die Meere mehr als zwei Drittel der Erdoberfläche ein.

Welcher Erdteil ist der größte?

Mit 44 Mio. km² ist Asien der größte Kontinent. Er erstreckt sich zwischen Sibirien im Norden und der Halbinsel Malakka im Süden.

Auch das südlich anschließende Indonesien zählt zu großen Teilen noch zu Asien. Indien stieß erst in der Kreidezeit (vor 146 bis 65 Mio. Jahren) auf Asien. Die Vereinigung mit der riesigen Landmasse hinterließ deutliche Spuren: Durch den Zusammenstoß faltete sich der weite asiatische Gebirgsgürtel auf, zu dem u. a. der Himalaya zählt.

Mit 7,7 Mio. km² der kleinste Erdteil ist Australien. Er liegt weit entfernt von den anderen großen Landmassen; 10 000 km sind es bis nach Afrika und ebenso weit nach Südamerika. Der Weg nach Asien ist nicht ganz so weit, bis zum Südausläufer des asiatischen Festlandes sind es weniger als 3000 km, dazwischen liegen die südostasiatischen Inseln.

Bildet Europa eine Einheit?

Von seiner Form her ist Europa alles andere als eine Einheit: Fast ein Fünftel entfällt auf Halbinseln wie die Iberische und die Italienische Halbinsel, 8 % sind Inseln. Insgesamt zählen 10 Mio. km² Land zu Europa.

Im Laufe der Erdgeschichte wurde der Kontinent durch Gebirgsbildungsphasen

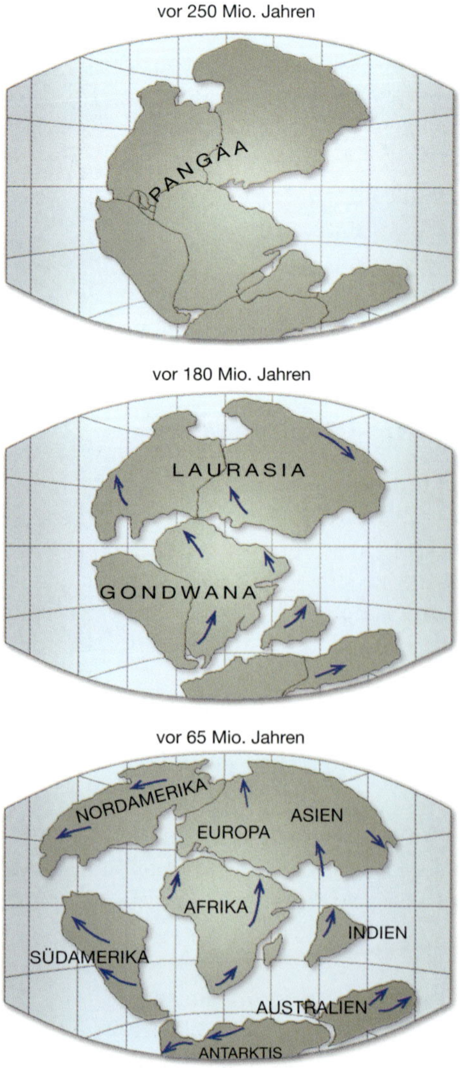

▶ Die Verschiebung der Kontinente

mehrfach umgestaltet, und dem alten Kern Fennoskandia, auf dem heute Norwegen, Schweden und Finnland ruhen, wurden immer neue Festlandteile »angeschweißt«. Im Tertiär (vor 65–1,8 Mio. Jahren) begann die Auffaltung der Alpen und der Pyrenäen – im Montblanc in den Savoyer Alpen erreicht Europa mit 4810 m seinen höchsten Gipfel.

Übrigens: Europa und Asien bilden zusammen Eurasien. Die Aufgliederung in zwei Kontinente erfolgte aus historisch-kulturellen Gründen, nicht aus geografischen Überlegungen. Die Grenze verläuft bei 60° östlicher Länge entlang des Uralgebirges und des sich südlich anschließenden Uralflusses. Ferner trennen der Kaukasus, der Bosporus, das Marmarameer und die Dardanellen bzw. die Inselwelt des Ägäischen Meeres Asien von Europa.

Gehören Nord- und Südamerika zusammen?

Geologisch betrachtet nicht. Während Nordamerika bis zum Ende der Kreidezeit (vor ca. 65 Mio. Jahren) mit Europa und Asien den Kontinent Laurasia bildete, war Südamerika bis zum Ende der Trias (vor ca. 190 Mio. Jahren) Teil des Gondwana-Kontinents.

Im nordamerikanischen Osten falteten sich vom Unterkarbon bis zum Perm (vor 355–250 Mio. Jahren) die Appalachen auf. Im Tertiär (vor 65–1,8 Mio. Jahren) begann die Auffaltung der Gebirge im Westen, zu denen das Hochgebirge der Rocky Mountains zählt. Zur gleichen Zeit entstanden im südamerikanischen Westen die Anden. Ihnen sitzen zahlreiche Vulkane auf, von denen einige noch heute aktiv sind. In den Anden liegt Amerikas höchster Gipfel, der 6959 m hohe Aconcagua.

Warum gibt es Schnee am Kilimandscharo?

Der Kilimandscharo befindet sich zwar mitten im warmen äquatorialen Afrika, aber wegen seiner Höhe von 5895 m wird sein Gipfel das ganze Jahr über von Schnee bedeckt. Afrika ist mit 30 Mio. km² der zweitgrößte Erdteil. Große Ströme wie der Nil und der Kongo durchfließen ausgedehnte Tiefländer. Auch Plateaus und Schichtstufen – gestufte Landschaften – nehmen viel Raum ein. Aus flachen Hochplateaus ragen einzelne Inselberge, Berggruppen oder kleinere Gebirge auf. Einzig der Atlas im Nordwesten des Kontinents entstand als Faltengebirge im Tertiär.

Was unterscheidet die Antarktis von Antarktika?

Die Antarktis umfasst neben dem antarktischen Kontinent, Antarktika genannt, das Südpolargebiet etwa südlich des 55. Breitengrads einschließlich Inseln und Meeren.

Mit einer Fläche von 12,4 Mio. km² ist der antarktische Kontinent größer als Europa und Australien. Rund um den Südpol liegt der Kontinent unter einer 2500–3000 m dicken Eisdecke verborgen, nur die höchsten Gipfel ragen frei aus dem Eisfeld heraus.

Wussten Sie, dass ...

- sich die Landmassen überwiegend auf der Nordhalbkugel befinden? Die Südhalbkugel wird dagegen zu großen Teilen vom Meer bedeckt.
- zwischen dem höchsten und dem tiefsten Punkt der Erdoberfläche eine Höhendifferenz von etwa 20 km liegt? Höchster Gipfel der Erde ist der Mount Everest mit 8850 m, die größte Tiefe wird im bis zu 11 034 m tiefen Marianengraben erreicht.
- die gemittelte Höhe der Landoberfläche 875 m beträgt? Europa ist durchschnittlich 365 m, Afrika 650 m und Asien 920 m hoch.

▶ Die Alpen gehören zu den vergleichsweise jungen Hochgebirgen (im Bild der Grimselstausee in den Berner Alpen).

Innere Kräfte – Stärke ohne Berechenbarkeit

Die Erde ist zwar schon Milliarden Jahre alt, aber sie ist immer noch »lebendig« und verändert sich jeden Tag. Vulkane brechen aus, speien Lava und schleudern abertausende Tonnen Asche und Gas in die Atmosphäre. Sie verändern nicht nur das Gesicht der Erde in der jeweiligen Region, sondern auch das Klima kann von solchen Ausbrüchen beeinflusst werden, in geologisch gesehen alter Zeit sogar gravierend. Ausbrüche von Supervulkanen wie dem Toba auf Sumatra vor 74 000 Jahren haben fast zur Auslöschung der Menschheit geführt. Die Auswirkungen dieser Naturkraft beschränken sich jedoch nicht nur auf das Negative: Viele vulkanische Gebiete der Erde zählen zu den landwirtschaftlich ertragreichsten, da der Boden durch mineralreiche Lava und Asche auf lange Sicht oft verbessert wird.

Anders Erdbeben: Diese Naturgewalt ist zerstörerisch und unberechenbar; trotz intensiver Forschung lassen sich Beben bis heute nicht vorhersagen. Zu schrecklichen Katastrophen kann es kommen, wenn die Kraft eines Bebens im Wasser weitergegeben wird. Seebeben, deren Ursache tief im Erdinnern liegt, können Tsunamis auslösen, die Küstenstriche auf tausenden von Kilometern Länge verwüsten.

Die Kraft dieser Naturgewalten – Vulkanismus und Erdbeben – kommt in beiden Fällen aus dem Inneren der Erde. Die Magmaströme dort sind so gewaltig, dass sie sogar die Verteilung von Land und Wasser beeinflussen – sie bewegen die Erdoberfläche täglich. Diese Plattentektonik wird in einigen Millionen Jahren dazu geführt haben, dass sich Afrika im Osten teilt, die Antarktis nach Norden wandert. Und irgendwann werden die Landmassen sich wie schon mehrmals in der Vergangenheit in einem einzigen riesigen Kontinent vereinen.

◀ Erkaltende Lava eines Vulkans auf Hawaii; oft nur hauchdünn ist die schützende Haut, die das Leben auf der Oberfläche der Erde von den ungeheuren Kräften des Erdinnern trennt.

▲ Wie eine Narbe durchzieht die San-Andreas-Störung Westkalifornien. Hier schiebt sich die Amerikanische an der Pazifischen Platte vorbei.

Die Kontinentplatten und die Platten, die den Meeresboden bilden, unterscheiden sich grundsätzlich: Die Kontinentblöcke sind mit einer Mächtigkeit von 80–120 km sehr viel dicker als die Meeresbodenplatten, die nur 30–70 km erreichen. Kontinente bestehen aus überwiegend granitischem Gestein, der Meeresboden setzt sich aus jüngeren vulkanischen Basaltgesteinen zusammen. Kein Teil der heutigen Ozeankruste ist älter als 200 Mio. Jahre.

An einigen Stellen der Erde sind die Trennlinien der Platten sichtbar. Ein Beispiel ist die San-Andreas-Störung in Kalifornien: Aus der Luft betrachtet kann man über hunderte von Kilometern die Linie verfolgen, an der die Pazifische Platte auf die Amerikanische Platte trifft. Noch fassbarer ist ein solcher Scheitel auf Island: In der teils nur wenige Meter breiten Zentralspalte bei Thingvellir treffen die Amerikanische und die Eurasische Platte aufeinander.

Aus wie vielen Platten besteht die Erde?

Die Außenschale der Erde, also die Erdkruste, und die äußerste Schicht des Erdmantels (Lithosphäre) bestehen aus sieben großen und einem Dutzend kleinerer Platten [➔S. 64].

Europa und ein Teil des Meeresbodens des nordöstlichen Atlantischen Ozeans etwa gehören zur Eurasischen Platte, die im Mittelmeer an die Afrikanische und im mittleren Atlantik an die Nordamerikanische Platte stößt. Die Lithosphäre wiederum grenzt an die Asthenosphäre, deren oberste Schicht aus leicht aufgeschmolzenem Gestein besteht, einer Art zähflüssigen Masse, auf der die Erdplatten »schwimmen«.

Warum wandern die Erdplatten?

Die Plattentektonik, also die Bewegungen der Erdkruste, wird von Strömen aus geschmolzenem Gestein angetrieben. Die meisten Wissenschaftler vermuten, dass die Konvektionsströme des geschmolzenen Gesteins zwischen dem heißen Erdmantel und der kühleren Erdkruste ausschlaggebend sind. Solche

Was ist ein heißer Fleck?

Ein heißer Fleck, wissenschaftlich Hot Spot, ist eine sehr heiße Aufschmelzungszone im äußeren Erdmantel, in der sich Magma ansammelt und meist regelmäßig nach oben steigt. Ein berühmter Hot Spot hat etwa die zu den USA gehörenden Hawaii-Inseln geschaffen. Der heiße Fleck ist ortsfest, aber über ihn hinweg wandert die Pazifische Platte mit einer heutigen Geschwindigkeit von 9 cm pro Jahr. Durch den beständigen Magmaausstoß wurden die Inseln aufgetürmt. Der Prozess dauert an und es werden im Südosten weitere Inseln entstehen bzw. die alten an Länge gewinnen. Betrachtet man die Ausrichtung der Inseln, kann man die Bewegung der Pazifischen Platte gut erkennen.

Plattengrenzen, Erdbeben und Vulkanismus

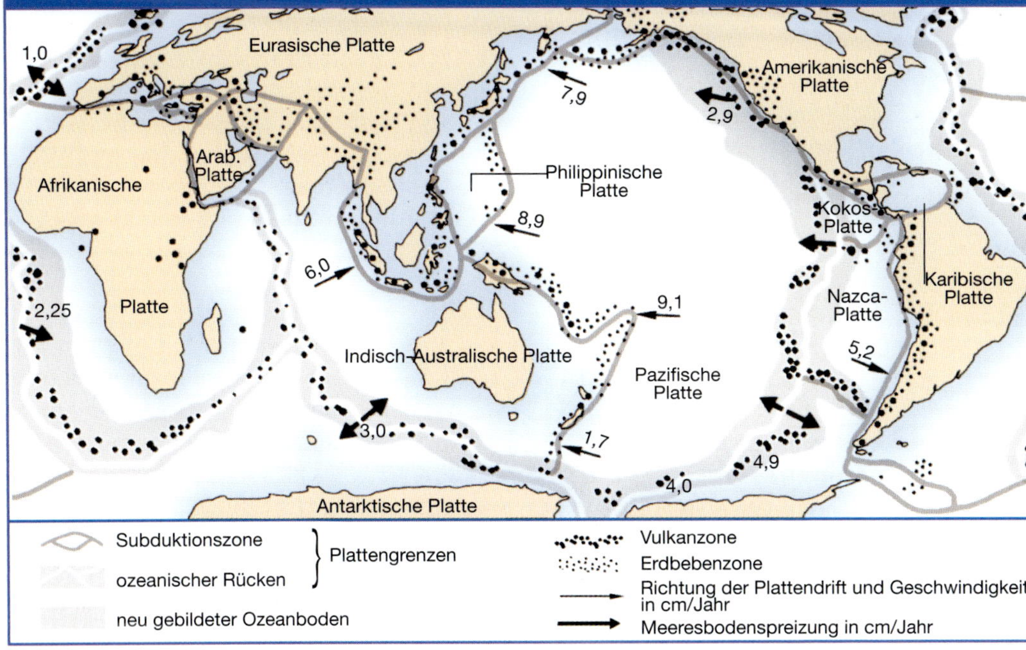

Konvektionsbewegungen treten auf, wenn flüssige Materie an der Unterseite erhitzt wird und an der Oberseite abkühlt – so wie bei einem Topf mit kochendem Wasser.

Die dynamischen Prozesse spielen sich an den Grenzen zu den benachbarten Platten ab. Von einer Transformplattengrenze wird gesprochen, wenn benachbarte Platten in entgegengesetzter Richtung aneinander vorbeigleiten, wie es etwa bei der San-Andreas-Störung in Kalifornien geschieht. Es kommt zu Reibungen, Krustenstücke verhaken sich. Dadurch erzeugte Spannungen können sich in Erdbeben entladen.

Wie entstehen eigentlich Unterwassergebirge?

Wenn sich die beiden Platten voneinander wegbewegen, kommt es zum Sea-Floor-Spreading. Zwischen den Platten bildet sich eine Bruchspalte, aus der permanent Lava aus dem Erdinneren hervorquillt. Aus dem Basaltgestein baut sich ein riesiger untermeerischer Gebirgszug, der mittelozeanische Rücken, auf. Die nachfließende Lava verdrängt das abgelagerte Gestein zu beiden Seiten, so dass sich die Erdkruste entlang der »divergenten« Plattengrenzen jedes Jahr um ein paar Zentimeter ausdehnt.

Übrigens: Wenn fortlaufend neue Erdkruste gebildet wird, muss es auch Orte geben, an denen alte vernichtet wird. Dies geschieht an konvergenten Plattengrenzen, an denen sich zwei Platten aufeinander zu bewegen. Dabei wird eine Platte gezwungen, unter die andere abzutauchen. Dieser Vorgang heißt Subduktion. Am Rand dieser Zone kann es zu gewaltigen Gebirgsbildungsprozessen kommen.

Wussten Sie, dass …

- in Afrika ein neuer Ozean entsteht? Durch Ostafrika verläuft vom Roten Meer bis zum Malawisee eine 6000 km lange Bruchzone, das Ostafrikanische Grabensystem. Die Zone verbreitert sich beständig und alles spricht dafür, dass es zu einer Spaltung Afrikas kommt und ein neuer Ozean entsteht.
- der deutsche Geophysiker Alfred Wegener um 1910 anhand von gleichen pflanzlichen Fossilien in Südamerika und Afrika herausfand, dass beide Kontinente einmal Teil des Superkontinents Pangäa gewesen waren?
- in der Antarktis Palmen wuchsen? Als Teil des Südkontinents Gondwana war der Eiskontinent ein Tropenparadies. Erst vor rd. 100 Mio. Jahren driftete die Antarktische Platte aus dem tropischen bzw. subtropischen Bereich heraus und nahm schließlich die heutige Position am Südpol ein.

▶ Die skandinavischen Gebirge sind im Rahmen der Kaledonischen Gebirgsbildung vor etwa 400 Mio. Jahren entstanden; Blick auf den Lysefjord bei Stavanger in Südnorwegen.

Können Gebirge ihre Form verändern?

Ja, sie tun es auch heute noch. Berge, Täler und Ebenen bilden das Relief der Erdoberfläche. Das, was auf den ersten Blick fest gefügt und unveränderlich erscheint, unterliegt einem ständigen Wandel.

Wussten Sie, dass ...

- die deutschen Mittelgebirge älter als die Alpen sind? Vor rd. 60 Mio. Jahren hoben sich die Alpen aus einem ursprünglichen Meer, ein Vorgang, der bis heute andauert. Schon vor 300 Mio. Jahren hatte das Rheinische Schiefergebirge nach der Kollision zweier Kontinentalplatten alle Stadien der Faltengebirgsbildung durchlaufen. Durch weiteren Druck zerbrachen seine Gesteine in einzelne Schollen, die übereinandergeschoben oder gegeneinander versetzt wurden.
- das Tote Meer der tiefste Punkt der Erde ist? Die Landsenke bzw. Depression liegt im Jordangraben an der Grenze zwischen Israel und Jordanien. Der Wasserspiegel des Toten Meeres liegt etwa 400 m unter dem Meeresspiegel. Der See ist an seiner tiefsten Stelle rund 400 m tief, so dass die Depression insgesamt 800 m beträgt.

Wo heute hohe Gebirge aufragen, erstreckten sich vor Millionen von Jahren Meeresarme. Hochebenen verschwanden in tiefen Gräben. Schöpfer der großen Formen sind Kräfte aus dem Erdinnern, die endogenen (von innen erzeugten) Kräfte. Wind, Regen und Eis nagen unaufhörlich am Relief und formen es um. Diese von außen wirkenden Kräfte bezeichnet man auch als exogene (von außen erzeugte) Kräfte.

Wie entstehen Berge und Gebirge?

Die meisten Gebirge entstehen durch die Kollision verschiedener Erdkrustenteile bzw. Platten. Gesteinsmaterial türmt sich auf. In Zonen, wo eine ozeanische unter eine kontinentale Platte abtaucht, kommt es zusätzlich zu vulkanischen Aktivitäten. Beispiele hierfür sind die amerikanischen Kordilleren mit ihren vielen Vulkanen. Auch wenn zwei kontinentale Platten aufeinanderprallen, kommt es zur Gebirgsbildung. Bekanntes Beispiel für diesen Vorgang sind die Alpen, wo die Afrikanische Platte auf die Eurasische driftet.

▼ Landschaftsformen unter Wasser

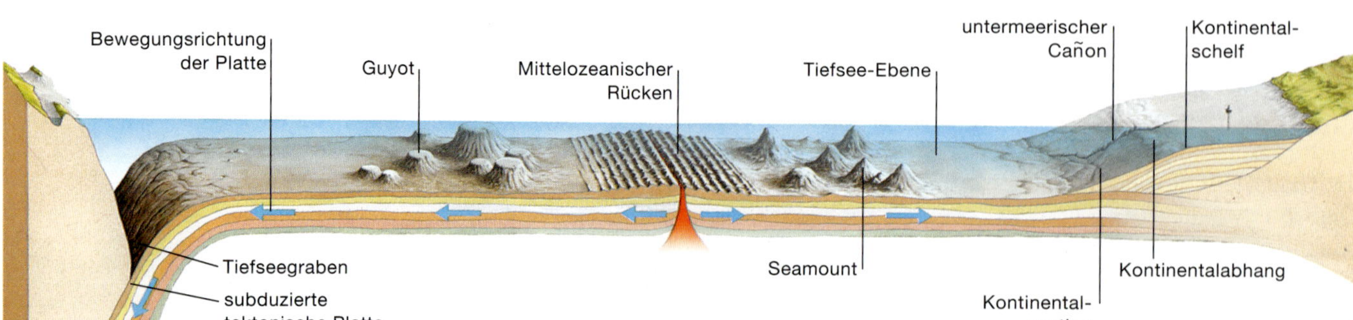

Der ungeheure Druck beim Zusammenschieben der Platten verformt und hebt die Gesteinsschichten der Erdkruste und des oberen Erdmantels. In der Tiefe reagiert das Gestein bei hohem Druck und hohen Temperaturen beweglicher als weiter oben. Ursprünglich horizontal geschichtete Sedimente und vulkanische Schmelzen werden unter Druck zuerst verbogen, bevor sie dann wie mehrere Lagen Stoff in viele Falten gelegt werden. Am Ende der Gebirgsbildung werden bei anhaltendem Druck die in der Tiefe gefalteten und übereinandergeschobenen Gesteinsschichten weit herausgehoben.

Ist direkt an den Plattengrenzen Leben möglich?

Zum Umfeld aller Mittelozeanischen Rücken gehören untermeerische Quellen, aus denen 300–400 °C heißes schwefelwasserstoffhaltiges Wasser aufsteigt, das mit vielen Mineralen gesättigt ist. Einige der im Wasser gelösten Stoffe lagern sich am Quellaustritt ab, der so eine Schlotform annimmt. Da das herausschießende heiße Wasser aussieht wie schwarzer Qualm, wurden die Gebilde Blacksmokers, »schwarze Raucher«, genannt.

Diese Umwelt haben einige Lebewesen für sich entdeckt: Bakterien, die sich von Schwefel oder Wasserstoff ernähren und die hohen Temperaturen ebenso wie den Wasserdruck in 3500 m Tiefe aushalten. Diese Bakterien leben auch im Röhrenwurm, der durch Anpassung diese ökologische Nische besetzen kann. Er nimmt aktiv keine Nahrung auf, sondern lässt sich von den Bakterien ernähren, die Schwefel und Wasserstoff sowie die Stoffe ihrer Umwelt in organische Substanzen umwandeln.

Übrigens: Kaum entstanden, unterliegen die Gebirge und Ebenen vielfältiger Umgestaltung. Temperaturunterschiede, Wasser, Wind und Schwerkraft formen die Landschaft durch Verwitterung, Abtragung und Ablagerung.

Gibt es Gebirge unter dem Meeresspiegel?

Ja, sogar die längsten der Erde. Auf dem Grund der Ozeane erstrecken sich in rund 4000 m Tiefe weite Ebenen. Aus ihnen erheben sich gewaltige Gebirge: die Mittelozeanischen Rücken. Diese Rücken durchziehen von Nord nach Süd mit Unterbrechungen den Atlantischen, Pazifischen und Indischen Ozean, so dass manche Forscher den Begriff nicht im Plural, sondern im Singular benutzen. Sie betrachten den Mittelozeanischen Rücken als ein zusammenhängendes Gebirgssystem, das sich über 60 000 bis 70 000 km hinweg erstreckt.

Gibt es heiße Glut im kalten Meer?

Die mittelozeanischen Rücken sind nicht nur das längste Gebirgssystem der Welt, sondern auch das vulkanisch aktivste: Sie bestehen vollständig aus vulkanischem Gestein. Ständig steigt aus dem Erdinneren Magma auf und ergießt sich als Lava auf die Meeresböden. Im Lauf des 20. Jahrhunderts brachten Wissenschaftler Beobachtungen zum Vulkanismus und Verlauf der Mittelozeanischen Rücken in Zusammenhang mit der Kontinentaldrift und entwickelten die Überlegungen weiter zur Theorie der Plattentektonik.

Übrigens: Bis ins 19. Jahrhundert hinein ahnte die Menschheit nichts von der Existenz eines riesigen Gebirgssystems unter dem Weltmeer. Erst als der Plan aufkam, ein Telegrafenkabel quer durch den Atlantischen Ozean von den USA nach Großbritannien zu verlegen, widmete man sich genauer der Erkundung des Meeresbodens der Tiefsee. Bei dem Versuch, exakte Lotungen vorzunehmen, stieß das britische Forschungsschiff »Challenger« 1873 auf den Mittelatlantischen Rücken, der auf halbem Weg zwischen Nordamerika und Europa bzw. Südamerika und Afrika verläuft.

◄ Ein schwarzer Raucher im Lau-Becken (Bereich Fidschi-Inseln) mit Hydrothermalfauna in 1700 m Tiefe bei 334 °C

Wer »entdeckte« die Eiszeiten?

Der deutsche Geologe Albrecht Penck (1858–1945). Den Schwerpunkt seiner Arbeit bildeten die Alpen- und die Eiszeitforschung, als deren führender Vertreter er berühmt wurde. Zu seinen besonderen Verdiensten zählt der erste gesicherte Nachweis der Eiszeiten: Die Unterteilung in die Günz-, Mindel-, Riß- und Würm-Eiszeit geht auf Penck und seinen Kollegen Eduard Brückner zurück. Penck wirkte ab 1885 als Professor in Wien, ab 1906 in Berlin. In den Berliner Jahren trieb er seine Forschungen voran, 1909 erschien sein dreibändiges Werk »Die Alpen im Eiszeitalter«. Nach dem Ersten Weltkrieg äußerte sich Penck wiederholt zu politischen Fragen. Mit seiner nationalistisch gefärbten »Volks- und Kulturboden-Theorie« bereitete er der deutschen »Volkstumsforschung« der 1930er Jahre den Boden.

▲1995 verwüstete ein starkes Erdbeben die Stadt Kobe in Japan. Auch dieser »erdbebensichere« Highway brach durch die heftigen Erschütterungen zusammen.

Was macht Erdbeben so gefährlich?

Sie lassen sich nur schwer vorhersagen und können gewaltige Zerstörungen hinterlassen.

Ursache für Erdbeben und Vulkanismus sind Vorgänge tief unter der Erdoberfläche. Die großen Platten, die die äußere Hülle der Erde bilden, bewegen sich, und an ihren Rändern kommt es gehäuft zu diesen Erscheinungen. Die Bewegung geschieht sehr langsam, aber manchmal verhaken sich die Platten. Die sich dann aufbauenden Spannungen lösen sich, wenn die drückenden oder ziehenden Kräfte zu groß werden und es zu einer kurzen, aber schnellen Bewegung der Platten kommt. Diese ruckartige Bewegung wird an der Erdoberfläche als Erdbeben wahrgenommen. Kleinere Beben können auch durch den Einsturz von großen Hohlräumen oder durch unterirdische Atomtests ausgelöst werden.

Wo entsteht ein Beben?

Ein Erdbeben wird im Erdinnern ausgelöst; die Stelle bezeichnet man als Hypozentrum. Der Endpunkt der kürzesten Linie vom Hypozentrum zur Erdoberfläche markiert das Epizentrum, den Ort der stärksten Bewegung. Dieser Ort wird von unterschiedlichen Erdbebenwellen erreicht.

Im Wesentlichen werden drei Wellen unterschieden. Die Longitudinal- oder P-Wellen sind die schnellsten Wellen. Sie setzen sich parallel zur Gesteinsschichtung mit einer Geschwindigkeit von 13 km/h fort. Halb so schnell, aber gefährlicher sind die Transversal- oder S-Wellen, die das Gestein senkrecht durchqueren und es in starke Schwingungen versetzen. Nur an der Oberfläche treten die noch langsameren, zerstörerischen L-Wellen auf. P-Wellen durchqueren alle Formen von Materie und schwächen sich erst ab, wenn ihre Energie aufgebraucht ist. S-Wellen hingegen werden abgelenkt, wenn sie auf Flüssigkeiten treffen, die sie nicht durchdringen können.

Übrigens: Messungen der Wellen erlauben Rückschlüsse über den Aufbau des Erdin-

Wussten Sie, dass ...

- der älteste bekannte Seismograph aus China stammt? In die Außenschale eines Gefäßes waren acht Drachen eingearbeitet, die eine Kugel im Maul hatten. Unter ihnen befanden sich acht Kröten mit geöffnetem Maul. Bei einer Erschütterung bewirkte ein Pendelausschlag, dass ein Drachenmaul seine Kugel verlor, die die Kröte auffing.
- viele Tiere über ein Erdbeben-Frühwarnsystem verfügen? Bei dem Beben von Haicheng in China 1975 hatte man ungewöhnliches Tierverhalten beobachtet. So waren Tiere aus dem Winterschlaf erwacht und hatten die Region panikartig verlassen.

Bebt auch in Deutschland die Erde?

Im Vergleich zu Südeuropa ist Deutschland durch Erdbeben wenig gefährdet. Und doch steht die Region unter Spannung.
Seit Jahrmillionen driftet die Afrikanische Platte Richtung Norden. Ihr Druck wirkt sich auch auf die Gebiete nördlich der Alpen aus. Die auffälligste geologische Schwachstelle ist der Oberrheingraben. Das schwerste Beben in historischer Zeit ereignete sich im November 1911 auf der Schwäbischen Alb. Die Kraft des Bebens wird auf 6,3 auf der Richterskala geschätzt. Im Bereich des Oberrheingrabens sowie zwischen Thüringer Wald und Fichtel- und Erzgebirge kommt es immer wieder zu Erschütterungen. Häufig bebte die Erde auch im Bereich der Niederrheinischen Bucht. Im April 1992 wurde das Rheinland von einem Erdbeben der Stärke 5,9 erschüttert, dessen Epizentrum im niederländischen Roermond lag.

nern. So konnte man z. B. erschließen, dass der äußere Kern der Erde flüssig, der innere fest ist.

Wieso ist das Leben in Los Angeles riskant?

Los Angeles ist extrem erdbebengefährdet. Besonders häufig treten Erdbeben rund um den Pazifik auf. Dieser zirkumpazifische Feuerring ist das Resultat der Kollisionen der Pazifischen Platte mit der Eurasischen Platte im Osten und mit der Nordamerikanischen Platte im Westen. Einer der Orte, wo Erdbeben sehr wahrscheinlich sind, ist der Westen des US-Bundesstaates Kalifornien. Über 1100 km hinweg verläuft hier die San-Andreas-Störung, ein riesiger Riss in der Landschaft. Jährlich verschieben sich die Platten um 3–5 cm gegeneinander, genug, um täglich kleinere Beben auszulösen. Alle paar Jahre kommt es zu einem heftigen Beben, bisher blieben die Großstädte aber weitgehend verschont. Das Große Beben, »The big one«, könnte aber täglich eintreten.

Eine zweite Erdbebenzone zieht entlang der jungen Faltengebirge am Mittelmeer, also der Alpen und der Balkangebirge, über Kleinasien, Mittelasien und Indien hinweg bis hin zum Malaiischen Archipel, wo sie im indonesischen Raum auf den zirkumpazifischen Feuerring stößt.

Kann man sich gegen Erdbeben wappnen?

Nur unvollkommen. In den letzten Jahrzehnten wurde intensiv an der Erdbebenvorhersage gearbeitet, z. B. durch die Einrichtung neuer seismologischer Stationen. Von den Warnsignalen weiß man bislang nur, dass sie sehr unauffällig und schwer aufzuspüren sind. Es können veränderte Grundwasserstände, leichte Hebungen und Senkungen der Erdkruste oder schwache Erdstöße sein.

◀ Das Erdbeben in San Francisco 1906 richtete verhältnismäßig wenige direkte Schäden an. Vernichtend war die Feuersbrunst, die durch aufgeplatzte Gasleitungen ausgelöst wurde.

Ein großartiger Erfolg gelang 1975 chinesischen Seismologen. Zwei Tage, bevor ein schweres Erdbeben die Stadt Haicheng fast vollständig vernichtete, wurden ihre 90000 Einwohner evakuiert. Als jedoch im darauf folgenden Jahr die Hafenstadt Tangshan ebenfalls von einem schweren Erdbeben erschüttert wurde, hatten die Wissenschaftler keine Alarmsignale bemerkt.

Der Schwerpunkt bei der Schadensbegrenzung liegt auf der Vorbeugung, insbesondere bei der Stadtplanung und dem Gebäudebau, sowie auf der Nutzung schneller Kommunikationsmittel. Die ungefährlichen P-Wellen eines Erdbebens werden als erstes gemessen, und da die Schadenswellen erst später eintreffen, versucht man diese Zeitspanne für sinnvolle Maßnahmen zu nutzen. In Japan werden etwa die Shinkansen-Schnellzüge bei einem Erdbeben durch elektrische Signale, die sich mit Lichtgeschwindigkeit bewegen, gestoppt. In der Regel reicht die Zeit jedoch nicht für eine Warnung.

Wie wurden Erdbeben früher gedeutet?

Im altpersischen Glauben galten Erdbeben als ein Werk des Gegenschöpfers Ahriman, des Vaters der Finsternis und des Todes. In der griechischen Mythologie führte man sie u.a. auf Atlas, den Träger des Himmelsgewölbes, auf den Zorn des Göttervaters Zeus oder auf den Meeresgott Poseidon zurück. Ein Erdbeben konnte auch heraufbeschwören, wer eine sagenhafte Blume, die im Kaukasus aus dem Blut des gequälten Titanen Prometheus gewachsen war, auszugraben versuchte. In der altnordischen Mythologie zeigte ein Erzittern der Erde an, dass sich der von den Göttern gequälte Loki vor Schmerzen am Boden krümmte. Die Chinesen glaubten an einen Drachen und legten – über einer Störungszone – eine »Drachenlinie« fest, auf der keine Häuser erbaut werden durften. Auch die infolge eines Bebens auftretenden Brände wurden durch das Feuer speiende Ungeheuer erklärt.

Was versteht man unter der Richter- oder Mercalliskala?

Beide Skalen dienen der Messung von Erdbebenstärken. Anfang des 20. Jahrhunderts legte der italienische Vulkanologe Giuseppe Mercalli (1850–1914) eine Tabelle vor, die helfen sollte, die Stärke eines Erdbebens zu kategorisieren. Sie schätzt die spür- und sichtbaren Auswirkungen eines Bebens ein. Die Skala besteht aus zwölf Stufen, die von »nicht fühlbar« (Stufe I) bis zu »totale Verwüstung und Veränderung der Landschaft« (Stufe XII) reichen.

▶ Die Unterstadt Lissabons wurde 1755 durch ein Erdbeben und einen darauf folgenden Tsunami fast vollständig zerstört.

Der erste moderne Seismograph wurde 1855 am Vesuv aufgebaut. Heute gibt es etwa 1000 solcher Erdbebenwarten, die bei einem Beben unterschiedliche Messungen vornehmen. Mit diesen Angaben kann man anhand der Stärke der aufgezeichneten Erschütterungen die Energiemenge berechnen, die das Erdbeben freigesetzt hat. Dieser Wert wird in der Einheit »M« für Magnitude angegeben, die auf den US-amerikanischen Seismologen Charles Francis Richter (1900–85) zurückgeht, der 1935 die nach ihm benannte nach oben offene Richterskala vorstellte. Eine volle Stelle auf der Richterskala bedeutet eine Verzehnfachung der Bebenstärke. Ein Erdbeben von 4 M ist also zehnmal so stark wie eines der Stufe 3 M. Weltweit werden pro Jahr etwa 150 000 spürbare Beben gemessen.

Was löst Tsunamis aus?

Auslöser der riesigen Flutwellen sind Vulkanausbrüche, Fels- und Eisstürze, vor allem aber schwere Seebeben. Die dem Japanischen entstammende Bezeichnung Tsunami bedeutet wörtlich »Welle im Hafen«.

Die Energie breitet sich im Wasser wellenförmig mit einer Geschwindigkeit von bis zu 800 km/h aus. Auf dem offenen Ozean ist die Flutwelle mit ihrem oft nur etwa 30 cm hohen Kamm kaum zu erkennen, weil sie weit ins Wasser hinabreicht. Anders an der Küste: Dort wird das unterirdisch heranrasende Wasser mit abnehmender Meerestiefe nach oben gedrückt und türmt sich zu einer gigantischen Flutwelle auf, die alles zerstört, was sich ihr in den Weg stellt. Am Ufer kündigt sich ein heranjagender Tsunami zunächst durch einen plötzlichen Rückzug des Wassers an.

▲ Der Tsunami am 26. Dezember 2004 im Indischen Ozean verwüstete weite Küstenabschnitte in Süd- und Südostasien.

Gibt es Flutwellen-Warnsysteme?

Am 26. 12. 2004 warnte keiner vor der Katastrophe. An diesem Tag erschütterte vor Sumatra ein Seebeben der Stärke 9 den Meeresboden und löste einen Tsunami aus – die Welle tötete mehr als 250 000 Menschen. Im Pazifischen Raum, der häufig von Tsunamis heimgesucht wird, gibt es ein computerüberwachtes Frühwarnsystem. Seine Zentrale ist das Pacific Tsunami Warning Center auf Hawaii, das ein Netz von Seismographen überwacht. Im Indischen Ozean soll ein solches Warnsystem mit deutscher Hilfe eingerichtet werden.

Erdbebenstärken nach Mercalli und Richter

Stärke	Gal*	Auswirkungen	entspricht in etwa der Richter-Magnitude
I	unter 0,25	nicht fühlbar	1,0 –3,0
II	0,25–0,5	nur von ruhenden Personen wahrnehmbar	3,0 –3,9
III	0,5–1,0	im Hausinneren teilweise fühlbar	
IV	1,0–2,5	mäßig; im Haus fühlbar	4,0 –4,9
V	2,5–5,0	meist im Freien fühlbar	
VI	5,0–10	stark; allgemein als Erdbeben empfunden	5,0 –5,9
VII	10–25	sehr stark; Zerstörungen an Häusern beginnen	
VIII	25–50	ca. 1/4 der Steinhäuser zerstört	6,0 –6,9
IX	50–100	ca. 1/2 der Häuser zerstört	
X	100–250	ca. 3/4 aller Bauten zerstört	7,0 und höher
XI	250–500	Einsturz sämtlicher Steinbauten	
XII	500–1000	totale Verwüstung und Veränderung der Landschaft	

*Maßeinheit der Beschleunigung der Bodenbewegung, 1 Gal = 1 cm/s²

▶ Dünnflüssige Lava fließt den Hang des sehr aktiven Vulkans Mauna Loa auf Hawaii hinab. Unter Hawaii liegt ein sog. Hot Spot (heißer Fleck), eine sehr heiße Aufschmelzungszone im äußeren Erdmantel, in der sich Magma ansammelt und meist regelmäßig nach oben steigt.

Was macht die Feuerberge so bedrohlich?

Der Ausbruch eines Vulkans ist neben einem Erdbeben das beeindruckendste Zeugnis von der Naturgewalt. Die Wirkung reicht oft weit über die Region des eigentlichen Geschehens hinaus: Asche und Staub, von Vulkanen in die Atmosphäre geschleudert, können das Weltklima beeinflussen. Flutwellen, durch auseinanderbrechende Vulkane ausgelöst, können Küsten verwüsten. Gegenwärtig sind auf dem Festland rd. 500 – 600 aktive und annähernd 10 000 erloschene Vulkane bekannt.

Wussten Sie, dass ...

- der höchste Berg der Erde eigentlich nicht der Mount Everest ist? Seine 8850 m werden vom Mauna Kea auf Hawaii übertroffen. Dieser Vulkan erreicht 9705 m, allerdings liegen davon 5500 m unter der Meeresoberfläche.
- auch heute noch neue Vulkane entstehen? 1943 tat sich in einem Maisfeld in der Sierra Madre in Mexiko die Erde auf und nach zwei Tagen hatte sich ein 50 m hoher Berg aufgetürmt, der Lava und Asche ausstieß. 1952 hatte der Paricutín, das »Ungeheuer«, seine heutige Höhe von rund 420 m erreicht.
- es auch Vulkane außerhalb der Erde gibt? Olympus Mons auf dem Mars ist mit 27 km der höchste Vulkan des Sonnensystems.

Wie unterscheiden sich Magma und Lava?

Magma kommt aus dem Erdinneren und wird als Lava bezeichnet, wenn es an der Erdoberfläche austritt. Beides ist also flüssiges Gestein.

In der Erdkruste und im oberen Erdmantel befindet sich in Tiefen von 75–250 km flüssig gewordenes Gestein. Die Erdkruste besteht aber aus einzelnen Platten, die ständig in Bewegung sind und vor allem an den Rändern Schwachzonen ausbilden. Dort wird Gestein eingeschmolzen bzw. geschmolzenes Gestein aus dem Erdinnern an die Oberfläche gebracht. Die Schmelze heißt Magma, eine mit Gasen gesättigte Gesteinsmasse.

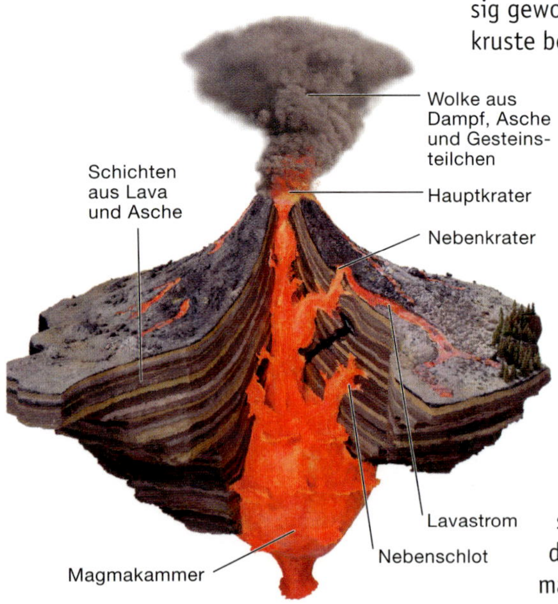

Das Magma sammelt sich in Hohlräumen unter der Erdoberfläche, den Magmakammern. Von dort aus bildet es einen dünnen Kanal, den Schlot, der es bis zur Erdoberfläche führt, wo es als Lava austritt. Zu den aktivsten Zonen gehören die Mittelozeanischen Rücken und der zirkumpazifische Feuerring.

Gibt es gute und schlechte Vulkane?

Längst nicht alle Vulkane sind gefährlich. Die Art und Heftigkeit eines Vulkanausbruchs hängt von der chemischen Zusammensetzung und dem Gasgehalt des Magmas ab, die die Fließfähigkeit der Lava bestimmen.

Der Mauna Loa auf Hawaii, einer der aktivsten Vulkane, gibt ständig dünnflüssige basaltische, wenig gasreiche Lava von sich, die vom Krater abfließt. Durch die ständige Tätigkeit kann sich kein Stau bilden, und das vorhandene Gas entweicht. Zähes gasreiches

Magma kann dagegen den Schlot verstopfen. Der entstehende Überdruck entlädt sich häufig in explosionsartigen Eruptionen. Ein bekanntes Beispiel ist der Mount St. Helens in den USA, der seit 1857 nicht mehr ausgebrochen war. Ein zum Teil erkalteter Pfropf verschloss die Magmakammer, in der sich eine große Menge Material ansammelte und einen enormen Druck aufbaute. Am 18. 5. 1980 explodierte die Spitze des Berges, und eine 19 km hohe Rauch- und Aschewolke transportierte seinen pulverisierten Gipfel davon.

Andere Vulkanausbrüche haben jedoch verheerende Wirkung. Als etwa der 2000 m hohe Krakatau zwischen Sumatra und Java in Indonesien 1883 explodierte, begann eine der schlimmsten Vulkankatastrophen: Die meisten der 36 000 Opfer starben durch einen Tsunami, eine Riesenwelle, die durch den Zusammensturz des Krakatau entstand. Heute gibt es nur noch den Anak Krakatau, einen 813 m hohen Vulkan.

◀ Nächtlicher Ausbruch des Ätna auf Sizilien, des höchsten Vulkans in Europa: Mit großer Wucht schießen Lava und glühende Gesteinsbrocken aus dem Krater heraus.

Was geschieht mit der heißen Lava?

Die 1000–1300 °C heiße dünnflüssige Lava erreicht eine Fließgeschwindigkeit von bis zu 100 km und erstarrt zu einer glatten Fläche, der Fladenlava.

Wie funktioniert ein Geysir?

Geysire sind heiße Quellen, die in regelmäßigen Abständen Fontänen von Wasserdampf, heißem Wasser und Mineralien ausstoßen. Das Wasser sammelt sich in großen Reservoirs tief unter der Erdoberfläche in Gebieten mit aktivem Vulkanismus. Durch das Magma wird das Wasser nach und nach erhitzt und beginnt zu kochen. Dabei dehnt es sich aus, es entsteht Wasserdampf. Schließlich schießen Dampf und Flüssigkeit durch den entstehenden Druck getrieben nach oben. In der Tiefe läuft kühleres Grundwasser nach und durch Abkühlung kommt der Prozess zum Stillstand. Der Zyklus beginnt dann von neuem. Ein berühmter Geysir ist der Old Faithful im Yellowstone-Nationalpark in den USA. Seine Fontänenfrequenz ändert sich meist nach heftigeren Erdbeben, zuletzt 1998, als er von 74 Minuten auf 80 Minuten »umschaltete«.

Falls die Oberfläche rascher erstarrt und es im Lavastrom zu Stauungen kommt, bildet sich die Seil- oder Stricklava, deren Struktur ausgeprägte Windungen aufweist, oder die aufgetürmte Schollenlava. Etwas zähflüssigere Lava reißt bei der Erstarrung auseinander und bildet die Brockenlava bzw. bei längeren Stücken die Aalava. Ein zähflüssiger Strom erkaltet an der Oberfläche rascher, im Inneren strömt er langsam weiter, reißt dabei die Oberfläche immer wieder auf und erstarrt in großen Blöcken: Diese Blocklava hat eine zerklüftete, rissige und scharfkantige Oberfläche. Bei besonders starker Zähflüssigkeit entsteht am Meeresboden durch die raschere Auskühlung die Kissenlava, ein rundliches, kissen- bis sackförmiges Gebilde mit unter einem Meter Durchmesser.

Übrigens: Nicht nur Lava, sondern auch handfesteres Material wird ausgeschleudert: große Gesteinsbrocken, die bis zu mehrere Kubikmeter umfassenden Bomben, kleinere Lapilli und feine Asche. Fällt diese auf die Erde zurück und verfestigt sich, bildet sie vulkanischen Tuff. Poröser, sehr leichter Bimsstein entsteht, wenn die Lava einen hohen Gasanteil hat. Die Lava erstarrt rasch, die Gase entweichen und zurück bleibt ein löchriger Stein,

► Zu den Inseln der Erde, die vom Vulkanismus geprägt sind, gehört Lanzarote. Mehr als 20 % der Kanareninsel sind von Lava- und Aschefeldern bedeckt.

der so leicht ist, dass er im Wasser schwimmen kann. Besonders gefährlich sind Glutwolken. Beim Ausbruch des Montagne Pelée 1902 auf der Antilleninsel Martinique stürzte 800 °C heiße, mit Asche beladene Luft wie eine Lawine auf die Stadt Saint-Pierre herab und tötete 29 000 Menschen. Der einzige Überlebende saß im gut isolierten Gefängnis der Inselhauptstadt ein.

Leben Menschen in der Nähe von Vulkanen?

Ja, aber nicht freiwillig. Das starke Bevölkerungswachstum zwingt immer mehr Menschen dazu, unterhalb eines Vulkans oder in dessen Nähe zu wohnen. Präzise Vorhersagen über Zeitpunkt, Art und Stärke der Eruptionen werden daher immer wichtiger. Da allen Ausbrüchen Erdbebenaktivitäten vorhergehen, werden die aktiven Vulkane mit seismischen Messungen überwacht. Gleichzeitig zeichnen Überwachungsgeräte alle Oberflächendeformationen auf, die Hinweise auf eine Ausdehnung der Magmakammer liefern. Ein weiterer Indikator ist eine deutliche Änderung der austretenden Gase. Schließlich können Temperaturmessungen wichtige Daten liefern, da das aufsteigende Magma das umliegende Gestein erwärmt. Aus Mangel an Vergleichsdaten können Vulkanologen eine Eruption in vielen Fällen zwar vorhersehen, ihren exakten Zeitpunkt kennen sie jedoch nicht.

Kann ein Vulkan saubere Energie liefern?

Ja. In Vulkangebieten werden geothermische Kraftwerke betrieben, denn die Erde ist ein gigantischer Energiespeicher. Die Geothermie oder Erdwärme ist wesentlich umweltverträglicher als die Nutzung fossiler Brennstoffe wie Kohle oder Erdgas und im Unterschied zur Wind- und Sonnenenergie von

Schlummert Gefahr in der Eifel?

Ja. Gewöhnlich werden die Vulkane der Erde in die Gruppen der aktiven und der erloschenen Vulkane aufgeteilt. Als erloschen werden sie bezeichnet, wenn es in historischer Zeit zu keiner Eruption gekommen ist. Doch trügt der Schein mitunter auch, wie das Beispiel der Eifel zeigt.

Vor ca. 500 000 Jahren entstanden hier etwa 100 Vulkankegel und rund 50 Maare, beim letzten größeren Ausbruch vor 11 000 Jahren bildete sich der Laacher See. Die runden Maarkessel entstanden, als aufsteigendes heißes Magma mit Oberflächen- oder Grundwasser in Berührung kam; das löste eine heftige Explosion nahe der Erdoberfläche aus. Neuere Untersuchungen deuten darauf hin, dass sich unter dem Mittelgebirge wieder Magma ansammelt und dass Eruptionen in diesem Gebiet durchaus wahrscheinlich sind.

◀ Das warme, mineralhaltige Wasser hat die »Blaue Lagune« nahe Grindavík auf Island zu einem international geschätzten Heilbad werden lassen.

Wetter und Tageszeit unabhängig. Außerdem gilt sie als unerschöpflich.

Gut zwei Drittel dieser Wärme entstehen durch radioaktive Zerfallsprozesse in den Tiefen der Erde. Beim letzten Drittel handelt es sich um Restwärme aus der Zeit der Erdentstehung. Bei Tiefenbohrungen auf dem Festland steigt die Temperatur mit jedem Kilometer um durchschnittlich 30–40 °C an. Nach dem heutigen Stand der Bohrtechnik lässt sich die Erdwärme bis in eine Tiefe von etwa 5000 m erschließen.

Je nach geologischen Gegebenheiten kann Erdwärme auf verschiedene Weise gewonnen werden. Grundsätzlich gelangt sie nur durch ein Medium wie Wasser oder Dampf an die Erdoberfläche. Geothermische Energie ist in den USA, in Japan, Indonesien, Mexiko, Neuseeland und Italien schon länger auf dem Vormarsch. Vorreiter ist aber Island. Schon jetzt werden fast 90 % aller isländischen Haushalte mit Warmwasser und Heizenergie aus Erdwärme versorgt. Außerdem spielt sie eine wichtige Rolle bei der Stromerzeugung. Im Nesjavellir Power Plant, dem größten geothermischen Heizkraftwerk weltweit, werden in jeder Sekunde 500–800 l heißes Wasser gefördert. Das Wasser deckt fast vollständig den Fernwärmebedarf der Hauptstadt Reykjavík.

Übrigens: Der Vulkanismus hat auch noch andere positive Seiten. Verwitterte Vulkanite machen den Boden sehr fruchtbar, so dass die Vulkanhänge seit jeher landwirtschaftlich intensiv genutzt werden. Von unseren Vorfahren in der Steinzeit ist bekannt, dass sie aus dem harten, aber gut spaltbaren Obsidian, einem vulkanischen Glas, besonders scharfe Klingen fertigten.

Badespaß in Eiseskälte?

Auf Island haben Freibäder trotz niedriger Lufttemperaturen eine lange Tradition. Auf der Insel gibt es etwa 250 Thermalgebiete mit insgesamt mehr als 600 Quellen. Einige wenige sind als Springquellen oder Geysire aktiv, andere bilden Schlammquellen; in der Mehrzahl münden sie allerdings in einer Therme. Gespeist werden diese Quellen durch Wasser, das nach einer manchmal tausendjährigen unterirdischen Zirkulation über Brüche und Spalten im Erdgestein an die Oberfläche dringt.
Das berühmteste Bad der Insel, die »Blaue Lagune« auf der Halbinsel Reykjanes, verdankt seine Entstehung einem Zufall. In den 1970er Jahren war es ein reines Auffangbecken für die Abwässer des geothermischen Kraftwerks Svartsengi Power Plant. Als man die heilende Wirkung des Wassers bei Hautkrankheiten, insbesondere bei Schuppenflechte, entdeckte, wurde aus dem Abwassersalzsee ein Heilbad. Seit die »Blaue Lagune« 1999 um wenige Kilometer verlegt und modern umgestaltet wurde, zieht sie immer mehr Besucher an.

Äußere Kräfte – Gestalter der Oberfläche

Weite Ebenen, sanfte Hügel, zerklüftete Gebirge, von der Brandung gestaltete Küsten – vielfältig sind die Landschaftsformen der Erdoberfläche. Kaum haben sich Landmassen durch Kräfte aus dem Erdinneren gebildet, unterliegen sie einem ständigen Wandel durch äußere Einflüsse. Unterschiedliche Temperaturen, Wasser, Wind und die Schwerkraft formen die Landschaft durch Verwitterung, Abtragung und Ablagerung. Die Verwitterung, der Zerfall von Gesteinen und Mineralien durch mechanische, chemische und biologische Einflüsse, ist die Voraussetzung für die Abtragung, die Erosion, von Gestein und für die Bildung von Sedimentgesteinen und Böden. Die wichtigste Rolle bei der Oberflächenformung spielt das Wasser. Bäche und Flüsse schneiden sich in das Gelände und schaffen Täler. Durch die Lösungsfähigkeit von Wasser setzt sich die Erosion in kalkhaltigem Gestein auch unterirdisch fort. Das Wasser versickert, spült den Kalk aus und schafft oft riesige Höhlen.

Die Erosion durch Brandungswellen formt Steilküsten. Die Kraft des Meeres zerkleinert die Küstenfelsen bis in feinste Bruchstücke, die sich am Meeresboden ablagern oder durch Wind und Küstenströmungen an flache Strände verfrachtet werden. Wasser in seinem festen Zustand gibt es in vielen Formen. Die Gletscher der letzten Eiszeiten haben weite Teile der nördlichen Hemisphäre landschaftlich geprägt.

Wind entfaltet seine gestalterischen Fähigkeiten vor allem in Trockengebieten, wo der Boden nicht durch Vegetation oder Feuchtigkeit festgehalten wird. Turbulente Luft wirbelt feine Sand- oder Staubpartikel auf, trägt sie mit sich und lagert sie bei Nachlassen der Windkraft oder an Hindernissen wieder ab. Der Sand selbst modelliert bizarre Skulpturen, denn bei starkem Wind wirken die Körner wie ein Sandstrahlgebläse.

Auch biologische Prozesse wirken bei der Verwitterung mit. Muscheln und Meeresschnecken bohren Löcher in Felsen, Pflanzenwurzeln sprengen Gesteinsschichten und grabende Tiere unterhöhlen Uferböschungen. Den letzten Schliff verleiht den von der Natur geschaffenen Landschaften der Mensch, z. B. durch Landwirtschaft und Bergbau.

◀ Das Wasser hat die Kreidefelsen bei Étretat in der Normandie zu beeinduckenden Gebilden geformt.

▲ Der mitgeführte Löss, ein gelbliches, mehlfeines Sediment, gab dem Huang He, dem Gelben Fluss, seinen Namen; im Bild der Hokou-Wasserfall.

Wer ist der effektivste Landschaftsgestalter?

Wasser spielt die überragende Rolle. Das Ausmaß der Erosion hängt von der Wassermenge und dem Auftreten von Hoch- und Niedrigwasser während eines Jahres, dem Gefälle eines Flusses, dem mitgeführten Schutt und der Härte des Gesteins ab.

Auf einer Oberfläche ohne Pflanzen führt schon der Aufprall von Regentropfen zu Erosion, da sofort der Boden angegriffen wird. Auf kalkhaltigem Gestein setzt sich die Erosion sogar unterirdisch fort, das Wasser versickert im Kalk und spült ihn aus. In der Regel setzt sich Wasser jedoch an der Oberfläche in Bewegung und wirkt auch dort. Ein Fluss, der seiner Mündung entgegenstrebt, reißt immer mehr Gestein mit sich, höhlt sein Flussbett aus und gräbt sich immer tiefer, ein Vorgang den man Tiefenerosion nennt.

Übrigens: Das Wasser wirkt gleichzeitig auch auf die Uferregionen, durch Seitenerosion verbreitert sich das Flussbett allmählich. Vor allem im Unterlauf eines Flusses nimmt die Sedimentation, die Ablagerung von mitgeführtem Material, zu. Besonders »stoffreich« ist der Gelbe Fluss (Huang He oder Hwangho), der viel Material aus dem chinesischen Lössplateau mit sich führt. Insgesamt werden von den Flüssen der Erde jährlich etwa 5–10 Mrd. t feste Stoffe transportiert.

Wo mündet ein Fluss?

In einem Delta oder einem Ästuar. Im flachen Wasser schütten Flüsse ein oft riesiges Delta auf, das sich immer weiter nach draußen verlagert.

Aufgrund des fast vollständig fehlenden Gefälles bilden sich zahlreiche Nebenarme aus und es entsteht die typische Fächerform eines Deltas (nach der Form des griechischen Buchstabens Delta: Δ), z. B. in der Mündung des Nil oder der Donau.

Unterliegt die Küste starken Gezeitenschwankungen, bildet sich eine trichterförmige Mündung, ein Ästuar. Ästuare sind frühere Flusstäler, die vom Meer überspült worden sind und in denen die Gezeitenwellen weit ins Hinterland vordringen können. Bekannte Beispiele sind Themse und Elbe.

Welche Talformen gibt es?

Tal ist nicht gleich Tal. Definiert ist ein Tal als eine von einem Fließgewässer in die Erdoberfläche eingeschnittene und ausgeräumte Hohlform. Eine große Rolle spielt die Hangneigung und die Härte des Untergrundes. Unterschiedliche Talformen ergeben sich daneben aus der Menge und Geschwindigkeit des fließenden Wassers und dem transportierten Schutt.

Was ist rückschreitende Erosion?

Wenn sich ein Fluss immer tiefer in Richtung seiner Quelle einschneidet. Ein Musterbeispiel ist die Wutach im südlichen Schwarzwald. Vor 70 000 Jahren mündete sie noch in die Donau. Durch ständige Anhäufung von Gesteinsmaterial nach der letzten Eiszeit lief ein Nebenarm der Wutach im aufgefüllten Flussbett bei Hochwasser über, floss den jenseitigen Talhang hinab und geriet in das Einzugsgebiet des Rheins. Der Arm grub sich rasch ein tiefes Bett und verlagerte seine Talsohle immer weiter zurück. Schließlich zapfte er 90 % des ursprünglich zur Donau fließenden Wassers ab und entwickelte sich vom Nebenarm zum Hauptfluss und somit zum Nebenfluss des Rheins.

Im Querschnitt betrachtet, unterscheidet man mit zunehmender Erosionskraft das Muldental mit breitem Talboden und flachen Hängen, das Kerb- oder V-Tal mit engem Talboden, die Schlucht mit fast senkrechtem Talboden und die Klamm mit manchmal überhängenden Talwänden. Aus einem Muldental kann durch Aufschüttung von Gesteinsschutt ein Sohlen- oder Kastental entstehen. Ein Cañon ist ein schluchtartiges Tal, das sich tief in horizontal gelagertes, unterschiedlich hartes Gestein eingeschnitten hat.

Höhlt steter Tropfen wirklich den Stein?

Eindrucksvolle Karstlandschaften belegen es. Eine besondere Art der Verwitterung ist die Korrosion, die chemische Zerstörung und Auslaugung des Gesteins durch Wasser.

Dringt kohlensäurehaltiges Wasser über Klüfte und Spalten in Kalkgestein ein, beginnt es dieses zu lösen, das heißt in Kalksinter zu verwandeln. An der Oberfläche bilden sich zunächst kleine Rillen, in denen das Wasser abläuft. Mit der Zeit werden die Rillen tiefer, und es entsteht ein System von meist parallel verlaufenden Kämmen, die als Karren oder Schratten bezeichnet werden. Gelangt das Wasser weiter in die Tiefe, stürzen ganze Gesteinskomplexe ein und es entstehen trichter- oder schüsselförmige Hohlformen: Dolinen, Uvalas oder Poljen. Hier treten auch Schlucklöcher, Ponore, auf, die manche Flüsse urplötzlich verschwinden lassen.

Was richtet das Wasser unter Tage an?

Im Karst schafft Wasser oft ausgedehnte Höhlensysteme. Der aus den Sickergewässern ausgeschiedene Kalksinter bildet Tropfsteine und Sinterterrassen. Zapfenförmige Tropfsteine bilden sich zunächst an der Höhlendecke als Stalaktiten. Das auf den Höhlenboden tropfende Wasser führt dort zur Bildung von Calciumhydrogencarbonat, das in Form von Stalagmiten den Stalaktiten entgegenwächst. Die Blue Holes auf den Bahamas nördlich von Kuba stehen sogar mit dem Atlantik in Verbindung. Sie wurden nach den Eiszeiten überflutet, als der Meeresspiegel stieg.

Wussten Sie, dass ...

- der Grand Canyon ein Fenster in der Erdgeschichte aufgestoßen hat? In 6 Mio. Jahren schuf der Colorado River im Südwesten der USA eine rd. 350 km lange und bis zu 1800 m tiefe Schlucht. Von oben nach unten zeigt der Cañon eine Gesteinsabfolge, die bis ins Präkambrium vor fast 2 Mrd. Jahren reicht, als sich die Erdkruste bildete.
- die Niagarafälle immer niedriger werden? Seit ihrer Entstehung nach der letzten Eiszeit vor ca. 12000 Jahren haben sich die Fälle um 11 km nach hinten verlegt und ihre Fallhöhe um 45 m verringert. Nur durch intensive Baumaßnahmen ist es gelungen, den jährlichen Rückschritt leicht zu mindern.
- der Mississippi in einem sog. Vogelfußdelta mündet? Der sedimentreiche, träge dahinfließende Fluss hat entlang seiner Mündungsarme ein System von Uferdämmen aufgebaut, die sich weit in den Golf von Mexiko vorschieben. Meeresströmungen am Ende biegen die Uferdämme um und es entsteht eine Landschaft, die aus der Luft betrachtet an einen Vogelfuß erinnert.

In den feuchten Tropen und Suptropen sorgen hohe Temperaturen und Luftfeuchtigkeit für eine besonders rasche Kalklösung. Eine üppige Vegetation gewährleistet, dass im Wasser durch die Verrottung organischen Materials Huminsäuren entstehen, die den Lösungsvorgang noch beschleunigen.

▼ Blick auf das Mündungsgebiet des Mississippi; der mit 3778 km längste Fluss Nordamerikas hat im Golf von Mexiko mit fünf Hauptarmen und zahlreichen Nebenarmen ein riesiges Delta gebildet.

▶ Die spektakuläre Landschaft mit ihren hohen Kalksteinfelsen lockt jedes Jahr unzählige Touristen in die Nähe der südchinesichen Stadt Guilin.

Wo stehen die Schokoladenhügel?

Auf der philipinischen Insel Bohol. Die dicht nebeneinander stehenden Kegel erscheinen durch das trockene Gras braun wie Schokolade und sind eine Touristenattraktion. Die Erosion hat hier große, steilwandige Kuppen oder Türme geschaffen, die man als Kegel- oder Turmkarst bezeichnet. Karsttürme sind auch im Norden Vietnams und in Südchina um die Stadt Guilin zu finden. Ebenso spektakulär ist der Gunung Mulu Nationalpark im malaysischen Teil der Insel Borneo, wo bizarre Zinnen aus dem Regenwald aufragen.

Wie verändert das Meer die Küste?

Wo Meer und Land aufeinandertreffen, spielen sich unterschiedliche Erosions- und Sedimentationsvorgänge ab. Brandungswellen nagen an der felsigen Steilküste und verlegen sie mit der Zeit landeinwärts. Das zerkleinerte Gestein lagert sich am Meeresboden ab und wird von Strömungen abtransportiert. An anderer Stelle setzt das Meer Sand und Schlick am Strand flacher Meeresbuchten ab und schafft so neue Lebensräume. Küsten zählen zu den vielgestaltigsten Landschaftsformen.

Wie lange halten Steilküsten der Brandung stand?

Sie sind kurzlebige Gebilde. Typischerweise bestehen Steilküsten aus einem steil abfallenden Kliff, das von einer Brandungshohlkehle unterhöhlt ist, und einer meerwärts gelegenen Abrasionsplatte oder Schorre – Abrasion (lateinisch »auskratzen«) ist die fachsprachliche Bezeichnung für Brandungserosion.

Die Brandungshohlkehle befindet sich auf Meeresspiegelhöhe, dort wo aufbrandende Wellen und von ihnen mitgeführtes Geröll das Steilufer bearbeiten. Irgendwann stürzt der überhängende Fels ins Meer, das nun das nächste Stück Kliffküste bearbeiten wird. So wird die Küste nach und nach immer weiter zurückverlagert. Das herabgestürzte Material sammelt sich vor dem Kliff auf einer Kliffhalde, die im Lauf der Zeit durch den Seegang eingeebnet wird.

◀ Formenreichtum des Karsts unterhalb der Erdoberfläche: die Attahöhle in Attendorn

Wussten Sie, dass ...

- die derzeit längste bekannte Höhle in den USA liegt? Das 560 km lange Höhlensystem der Mammoth Cave (Mammuthöhle) in Kentucky besteht aus zahlreichen Gängen, Gewölben und Schächten, die in fünf Stockwerken übereinander angeordnet sind (seit 1981 Weltkulturerbe).
- die Tage der »Langen Anna« gezählt sind? Der 47 m hohe Buntsandsteinfelsen, das Wahrzeichen der Insel Helgoland, ist der Rest eines Brandungstores. Experten vermuten, dass der Felsturm in 75 Jahren nicht mehr existieren wird.
- Kreidefelsen eine tödliche Bedrohung sein können? Spektakulär ist die Kreidesteilküste im Nordosten der Halbinsel Jasmund auf Rügen. Hier und an der Steilküste im Süden lässt sich Brandungserosion hautnah erfahren – ein nicht ganz ungefährliches Unterfangen. Im Februar 2005 kam eine Touristin bei einer Strandwanderung durch herabstürzende Lehm- und Sandmassen ums Leben.

Wo landet das vom Meer zerkleinerte Material?

Wieder an der Küste. Feine Lehm- und Tonpartikel werden weit auf das Meer hinausgetragen, sinken dort auf den Grund und bilden Meeressedimente. Der Wind verfrachtet große Mengen Sand, der an Stränden abgelagert wird.

Sand- oder Kiesstrände bilden sich an Küsten mit sehr niedrigem Gefälle. An der Küste sanft auslaufende Wellen hinterlassen beim Zurücklaufen einen Strandwall, der durch das Wasser in Richtung Strand geschoben wird. Aus diesen Sandwällen ausgeblasener Sand kann sich an der Küste zu großen Dünen aufhäufen. Die mit mehr als 100 m höchste Düne Europas liegt an der französischen Atlantikküste bei Arcachon.

Laufen die Wellen schräg auf die Küste auf, wird auch der Sand schräg angeschwemmt. Ein Teil fließt aber mit dem Wasser zurück ins Meer. Durch diese Bewegungen wird der Sand zickzackförmig entlang der Küste transportiert. An Hindernissen lagert sich besonders viel Sand ab. Dort baut sich dann eine kleine Sandzunge auf, die zu einer lang gezogenen Nehrung wachsen kann und schließlich eine Bucht vom Meer abtrennt. Dann entsteht ein Haff oder ein Strandsee, der mit der Zeit verlandet.

Übrigens: In trockenerem Klima süßt der Strandsee nicht aus. Stattdessen kommt es durch Verdunstung und im Sand vordringendes Salzwasser zu einer Erhöhung des Salzgehalts. Einen solchen abgeschnürten Strandsee nennt man Lagune. Ein bekanntes Beispiel ist die Lagune von Venedig.

▼ Zwei der »Zwölf Apostel« genannten Felsformationen vor der australischen Südostküste: Das Meer hat weite Teile der Steilküste abgetragen; übrig blieben die bizarr aussehenden Felsen.

▶ Das Streifenmuster dieses kalbenden Gletschers, des mächtigen Hubbardgletschers in Südostalaska, ist durch die unterschiedlichen Luftanteile in den einzelnen Eisschichten entstanden.

Wie wird Schnee zu Eis?

Durch zunehmenden Druck. Im kalten Winter erreichen uns Niederschläge meist in Form von Schnee, der aus winzigen, oft filigran verzweigten Eiskristallen besteht. Kein Eiskristall gleicht dem anderen, aber alle besitzen eine tafelige sechseckige Form. Sie bilden sich bei Temperaturen von −4 °C.

Trockener Pulverschnee entsteht bei tiefen Temperaturen und enthält zwischen den einzelnen Schneeflocken etwa 90 % Luft. Beim Auftreffen auf den Boden zerbrechen die Eiskristalle, setzen sich ab, schmelzen bei höheren Temperaturen oder gefrieren wieder. Mit zunehmendem Druck durch neuen Schnee werden die unteren Eiskristalle zerdrückt und verformt. Es entsteht aus größeren, rundlichen Eiskörnern zusammengesetzter Firnschnee, der noch 50 % Luft enthält. Fällt noch mehr Schnee, bildet sich Firneis mit 30 % Luftanteil. Gletschereis schließlich, in dem die noch verbliebene Luft in Blasen eingeschlossen wird, ist wasser- und luftundurchlässig.

Übrigens: In früheren erdgeschichtlichen Perioden hat es schon wesentlich mehr Eis gegeben als heute. Zahlreiche Eiszeiten wechselten sich mit Warmzeiten ab. Die letzte Eiszeit ist vor etwa 11 000 Jahren zu Ende gegangen. Ob wir uns heute in der Nacheiszeit oder in einer Zwischeneiszeit befinden, darüber streiten die Wissenschaftler noch.

Wussten Sie, dass …

- der Hubbardgletscher der längste Talgletscher der Welt ist? Der 122 km lange Gletscher bewegt sich im Südosten Alaskas von den Saint Elias Mountains auf den Pazifik zu. Er hat mehrmals – zuletzt 2002 – den Russelfjord mit Eismassen und dem mitgeführten Schutt, der sog. Endmoräne, abgeriegelt und zu einem See aufgestaut, bis er selbst den Staudamm wieder durchbrach.
- unter dem Vatnajökull auf Island, mit 8410 km² Europas größter Gletscher, Vulkane liegen? Der Ausbruch des Grimsvötn 1996 ließ unter dem 1000 m dicken Gletschereis einen Schmelzwassersee entstehen, der sich als riesige Flutwelle mit Eis- und Felsblöcken aus einer Öffnung ins Meer ergoss.
- nur ein Sechstel der Landfläche Grönlands nicht von Eis bedeckt ist? Der große Rest liegt unter einer dicken, bis zu 3400 km aufsteigenden Inlandeisschicht begraben.

Kann Wasser wirklich Stein brechen?

Ja, durch Frostsprengung. Voraussetzung ist neben dem reichlichen Vorhandensein von Wasser ein Klima mit häufigem Frostwechsel.

Besonders effektiv ist der Prozess, wenn die Temperatur am Tag über 0 °C liegt, damit das Eis schmilzt, in der Nacht jedoch unter 0 °C, damit Eis überhaupt entstehen kann. Das Wasser dringt in die Fugen und Spalten des Gesteins, kühlt sich bei Minusgraden ab und gefriert schließlich. Wenn Wasser zu Eis wird, dehnt es sich um etwa 9–10 % seines Volumens aus. Durch den Druck werden die Fugen und Spalten größer, kleine Körner lösen sich, und schließlich brechen ganze Stücke ab. Klüftige Gesteine wie Granit verwittern schnell zu imposanten Blöcken, die man wegen ihrer Form auch Wollsäcke nennt. Im Umland eines Gletschers können ganze »Blockmeere« entstehen.

Was ist eine Eiszeit?

Als Eis- oder Kaltzeit bezeichnen Wissenschaftler eine Periode in der Erdgeschichte, in der die Temperaturen mindestens um 4–5 °C niedriger lagen als heute.

Auf dem Höhepunkt der letzten Eiszeit vor 18 000 Jahren waren weite Teile Nordamerikas von einem Eisschild bedeckt. Skandinavien, die Ostsee und Teile der Nordsee, der Norden der Britischen Inseln sowie Norddeutschland lagen unter Eis. Im Süden begruben Eismassen das heutige Alpenvorland.

Im Lauf der Erdgeschichte gab es mehrere Eiszeiten. Häufig wechselten sich Eiszeiten mit Warmzeiten ab – eine solche Zeitspanne nennt man Eiszeitalter. Das Pleistozän ist die jüngste dieser Epochen und setzte vor etwa 2,5 Mio. Jahren ein. In diesem Zeitraum traten mindestens sechs Eiszeiten auf, die von Warmzeiten unterbrochen waren. Während einer Eiszeit war die vom Eis bedeckte Fläche unserer Erde mindestens dreimal so groß wie heute. In den kurzen Auftauperioden des eiszeitlichen Sommers schmolz weniger Eis als im Winter wieder hinzu kam.

Wie entsteht ein Gletscher?

Gletscher haben ihren Ursprung in Gebieten oberhalb der Schneegrenze, wo sich Firneis in Gletschereis umwandelt. Gespeist wird der Gletscher von Niederschlägen und den Schneefeldern, die auf den umliegenden Gebirgsflanken liegen.

Diese obere Gletscherregion trägt daher den treffenden Namen Nährgebiet. Unter dem hohen Druck werden die untersten Eisschichten plastisch und fließfähig. Bei ausreichender Hangneigung schiebt sich der Gletscher talabwärts über die Firnlinie – das ist die Schneegrenze – und bildet eine Gletscherzunge. In diesen tieferen Regionen, dem Zehrgebiet, verliert der Gletscher durch Abschmelzen, Verdunsten oder »Kalben« infolge höherer Temperaturen mehr Schnee und Eis als durch Schneefälle wieder hinzukommen.

Wo gibt es besonders viele Gletscher?

Das Inlandeis der arktischen Polargebiete mit Grönland nimmt 11 %, das der Antarktis 86 % der gesamten Eismasse der Erde ein. Aus dem Inlandeis bewegen sich Auslassgletscher

◄ Ein Gletscherbach in Südnorwegen; mitgeführtes Schuttmaterial gibt dem abfließenden Schmelzwasser seine milchige Färbung.

Was ist eigentlich ...

- **Gletschermilch?** Das Schmelzwasser, das entweder an der Gletscheroberfläche oder in Eistunneln an der Unterseite abfließt. Die milchig weißen Gletscherbäche treten am Zungenende, der Gletscherstirn, aus einem Gletschertor aus. Die trübe Färbung kommt von fein zerriebenem Schuttmaterial, das der Gletscher mit sich führt.
- **ein Gletschertopf?** Manchmal stürzt so viel Schmelzwasser durch die Gletscherspalten, dass es sich auf dem festen Gesteinsuntergrund eine spiralförmige Röhre schafft. Durch die Drehbewegung der mitgeführten Gesteinstrümmer entstehen tiefe Löcher, die Gletschertöpfe oder Gletschermühlen. Im Gletschergarten Luzern in der Schweiz kann man sie bewundern.

Richtung Küste, wo riesige Eisberge ins Meer kalben. Kleinere Varianten dieses Typs sind Plateaugletscher oder Eiskappen. Zusammen mit diesen kommen die Gebirgsgletscher nur auf 3 %.

Gletscher gibt es in vielen Formen und Größen im Gebirge und im Inland. Der kleine Kargletscher liegt in einer durch Erosion des Eises am Berghang ausgeschliffenen Hohlform, dem Kar. Im Gegensatz zum größeren Talgletscher, der sich aus mehreren Kargletschern bilden kann, bleibt er an Ort und Stelle. Talgletscher bewegen sich langsam durch ein schon von einem Fluss geschaffenes Tal abwärts. Gebirgsgletscher gibt es mit Ausnahme von Australien auf allen Kontinenten, die meisten pro Fläche in Europa, vor allem in den Alpen. Auch der in Äquatornähe liegende Kilimandscharo in Afrika ist vergletschert, doch seine Eiskappe wird kleiner und könnte schon 2015 verschwunden sein.

▼ Fjordküste auf den norwegischen Lofoten; die Fjorde entstanden durch Überflutung der Täler nach dem Rückzug der Eiszeitgletscher.

Wussten Sie, dass ...

- die Müritz ein Überbleibsel der Eiszeit ist? Der mit 115 km^2 zweitgrößte deutsche See nach dem Bodensee gehört zur Mecklenburgischen Seenplatte.
- während der letzten Eiszeit in den eisfreien Gebieten Mitteleuropas sibirische Verhältnisse herrschten? Dort breiteten sich Kältesteppen, ähnlich der heutigen Tundra, mit einer entsprechenden kargen Vegetation aus Flechten, Kräutern und Zwergsträuchern aus.
- der Alte Schwede von Övelgönne ein Findling ist? Der 217 t schwere Klotz, der 1999 bei Baggerarbeiten in der Elbe bei Hamburg gefunden wurde, trat seine lange Reise vor rund 300 000 Jahren vom schwedischen Småland aus an.

Haben Gletscher eine Zukunft?

Keine wirklich überzeugende, denn weltweit befinden sich die meisten Gletscher heute auf dem Rückzug – vielleicht als Folge eines globalen Klimawandels.

Die Alpengletscher haben seit den 1970er Jahren ein Viertel bis ein Drittel an Fläche verloren. Besonders schnell schmelzen die Gletscher im Himalaya. Viel Schmelzwasser sammelt sich in Gletscherseen, deren Überlaufen katastrophale Flutwellen auslösen kann. Gletscherrückzüge und -vorstöße hat es schon öfter gegeben. Für das Mittelalter lässt sich ein Gletscherschwund feststellen, während der »Kleinen Eiszeit« (1400–1900) wuchsen die Gletscher jedoch wieder.

Gibt es Beweise für die Eiszeiten?

Im nördlichen Mitteleuropa und im nördlichen Alpenvorland lässt sich eine typische Abfolge von Landschaftsformen, die das Eis nach seinem Rückzug hinterließ, feststellen: flache, leicht kuppige Grundmoränen, hügelige Endmoränenketten, vom Schmelzwasser aufgeschüttete Sanderebenen und breite Urstromtäler.

Moränen bestehen aus dem Gesteinsmaterial, das der Gletscher mit sich führt. Die Grundmoräne befindet sich direkt unter dem Gletscher und setzt sich aus feinen Sedimenten, grobem Kies und großen Felsbrocken, den Findlingen (fachsprachlich erratische Blöcke), zusammen. Endmoränen markieren die Stelle des weitesten Gletschervorstoßes. Vor den Endmoränen erstrecken sich weitflächige Sander aus Kies, Sand und Ton, die aus dem Gletscher strömende Schmelzwasser aus den Moränen herausgewaschen haben. Das abfließende Schmelzwasser sammelte sich in breiten Urstromtälern, die parallel zu den Eisrändern verliefen.

Modell eines Talgletschers

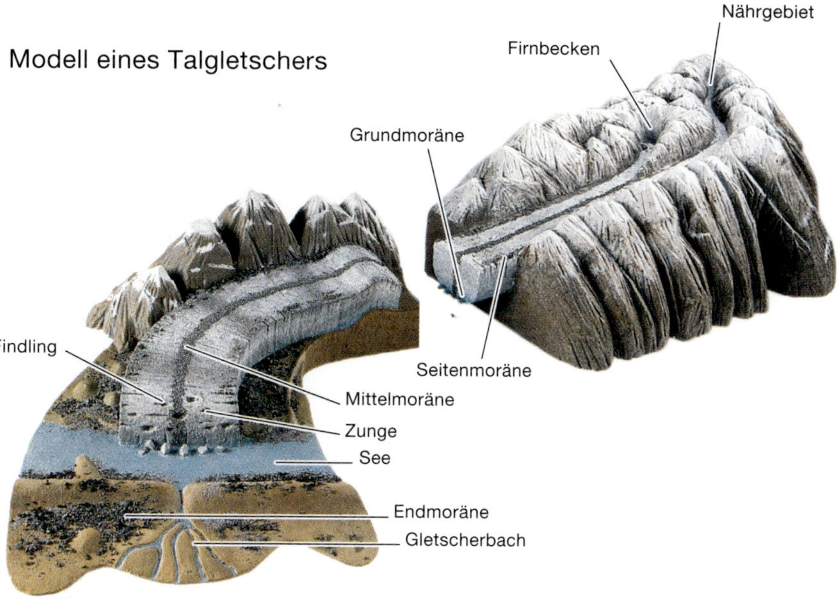

Wie erkennt man verschwundene Gletscher?

Auch wenn keine Gletscher mehr zu sehen sind, haben sie erkennbare Spuren hinterlassen. Felsen aus härterem Gestein wurden weniger stark abgetragen. Zurück blieben Rundhöcker genannte Formen mit flachen, dem Eis zugewandten Rücken und steilen Rückseiten. Die Schären Skandinaviens, heute kleine Inseln, sind eine solche vom Meer überflutete Rundhöckerlandschaft.

Im von der Gletscherzunge ausgehobenen Zungenbecken bildeten sich Seen. In schmalen Schmelzwasserrinnen entstanden lang gezogene Rinnenseen. Hat sich ein Gletscher aufgrund steigender Temperaturen wieder zurückgezogen, bleiben oft kleinere Eiskörper im abgelagerten Schutt zurück, das Toteis. Wenn auch dieses Eis abgetaut ist, bilden sich Hohlformen wie Toteislöcher (Sölle) oder Kessel, die sich oft mit Wasser füllen.

Übrigens: Neben solchen Hohlformen gibt es in den Moränenlandschaften auch Aufschüttungsformen: ovale, oben abgerundete Drumlins, kleine kuppenförmige Kames und wallförmige, oft sehr lang gestreckte Oser.

Wie veränderten Gletscher die Täler?

Die breiten eiszeitlichen Talgletscher in den Alpen oder in Norwegen haben nach ihrem Rückzug typische Talformen hinterlassen. Durch den ungeheuren Druck und die stetige Bewegung rundeten sie die ursprünglich V-förmigen Täler zur charakteristischen U-Form und vertieften und verbreiterten sie erheblich. Diese U-Täler oder Trogtäler haben steile Talwände, die oben an einer Trogkante enden. An diese schließt sich eine flachere Trogschulter an, auf der früher die Gletscherränder ruhten.

Die Flüsse und Bäche in den Seitentälern, die nicht von der Vergletscherung betroffen waren, liegen heute hoch über dem Trogtal; ihr Wasser stürzt in eindrucksvollen Wasserfällen in die Tiefe. An den Küsten Norwegens wurden die Gletschertäler zu Fjorden. Nach den Eiszeiten war der Meeresspiegel durch das abschmelzende Eis gestiegen und die Täler »ertranken«.

▼ Die Gletscherzunge des Eagle-River-Gletschers in Alaska

▲ Die 60 m hohe Düne Epha in der Kurischen Nehrung bei Morskoje (Gebiet Kaliningrad)

Wie kommt Wüstensand in den Regenwald?

Bewegte Luft wirbelt Sand oder Staub mit Leichtigkeit auf und trägt sie davon. Legt sich der Wind oder stößt er auf ein Hindernis, werden Sand und Staub wieder auf der Erde oder über dem Meer abgelagert. Manchmal geschieht dies erst nach Tagen und nach tausenden von Kilometern. Aufgewirbelte Sande aus der afrikanischen Sahara können durch Passatwinde über den Atlantik bis in die tropischen Regenwälder des Amazonasgebiets verfrachtet werden oder aber mit dem im Mittelmeerraum auftretenden Wind Schirokko nach Deutschland gelangen, wo sie sich nach Regenfällen als feine gelbliche oder rötliche Staubschicht vor allem auf Autos bemerkbar machen.

Wussten Sie, dass ...

- Dünen wandern können? Besonders spektakuläre Exemplare finden sich auf der Kurischen Nehrung in Litauen und Russland. Angetrieben vom Ostseewind haben die bis zu 70 m hohen Wanderdünen schon ganze Fischerdörfer unter sich begraben.
- die bizarre Formenwelt des Bryce Canyon in den USA durch Wasser und Wind entstanden ist? Nach der Eintiefung durch Regenwasser war das Gestein dem Wind ausgesetzt und wurde zu spitz aufragenden Felsnadeln, den Hoodoos, geschliffen. Regen, Frost, Hitze und Wind verändern ihre Gestalt auch heute noch.
- der Wind Köpfe formt? Bei größeren Felsen in der Wüste entstehen durch Windschliff zunächst Hohlkehlen und schließlich die charakteristischen Pilzfelsen, deren herauspräparierter »Stiel« einen weniger stark angegriffenen »Pilzkopf« trägt.

Was passiert bei einem Sandsturm?

Sandstürme können regelrechte Kunstwerke schaffen. Wenn sie aus verschiedenen Richtungen blasen, modellieren sie Windkanter, faust- bis kopfgroße Steine, die facettenartig zugeschliffen wurden, und Pilzfelsen. Weht der Wind mit hoher Geschwindigkeit ständig aus einer Richtung, bilden sich je nach Sediment sehr unterschiedlich aussehende Yardangs: Pyramiden, lang gezogene Rippen mit gesägter Kammlinie, Kegel oder Walrücken.

Durch Korrasion, also Abschleifung durch Sand führenden Wind, entstehen oft bizarre Kleinformen. Das geschieht vor allem in Bodennähe, denn der Wind kann die Sandkörner nur bis in eine gewisse Höhe aufwirbeln. Gröbere Sandkörner wirken wie ein Sandstrahlgebläse auf im Weg stehende Felsen ein.

Windreliefs findet man überwiegend in vegetationsarmen Trockengebieten: Wüsten, Halbwüsten, trockenen Steppen und Savannen, aber auch an den Sandbänken von Flüssen und Sandstränden sowie in vulkanischen Lockermassen wie dem Tuff. Durch Ausblasen entstehen flache, abflusslose Wannen. Gröberes Material bleibt zurück und wird an der Oberfläche angereichert. In extremen Trockengebieten bilden sich dort Felswüsten und Geröllwüsten.

Was sind Tomalandschaften?

Gebiete, in denen sich großflächig die Trümmer eines Bergsturzes abgelagert haben. Das größte Bergrutschgebiet in den Ostalpen liegt am Dobratsch im österreichischen Bundesland Kärnten. Am 25. 1. 1348 stürzten hier, ausgelöst durch ein schweres Erdbeben im italienischen Friaul, 30 Mio. m^3 Schutt aus Dolomitgestein von der Roten Wand in die Tiefe und bedeckten ein 7 km^2 großes Gebiet. 17 Dörfer wurden verschüttet, rd. 2000 Menschen starben. Die meterhohen Schuttmassen stauten die im Tal fließende Gail zu einem See auf. Als das Wasser nach zwei Monaten durch den Schuttdamm brach, verloren noch einmal 5000 Menschen ihr Leben. Das Schütt genannte Gebiet steht heute unter Naturschutz.

Wie entstehen Dünen?

Dünen entstehen vor geschlossenen Hindernissen oder im Windschatten von größeren Pflanzenbüscheln.

Je nach Art des Hindernisses und der Windrichtung bilden sich Wall- oder Querdünen, Strich- oder Längsdünen. Sicheldünen, auch Baranche genannt, entstehen als Einzeldünen, deren flache Ausläufer schneller wandern als der höhere Mittelteil. Sie wölben sich dem Wind entgegen. Parabeldünen scheinen dagegen vor dem Wind zu fliehen; sie formen sich an Schwachstellen von Walldünen. Aus anderen Dünen können sich Sterndünen entwickeln, wenn der Wind aus unterschiedlichen Richtungen weht.

Übrigens: Nicht nur Sand wird verlagert. Feiner, ockergelber Löss, in Mitteleuropa ein Sedimentrelikt aus der Eiszeit, bildet keine Dünen, sondern lagert sich in oft mächtigen Schichten ab. Im chinesischen Lössplateau findet dieser Prozess heute noch statt. Der feine Staub stammt aus den hoch gelegenen asiatischen Trockengebieten und gelangt mit starken Winden immer häufiger bis in die Hauptstadt Peking.

Müssen Lawinen immer aus Schnee sein?

Nein. Sand, Geröll oder ganze Felsmassen können sich ohne die direkte Einwirkung von Wind oder Wasser in Bewegung setzen. Man spricht bei diesem Prozess von Massenbewegungen. Sie reichen von fast unmerklichen Bodenverschiebungen auf einem sanften Hang bis zu gewaltigen Bergstürzen, bei denen Tonnen von Erde und Gesteinsmaterial abbrechen.

Steinschläge oder Steinlawinen rutschen wie Schneelawinen mit hoher Geschwindigkeit in die Tiefe. Schlammströme oder Muren, die in vegetationsarmen Gebirgsregionen oft verheerende Auswirkungen haben, bestehen aus miteinander vermischtem Schlamm, Boden, Gesteinstrümmern und Wasser. Sie können Geschwindigkeiten von mehreren Kilometern pro Stunde erreichen und treten oft nach heftigen Regenfällen auf. An vulkanischen Aschekegeln werden verheerende, Lahare genannte Schuttlawinen ausgelöst.

▲ Zerstörungen durch eine Mure im Val des Dix (Wallis, Schweiz)

▼ In der algerischen Sahara hat der Wind diese bizarre, an eine liegende Sphinx erinnernde Figur aus den Sandsteinfelsen geformt.

▲ Von Pflanzenwurzeln gesprengtes und gleichzeitig zusammengehaltenes Gemäuer der Tempelanlage von Angkor (Kambodscha)

Wie groß ist die Kraft von Wurzeln?

Pflanzenwurzeln können nicht nur natürliche Felsformationen, sondern auch Gebäude zerstören. Bei der sog. Wurzelsprengung dringen sie in Gesteinsklüfte oder -spalten ein, besonders häufig in Gebieten mit einer nur dünnen Bodendecke über dem Fels. Im Lauf der Jahre werden die Wurzeln immer dicker und üben einen starken Druck aus. Das führt zur Lockerung von Gesteinsstücken, die schließlich abgesprengt werden.

Was ist Wabenverwitterung?

Bei dieser besonders im Sandstein vorkommenden Verwitterungsform kommt es z. B. durch Salzausblühungen entlang der durch Frost erweiterten Schichtfugen zu Verwitterungslöchern, die ein wabenartiges Muster oder sanduhrförmige Skulpturen bilden. Auf den Felsen siedelnde Flechten verändern durch ihre Pflanzensäfte die Strukturen.

Die biologische oder biogene Verwitterung, ausgelöst durch Pflanzen, Pilze, Bakterien und Tiere, findet an oder nahe der Erdoberfläche statt und wirkt sich eher kleinräumig aus. Sie kann untergliedert werden in eine mechanische und eine chemische Variante. Zur mechanisch-biologischen Verwitterung zählt neben der Wurzelsprengung auch die Tätigkeit von grabenden Tieren, etwa von Maulwürfen, Präriehunden oder Regenwürmern. Durch sie werden weniger feste Gesteine aufgelockert.

Können Pflanzen ätzend wirken?

Ja. Gesteine können auch durch biologisch-chemische Verwitterung angegriffen werden. Viele Pflanzen, die direkt auf dem Gestein wachsen, scheiden über ihre Wurzeln Säuren aus, die den Gesteinsmineralen zusetzen.

Flechten, die auch extreme Lebensräume im Hochgebirge und in den Polarregionen besiedeln und ganze Felsblöcke überziehen, rauen durch ihre Ausscheidungen die Gesteinsoberfläche auf. Dadurch leisten sie einer weiteren Verwitterung Vorschub. Auch Bakterien und Algen sondern säurehaltige Stoffe ab. Möglicherweise spielen manganoxidierende Mikroorganismen eine Rolle bei der Bildung von Wüstenlack, einer dunklen Verwitterungsrinde aus Eisen, Mangan und Ton in Trockengebieten.

Wussten Sie, dass …

- Tiere für Überschwemmungen verantwortlich gemacht wurden? Die aus Nordamerika nach Europa ausgebürgerte Bisamratte soll durch die Anlage von Bauten in der Uferzone schon für Überflutung gesorgt haben. Zeitweise zahlte man sogar Fangprämien auf die Nager. Auch die ebenfalls eingeführte Nutria steht unter Verdacht.
- Pflanzen bedeutende Kulturschätze beschädigt haben? Im tropischen Regenwald zerstörten die hier besonders schnell wachsenden Bäume z. B. viele Mayatempel oder auch wie im kambodschanischen Angkor, der einstigen Hauptstadt des Khmerreichs, prächtige Tempelanlagen.
- andere Pflanzen eher bewahrend wirken? Dichter Baumbewuchs schützt durch die Wurzeln an steilen Hängen vor der Gefahr durch Lawinen, vor Bergrutschen und Bodenerosion.

Wie arbeiten »Bohrer« und »Graser«?

Organismen wie Bohrmuscheln, Bohrschnecken, Bohrwürmer und Bohrschwämme, in tropischen Meeren auch Seeigel und Krebse, zerstören Felsküsten. Eine kleinere Gruppe, die »Bohrer«, gräbt verschieden tiefe Löcher und Gänge, um sich vor der Brandung oder vor Fressfeinden zu schützen. Die anderen, die »Graser«, weiden das Gestein auf der Suche nach Nahrung ab. Ihre scharfen Schalenränder, bezahnten Zungen und Stacheln zerstören bei der Nahrungssuche die Gesteinsoberfläche und ebnen den Weg für die starke Brandungserosion.

Die zu den Bohrschnecken zählende Napfschnecke etwa besitzt eine Radula genannte Raspelzunge, die mit bis zu 75 000 winzigen Zähnchen besetzt ist. Durch ihre Anordnung in Längs- und Querreihen wirken sie wie ein Reibeisen auf den Fels. Die Graser raspeln nicht nur dünne Gesteinsschichten ab, sie hinterlassen auch Verdauungssäfte, die das aufgeraute Gestein angreifen.

Die Abtragungsraten machen bei den meist kleinen Organismen selten mehr als einen Millimeter pro Jahr aus, größere Graser schaffen erheblich mehr.

Was beweist das Heldenfinger Kliff?

Das Naturdenkmal bei Gerstetten auf der Schwäbischen Alb zeigt sehr anschaulich die Tätigkeit von Bohrern.

Vor 15 Mio. Jahren, im Tertiär, war das Heldenfinger Kliff Teil einer Felsküste an einem subtropischen Meer. Ein kleines Riffmuseum informiert über die Geologie und das damalige Leben. Brandungswellen haben über einen langen Zeitraum eine charakteristische Hohlkehle aus dem weißen Kalk herausgeschlagen. Die Brandungskehle und die davor liegende, angeschrägte Fläche, die Schorre, sind mit Löchern von Bohrmuscheln und Bohrschwämmen übersät.

Die größeren Löcher stammen von Bohrmuscheln aus der Gruppe der Pholaden. Mit ihren raspelartigen Schalen und einem leicht ätzenden Sekret aus ihrem Fuß haben sie sich etwa fingerlange Wohnkammern in den Kalkfels gegraben, die sie Zeit ihres Lebens nicht mehr verließen. Pholaden findet man heute auch im Mittelmeer.

Übrigens: Bohrmuscheln machen auch vor Holz nicht halt. Schon die alten Ägypter mussten ihre Schiffe mit einem schützenden Überzug versehen. Frei schwimmende Larven der Bohrschwämme haben sich am Kliff festgesetzt, bevor sie zu einem richtigen Schwamm wurden. Sie haben die kleineren Hohlformen hinterlassen.

▲ Zahnreihen auf der Radula (Raspelzunge) einer Kreiselschnecke, die dem felsigen Untergrund zusetzen

▼ Wabenverwitterung am Ufer des Loch Scavaig auf der Isle of Skye (Innere Hebriden, Schottland)

Das feste Land – Baustein mit Verfallsdatum

Kräfte aus dem Erdinnern formen seit Jahrmillionen die feste Hülle der Erde. Sie ist jedoch keine zusammenhängende Schale, sondern in einzelne Platten gespalten. Die Gesteine der Erdkruste und des oberen Erdmantels, die zusammen die Lithosphäre bilden, unterliegen dabei einem stetigen Kreislauf. In ihn sind Ergussgesteine oder fachsprachlich Magmatite, Schichtgesteine bzw. Sedimentite und Umwandlungsgesteine, die Metamorphite, eingebunden. Gelangen die Gesteine an die Erdoberfläche, sind sie der Verwitterung ausgesetzt.

Gesteine lassen sich anhand ihrer charakteristischen Mineralzusammensetzung unterscheiden. Die Mineralien ihrerseits weisen neben Eigenschaften wie Farbe, Glanz, Dichte, Härte oder Spaltbarkeit eine eigene Kristallstruktur auf. Meist ist sie aufgrund ihrer chemischen Eigenschaften symmetrisch aufgebaut. Um die Kristallstruktur zu gliedern, werden sieben Kristallsysteme unterschieden. Nur wenige Minerale treten nicht in Kristallform auf, man nennt sie amorph oder gestaltlos.

Ob Mineral oder Gestein – für den Menschen birgt der Untergrund eine Vielzahl von Baustoffen und Bodenschätzen, die er schon früh zu nutzen gelernt hat. So waren in der Steinzeit Faustkeile unverzichtbare Werkzeuge. Edelsteine wurden schon in prähistorischer Zeit zu Schmuck verarbeitet. Gesteine aller Art dienten bereits in den frühen Hochkulturen als wichtige Baustoffe: Die antiken Ägypter errichteten gigantische Pyramiden aus Kalkstein, mit hartem und verwitterungsresistentem Basalt pflasterten die Römer ihre Straßen, und aus dem vulkanischen Trachyttuff baute man im Siebengebirge seit dem Mittelalter besonders hitzebeständige Backöfen.

Auch in der heutigen Zeit besitzen Bodenschätze weltweit eine wichtige wirtschaftliche Bedeutung. Aus unzähligen Lagerstätten werden nutzbare Rohstoffe gefördert – seien es wichtige Salze, Metalle oder Diamanten. Auch untermeerische Lagerstätten werden in zunehmendem Maß ausgebeutet. Fossile Energieträger wie Kohle, Erdöl und Erdgas, die aus vor Jahrmillionen abgestorbenen Organismen entstanden sind, werden seit 200 Jahren in großem Maßstab abgebaut.

◀ Steil aufragende Felswände am Eingang des Santa Elena Canyons im Big Bend Nationalpark in Texas

▲ Angesichts gigantischer Gebirgssysteme (hier der Himalaya) erscheint es unfassbar, dass die Lithosphäre, die steinige Kruste der Erde, im Verhältnis zum gesamten Erddurchmesser nur hauchdünn ist.

Wie dick ist die Erdkruste?

Im Verhältnis zur gesamten Erde ist sie etwa so dünn wie die Schale eines Apfels im Verhältnis zur ganzen Frucht.

Zwei Krustenformen sind zu unterscheiden: die ozeanische und die kontinentale. Sie unterscheiden sich in ihrer Zusammensetzung, Mächtigkeit und Dichte. Die im Wesentlichen aus Basalten bestehende Kruste der ozeanischen Becken ist nur 5–8 km dick und hat eine mittlere Dichte von 2,8 g/cm^3. Die unter den Kontinenten liegende kontinentale Kruste ist im Durchschnitt etwa 30 km dick und mit einer mittleren Dichte von 2,67 g/cm^3 leichter als die ozeanische Kruste. Den Aufbau unserer Erde haben Geologen ermittelt, indem sie untersuchten, wie sich Erdbebenwellen durch den Erdball ausbreiten. Gehen die Erdbebenwellen von einer Schicht in die andere über, ändert sich ihre Geschwindigkeit.

Wussten Sie, dass ...

- Plattenbewegungen mit Radioteleskopen millimetergenau gemessen werden können? Erfasst werden die Veränderungen im Abstand der einzelnen Messstationen.
- unter dem Hochland von Tibet die Erdkruste über 80 km dick und damit der mächtigste Teil der Erdkruste ist?
- die Antarktische Platte die langsamste ist? Die Kontinentalplatte bewegt sich mit einer Geschwindigkeit von nur 2 cm im Jahr auf ihre Nachbarplatten zu.

Übrigens: Derjenige Anteil der Erde, der im Gegensatz zur Atmosphäre und Hydrosphäre fest ist, wird als Lithosphäre bezeichnet. Sie umfasst die Erdkruste und den oberen Teil des Erdmantels und ist in eine Anzahl von Platten zerlegt. Diese Platten »driften« auf dem zähflüssigen Teil des darunterliegenden Erdmantels, der Asthenosphäre, mit einer Geschwindigkeit von etwa 1–10 cm pro Jahr.

Warum bewegen sich die Erdplatten?

Da fortwährend heißes Magma aus dem Erdinnern nach oben aufsteigt und an anderer Stelle kaltes Material wieder nach unten absinkt, »wandern« die lithosphärischen Platten regelrecht auf der dickflüssigen Masse. Einige

Platten bewegen sich aufeinander zu, andere driften auseinander (Plattentektonik). Die meisten Platten, auch die Nordamerikanische und Eurasische Platte, umfassen kontinentale und ozeanische Kruste. Die Plattengrenzen fallen demnach nicht unbedingt mit den Grenzen zwischen Kontinenten und Ozeanen zusammen.

Wo quillt Magma aus der Tiefe?

An auseinanderstrebenden Platten wie dem Mittelatlantischen Rücken. Das hier entlang von mehreren tausend Kilometern langsam und stetig emporquellende Magma lagert sich an den Rändern der beiden auseinanderstrebenden Platten, der Südamerikanischen und Afrikanischen Platte, an. So entsteht fortwährend neue ozeanische Kruste, die sich wie auf einem Förderband zu beiden Seiten vom Rücken fortbewegt.

Diese ozeanische Kruste ist relativ jung; ihr Alter beträgt an keiner Stelle mehr als 250 Mio. Jahre, während die kontinentale Kruste z. B. in Skandinavien mehr als 1 Mrd. Jahre zählt.

Vor der südamerikanischen Westküste stößt eine ozeanische auf eine kontinentale Kruste. Die ozeanische Kruste der Nazca-Platte wird aufgrund ihrer höheren Dichte hinabgedrückt und das Gestein zu Magma aufgeschmolzen. Dieses Abtauchen wird als Subduktion bezeichnet. So schließt sich der Kreislauf von neu entstehendem und wieder aufschmelzendem Material.

Was passiert, wenn zwei Erdplatten aufeinanderstoßen?

Dann entstehen Gebirge (z. B. die Anden), weil durch die Kollision die kontinentale Kruste an ihrem Rand zusammengestaucht wird. Stoßen zwei Platten mit kontinentaler Kruste zusammen, bilden die aufgetürmten Gesteinsmassen ebenfalls Gebirgszüge. Die großen Faltengebirge wie die Alpen oder der Himalaya liegen in einer solchen »Knautschzone«. Vor der Küste bilden sich schmale Tiefseegräben wie der Chile-Peru-Graben, und das durch Risse in der Erdkruste aufsteigende Magma führt zu Vulkanismus.

Motor der Plattentektonik

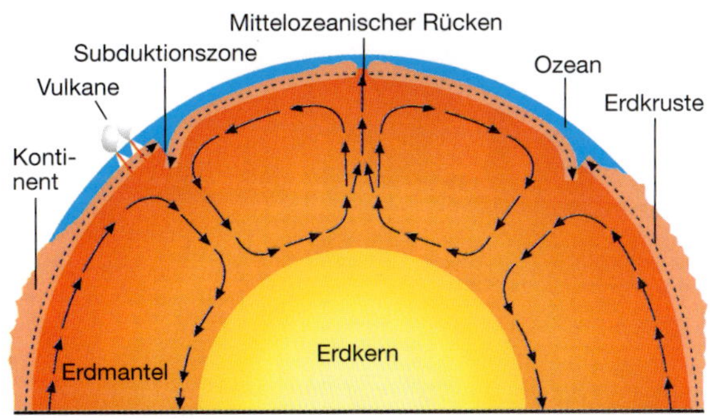

Konvektionsströmungen im oberen Erdmantel – heißes Material steigt auf, kälteres sinkt ab – sind vermutlich die Antriebskräfte der Plattentektonik.

Die größte tektonische Platte, die Pazifische Platte, besteht nur aus ozeanischer Kruste. Sie bewegt sich mit einer Geschwindigkeit von etwa 10 cm im Jahr in nordwestlicher Richtung auf die Eurasische, die Philippinische und die Indisch-Australische Platte zu. Umgeben ist sie vom »Ring of Fire«, dem pazifischen Feuerring mit einigen der aktivsten Vulkanen der Erde.

▼ Auf dem Satellitenbild ist entlang der gesamten südamerikanischen Westküste das Andengebirge zu erkennen, Ergebnis des Zusammenpralls lithosphärischer Platten.

▲ Manchmal präsentieren sich die Gesteine der Erdkruste in besonders bizarren Formen wie diese Granitfelsen von Montserrat bei Barcelona.

Was versteht man unter Mineralien?

Unter dem Begriff Mineralien versteht man sowohl die Elemente in ihrer Reinform als auch ihre chemischen Verbindungen. Ein Mineral ist ein in sich einheitlicher, natürlich entstandener Feststoff. Mineralien besitzen immer dieselbe Zusammensetzung, unabhängig von ihrer Entstehung oder ihrem Fundort.

Gesteine haben eine charakteristische Mischung von Mineralien, die sich aus dem Ursprungsmaterial und den bei der Entstehung herrschenden Bedingungen ergibt. Im Gegensatz zu Mineralien variieren Gesteine in ihrer Zusammensetzung. Eine identische mineralische Zusammensetzung haben Gesteine nur, wenn sie aus einem einzigen Mineral aufgebaut sind.

Wussten Sie, dass ...

- die Mineraliensammlung des Naturkundemuseums in Berlin Beispiele für 75 % aller weltweit bekannten Mineralien umfasst? Von den rund 250 000 Proben werden allerdings nur 3500 ausgestellt.
- nur wenige Mineralien nicht in Kristallform auftreten? Zu diesen amorphen (gestaltlosen) Mineralien gehört z. B. der Edelstein Opal.
- Sand zum größten Teil aus dem Silicat Quarz besteht? Das sehr häufig vorkommende Mineral bildet aber auch schöne Schmucksteine wie mehrfarbigen Achat oder violetten Amethyst.

Die Lithosphäre besteht aus ungefähr 100 chemischen Elementen, dazu gehören Kohlenstoff, Sauerstoff, Schwefel und Eisen. Diese gehen miteinander vielfältige Verbindungen in der Erdkruste ein; in reiner bzw. gediegener Form treten sie dagegen nur selten auf.

Wie sehen Mineralien aus?

Die meisten Mineralien weisen bestimmte Kristallformen auf, das heißt, ihre Atome oder Ionen sind gesetzmäßig angeordnet. Diese Anordnung im Inneren sorgt dafür, dass die Mineralien als mehr oder weniger regelmäßig geformte Kristalle auftreten.

Das Mineral Natriumchlorid (NaCl), unser Kochsalz, besteht aus den beiden Elementen Natrium und Chlor. Ist das Salz in Wasser gelöst, so bewegen sich Natrium und Chlor frei als positiv (Kation) bzw. negativ (Anion) geladene Ionen. Findet durch Wasserentzug eine Kristallisation statt, verbinden sich Natrium- und Chlorionen miteinander, indem sie exakt festgelegte Positionen im Kristallgitter einnehmen. Ihre Bindung basiert dabei auf der Anziehungskraft der einander entgegengesetzten Ladungen. Die systematische Anordnung der Ionen im Kristallinneren spiegelt sich vereinfacht in der äußeren Kristallform wider.

Übrigens: Aufgrund ihrer symmetrischen Eigenschaften werden die Kristallformen insgesamt sieben verschiedenen Systemen zugeordnet. Die Würfel- und die Tetraederformen etwa gehören zum kubischen (würfeligen)

Kristallsystem. Kristalle entstehen auch bei der Abkühlung von Magma oder unter hohem Druck und hoher Temperatur im Erdinneren.

Was sagt die Farbe aus?

Die Farbe der Mineralien kann nur selten – wie beim gelben Schwefel – als eindeutiges Merkmal herangezogen werden. Deutlichere Aussagen ermöglicht die Strichfarbe, das heißt die Farbe, die das Mineral beim Streichen über eine Porzellantafel hinterlässt.

Auch der Glanz ist ein wichtiges Hilfsmittel. Hierbei wird u. a. zwischen metallischem Glanz, Diamantglanz, Glasglanz und Fettglanz unterschieden. Weiterhin wird die Transparenz untersucht, denn es gibt sowohl durchsichtige als auch undurchsichtige Mineralien. Einige Mineralien fallen durch ihre magnetischen, fluoreszierenden oder radioaktiven Eigenschaften auf.

Wer war Friedrich Mohs?

Zum Vergleich der Mineralhärte stellte der deutsche Mineraloge Friedrich Mohs (1773 bis 1839) eine zehnteilige Härteskala auf. Jedes Mineral in dieser Reihe kann das vorhergehende Mineral ritzen und wird seinerseits vom nachfolgenden geritzt. Den niedrigsten Härtegrad (Mohshärte 1) besitzt der weiche Talk, der bereits mit dem Fingernagel zu ritzen ist. Härte 10 erreichen Diamanten; sie sind so hart, dass sie alle vorherigen Mineralien ritzen.

Neben der Dichte (oder dem spezifischen Gewicht) eines Minerals sind dessen Spaltbarkeit und die Härte wichtige Unterscheidungsmerkmale. Das spezifische Gewicht eines Minerals gibt sein Gewicht pro Volumeneinheit an (g/cm^3). Zerbricht ein Mineral, ergeben sich entweder unregelmäßige Bruchstücke oder Teile mit ebenen und parallelen Oberflächen und Kanten.

Wann sind Mineralien gediegen?

Eine bedeutende Gruppe bilden Elemente in Reinform, die auch gediegene Elemente genannt werden. Dazu gehören Metalle wie

◀ Zinnober, ein Quecksilbererz, auf Dolomit; Zinnober hat die Härtezahl 2 bis 2,5 auf der Mohs'schen Skala.

Gold, Silber und Kupfer oder Nichtmetalle wie Kohlenstoff und Schwefel.

Weitere Mineralgruppen sind u. a. die Oxide, Silicate, Sulfide, Chloride und Carbonate. Oxide sind Verbindungen mit Sauerstoff, z. B. die Eisenoxide. Silicate weisen siliciumhaltige Verbindungen auf; zu dieser sehr vielfältigen Gruppe gehören viele Edelsteine wie Jade, Smaragd und Aquamarin. Sulfide und Chloride sind Verbindungen mit Schwefel bzw. Chlor. Bei Carbonaten verbinden sich Metallsalze mit Kohlensäure.

Nicht nur reines Gold oder Diamanten gelten als besonders wertvoll. Unter dem Oberbegriff Erze werden Mineralien zusammengefasst, aus denen sich Metalle gewinnen lassen. Viele Erze zählen zu den Oxiden, z. B. Haematit (Fe_{23}) und Magnetit (Fe_{34}); auch Carbonate wie Kupfercarbonat oder Sulfide wie beispielsweise Quecksilbersulfid gehören zu dieser Gruppe. Quecksilbersulfid kennt man auch als Zinnober, der dank seiner ziegelroten Farbe bereits in der Steinzeit als Farbpigment genutzt wurde.

▲ Graphit besteht – wie Diamanten – aus Kohlenstoff; infolge eines Mangels an Hitze und Druck bei der Entstehung schafft es Graphit statt in Colliers und Spezialwerkzeuge nur in Bleistiftminen.

Welche Mineralien bilden Gesteine?

Von den weit über 2000 bekannten Mineralien spielen nur wenige eine bedeutende Rolle als Gesteinsbildner. Einen besonders hohen Anteil am Aufbau der Erdkruste haben Silicate.

Diese Verbindungen aus Sauerstoff und Silicium sind als artenreichste Mineralgruppe zu etwa 90 % am Aufbau der oberen Erdkruste beteiligt. Granit etwa, ein Hauptgestein der Lithosphäre, besteht aus den Silicaten Quarz, Feldspat und Glimmer. Granite sind gelblich, rötlich, grünlich, bläulich oder grau. Die je-

Welche Mineralien sind für die Gesteinsbildung wichtig?

Auch wenn es in der Erdkruste zahlreiche Mineralien gibt, hat nur eine Handvoll wirkliche Bedeutung für die Bildung von Gestein: Quarz, Feldspat, Glimmer, Amphibole, Augite, Olivine, Kalkspat, Aragonit, Dolomit, Gips, Anhydrit, Limonit, Glaukonit, Tonminerale, Steinsalz, Kalisalze, Graphit, Granate, Disthen, Andalusit, Epidot, Chlorite, Serpentin, Talk, Zeolithe.

Was sind eigentlich ...

- Magmatite? Erstarrungsgesteine. Sie entstehen z. B. bei Vulkanausbrüchen, wenn die glutflüssige Lava erstarrt.
- Sedimentite? Schichtgesteine, die sich aus Ablagerungen bilden. Sedimentite bedecken mehr als zwei Drittel der Erdoberfläche und enthalten vielfach Fossilien.
- Metamorphite? In der Erdkruste entstandene Umwandlungsprodukte dieser beiden vorigen Gesteinsgruppen.

weilige Farbe bestimmt der Feldspat als dominierendes Mineral. Die auch in anderen Gesteinen vorkommenden Glimmer sind leicht an ihrer Spaltbarkeit zu erkennen. Bei der Spaltung zerfallen diese Silicate in glänzende kleine Blättchen. Zu den wichtigen gesteinsbildenden Mineralien zählen auch Augite, Hornblende und Olivin.

Was macht Meteorite so wertvoll?

Meteorite, Gesteinsbrocken aus dem Weltraum, unterscheiden sich in ihrer Mineralzusammensetzung von den Erdgesteinen. So sind die auf der Erde verhältnismäßig selten vorkommenden Elemente Titan, Zirkonium und Uran häufig Bestandteile von Meteoriten. In den meisten Fällen weisen sie einen erhöhten Gehalt an Eisen und Nickel auf.

Das Universum ist voller Gesteine. Schon bevor der Mensch in der Lage war, Raumsonden ins Weltall zu schicken und auf dem Mond zu landen, gelangten sie auf die Erde. Kleinere Gesteinsbrocken verglühen in der Atmosphäre und leuchten dabei als Sternschnuppen, größere erreichen als Meteorite die Erde. Da sie mit Wucht aufprallen, hinterlassen sie deutliche Krater, z. B. vor etwa 15 Mio. Jahren das Nördlinger Ries in Bayern.

Kreislauf der Gesteine

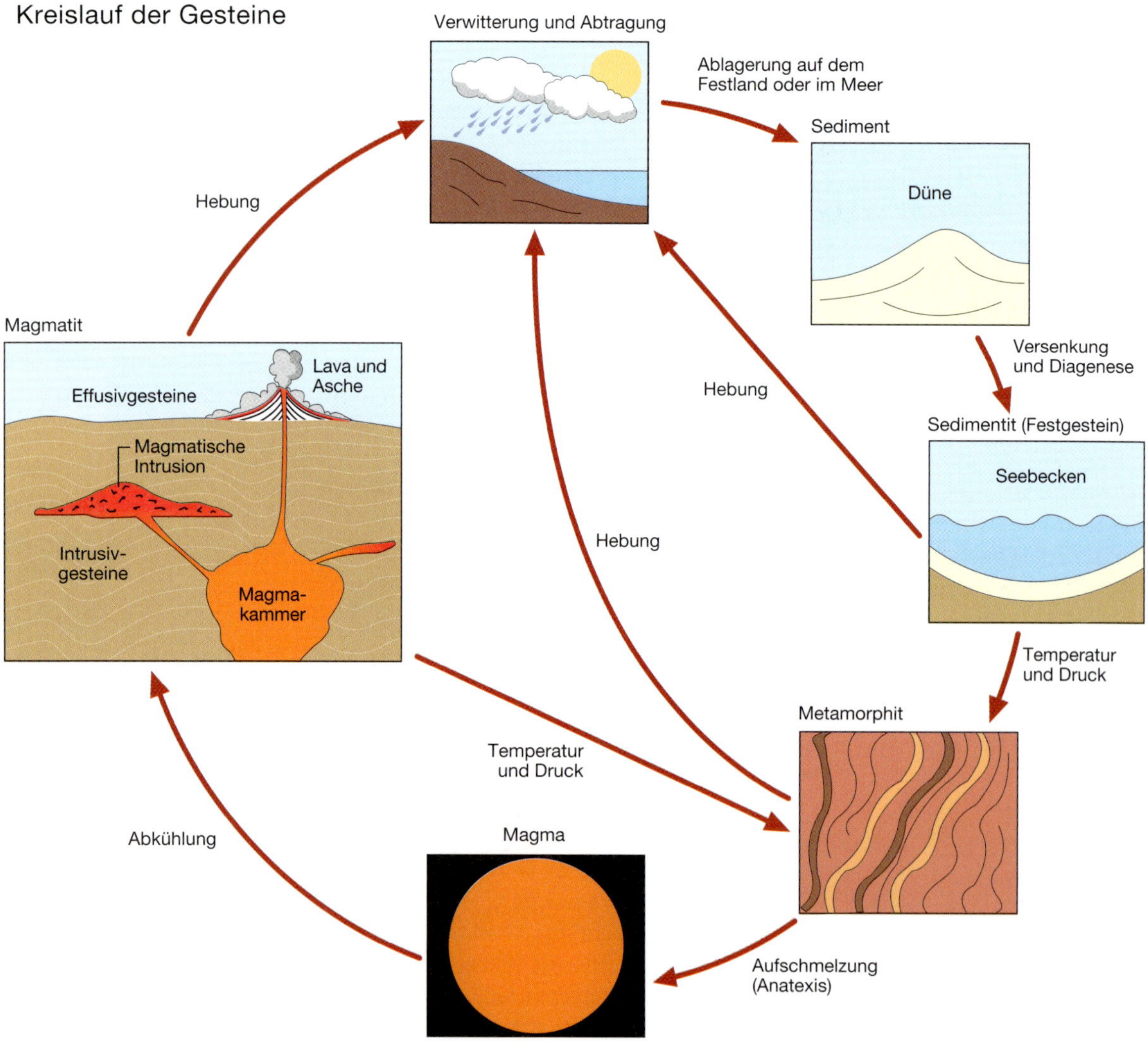

Was versteht man unter Plutoniten?

Plutonite sind Tiefengesteine, die nach dem römischen Gott der Unterwelt benannt sind. Wenn durch Spalten und Risse Magma aus dem Erdinnern an die Oberfläche tritt, erstarrt es und bildet die Ergussgesteine oder Vulkanite. Ihr häufigster Vertreter ist der dunkle Basalt. Bilden sich die Magmatite unterhalb der Erdoberfläche, so spricht man von Tiefengesteinen oder Plutoniten. Granit ist der häufigste Plutonit.

Wussten Sie, dass ...

- die Vorfahren des modernen Menschen in Afrika schon vor 2,5 Mio. Jahren Steinwerkzeuge herstellten? Mit diesen scharfkantigen Geröllgeräten konnten sie Tierknochen zertrümmern, um an das nahrhafte Knochenmark zu gelangen.
- Marmor im Alterum kostbar wie Gold war? Aus dem schimmernden Stein wurden Skulpturen und Säulen gefertigt. In der Renaissance entdeckten Bildhauer wie Michelangelo den kostbaren Rohstoff wieder.
- im Petrified Forest im US-Bundesstaat Arizona ein mehr als 200 Mio. Jahre alter versteinerter Wald zu bewundern ist? Wasser drang in die Holzstrukturen ein und verkieselte sie zu Quarz.

Übrigens: Bei langsamer Abkühlung innerhalb der Erdkruste wachsen große Kristalle, die den Plutoniten eine grobkörnige Gestalt geben. An der Erdoberfläche hingegen kühlt die Lava, wie das Magma hier genannt wird, wesentlich schneller ab, so dass Vulkanite eine feinkörnige Struktur aufweisen.

Wie wird aus Sand Sandstein?

Ablagerungen von Bruchstücken verwitterter Gesteine, von chemischen Ausfällungen sowie von Resten pflanzlicher und tierischer Lebewesen bilden Schichten, die sich zu neuen Gesteinen, den Sedimentiten, verfestigen. Durch Druckbelastung werden diese Schichten entwässert; es wachsen neue Kristalle, und Bindemittel verkitten das Ganze. Je mehr Schichten sich übereinanderlagern, desto größer wird der Druck auf die tiefer liegenden. Bestehen diese aus Verwitterungsprodukten in Sandkorngröße, lässt die Verfestigung Sandstein entstehen.

Zu den chemischen Sedimentiten zählen Steinsalz und Gips; sie gehen aus der Verdunstung von Meerwasser hervor. Andere Sedimentite bestehen aus Überresten von Pflanzen und Tieren. Kalkstein ist entweder durch die Ausfällung aus Lösungen entstanden oder hat sich aus den Schalen und Skeletten oft winziger Tiere aufgebaut.

▲ Der Schiefer ist in der Tiefe vorwiegend durch Druck entstanden.

Wann werden Steine flüssig?

Bei hohen Temperaturen und hohem Druck in der Erdkruste bilden sich Metamorphite. Unter diesen Bedingungen schmelzen die Gesteine und ändern ihre Struktur. Diese Gesteinsumwandlung wird Metamorphose genannt.

Bei der Kontaktmetamorphose dringt Magma in ein anderes Gestein ein. Die hohe Temperatur lässt das umgebende Gestein teilweise aufschmelzen und in Metamorphite verwandeln. Werden Gesteine durch Zusammendrücken und Verformung umgewandelt, spricht man von Regionalmetamorphose. Typische Metamorphite sind der aus Kalkstein hervorgegangene Marmor sowie Schiefer und Gneise.

▼ Granitplatten aus aller Welt, u. a. Südafrika, Indien, Brasilien und Schweden, im Lager eines Thüringer Natursteinverarbeitungsbetriebs

▲ Stillgelegte Salzbergwerke sind eine bevorzugte Lagerstätte für radioaktive Abfälle. Da sich das Steinsalz leicht verformt, können auftretende Spalten und Hohlräume sich wieder schließen.

rale fallen bei der Abkühlung von Magma in einer bestimmten Reihenfolge aus. So werden Chrom-, Titan- und Nickelerze bereits bei sehr hohen Temperaturen noch im Innern des Magmenherdes abgeschieden, Zinn und Wolfram dagegen erst bei kühleren Temperaturen in dessen Randbereich. Schließlich werden weitere Minerale wie Kupfer, Eisen, Blei, Zink und Gold aus dem bei weiterer Abkühlung an Mineralen übersättigten Magmenbereich ausgetragen und entlang von Gängen in angrenzende Nachbargesteine verlagert, wo sie schließlich ausfallen.

Auch wässrige Lösungen können Minerale aus der Schmelze oder dem Gestein lösen. Wenn das heiße, mineralreiche Wasser schließlich in Spalten abkühlt, wird die Erzfracht ausgefällt.

Durch anhaltende Hebung über Millionen von Jahren bei gleichzeitiger Abtragung der aufliegenden Schichten der Erdkruste geraten die Erzlager in Tiefen, die der Mensch zum Abbau mit seinen Gerätschaften erreichen kann. Gelangen sie direkt an die Erdoberfläche, spricht man von Primärlagerstätten.

Was sind Seifen?

Erze, die an der Erdoberfläche anstehen, verwittern und durch Wind und Wasser abgetragen werden. In Bächen und Flüssen können sie über große Entfernungen transportiert und schließlich in den Flussbetten, entlang von Uferzonen und im Mündungsbereich abgelagert werden. Es entstehen sekundäre Lagerstätten, sog. Seifen. Die bekanntesten Seifen bilden sich aus Zinn, Chrom, Platin und Gold. Die übrigen Erze oxidieren leicht und verwittern, bevor sie abgelagert werden.

Eine besondere Form von Erzlagerstätten entsteht durch Anreicherungen. Diese basieren auf der Lösung mineralischer Verbindungen innerhalb des Gesteins. So wird in den Tropen die Kieselsäure (SiO_2) des Ausgangsgesteins durch hohe Temperaturen und Niederschläge besonders rasch gelöst und aus dem Gestein ausgetragen. Als Verwitterungsrest reichern sich die vorhandenen Aluminiumverbindungen an, und es entstehen umfangreiche Bauxitlager.

Welcher Rohstoff kommt aus dem Meer?

Das Salz. Alle Meere der Erde haben einen durchschnittlichen Salzgehalt von 3,5 %; das entspricht einer Menge von etwa 22 Mio. km³, die bei Verdunstung des gesamten Meerwassers übrig bliebe. Sie würde eine 60 m dicke Salzschicht zurücklassen.

Wussten Sie, dass ...

- Bauxit nach dem ersten Fundort Les Baux in Südfrankreich benannt wurde? Das Gemisch aus Tonerdemineralen ist der wichtigste Rohstoff zur Herstellung von Aluminium.
- der »Welcome Stranger« ein riesiger Goldklumpen ist? Das rd. 70 kg schwere Stück fand man Mitte des 19. Jahrhunderts in Australien.
- die Antarktis das Rohstofflager der Zukunft werden könnte? Bis 2041 verhindert der Antarktisvertrag noch die Ausbeutung der nachgewiesenen vielfältigen Bodenschätze.

Voraussetzung für die Entstehung von Salzlagerstätten war das Vorhandensein flacher Meeresteile in der geologischen Vergangenheit, die mit dem großen Urmeer nur durch wenige schmale Zugänge verbunden waren. Außerdem muss ein extrem trockenes Klima mit geringer Zulieferung an Süßwasser geherrscht haben. Im Randbereich der Meere fielen schließlich die Salze aufgrund der hohen Konzentrationen aus. In regelmäßigen Abständen muss immer neues Meerwasser nachgeströmt und verdunstet sein. Über Jahrmillionen sind so die mächtigen Salzlager entstanden, die im Lauf der Erdgeschichte von Deckschichten überlagert wurden, die das Salz unter Druck gesetzt haben.

Übrigens: Durch Faltung des Deckgebirges entlädt sich der Druck, und das plastische Salz wird in Klüften und Spalten pfeilerartig emporgedrückt; es entstehen Salzstöcke.

Was sind die Perlen der Tiefsee?

Manganknollen. Ende des 19. Jahrhunderts stießen britische und deutsche Tiefseeexpeditionen auf der Suche nach neuen Lebewesen eher zufällig auf geheimnisvoll aussehende schwarze Knollen, die sie in Netzen vom Meeresgrund an die Oberfläche zogen. Die Klumpen hatten einen Durchmesser von nur wenigen Zentimetern und wiesen neben Mangan, daher der Name Manganknollen, Beimengungen von Kupfer, Nickel oder Kobalt auf. Seither beschäftigt die Wissenschaft die Frage, wie diese Knollen entstanden sind. Jüngere Theorien vertreten die Ansicht, dass sich die im Meerwasser gelösten Minerale mit der Zeit um einen Kern, z. B. einen kleinen Felsbrocken anlagern. Sogar Bierdosen hat man als Kernstücke solcher Knollen gefunden. Eine kommerzielle Ausbeutung der Vorkommen ist bislang an den hohen Kosten gescheitert.

Wie findet man eigentlich Diamanten?

Manchmal nur durch Zufall: Die ersten Diamanten in Südafrika entdeckte 1866 ein Kind, das am Ufer des Oranje spielte. Nur wenige Monate später trafen Glücksritter aus aller Welt in der Gegend um die heutige Stadt Kimberley ein. Als man 1870 die ersten Steine auch in der Erde fand, entstand innerhalb von 43 Jahren das größte von Menschenhand gegrabene Loch der Welt. Im »Big Hole« wurden insgesamt drei Tonnen Diamanten gefunden.

Auch Auffälligkeiten in der Geländeform haben dazu beigetragen, Lagerstätten auszumachen. Tiefer gelegene Rohstoffe werden dagegen durch andere Verfahren geortet, mithilfe von Bohrungen, künstlich hervorgerufenen Erdbebenwellen, Magnetik und Radarverfahren auch in mehreren Kilometern Tiefe. In jüngerer Zeit kommt den zunehmend präziseren Aufnahmen der Erdoberfläche von Satelliten aus eine immer größere Bedeutung bei der Entdeckung von Lagerstätten zu. Die hohe Auflösung der Bilder ermöglicht Rückschlüsse auf die Zusammensetzung des Untergrunds und das Zutagetreten von Gesteinsschichten.

Wo gibt es die meisten Bodenschätze?

Erze werden vor allem dort gefunden, wo Magma in die Erdkruste eingedrungen und erkaltet ist. Umfangreiche Lagerstätten von Eisen und Stahlveredlern sowie von Bunt- und Edelmetallen findet man in den Staaten der ehemaligen Sowjetunion. Die Anden und ihre nördliche Verlängerung, die Rocky Mountains, sind ebenfalls reich an Kupfer, Blei, Zink, Zinn sowie Silber und Gold. Die weltweit größten Eisenvorkommen lagern im Osten Brasiliens, im Bundesstaat Minas Gerais – übersetzt »Allgemeine Minen«. Bedeutende Lagerstätten an Eisenerz und Buntmetallen gibt es in Schweden, Spanien und den Balkanstaaten. Auch Länder wie Südafrika oder Australien gelten als rohstoffreich. Europa ist global gesehen ein relativ rohstoffarmer Kontinent. Japan ist sogar fast ausschließlich von einer Zulieferung von außen abhängig.

◀ Die größten Vorkommen an Manganknollen finden sich in der Tiefe des Pazifischen Ozeans.

Wussten Sie, dass ...

► Coltan die Berggorillas im Kongo bedrohte? Coltan, die Abkürzung für das Erz Colombo-Tantalit, enthält die seltenen Elemente Niob und Tantal. Pulverisiertes Tantal dient zur Herstellung von Kondensatoren, die etwa in Handys eingesetzt werden. Große Coltanvorkommen gibt es im Osten der Demokratischen Republik Kongo. Mit dem in kleinen Gruben abgebauten Coltan finanzieren Rebellen ihren Krieg. Minen befinden sich auch im Nationalpark Kahuzi-Biega, der Heimat der Berggorillas. Durch Bürgerkrieg und Bergbau sank ihr Bestand von 8000 auf 1000. Aufrufe zum Boykott von Bodenschätzen aus dem Bürgerkriegsgebiet tragen erste Früchte: Coltan wird heute fast nur noch aus Australien oder Brasilien bezogen.

▲ Erdölfeld bei Baku am Kaspischen Meer; die systematische Erdölförderung begann in der Region 1872, seit 1949 findet sie weitgehend im Offshorebereich statt.

Wie ist Erdöl entstanden?

Erdöl ist aus der Zersetzung von winzigen Meereslebewesen, dem Plankton, entstanden. Es sank auf den Meeresboden herab; die im Lauf der Zeit entstandenen mächtigen Ablagerungen wurden von anderen Schichten überdeckt. In diesen sauerstoffarmen Sedimenten bildete sich durch Zersetzung Faulschlamm, aus dem über Jahrmillionen unter hohem Druck und hoher Temperatur kostbares Erdöl wurde. Als recht zähflüssige Substanz durchdringt es durchlässige Gesteine. In Gesteinskörpern, die von undurchlässigen Schichten umgeben sind, den Erdölfallen, konnte sich Erdöl in großer Tiefe ansammeln.

Wussten Sie, dass ...

- »Schneewittchen« (norwegisch Snøhvit) ein riesiges Erdgasfeld in der kalten Barentssee ist? Mit der Förderung des auf 193 Mrd. m^3 geschätzten Vorkommens soll 2007 von sieben Förderanlagen aus begonnen werden, die auf dem Meeresboden verankert sind.
- 1859 im US-amerikanischen Bundesstaat Pennsylvania das erste größere Erdölfeld erschlossen wurde? Der erste Ölbohrturm der Welt wurde schon ein Jahr zuvor in der Lüneburger Heide errichtet.
- in den deutschen Braunkohlerevieren über 2300 km^2 Land verbraucht wurden? Mehr als 230 Dörfer wurden von den riesigen Schaufelradbaggern vernichtet.

Erdöl ist ein vielfältiges Gemisch verschiedener Kohlenwasserstoffverbindungen mit einem sehr hohen Brennwert und heute der weltweit wichtigste Energieträger, besonders in Form raffinierter Brennstoffe wie Benzin, Kerosin oder Diesel.

Wie viel Öl wird auf dem Meer gefördert?

Von weltweit mehr als 3,8 Mrd. t geförderten Erdöls (2004) stammte über ein Drittel aus Quellen unterhalb des Meeresbodens. 1947 begann vor der Küste von Louisiana im Golf von Mexiko die Ausbeutung des ersten Offshorefeldes. Aber erst nach der Ölkrise 1973 begann die große Zeit der Offshoreförderung. Der Vorreiter auf diesem Gebiet war in Europa Norwegen. Das bereits 1969 entdeckte große Ekofisk-Feld zwischen Großbritannien und Dänemark leitete die Erdölförderung in der Nordsee ein. Heute entfallen 95 % der Erdölförderung der Anrainerstaaten der Nordsee auf die Offshoreförderung.

Woher kommt die Kohle?

Aus versunkenen Wäldern. Pflanzen bestehen im Wesentlichen aus Kohlenstoff, Wasser und Mineralstoffen. Sterben diese Stoffe ab, wird bei der Verwesung der Kohlenstoff vom Luftsauerstoff wieder in Kohlendioxid zurückverwandelt. Urzeitliche Wälder und Sümpfe, die mit ihrer üppigen Vegetation einst große

Flächen bedeckten, bildeten das Ausgangsmaterial für Kohle.

In überschwemmten Gebieten oder am Boden seichter Gewässer verrotteten die abgestorbenen Pflanzen nur allmählich, so dass Torfschichten entstanden. Werden die Torfschichten über Jahrmillionen von neuen Ablagerungen überdeckt, lassen Druck und Wärme mit der Zeit Wasser und Gase aus den Schichten entweichen. Im Zuge chemischer Prozesse reichert sich Kohlenstoff an, und es entsteht Kohle.

Was unterscheidet Braun- von Steinkohle?

Der Gehalt an Kohlenstoff; er nimmt im Lauf der Umwandlung, der Inkohlung, zu.

Torf mit einem Kohlenstoffgehalt von etwa 55 bis 60 % kann getrocknet bereits verbrannt werden. Das nächste Stadium stellt die Braunkohle mit einem Kohlenstoffgehalt von etwa 70 % dar. Die bedeutendsten Braunkohlenlager sind im Tertiär vor rd. 60 Mio. Jahren aus den Überresten einer üppigen, subtropischen Vegetation entstanden. Die unter dem Begriff Steinkohle zusammengefassten Kohlen werden nach ihrem zunehmenden Inkohlungsgrad in Flammkohle, Gasflammkohle, Gaskohle, Fettkohle, Esskohle und Magerkohle sowie Anthrazit unterschieden. Anthrazit besitzt mit einem Anteil von 95 % reinem Kohlenstoff den größten Heizwert.

Am Ende der Inkohlungsreihe steht der ausschließlich aus Kohlenstoff bestehende Graphit. Die Steinkohlenlagerstätten stammen vor allem aus Wäldern aus dem Karbon, der Steinkohlezeit, vor 300 Mio. Jahren. Erreichen die einzelnen Schichten flächenhaft Mächtigkeiten von mehreren Metern, spricht man von Kohlenflözen.

Übrigens: Kohle war nach der Erfindung der Dampfmaschine im 18. Jahrhundert das »Schmiermittel« der industriellen Revolution. Zusammen mit Kohle werden Erdöl und Erdgas als fossile Rohstoffe bezeichnet, weil sie aus den Überresten von vor Jahrmillionen abgestorbenen Lebewesen entstanden sind.

Wie explosiv ist Erdgas?

Ein kleiner Funke genügt, um Erdgas zu entzünden. Dabei handelt es sich um ein Gemisch von Kohlenwasserstoffen, vor allem Methan (CH_4) und Ethan (C_{26}). Weitere Gase sind Butan und Propan, die dem Erdgas entzogen und unter Druck verflüssigt und abgefüllt werden können.

Reiche Vorkommen von Erdgas sind zumeist an Erdöllager gebunden, wo sich das Gas in der Regel über dem Erdöl ansammelt. Da das Erdgas in den Erdöllagern hohem Druck ausgesetzt ist, kann Erdöl zu Beginn der Förderung sogar ohne Pumpen an die Oberfläche gebracht werden. Erdgas wird wie Erdöl in Pipelines oder Tankern zu den Verbrauchern transportiert.

▼ Um dem Boden seine kostbaren Schätze zu entreißen, unternimmt der Mensch große Anstrengungen: Hier fördert ein riesiger Bagger im Tagebaurevier Garzweiler (Nordrhein-Westfalen) Braunkohle.

Die Böden – vielschichtiger Untergrund

Böden bilden die oberste Schicht der festen Erdkruste. Als Wuchs- und Standort für Pflanzen sind sie die Nahrungs- und damit Lebensgrundlage für alle Lebewesen auf der Erde. Gleichzeitig ist ein Boden selbst Lebensraum für zahlreiche Bakterien, Pilze, Pflanzen und Tiere. Begrenzt wird dieser Lebensraum nach unten durch die Gesteine der Lithosphäre, nach oben durch eine mehr oder weniger dichte Pflanzendecke und den Übergang zur Atmosphäre.

Das wichtigste Ausgangsmaterial für die Bodenentwicklung sind die Gesteine. Daneben spielen auch andere Faktoren eine bedeutende Rolle: Klima, Wasser, Relief, Vegetation, Bodentiere, Nutzung durch den Menschen sowie der Zeitraum, über den sich die Bodenbildung erstreckt. Im Zuge der Bodenentstehung laufen umfangreiche physikalische, chemische und biologische Ab-, Um- und Aufbauprozesse von Bodenmaterial ab. Im weiteren Verlauf der Bodenentwicklung werden diese Stoffe durchmischt, verlagert und teilweise wieder ausgetragen.

Böden bestehen aus Mineralien unterschiedlicher Art und Größe, der mineralischen Substanz, sowie aus Humusteilchen, die aus abgestorbenen Pflanzen und Tieren hervorgegangen sind, der organischen Substanz. Diese Bestandteile bilden den festen Bodenkörper, zwischen dessen Partikeln sich Hohlräume unterschiedlicher Größe, die Poren, befinden. Die Poren sind teils mit Wasser, teils mit Luft gefüllt. In die Hohlräume dringen Pflanzenwurzeln vor; sie können einen Boden tiefgründig durchwurzeln. Hier und an den benachbarten Bodenkrümeln leben auch die zahlreichen Bodenorganismen, die gemeinsam mit dem Bodenwasser und der Bodenluft dafür sorgen, dass im Boden vielschichtige Umwandlungsprozesse ablaufen.

Von den Böden unserer Erde ist nur etwa ein Viertel mittel bis sehr fruchtbar, ein Drittel wenig bis mäßig fruchtbar; der Rest – in Wüsten, Gebirgen und Kältesteppen – ist unfruchtbar. Boden ist ein kostbares Gut. Eine große Rolle spielt der Mensch, der ihn umgestaltet oder auch zerstört, etwa durch Landwirtschaft oder Straßenbau. Zeit ist ein wichtiger Faktor: Die Bodenbildung dauert meist Jahrtausende.

◀ In den gemäßigten Breiten haben sich zumeist fruchtbare und vitale Böden mit hohem ackerbaulichen Wert entwickeln können.

▶ Noch Vegetation, bald schon wichtiger Bestandteil des Bodens: vermodernde Baumstämme im Regenwald

Wussten Sie, dass ...

- fossile Böden wertvolle Hinweise auf das Klima früherer Zeiten geben? So fand man in Aufschlüssen im Rheinischen Schiefergebirge Rotlehme, die nur unter tropischen Klimabedingungen entstanden sein können.
- Blumenerde künstlich hergestellt wird? In den meisten Fällen ist sie ein Gemisch aus Torf, Kalk und Düngemitteln sowie verschiedenen Zuschlagstoffen wie Sand oder Holzkohle.
- grobporige Böden die größte Wasseraufnahmefähigkeit besitzen? Sind alle Bodenporen mit Wasser gefüllt, spricht man von Wassersättigung.
- der 5. Dezember seit 2002 der Weltbodentag ist? Damit soll der Bedeutung der wertvollen Ressource Boden Rechnung getragen werden.

Wie entstehen Böden?

Ausgangspunkt für die Entstehung eines Bodens sind die Gesteine. Sie liefern seine mineralische Substanz.

Sonne und Wasser sind als wichtigste Naturkräfte verantwortlich für die Verwitterung von Gesteinen. Starke Temperaturschwankungen lassen Gestein im Lauf der Zeit zu grobem Schutt zerfallen, denn durch die Erwärmung dehnt sich der Gesteinskörper zunächst aus, bei der anschließenden Abkühlung zieht er sich wieder zusammen. Diese dauernde Belastung führt zu Rissen an der Gesteinsoberfläche, bis diese schließlich zerbricht. Bei diesen Prozessen wird das Ausgangsmaterial zunächst nur zerkleinert, erst unter dem Einfluss von Säuren wird es danach chemisch verändert.

Übrigens: Die Vegetation liefert das Ausgangsmaterial für die organische Bodensubstanz. Je nach Art der Vegetation – ob Laub-, Misch- oder Nadelwald, Heide- oder Grasland – entwickeln sich im Lauf der Zeit unterschiedliche Humusformen, die ihrerseits die Bodenbildung beeinflussen.

Wozu ist Luft im Boden gut?

Der in der Bodenluft vorhandene Sauerstoff ist eine lebenswichtige Voraussetzung für die Atmung der im Boden lebenden Pflanzen und Tiere. Bodenluft und Bodenwasser treiben alle wichtigen Prozesse im Boden an.

Der aufgrund der Atmung der Bodenwurzeln und -tiere relativ hohe Gehalt an Kohlendioxid in der Bodenluft lässt ebenso wie die aus der Atmosphäre eingetragenen Gase (u. a. Schwefeldioxid) in Reaktion mit dem Bodenwasser Säuren entstehen. Sie lösen das Kristallgitter der Gesteine auf. Dadurch werden Mineralien freigesetzt und neue gebildet. Der mineralische Bodenkörper entsteht.

Nach Regenfällen versickert das Wasser im Boden, wo es entweder als Haftwasser in den Poren zwischen den festen Bodenpartikeln verbleibt oder diese als Sickerwasser durchfließt und schließlich in größerer Tiefe das Grund- oder Stauwasser bildet. Das Haftwasser wird dem Boden einerseits durch die Pflanzen, andererseits durch Verdunstung in den oberen Bodenbereichen wieder entzogen. Diese Verluste können je nach Höhe des Grundwassers durch Aufstieg aus dem Grund- bzw. Stauwasser wieder ausgeglichen werden.

Welche Rolle spielt die Chemie?

Das Fortschreiten der Bodenentwicklung ist eng mit chemischen Prozessen, etwa der Entkalkung verbunden.

▶ Wasser, das seit Jahrtausenden Kalk ablagert, hat die Kalksteinterrassen von Pamukkale in der Türkei gebildet.

Die Geschwindigkeit, in der ein Boden entkalkt wird, hängt vor allem von der Menge des Niederschlagswassers sowie dem Anteil der Bodenluft ab. Bei der Entkalkung werden die Calciumionen des Carbonats durch die Wasserstoffionen der Kohlensäure ersetzt. Hydrogencarbonat (H_2CO_3) entsteht, und Calcium wird ausgewaschen. Der Kalk wird gelöst, und der Säuregehalt der Bodenlösung sinkt.

Ist ein Boden entkalkt und der pH-Wert unter 7 gesunken, setzt verstärkt die Verwitterung eisenhaltiger Minerale ein. Dabei bilden sich Eisenoxide und Tonminerale. Erstere sind in gemäßigten und kühlen Klimaten braun gefärbt. Aufgrund der mit dem Prozess einhergehenden Braunfärbung des Bodens spricht man auch von Verbraunung. Die geringe Größe von Tonmineralen und die daraus resultierende kleine Porengröße zwischen ihnen führen zu einer hohen Wasserspeicherfähigkeit, die dem Bodenkörper einen lehmigen Charakter verleiht. Daher bezeichnet man diesen Prozess als Verlehmung.

Wie lassen sich Bodenarten bestimmen?

Die so genannte Korngröße gibt Aufschluss, um welche Bodenart es sich handelt. Korngrößen mit einem Durchmesser von mehr als 2 mm bezeichnet man als Steine (eckig) oder Kies (gerundet), von 0,063–2 mm als Sand, von 0,002–0,063 mm als Schluff und von weniger als 0,002 mm als Ton. Nach der Zusammensetzung hinsichtlich der Korngröße spricht man von Feinböden und Grobböden. Ein Lehmboden ist z. B. ein Feinboden, der aus Sand, Schluff und Ton mit etwa gleichen Anteilen besteht.

Im Boden transportiert werden in erster Linie Partikel, die kleiner sind als 0,002 mm. Dazu zählen u. a. Tonminerale, feinkörnige Oxide und Hydroxide. Sie werden als Ganzes mit dem Sickerwasser in tiefere Bodenschichten befördert. Die Verlagerung wird unterbrochen, wenn der Nachschub an Sickerwasser versiegt und der Boden austrocknet.

Nimmt in tieferen Bodenschichten die Größe und der Anteil der Wasser führenden Hohlräume ab, werden die Bodenteilchen wieder abgelagert.

Welche Arbeit leisten »Bodentiere«?

Im Boden lebende Tiere wie der Maulwurf tragen durch die Bearbeitung von Böden zu deren Durchmischung bei.

Die Tiere durchwühlen die Böden tiefgründig und lagern dabei Bodenmaterial um. Neben der Umwandlung und der Verlagerung der Bodenbestandteile spielt die Durchmischung der Stoffe eine wichtige Rolle bei der Bodenentwicklung. Eine intensive Umschichtung der einzelnen Bodenbestandteile passiert natürlich auch in der Landwirtschaft.

Was ist Humus?

Humus besteht aus abgestorbenen organischen Substanzen und ist von zahlreichen kleinen Bodenlebewesen bevölkert. Unter nasskalten Bedingungen bildet sich Rohhumus, auf kalkhaltigem Untergrund Moder. Bei wärmerem und trockenerem Klima bildet sich der wertvolle lockere Mull.

▼ Die Bodenteilchen werden an Stränden vom Wasser häufig fein sortiert: vom Kiesel bis hin zum feinsten Sand.

▲ Im Bergland der chinesischen Provinz Shanxi ließ schluffreicher Staub (Bodenteilchen von 0,002 bis 0,063 mm Größe) aus den Wüsten im Lauf der Jahrtausende ein weites Plateau von mehreren hundert Metern Höhe entstehen. Löss ist das fruchtbarste Ausgangsmaterial der Bodenentwicklung.

Was versteht man unter Bodenhorizonten?

Bodenhorizonte nennt man die Bereiche eines Bodenprofils (das Profil wiederum veranschaulicht den senkrechten Aufbau eines Bodens von der Erdoberfläche bis zum Gesteinsuntergrund). In der Regel hat ein Boden vier Horizonte; sie unterscheiden sich durch ihre Struktur, die ablaufenden chemischen Prozesse, den Wasserhaushalt und die Farbe.

Für die Böden Mitteleuropas verwendet man zur Unterteilung der einzelnen Horizonte eine deutsche Klassifikation. Dem Boden streng genommen noch nicht zuzurechnen ist der L-Horizont. Dieser Laubstreuhorizont besteht aus der auf der Bodenoberfläche liegenden Schicht von Blättern, Zweigen oder Nadeln. Der eigentliche Boden setzt sich von oben nach unten zusammen aus dem O-Horizont, dem aus Humus bestehenden organischen Horizont, dem A-Horizont, das ist der Oberboden oder Auslaugungshorizont, dem B-Horizont, dem Unterboden oder Anreicherungshorizont, und dem C-Horizont, dem relativ stabilen Ausgangsgestein.

Der A-Horizont ist oft noch mit Humus durchsetzt und daher meist dunkel gefärbt. Ein B-Horizont ist bei manchen Böden, z. B. der fruchtbaren Schwarzerde, gar nicht ausgebildet. Wird ein Bodenhorizont stark von Grundwasser oder von Stauwasser beeinflusst, spricht man von G-Horizont oder S-Horizont. Bodenbildung führt zu Bodentypen mit gleichen Eigenschaften und einer immer wiederkehrenden Abfolge von Bodenhorizonten.

Übrigens: Zur Kennzeichnung weiterer Bodenmerkmale hat man Kleinbuchstaben angehängt, etwa h für Humusanreicherung. In einem Bh-Horizont ist demnach Humus aus dem Oberboden eingelagert.

Wussten Sie, dass ...

- es auch in Deutschland Schwarzerden gibt? Man findet sie in den norddeutschen Bördenlandschaften um Magdeburg und Hildesheim, in der Kölner Bucht und in Rheinhessen.
- am Anfang der Bodenentwicklung Rohböden stehen? Ihre Basis bildet das verwitternde Ausgangsgestein, auf dem sich langsam ein mineralischer Oberboden entwickelt.
- Deutschland seit 1998 ein Bundes-Bodenschutzgesetz besitzt? Es soll den Boden vor schädlichen Veränderungen schützen.

Welcher Boden ist am wertvollsten?

Der wohl wertvollste Boden ist der Tschernosem, das ist Russisch und bedeutet »schwarze Erde«. Schwarzerden sind die klassischen Steppenböden. Sie bilden sich häufig auf Lössablagerungen, haben eine starke Humusanreicherung im Oberboden und verfügen über ein reiches Bodenleben.

Wichtige Bodentypen des gemäßigten Klimas in Mitteleuropa sind die etwas weniger fruchtbaren Braunerden und Parabraunerden. Braunerden entstehen durch intensive chemische Verwitterung auf kalkarmem Ausgangsgestein, Parabraunerden durch Verlagerungsprozesse auf Löss oder Mergel, das sind Ablagerungen aus Ton und Kalk. Wenig ertragreich sind die flachgründigen Böden der Hanglagen: Ranker auf kieselsäurereichem, Rendzina auf kalkreichem Untergrund. Sie können allenfalls als Weideland genutzt werden.

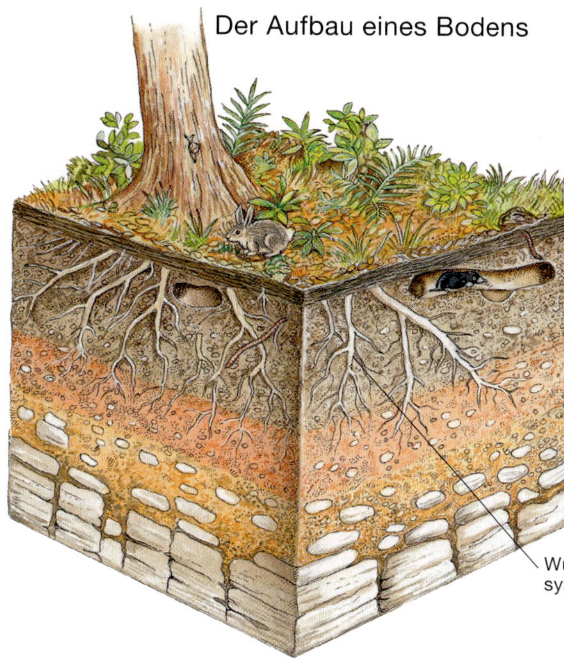

Welchen Boden schenkt der Wind?

Löss. Die gelbliche, feinkörnige Ablagerung mit einem hohen Quarz- und Kalkanteil stammt in Europa und Nordamerika aus dem trockenen Vorland der eiszeitlichen Gletscher und wurde vom Wind über weite Strecken verfrachtet. Im Kaiserstuhl in Südbaden haben sich z. B. bis zu 30 m mächtige Lössschichten abgelagert. In China findet dieser Prozess heute noch statt. Mächtige Lösssedimente aus den innerasiatischen Kältewüsten bedecken in Nordchina mehr als eine halbe Million Quadratkilometer Fläche.

Woraus besteht der Podsol?

Der Podsol (oder die Bleicherde) ist ein Boden der kühlfeuchten Klimazone. Er hat einen grauen ausgebleichten A-Horizont. Sein rötlicher B-Horizont aus Eisen- und Aluminiumverbindungen ist oft verfestigt. Bedingungen für die sog. Podsolisierung sind ein mineralarmes Ausgangsgestein, ein kühles, regenreiches Klima, ein schwacher Abbau von organischer Substanz und ein an Lebewesen armer Boden.

Die intensive Rotfärbung tropischer Böden entsteht hingegen durch die Bildung von Eisen- und Aluminiumoxiden, die sich mischen. Dabei können sich auf der Oberfläche Krusten aus Eisen- und Aluminium bilden, was die Fruchtbarkeit des Bodens erheblich mindert.

Auch in Feuchtgebieten ist der Boden ausgebleicht. Wenn durch steigenden Grundwasserspiegel der Boden mit Wasser gesättigt ist, tritt Sauerstoffmangel ein. Eisenoxide werden reduziert, gelöst und verlagert – die Substanzen, die die Färbung verursachen, verschwinden. Sinkt der Grundwasserspiegel wieder, oxidieren die Stoffe zu Rostflecken. Man nennt dieses Wechselspiel Vergleyung.

◀ Zu den typischen Böden Mitteleuropas zählt die Parabraunerde – hier in Heiligenhafen an der Ostsee.

▲ Durch ein Hochmoor bei Altnaharra in Schottland führt ein mit Holzbrettern gesicherter Pfad.

Was unterscheidet Moore von anderen Böden?

Verglichen mit den Mineralböden liegt der Anteil der organischen Substanz in Mooren mit mindestens 30 % am Bodenkörper deutlich höher. Ihre Humushorizonte werden mehrere Meter dick. Je nachdem ob ein Moor unter Einfluss von Grundwasser oder Niederschlagswasser entsteht, unterscheidet man zwischen Nieder- und Hochmooren.

▲ In Nordeuropa wird heute noch Torf zur Energie- und Wärmegewinnung abgebaut.

Wann entsteht ein Moor?

Wenn Grundwasser oder dauernde Nässe durch Niederschläge im Boden zu Luftmangel führen und dadurch ein Abbau der abgestorbenen Biomasse behindert wird. Als Folge davon bildet sich Torf, eine im Wasser aus Resten von Schilf, Seggen, Binsen, Wollgras, Moosen und anderen Pflanzen entstehende Humusform. Niedrige Temperaturen und nährstoffarmes Gestein begünstigen die Moorbildung.

Wie wird Torf abgebaut?

Moore wurden in vergangenen Jahrhunderten vielfach – in Skandinavien und Irland heute noch – zur Torfgewinnung genutzt. Hierbei wird zunächst die oberste, stark humifizierte Lage des Moors abgeräumt und das Moor bis zum Mineralboden abgetorft. Der überwiegende Teil des Torfs wird wegen seines hohen Kohlenstoffgehalts als Brennmaterial verwendet. Einen anderen Teil arbeitet man in den nährstoffarmen Mineralboden ein, um dessen Fruchtbarkeit zu erhöhen. In Deutschland wurden Moore ab dem 18. Jahrhundert systematisch kultiviert.

Niedermoore entwickeln sich häufig im Uferbereich stehender Gewässer. Im Lauf der Zeit rückt das Moor seewärts vor, bis das Gewässer schließlich ganz verlandet ist. Erlen und Weiden am Rand sowie Moorbirke und Kiefer im Kernbereich bilden die typische Niedermoorvegetation. Mit der Zeit wird der Torfkörper immer mächtiger, bis er nicht mehr im Einflussbereich des Grund- oder Seewassers liegt. Die Wasser- und damit die Nährstoffzufuhr geschieht nun ausschließlich über die Niederschläge. Es entstehen Hochmoore. Unter ozeanisch-feuchten Klimabedingungen wie in Nordwestdeutschland sind sie bei wachsender Torfdecke von Binsen und Wollgras bedeckt; unter trockeneren Klimabedingungen trocknet dagegen der Oberboden aus. Trotz Nährstoffarmut bleiben dem Hochmoor aber einzelne Bäume erhalten, beispielsweise die Latschen in Süddeutschland.

Was kennzeichnet Dauerfrostböden?

Eigenwillige Wege beschreitet die Bodenbildung in kalten Regionen, deren Jahresdurchschnittstemperatur unter –2 °C liegt.

Dort sind die Böden dauerhaft gefroren. Man nennt sie daher auch Dauerfrostböden oder Permafrost.

Permafrost ist eine aus »permanent« und »Frost« gebildete Abkürzung und bedeutet soviel wie Dauerfrostboden. In den eisfreien Gebieten der Polar- und der Subpolarregion, also in weiten Teilen Sibiriens, Kanadas und Alaskas, sowie in Hochgebirgsregionen ist der Boden in tieferen Schichten ganzjährig gefroren. Die Sonneneinstrahlung in den kurzen Sommern lässt den Bodens bis zu höchstens einem Meter Tiefe auftauen. Das Schmelzwasser kann nicht versickern, da es im Untergrund auf das kompakte Eis trifft. Die Böden durchnässen stark, und häufig bilden sich weite Moor- oder Sumpfflächen.

Ein besonderes Phänomen, das in Gebieten mit Permafrost beobachtet werden kann, ist das Bodenfließen: In Hanglagen mit mehr als zwei Grad Neigung bewegen sich die im Sommer aufgetauten Bodenschichten als zähflüssige und wassergesättigte Masse über die permanent gefrorenen Bodenlagen. Als typische Oberflächenform entsteht ein Frostmusterboden. Auf Ebenen oder an nur schwach geneigten Hängen lagern sich die Bodenteilchen beim Auftauen und Gefrieren um. Besteht der Boden aus unterschiedlichem Material, findet eine Sortierung statt, die gut erkennbar ist. Dabei entstehen verschiedene geometrische Muster wie Ringe, Netze oder Girlanden.

Wussten Sie, dass ...

- Moorleichen durch fäulnishemmende Humin- und Gerbsäuren im Moorwasser nicht verwesen? Die wohl berühmteste Moorleiche ist der Tollund-Mann, der mit einer Schlinge um den Hals in einem dänischen Moor gefunden wurde.
- Permafrostböden perfekte Kühlkammern sind? Aus dem Bodeneis Sibiriens stammen bestens konservierte, bis zu 50 000 Jahre alte Mammutkadaver.
- Salzpfannen besonders lebensfeindliche Wüsten sind? Sie entstehen in Trockengebieten, wenn sich Salze über Jahrhunderte an der Oberfläche anreichern.

Kann Wasser dem Boden schaden?

Nein, aber es kann einst fruchtbare Böden zerstören – durch das in ihm enthaltene Salz.

Zur Versalzung des Bodens kommt es in Wüsten- oder Halbwüsten, wo die schnelle Verdunstung des wenigen Grundwassers das gelöste Salz übrig lässt. Manchmal entstehen an der Oberfläche ausgeprägte Salzkrusten. Salzböden bilden sich aber auch in Gegenden, die häufig von salzhaltigem Meerwasser überflutet werden.

Im Zusammenhang mit einer ausgedehnten künstlichen Bewässerung kann es in Trockengebieten zu einer künstlichen Bodenversalzung kommen. Durch unsachgemäße Entwässerung der Felder reichern sich die Salze im Boden recht schnell an. Weite Gebiete z. B. in Indien, Ägypten, im Irak, aber auch in den USA sind durch Versalzung unfruchtbar geworden.

◀ Entwässerungsgräben im Marschland (Schleswig-Holstein) verhindern die Versalzung des Bodens.

▼ Der versalzene Boden in dieser Salzpfannenlandschaft in Südafrika ist natürlichen Ursprungs.

▶ Wenig beliebt bei Gartenfreunden, aber von Nutzen für den Boden ist der Maulwurf: Er lockert ihn auf und mischt ihn durch.

Gibt es Leben ohne Boden?

Dies ist nur im Meer möglich. Alle höheren Pflanzen, aber auch Bakterien, Algen, Farne, Pilze und Moose brauchen Böden, um wachsen zu können. Auch für zahlreiche tierische Lebewesen – vom Wurm bis zur Wühlmaus – bieten Böden den idealen Lebens- und Schutzraum. Sie revanchieren sich, indem sie den Boden durchmischen und auflockern.

Wussten Sie, dass ...

- Kaffeesatz Regenwürmer anzieht? Durch deren Tätigkeit wird der Boden besonders gut aufbereitet. Wer Gartenbesitzer ist, sollte die Filtertüten also nicht in die Mülltonne leeren.
- viele größere Bodenbewohner blind sind? Zumindest sind ihre Augen aufgrund der unterirdischen Lebensweise zurückgebildet – so auch beim europäischen Maulwurf und seinem Verwandten, dem nordamerikanischen Sternmull.
- bestimmte Pilze mit bestimmten Bäumen eine Zweckgemeinschaft eingehen? Das unterirdische Pilzgeflecht steht mit den Baumwurzeln in Verbindung, und Pilz und Baum versorgen sich gegenseitig mit wichtigen Nährstoffen.

Die Größe der Pflanzen und Tiere variiert dabei von weniger als 0,005 mm (Bakterien) bis zu 50 cm und mehr (Mäuse und Schlangen). Aber Bodenflora und -fauna, zusammengefasst unter dem Begriff Edaphon, geben den Böden auch viel zurück. Abgestorbene Biomasse wird von Tieren, Pilzen und Bakterien zersetzt, so dass Humus, also feuchter, fruchtbarer Boden, entsteht. Die im Boden lebenden Mikroorganismen (0,002–0,2 mm Größe) bauen die organische Substanz weiter ab und setzen dabei Nährstoffe und Gase frei.

Welche Aufgaben haben Mikroorganismen?

Die Aktivität der Mikroorganismen lässt höhere Pflanzen, die Kohlendioxid als wichtige Kohlenstoffquelle benötigen, erst wachsen. Das Kohlendioxid der Bodenluft wird zu zwei Dritteln von Mikroorganismen produziert, vor allem von Bakterien, die etwa 80 % ihrer Nahrung veratmen, anstatt sie in körpereigene Verbindungen umzuwandeln.

Darüber hinaus fördern die Mikroorganismen in Reaktion mit dem Bodenwasser die Kohlensäurebildung und stabilisieren den Nährstoffhaushalt eines Bodens, denn sie sind in der Lage, Stickstoff, Eisen und Mangan durch Oxidation zu binden. Bei Sauerstoffmangel werden diese Verbindungen wieder gelöst. Selbst schwer lösliche organische Verbindungen, in denen für Pflanzen wichtige Nährstoffe wie Stickstoff und Phosphat gebunden sind, können durch Mikroorganismen zersetzt und somit verfügbar gemacht werden. Bevor die Mikroorganismen in Aktion treten, zerkauen oder zerschaben die größeren Bodentiere abgestorbene Pflanzenstreu und tote Tiere. Dieses Material wird dann z. T. in Form von Exkrementen den Mikroben zugänglich gemacht.

Übrigens: In den Tropen übernehmen vor allem Termiten die Aufgabe der Erstzersetzung. Viele Tiere sind allerdings mithilfe ihrer Darmflora auch selbst in der Lage, Biomasse vollständig zu verdauen und abzubauen.

Wer bohrt und mischt den Boden auf?

Bodentiere, die sich unterschiedlicher Techniken bedienen: Regenwürmer und Schlangen bohren tiefe Röhren; Maulwürfe, Mai- und Mistkäfer schaufeln mit ihren Grabwerkzeugen unterirdische Gänge; Hamster und Mäuse scharren mit ihren Pfoten das Material zur Seite; Ameisen und Termiten graben sich mit ihren Mundwerkzeugen Bahnen in teilweise mehreren Metern Tiefe. Die Tiere lagern organische und mineralische Bodensubstanz um. Durch ihr Wühlen schichten sie Material aus dem Unter- in den Oberboden um und verteilen es innerhalb der jeweiligen Horizonte neu.Der Boden wird gelockert und dadurch für Belüftung gesorgt. Insbesondere in dichten Böden verbessert die Wühlarbeit die Bodenqualität. Zu einer Entwässerung der Böden tragen die unterirdischen Gänge jedoch nicht bei, da sie meist blind enden und so angelegt sind, dass sie bei Regen nicht sofort voll Wasser laufen.

Was schätzen wir an Regenwürmern?

Sie gehören zu den effektivsten Bodenarchitekten. Regenwürmer verlagern die noch nicht abgebaute Biomasse in tiefere Bodenschichten. Sie ziehen in ihren Röhren Blätter nach unten, so dass diese im Boden in Zonen hoher Mikroorganismentätigkeit gelangen und schneller zersetzt werden können. Fehlen Regenwürmer, bleibt der Boden oft mit einer Auflage aus Rohhumus bedeckt. Als Erdfresser durchmischen Regenwürmer das Material im Darm besonders intensiv und bilden die sog. Ton-Humus-Komplexe.

Nachteile ergeben sich durch die Ablagerung von Bodenmaterial an der Oberfläche. Maulwurfshügel erschweren z. B. eine Bodennutzung. Termitenhügel, die bis zu 9 m hoch werden können, bieten Wind eine gute Angriffsfläche und fördern den Abtrag von Bodenmaterial.

▲ Ein Regenwurm zieht ein Blatt in den Boden.

Was versteht man unter Biomasse?

Biomasse ist die Gesamtmenge von lebenden Organismen bzw. ihrer organischen Substanz. Auch wenn sie einzeln eher unscheinbar sind, so machen Bakterien, Pilze und Algen zusammen etwa 60 % der gesamten Biomasse im Boden aus.

◀ Schnitt durch ein Bodenstück mit Regenwurmröhren; die Gänge des Gewöhnlichen Regenwurms reichen bis zu 3 m tief in die Erde.

▲ Durch die großflächige Abholzung des Amazonasregenwaldes in Suriname haben sich tiefe Erosionsrinnen in den Boden gegraben.

Wie zerstört der Mensch den Boden?

Menschen rodeten Wälder zur Urbarmachung von Acker- und Weideland. Außerdem legten sie Siedlungs- und Verkehrsflächen an. So wurden aus den Naturböden Kulturböden. Heute gelten weltweit 15 % der Böden als geschädigt. Die natürlichen Waldökosysteme Europas werden seit etwa 8000 Jahren durch den Menschen verändert und sind heute nahezu vollständig verschwunden.

Die überwiegend landwirtschaftliche Nutzung hat die Entwicklung der Böden tief greifend verwandelt. Besonders in den oberen und mittleren Hanglagen der kahlgeschlagenen Flächen in den Mittelgebirgen wurden Böden abgetragen. Die flächenhafte Erosion führte vielerorts zum Verlust des fruchtbaren Ackerbodens und zu einer besonders in den Karstgebieten Südosteuropas nicht mehr zu behebenden Zerstörung der landwirtschaftlichen Nutzfläche.

Übrigens: Bereits im Mittelalter war man sich dieser Tatsache bewusst und leitete Pflegemaßnahmen ein. Bodenzerstörungen größeren Ausmaßes wurden durch hangparalleles Pflügen, die Anlage von Ackerterrassen, Heckenpflanzungen sowie die durch den sog. Flurzwang auferlegte einheitliche Bestellung der Felder verhindert.

Was ist eigentlich ...

- **Bodenerosion?** Die durch Wasser, Wind oder menschliche Tätigkeit ausgelöste, über das natürliche Maß hinausgehende Abtragung der Bodendecke. Sie zerstört die Böden, wenn keine Gegenmaßnahmen ergriffen werden.
- **Bodenverdichtung?** Die durch häufiges Befahren und Betreten hervorgerufene Verdichtung von Bodenteilchen. Sie hat eine Verringerung des Porenvolumens im Boden zur Folge.
- **Bodenversiegelung?** Die Abdeckung eines Bodens durch eine völlig undurchlässige Schicht, z. B. durch Überbauung mit Straßen oder Gebäuden.

Wann wird aus gutem Land schlechtes?

Durch unsachgemäße Nutzung wie Rodung, Versalzung und Versauerung geht am meisten Boden verloren.

Im mittleren Westen der USA – einst eine ertragreiche Kornkammer – sind in den 1920er Jahren im Gefolge der Industrialisierung der Landwirtschaft Millionen Tonnen fruchtbaren Bodens abgespült worden, weil die Flächen zur Niederschlagszeit brachlagen. Außerdem bliesen Stürme die oberste Bodenschicht, die sog. Krume, aus der seit dieser Zeit als »dust bowl« (Staubschüssel) bezeichneten Region hinweg. Zurück blieben die von

Erosionsrinnen und Schluchten durchzogenen Badlands, zu deutsch »schlechtes Land«.

Groß sind die Schäden auch in den Tropen, die noch in den 1970er Jahren als unerschöpfliches Ackerland eingestuft wurden. Bald wurde jedoch deutlich, dass nach der Rodung des Regenwaldes infolge der tropischen Starkregen ganze Bodendecken beseitigt worden sind. Dort, wo vor wenigen Jahren Urwaldriesen die Vegetation dominierten, herrschen heute wüstenartige Verhältnisse.

Die Produktivität salzbeeinflusster Böden verschlechtert sich mit der Zunahme des Salzgehalts. Daher können versalzte Böden häufig nur noch als Grünland genutzt werden. In den letzten 100 Jahren sind viele Böden versauert. Menschliches Handeln ist hierfür verantwortlich: Zum einen führte die Luftverschmutzung durch Industrieabgase zum »sauren Regen«, zum anderen versauerten die Standorte durch die Aufforstung mit Nadelbäumen. Dies hatte Nährstoffverluste und damit verbunden einen Rückgang der Artenvielfalt der Bodenflora und -fauna zur Folge.

Wussten Sie, dass ...

- auch der Anbau von Früchten wie Mais die Bodenerosion begünstigt? Maispflanzen werden in Reihe gesetzt, so dass der Wind leichter hindurchfegen kann.
- sich durch Brache ein Boden wieder erholen kann? Die Brache ist das bei einer Fruchtfolge, d. h. dem nach bestimmten Regeln ablaufenden, aufeinanderfolgenden Anbau von Kulturpflanzen, nicht bestellte Feld.
- auch die nicht genutzten Dauerfrostböden in arktischen Regionen gefährdet sind? Durch die globale Klimaerwärmung tauen sie weiter auf und entlassen die in ihnen gespeicherten Treibhausgase Kohlendioxid und Methan in die Atmosphäre.

Unmittelbare Folge ist die Zunahme des Bodenabtrags. Bodenmaterial wird durch den Wind verlagert, und infolge der fehlenden Vegetationsbedeckung verhärten die oberen Bodenschichten. Nach Niederschlägen droht die flächenhafte Bodenabspülung. In solchen Böden können keine Pflanzen mehr wachsen.

Warum ist die Wüste auf dem Vormarsch?

Eine der Hauptursachen der Desertifikation – gemeint ist die durch den Menschen verursachte schnelle Ausdehnung der Wüsten – ist die Zerstörung von Böden durch die agrarische Übernutzung in den Trockengebieten der Erde. In diesen Regionen ist durch das Klima das Nutzungspotenzial der Böden ohnehin stark eingeschränkt. Die rasch wachsende Bevölkerungszahl verstärkte in den letzten Jahrzehnten den Druck, immer mehr zu produzieren. So wurden die Böden überfordert.

Die Überweidung von Steppen und Savannen leistet der Zerstörung der natürlichen Vegetation Vorschub. In den vergangenen Jahrzehnten haben die hier lebenden Nomaden und Bauern ihre Viehbestände deutlich erhöht. Gleichzeitig kam es häufig zu Dürreperioden, mit der Folge, dass die Herden die ohnehin spärliche Vegetation nahezu vollständig abgefressen haben. Aufgrund von Viehtritt, Verbiss und Dürre kann der Boden sich nicht mehr regenerieren und die Verwüstung setzt ein.

▼ Oben: Durch Bewässerung versalzener Boden am Euphrat bei Tell Hariri (Ostsyrien)
Unten: Ein Hirte mit seiner Ziegenherde in der Sahelzone; Überweidung ist eine Ursache für die Wüstenbildung.

Das Meer – Ursprung allen Lebens

Die Erde ist ein Wasserplanet: Knapp drei Viertel der Oberfläche werden von den Weltmeeren bedeckt. Berücksichtigt man zusätzlich die enorme Tiefenausdehnung von der Hochwasserlinie bis in die Abgründe der dunklen Tiefsee, so sind die Ozeane nicht nur ein riesiges Wasserreservoir, sondern darüber hinaus das größte Ökosystem der Welt.

Das Meer ist der älteste Lebensraum. Hier nahm das Leben seinen Ursprung. In den ersten 3 Mrd. Jahren war es ausschließlich an das Wasser gebunden, ehe es sich auf dem Festland entwickeln konnte. Auf der anderen Seite liegt unter der Wasseroberfläche der jüngste Teil der Erde. Denn die Gesteine des Meeresbodens sind keine alten, unbeweglichen Fundamente, auf denen sich die Sedimente im Lauf der Erdgeschichte abgelagert haben. Die ozeanische Kruste besteht aus jungem Gestein – keines älter als 200 Mio. Jahre – das durch aufquellende Magmamassen aus den Vulkanen ständig neu gebildet wird. Dadurch dehnen sich die Ozeane aus und verschieben ganze Kontinente. So sind die marinen Unterwasserlandschaften mit den weiten Hochebenen, den höchsten Gebirgszügen und tiefsten Senken nur Momentaufnahmen. Berechnungen zufolge wird das Mittelmeer nach und nach verschwinden.

Wellen, Meeresströmungen, Gezeiten und Brandung zeugen von der enormen Energie und den gewaltigen Kräften, die in dem salzigen Nass wirken. Sie sorgen an den Küsten für permanente Veränderung. Gleichzeitig beeinflussen die Ozeane mit ihren warmen und kalten Wassermassen, die durch Strömungen über tausende von Kilometern transportiert werden, maßgeblich das Klima.

Doch noch ist der größte und älteste Lebensraum weit weniger ergründet, als die unsichtbare Seite des Mondes. Abgesehen von einigen wenigen Versuchen, das Verborgene zu ergründen, begann die systematische Erforschung der Meere erst im 19. Jahrhundert anlässlich der Verlegung eines Telegraphenkabels quer durch den Atlantischen Ozean. Seither haben Lotleine und Echolot, Satellitennavigation und modernste Datenverarbeitung den Ozeanen völlig unerwartete Konturen verliehen.

◄ Die Küsten, Grenzbereiche zwischen Festland und Meer, sind ständigen Veränderungen unterworfen.

▲Kap Hoorn: Hier treffen der Pazifische und der Atlantische Ozean zusammen.

Wie viele Ozeane gibt es?

Die zusammenhängende Wassermasse der Erdoberfläche wird in drei Ozeane gegliedert: den Atlantischen Ozean, den Indischen Ozean und den Pazifischen Ozean – auch Atlantik, Indik und Pazifik genannt.

Kontinente und vorgelagerte Inseln grenzen diese gegeneinander ab. Nur auf der Südhalbkugel, im Bereich des zirkumantarktischen Wasserringes, fehlt eine natürliche Abgrenzung. Hier werden die Ozeane durch die Längengrade begrenzt, die durch die Südspitzen der beiden Kontinente Südamerika und Australien verlaufen. Der Längengrad durch Kap Agullas bei 20 ° östlicher Länge bildet die Grenze zwischen Atlantik und Indik, der vom Südkap Tasmaniens bei 147 ° östlicher Länge die Grenze zwischen Indik und Pazifik. Die südliche Grenze zwischen Pazifik und Atlantik verläuft von Kap Hoorn entlang 68 ° westlicher Länge; die Beringstraße bildet die nördliche Grenze.

Wussten Sie, dass ...

- laut Theorie der Kontinentalverschiebung in urgeschichtlicher Zeit die Erde aus einer riesigen zusammenhängenden Landmasse bestand? Dieser Urkontinent (Pangäa) war von einem weltumspannenden Urozean (Panthalassa) umgeben.
- Okeanos, in der griechischen Götterwelt einer der Titanen, den die Erde umfließenden Weltstrom personifiziert? Der Sohn von Gaia (Erde) und Uranos (Himmel) ist Vater der 3000 Okeaniden (Meernymphen) und aller Quellen und Flüsse.
- der tiefste gemessene Punkt der Erde im Pazifik liegt? Es ist der 11034 m tiefe Marianengraben.

Welches Meer ist das größte?

Der Pazifische oder Stille Ozean ist nicht nur das älteste, sondern auch das größte der drei Weltmeere. Mit über 20 000 km in Ost-West- und fast 15 000 km in Nord-Süd-Richtung erstreckt er sich zwischen Asien und Australien im Westen, dem antarktischen Festland im Süden und Amerika im Osten und bedeckt so mit 155,5 Mio. km^2 mehr als ein Drittel der Erdoberfläche. Sein Volumen beträgt 714,4 Mio. km^3; die mittlere Tiefe 3940 m.

Der Pazifik ist ein unruhiges Meer. Durch Prozesse der Kontinentalverschiebung schrumpft er. Fast über seine gesamte Umrandung hinweg zieht sich eine Kette oft noch aktiver Vulkane. Auch aus den untermeerischen Rücken, Schwellen und den Tiefseebecken erheben sich zahlreiche Vulkane.

Welche künstliche Wasserstraße verbindet Atlantik und Pazifik?

Seit 1914 verbindet der Panamakanal den Atlantischen mit dem Pazifischen Ozean.

Der Atlantische Ozean, der die Alte von der Neuen Welt trennt, ist mit 106 Mio. km^2 das zweitgrößte Weltmeer. Als einziger Ozean dehnt sich der Atlantik auch heute noch aus. Wegen seiner geringeren mittleren Tiefe ist sein Wasservolumen noch nicht einmal halb so groß wie das des Pazifiks. Seine größten Tiefen liegen in der Milwaukeetiefe im Puerto-Rico-Graben mit 9219 m und der Meteortiefe im Südsandwichgraben mit 8264 m.

Welcher Ozean ist der jüngste?

Der zwischen Asien, Afrika, Australien und der Antarktis gelegene Indische Ozean ist der kleinste und gleichzeitig erdgeschichtlich jüngste Ozean. Seine Wasserfläche bedeckt 75,8 Mio. km^2. Er verfügt über ein Wasservolumen von 284,6 Mio. km^3. Die durchschnittliche Tiefe beträgt rd. 3900 m; im Sundagraben erreicht er mit 7455 m seine größte Tiefe. Die allgemein nicht sehr beständigen Meeresströmungen werden nördlich des Äquators von den Monsunen beherrscht. Von erheblichem Einfluss sind die zahlreichen tropischen Wirbelstürme. Gefährdet sind die

▲ Seekarte des Indischen Ozeans mit den Küsten Ostafrikas, Madagaskars und Indiens aus dem 17. Jahrhundert

Was sind die »sieben Meere«?

In der Zeit der Segelschifffahrt sprachen die Menschen – auf eine symbolkräftige Zahl zurückgreifend – von den sieben Weltmeeren. Gemeint waren der Nordatlantische, der Südatlantische, der Nordpazifische, der Südpazifische und der Indische Ozean sowie das Nord- und das Südpolarmeer. Ein echter Seemann war demnach nur der, der sie alle befahren hatte. Als Herren der sieben Meere wurden, auch in vielen Kinofilmen, die Piraten bezeichnet.

▼ Auf der riesigen Wasserfläche des Pazifischen Ozeans verlieren sich tausende von Inseln und Atollen.

▲ Satellitenbild der Vorpommerschen Boddenlandschaft (Nationalpark) mit der schmalen Halbinsel Fischland-Darß-Zingst (Mitte links) und der durch Bodden geprägten Insel Rügen (rechts)

Gibt es eine klare Grenze zwischen Meer und Land?

Jeder würde denken, dass Meer und Land natürlich deutlich voneinander abgegrenzt werden können. Aber das ist nicht der Fall.

Den Grenzbereich zwischen Land und Meer bezeichnet man als Küste; doch ist es schwierig, hier eine eindeutige Berührungslinie festzulegen. Augenscheinlich ist es die Wasserstandslinie, die aber durch Wellenbewegungen und die Gezeiten ständigen Schwankungen unterworfen ist. So wurde eine theoretische Grenze, die Ufer- oder Strandlinie, definiert, die z. B. an Gezeitenküsten mit der Linie des mittleren Hochwasserstandes zusammenfällt. Die Uferlinie trennt die beiden Hauptzonen der Küste, die landeinwärts bis zur obersten Meereseinwirkung und seewärts bis zur Brandungseinwirkung am Meeresboden reicht. Dementsprechend ergeben sich große Unterschiede zwischen einer Flachküste mit ihren weiten Übergängen und den Steilküsten, wo das Festland an einer steilen Kliffwand direkt ins Meer übergeht.

Auf welche Weise verändert sich eine Küste?

Einige Küsten verlieren ständig Material an das Meer: Das heißt also, sie erodieren. An anderen Stellen wird dieses Material wieder angelagert. Augenfällig sind die täglichen und lokalen Veränderungen, die von Gezeiten, Wind und Wellen verursacht werden. Die zerstörerischen Kräfte des Meeres, Verwitterung und Abtragung, küstennahe Meeresströmungen, von Flüssen transportierte Sedimente oder Meeresspiegelschwankungen verändern ebenfalls den Küstenverlauf. Auch Korallenriffe können von der Küste aus ins Meer vordringen und somit die Küstenlinie umformen [➔S. 132].

Welche Rolle spielen Klimaveränderungen?

Eine maßgebliche: In der Erdgeschichte kam es durch Klimaveränderungen immer wieder zu solchen sog. eustatischen Schwankungen des Meeresspiegels.

In Eiszeiten wurde Wasser in Form von Schnee, Firn oder Eis gebunden, was zur Senkung des Meeresspiegels und damit zum Rückzug des Meeres (Regression) führte. In Warmzeiten kommt es durch Eisschmelze und Wasserabfluss zu einem weltweiten Anstieg des Meeresspiegels und zur Überflutung von Küsten (Transgression). Das Meer dringt in Tallandschaften ein und schafft Riasküsten – »ertrunkene« Flusstäler alter Gebirgslandschaften wie in Nordwestspanien – oder überflutet von Gletschern geprägte Täler wie an den Fjordküsten Norwegens.

Was ist eigentlich …

- **eine Schärenküste**? Schären sind in den Eiszeiten entstandene Rundhöckerlandschaften, die heute als kleine Inseln aus dem Meer herausragen.
- **eine Boddenküste**? Bodden sind seichte Buchten, die durch Eindringen des Meeres in junge Grundmoränenlandschaften kurz nach dem Ende der letzten Eiszeit entstanden.
- **eine Fördenküste**? Eine Förde ist eine tief in das Festland einschneidende Meeresbucht, entstanden durch die Überflutung nacheiszeitlicher Schmelzwasserrinnen.
- **eine Cala- oder Canaleküste**? Dabei handelt es sich um abgetauchte Flussmündungen und Täler in Kettengebirgen.

Was geschah am Ende der Eiszeit?

An den Stellen, wo das Festland stärker gehoben wurde als der Meeresspiegel durch die schmelzenden Eismassen anstieg, entstanden Regressionsküsten. Das ist z. B. in den ehemals von mächtigen Eispanzern bedeckten Gebieten wie Kanada oder Skandinavien der Fall. Abschmelzendes Eis und die damit einhergehende Druckminderung haben das Land örtlich sich mehrere hundert Meter heben lassen. Bis heute ist dieser isostatische Ausgleichsbewegung genannte Vorgang nicht abgeschlossen, und immer noch werden Strände und Kliffs langsam landeinwärts verlagert. Vom alten Küstenverlauf zeugen dann diese Strandwälle oder Kliffs, die sich schon lange nicht mehr an der Küste befinden.

Welche Kräfte formen eine Steilküste?

In erster Linie nagt das Meer an den Steilküsten. Brandungswellen prallen mit solcher Wucht auf das Hindernis, dass nicht einmal starker Fels diesen enormen Kräften auf Dauer standhalten kann. Die Wellen türmen sich auf, entreißen dem Kliff tonnenschwere Blöcke und schleudern ihm Brandungsgeröll entgegen. Hinzu kommt die zersetzende chemische Wirkung des Salzwassers, die Gesteine verwittern lässt. Den Fuß des Kliffs trifft es jedoch am härtesten. Hier bilden die Wellen im Lauf der Zeit eine sog. Hohlkehle, bis die überhängenden Schichten abstürzen. So wird die Steilküste mit der Zeit immer weiter landeinwärts verlagert. Vor dem Kliff bleibt eine leicht gegen das Meer geneigte, von Gesteinstrümmern übersäte Fläche zurück, die Abrasionsplatte oder Schorre.

Übrigens: Besonders schnell frisst sich das Meer ins weiche Kreidegestein hinein wie an der britischen Kanalküste oder auf Rügen – hier schwinden im Durchschnitt 25 cm im Jahr. An Küsten jedoch, wo der Fels besonders widerstandsfähig ist, bleiben einzelne Klippen als Wellenbrecher in der Brandungszone stehen.

Wo bilden sich Strände?

Bei besonders geringem Gefälle in der Küstenzone bildet sich eine Flachküste. Die Wellen laufen am Ufer aus und hinterlassen beim Rückfluss das aus dem Meer mitgeführte Material – Sand, Kies oder Geröll –, das den Strand bildet. Da sich die Wellen meist schräg auf die Küste zubewegen, das Wasser dem Gefälle folgend aber senkrecht ins Meer zurückfließt, werden die Gerölle abhängig von Windrichtung und Strömungsverhältnissen an der Küste entlang verlagert (sog. Strandversetzung).

Durch den so im Zickzack verlaufenden Materialtransport werden Meeresbuchten abgeschnürt, Nehrungen und Ausgleichsküsten gebildet. Treffen die Wellen senkrecht auf die Küste, staut sich das Meerwasser. Dadurch entstehen starke Unterströmungen, die erhebliche Sandmengen ins tiefere Meer zurückspülen können. Im äußersten Auslaufbereich der Brandungswellen bildet sich allmählich ein Strandwall, stark auflandiger Wind kann feinen Sand zu meterhohen Dünen auftürmen.

▼ Oben: Die Kreidesteilküste von Rügen erreicht am Königsstuhl eine Höhe von 118 m.
Unten: Die Calanque d'En-Vau, ein überflutetes Trockental, an der Côte d'Azur

▲ Mangrove in Surinam bei Ebbe; die Pflanzen haben sich an die Lebensbedingungen dieser speziellen Gezeitenzone angepasst.

▼ Der lange, flach auslaufende Sandstrand Playa Jacó in Puntarenas (Costa Rica)

Woher kommt der Sand am Strand?

Flüsse sind die größten Sandtransporteure an den Meeresküsten. Bevor der Sand aus den Flussmündungen an die umliegenden Strände gespült wird, bildet sich an manchen Flachküsten ein Delta. Mündet das (fließende) Süßwasser in das (stehende) Meerwasser, endet die Transportkraft, und die Flussfracht lagert sich ab. Sand entsteht aber auch dort, wo Kliffe erodieren oder Korallenriffe und Muschelbänke von der Kraft des Wassers zerschmettert und zermahlen werden.

Unter welchen Bedingungen entsteht Watt?

Ein Watt kann sich nur unter bestimmten Konstellationen im Wirkungsbereich der Gezeiten an seichten Küstenregionen bilden. Die Gezeiten und ihre Strömungen sorgen dafür, dass zweimal innerhalb von 24 Stunden große Flächen überflutet werden und wieder trockenfallen. Diese speziellen Bedingungen finden sich nur entlang eines kleinen Teils der weltweit hunderttausende von Küstenkilometern.

Die mit einer Ausdehnung von über 9000 km^2 größte zusammenhängende Wattenlandschaft der Erde ist das Gebiet entlang der nordwesteuropäischen Festlandsküste. Als 500 km langer und 10 bis 30 km breiter Streifen zieht sie sich von Den Helder in den Niederlanden entlang der deutschen Küste bis nach Esbjerg in Dänemark. Vergleichbare Bedingungen finden sich aber auch in anderen Regionen, beispielsweise an der nordamerikanischen Ost- und Westküste oder der englischen und französischen Nordseeküste. Ein echtes Wattenmeer von knapp 3000 km^2 Ausdehnung gibt es an der Westküste Südkoreas.

Wo wachsen Mangroven?

In den Gezeitenbereichen tropischer Küsten findet man regelrechte Wälder von Mangroven, salztoleranten Pflanzen, mit ihrem dichten Geflecht von hohen Stelzwurzeln. Das Hochwasser erreicht normalerweise zumindest den unteren Kronenbereich, während bei Niedrigwasser der Boden unter den Mangroven und meist auch die vorgelagerten Bereiche trockenfallen. Weitere Voraussetzung für das Gedeihen der Mangroven ist der Schutz vor starken und kalten Strömungen, weshalb sie vorwiegend in Buchten, hinter vorgelagerten Korallenriffen und im Bereich von Flussmündungen wachsen.

In den Mündungsbereichen sedimenthaltiger Flüsse, die sich durch das mitgeführte Material immer weiter ins Meer vorschieben, kann die Mangrove große Ausmaße erreichen.

Ins öffentliche Bewusstsein gerückt sind die Mangrovenwälder nach den großen Tsunami-Katastrophen der vergangenen Jahre im Indischen Ozean; einmal mehr haben sie ihre Bedeutung für den Küstenschutz herausgestellt. Denn der oft kilometerbreite Verhau von Baumkronen und Luftwurzeln zersiebt den zerstörerischen Schub der Riesenwelle.

Wie kann man Küsten sichern?

An Steilküsten sind die Schutzmaßnahmen schwierig, weil die Brandung unmittelbar auf das Kliff trifft. Deshalb versucht man, die Kraft der Brandung schon vorzeitig zu brechen. Schutzmauern und senkrecht zur Küstenlinie ins Meer geführte Steindämme, sog. Buhnen, stellen sich den Küstenströmungen in den Weg und verhindern den Abtransport der vom Kliff herabgestürzten Trümmer.

Am Strand, der nur gelegentlich vom Meer überflutet wird, haben sich vierfüßige Betonklötze, sog. Tetrapoden, mehr oder weniger bewährt. Durch ihr Gewicht und ihre Form bleiben sie an Ort und Stelle liegen und begünstigen Sandanlagerungen. Allerdings hat sich gezeigt, dass dann an anderen Stellen der Küste wegen der Strömungsveränderungen ein verstärkter Abbruch erfolgt. Eine andere Methode zum Schutz sandiger Küsten sind lockere Sandanhäufungen. Zwar werden sie innerhalb weniger Jahre wieder weggespült, lassen sich dann aber vom Seegrund erneut ergänzen.

Wussten Sie, dass ...

- die Küstenlinie weltweit etwa 440 000 km misst? Mit den Ufern der zahlreichen Inseln sind es mehr als 1 Mio. km.
- der Meeresspiegel in den letzten 18 000 Jahren um etwa 130 cm gestiegen ist? Die meisten Küsten der Erde sind deshalb noch sehr jung.
- sich das Meeresniveau um jeweils 1 mm ändert, wenn die Lufttemperatur auf der Erde um 1 °C steigt oder fällt? Verändert sich dagegen die Wassertemperatur der Meere um nur 1 °C, steigt oder fällt der Meeresspiegel um 60 cm. Zurzeit steigt der Meeresspiegel um 2–3 mm pro Jahr.

▲ Watt mit Prielen an der Ärmelkanalküste der Normandie, Frankreich

Was schützt vor den Fluten des Meeres?

Um das Hinterland vor Hochwasser und Sturmfluten zu schützen, errichtet der Mensch bereits seit Jahrhunderten an besonders gefährdeten Küstenabschnitten Deiche und Schutzwälle. In den Niederlanden, wo immerhin 40 % des Landes unter dem Meeresspiegel liegen, wurden darüber hinaus durch Sperrwerke einige Mündungsarme von Flüssen vollkommen vom Meer abgeriegelt. In der Oosterschelde regelt z. B. ein Flutwehr mit über 60 Toren die Hochwasserstände. Ähnliche Bauwerke finden sich aber auch an der Themse, an der Eider oder an der Ems.

▲ Grönländische Küstenlandschaft im arktischen Sommer; Grönland ist die größte Insel der Erde und mehr als sechsmal so groß wie Deutschland.

Ist Australien die größte Insel?

Nein, Australien ist ein Kontinent. Die Festlandsmassen einschließlich der ihnen vorgelagerten Inseln werden als Erdteile oder Kontinente bezeichnet. Eine Insel ist definiert als ein ringsum von Wasser umgebenes Stück Land. Demnach wäre Australien sowohl die größte Insel der Erde als auch der kleinste Kontinent. Allerdings trifft Ersteres nicht zu. Man hat nämlich bei der korrekten geografischen Definition des Begriffs »Insel« ausdrücklich alle Kontinente ausgeschlossen, denn letztlich sind alle Kontinente von Meerwasser umgeben. Die größte Insel der Erde ist Grönland mit einer Fläche von 2,2 Mio. km^2.

Haben alle Inseln den gleichen Ursprung?

Nein. Die kontinentalen Inseln, unabhängig von der tatsächlichen Höhenlage ihrer Gebirgsgipfel auch flache Inseln genannt, bestehen aus kontinentaler Kruste, wurden meist vom Festland abgetrennt und liegen im flachen Wasser des Kontinentalschelfs. Dagegen waren die ozeanischen Inseln weit draußen im Ozean nie mit dem Festland verbunden. Sie erheben sich als sog. hohe Inseln direkt über der ozeanischen Kruste aus großer Tiefe, sind als Vulkane vom Meeresgrund aufgestiegen und über die Meeresoberfläche hinausgewachsen.

Wie entstehen Inseln?

Dadurch, dass sich Erdkrustenplatten bewegen, können Teile eines großen Kontinents abgespalten werden, die anschließend abdriften und Inseln bilden. Steigender Meeresspiegel oder sinkende Kontinente haben bewirkt, dass Teile des Festlandes überflutet wurden, dies erklärt z. B. die Insellage von Großbritannien oder Madagaskar.

Wussten Sie, dass ...

- das Wort »Insel« vom lateinischen insula stammt und übersetzt »die im Meer Gelegene« bedeutet?
- die sagenhafte Insel Atlantis nach dem griechischen Philosoph Platon im (Atlantischen) Ozean lag und durch ein Erdbeben für immer im Meer versank?
- die »Inseln der Seligen« (Elysium) in der griechischen Mythologie ein Ort im fernen Westen der Erde waren, wohin auserwählte Helden und die Söhne der Götter versetzt werden, um nach ihrem Tod ein glückliches Dasein zu führen?

Übrigens: Die langen schmalen Inseln vor der ostadriatischen Küste sind die Gipfel überfluteter Gebirge, und die zahlreichen, flachbuckligen Schären vor der schwedischen Küste entstanden mit dem Anstieg des Meeresspiegels nach der letzten Eiszeit.

Was ist an Surtsey besonders?

1963 tauchte rund 30 km vor der Südwestküste Islands aus 130 m Meerestiefe eine Vulkaninsel auf, die sich auf über 200 m Höhe über den Meeresspiegel aufbaute und bei ihrer Entstehung etwa 2,8 km² groß war. Vulkanausbrüche im Meer können immer wieder zu überraschenden Inselneubildungen führen, wie das Beispiel von Surtsey zeigt.

Aber auch solche vulkanischen Inseln sind der Abtragung durch Wind und Wellen ausgesetzt. Die Insel Surtsey hat bereits die Hälfte ihrer Größe verloren.

Wie entsteht ein Atoll?

In warmen tropischen Gewässern haben besondere Umstände vulkanischen Inseln zu einer gewissen Dauerhaftigkeit verholfen – die Bildung von Korallenriffen. Wenn die Bautätigkeit der Riffkorallen mit der Senkung oder der Abtragung der Inseln Schritt halten kann, tritt das Riff als Atoll in Erscheinung, das quasi nur noch aus Küste besteht. Sinkt das Atoll schneller als die Korallen wachsen, geraten die Korallentiere in Wassertiefen, in denen sie nicht mehr überleben können. Das Riff stirbt ab, und das Atoll verschwindet in der Tiefe.

▲ Auf der größten der Hawaii-Inseln ist der Vulkan Kilauea seit über 20 Jahren aktiv; heiße Lavaströme gelangen mitunter bis zum Meer.

Wann bilden Inseln Ketten?

Vulkanische Inselketten entstehen, wenn eine ozeanische Platte unter eine andere abtaucht. Die Kette der Hawaii-Inseln etwa besteht aus über 100 Vulkanen. Hier bewegt sich über einem Wärmezentrum mit vulkanischer Aktivität in tieferen Zonen des Erdmantels die ozeanische Kruste durch die Ausdehnung des Meeresbodens nach Nordwesten hinweg. Mit der driftenden Platte entfernen sich die Vulkane vom sog. »Hot Spot«, und die vulkanische Aktivität erlischt. Über dem stationären »Hot Spot« bildet sich ein neuer Vulkan, so dass im Laufe der Zeit eine Kette erloschener Vulkane zurückbleibt.

Wie sind die friesischen Inseln entstanden?

Die west-, ost- und nordfriesischen Inseln sind erst im Zuge des Meeresspiegelanstiegs nach der letzten Eiszeit entstanden. Vor etwa 7500 Jahren öffnete sich der Ärmelkanal und schuf eine Verbindung zum Atlantik. Die von Westen einströmenden Wassermassen verdrifteten die Sande der Eiszeiten und Flusssedimente nach Osten. Es entstanden Sandriffe, die schließlich so groß wurden, dass sie auch bei Flut nicht mehr überspült wurden.

◀ Die 1963 aus dem Meer gewachsene isländische Insel Surtsey

▲ Korallenriffe sind mit ihrer Vielfalt an Formen, Farben und Arten die »Regenwälder der Meere«.

Sind Korallen eigentlich Pflanzen oder Tiere?

Anders als ihr farbenprächtiges Aussehen vermuten lässt, handelt es sich bei Korallen nicht um Meerespflanzen, sondern um Tiere. Genau genommen gehören die etwa 6000 Arten zur Klasse der Blumentiere, einer Untergruppe der Nesseltiere.

Korallen sind nur wenige Zentimeter groß und von polypenartiger Gestalt mit einem sackartigen Rumpf und einer Mundöffnung, die von Tentakeln gesäumt wird.

Riffkorallen sondern ein napfförmiges Kalkskelett ab, das ihren Körper umschließt und in das sie sich bei Gefahr zurückziehen können. Auf den Resten abgestorbener Kolonien siedeln sich immer wieder neue Generationen von Korallenpolypen an. Zusammen mit den Absonderungen krustenbildender Kalkalgen bilden sie in einem lange währenden Prozess von Aufbau und Zerstörung das Gerüst von Korallenriffen, den größten Bauwerken der belebten Natur.

Wussten Sie, dass ...

- das Große Barriereriff vor der australischen Ostküste etwa ein Drittel der Fläche aller Korallenriffe auf der Erde (rd. 600 000 km²) umfasst?
- die ersten Riffe schon vor 2 Mrd. Jahren im Präkambrium entstanden? Damals waren Cyanobakterien die Baumeister der sog. Stromatolithenriffe. Die heute vorherrschenden scleractinen Korallen (Hartkorallen) erschienen erst vor etwa 190 Mio. Jahren.
- der Naturforscher Charles Darwin einer der Ersten war, der sich mit der Entstehung von Korallenriffen beschäftigte? In dem Buch »Über den Bau und die Verbreitung der Korallenriffe« stellte er die Klassifikation auf, die bis heute weithin gebräuchlich ist.

Wo überall findet man Korallenriffe?

Mit Ausnahme der durch die Steinkorallen der Gattung Lophohelia gebauten Riffe in lichtlosen Kaltwasserregionen vor Norwegen oder Schottland kommen die »typischen« Korallenriffe in der Regel nur in einem Gürtel zwischen den beiden Wendekreisen vor.

Aber auch dort findet man sie nur in seichten Meeresgebieten, in denen die Wassertemperatur im Jahresmittel bei 23,5 °C liegt und 20 °C nicht unterschreitet. Und das auch nur an den Ostküsten der großen Kontinente; an den Westküsten verhindern kalte Meeresströmungen wie der Benguela- oder Humboldtstrom, die bis weit in Äquatornähe gelangen, ihre Entstehung.

Übrigens: An den westlichen Rändern der Ozeane, z. B. bei den japanischen Ryukyu-Inseln, den Bermudas oder im Roten Meer, transportieren äquatoriale Meeresströmungen warmes Oberflächenwasser über den Wendekreis hinaus und begünstigen so das Korallenwachstum.

Was brauchen Korallen zum Wachsen?

Riffbildene Korallen benötigen nicht nur passend temperiertes, sondern auch lichtdurchflutetes Wasser. Das ist meist nur bis zu einer Tiefe von 40 m gewährleistet.

Das Licht ist vor allem für die einzelligen Algen von Bedeutung, die im Gewebe der Korallen leben. Durch die Photosynthese der Algen werden die Polypen mit Nährstoffen versorgt, was ihr Wachstum fördert und die Kalkausscheidung begünstigt. Nebenbei verhelfen die Algen den Korallen auch zu ihrer Farbenpracht. Wichtig für die Riffbildung ist außerdem die Beschaffenheit des Meeresbodens: Dieser muss fest sein, damit sich die Korallen daran fixieren können. Großen Einfluss hat auch der Salzgehalt des Wassers; das Optimum liegt bei 36 %. Daher gibt es dort, wo durch Flüsse viel Süßwasser ins Meer gelangt, keine Korallenriffe.

Welche unterschiedlichen Rifftypen gibt es?

Das Saumriff, die einfachste und am häufigsten vertretene Form, entsteht zunächst als schmaler Riffsaum parallel zur Küste und dehnt sich – abhängig vom Gefälle des Meeresgrundes – nach und nach in Richtung offenes Meer aus.

◄ Teile der Kalkalpen und der Dolomiten bestehen aus den fossilen Kalkskeletten ursprünglicher Riffbewohner (im Bild der oberbayerische Luftkurort Mittenwald vor dem Karwendelgebirge).

Barriereriffe folgen ebenfalls dem Verlauf der Küste, wachsen aber nicht vom Ufer seewärts, sondern entstehen entlang der Ränder der Kontinentalsockel. Bis zu mehreren Kilometer breite und 100 m tiefe Lagunen trennen die Barriereriffe vom Festland.

Das Atoll ist der vermutlich bekannteste Rifftyp. Seine Entwicklungsgeschichte beginnt als Saumriff um eine Vulkaninsel. Lässt die Vulkantätigkeit nach, versinkt der Inselkern nach und nach im Ozean – und mit ihm das Riff. Während die Korallen in lichtarmen Tiefen absterben, wachsen die Korallen in oberen Regionen dem Meeresspiegel entgegen. Ist die Insel vollständig versunken, bleibt nur noch der typische und gelegentlich von kleinen sandigen Koralleninseln gekrönte Riffring als Atoll zurück.

Übrigens: Gemeinsam ist den verschiedenen Typen die Bedrohung durch sich ändernde Umwelteinflüsse wie Wasserverschmutzung, Erwärmung des Wassers oder Ansteigen des Meeresspiegels.

Wie würde die Erde ohne Korallen aussehen?

Während die meisten bei der Beantwortung der Frage an die farbenprächtigen Unterwassergärten in tropischen Regionen denken, vergessen sie z. B. die Dolomiten in Südtirol. Sie sind ein großes fossiles Korallenriff, das bei der Entstehung der Kalkalpen emporgehoben wurde – ein Beleg für die Verbreitung des urzeitlichen Meeres. Ohne urzeitliche Korallen würde es heute also manche Gebirge nicht geben.

▼ Die Vulkaninsel Rarotonga (Cook-Inseln) ist von einem Saumriff umgeben.

▲ Ohne Wasser ist Leben auf der Erde nicht denkbar.

Wo fließen die größten Ströme der Erde?

Die gewaltigsten Ströme der Erde sind nicht etwa die Flüsse Nil oder Amazonas, sondern der antarktische Zirkumpolarstrom oder auch Westwinddrift. Diese Meeresströmung auf der Südhalbkugel treibt kaltes Wasser von Westen nach Osten rund um den gesamten Globus. Doch auch sonst ist das Wasser der Weltmeere ständig in Bewegung. Es fließt in riesigen Strömen mit unterschiedlichen Geschwindigkeiten und wird dabei von zahlreichen Kräften beeinflusst und abgelenkt.

Wussten Sie, dass ...

- einmal in Bewegung gesetzt, die Wassermassen auf der Nordhalbkugel infolge der Erdrotation von der sog. Coriolis-Kraft nach rechts und auf der Südhalbkugel nach links abgelenkt werden? An den Polen ist die ablenkende Kraft am größten, am Äquator am geringsten.
- die kalten Meeresströmungen, die sich entlang der Westküsten der Kontinente zum Äquator hin bewegen, langsamer fließen als die warmen polwärts gerichteten Meeresströmungen entlang der Ostküsten?
- das enorme Energiepotenzial der Meeresströmungen mithilfe von Unterwasserturbinen zukünftig für die Stromerzeugung genutzt werden soll?

Wie entstehen Meeresströmungen?

Meeresströmungen werden durch mehrere physikalische Mechanismen erzeugt. Die Oberflächenströmung, die bis in eine Tiefe von 100 m, in den Tropen auch bis 200 m reicht, entsteht durch den Einfluss anhaltender Winde, vor allem durch Passate und Westwinde, aber auch tropische Monsune, die das Oberflächenwasser in Bewegung setzten. Oberflächenströmungen erreichen Durchschnittsgeschwindigkeiten von 20 cm/sec; die Spitzenwerte liegen jedoch bei über 200 cm/sec.

Doch auch in der Tiefe der Ozeane zirkulieren riesige Wassermassen. Diese Tiefenströmungen werden durch die Dichteunterschiede des Wassers angetrieben. Der dritte große Mechanismus ist die Anziehungskraft des Mondes, der die Gezeiten und damit vor allem viele Küstenströmungen erzeugt.

Folgen Meeresströme einem bestimmten Muster?

Ja, und das ist leicht zu erkennen, denn die Oberflächenströme bzw. Driftströme der Weltmeere decken sich mit den Windsystemen der Erde.

Auf beiden Seiten des Äquators zwingen die heftigen Passatwinde das oberflächennahe Meereswasser in westliche Richtung. Wären die Kontinente nicht im Wege, würden die Meeresströme endlos die Erde umkreisen. So prallen die Nord- bzw. Südäquatorialströme jedoch auf die Ostseiten der Kontinente und fächern sich auf. Ein Teil der riesigen Wassermassen fließt auf der Äquatorseite in die ostwärts gerichteten sog. äquatorialen Gegenströme, ein anderer Teil strömt polwärts weiter. Ab dem 40. Grad geografischer Breite werden diese Strahlströme von den dort vorherrschenden Westwinden angetrieben und nach Osten gelenkt. So entstehen große, kreisförmige Strombänder: zwei auf der Nordhalbkugel und drei auf der Südhalbkugel.

Übrigens: Mit der jahreszeitlichen Verlagerung der Windsysteme in Abhängigkeit vom Sonnenstand verschieben sich auch die Strömungskreise in Nord-Süd-Richtung.

Wo gibt es die meisten Fische?

Zu den produktivsten Meeresregionen gehören jene Gebiete, in denen warme und kalte Ströme zusammentreffen und einander verwirbeln. Dabei quillt nährstoffreiches Tiefenwassers auf, z. B. im Bereich der ozeanischen Polarfront vor Südostgrönland und Neufundland. Besonders fischreich sind auch die Kaltwasser-Auftriebszonen an den Westseiten der Kontinente, wo ablandige Passatwinde das Oberflächenwasser verdrängen und durch aufsteigendes nährstoffreiches Tiefenwasser ersetzen. Meeresströmungen mit ihren horizontalen und vertikalen Wasserbewegungen bestimmen also weitgehend die natürliche Fruchtbarkeit der Meere.

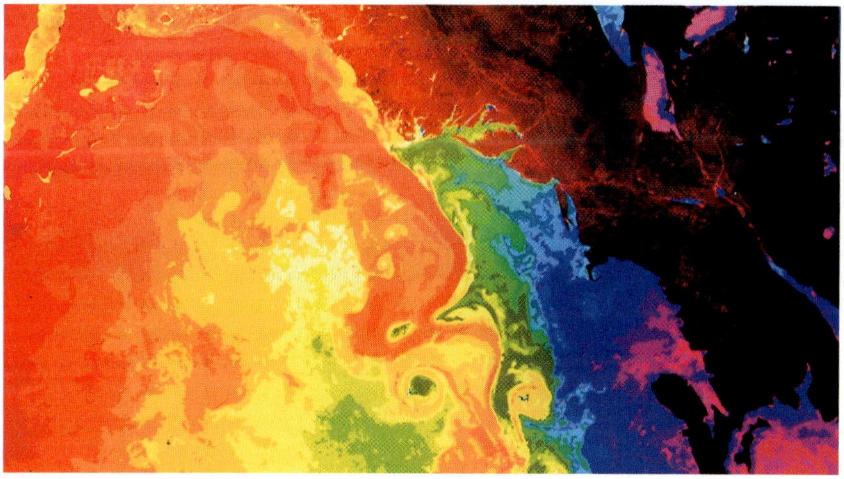

▲ Infrarotaufnahmen (Mai 2001), die die Temperatur der Meeresoberfläche zeigen (von rot = sehr warm, über orange, gelb, grün, blau, bis violett = sehr kalt): oben der Golfstrom (oben links Kuba, daneben Florida, unten rechts der Sankt-Lorenz-Golf)

Welchen Einfluss haben die Meeresströmungen auf unser Klima?

Gäbe es die großen Meeresströme nicht, wäre das Temperaturgefälle der Erde vom Äquator bis zu den Polen erheblich extremer als es ist.

◄ Fischer auf Gran Canaria bereiten Köder vor; nach den Kanarischen Inseln ist der kalte Kanarenstrom benannt, der vor der westafrikanischen Küste für Fischreichtum sorgt.

Dort, wo kalte Meeresströmungen wie der Benguela- oder der Humboldtstrom entlang der Westküsten der Kontinente von Süden nach Norden fließen, verschieben sich kühlere Klimazonen äquatorwärts. Dagegen transportieren Strömungen aus den tropischen Bereichen Wärme bis in hohe Breiten und sind hier für milde Klimaverhältnisse verantwortlich. Ein bekanntes Beispiel ist der Golfstrom.

Der Golfstrom bildet sich vor der Ostküste Nordamerikas beim Zusammenfließen des Antillenstroms mit dem Floridastrom. In der Nähe von Grönland teilt er sich in mehrere Zweige auf. Ein Großteil des Warmwassers kühlt ab, wird schwerer, sinkt schließlich ab und kehrt als kalte Ausgleichsströmung nach Süden zurück. Der Rest fließt als Nordatlantischer Strom bis in das Europäische Nordmeer und sorgt bei uns dafür, dass das Klima deutlich milder ist als in Gebieten, die auf dem gleichen Breitengrad liegen.

Wird die Wärmepumpe versiegen?

Möglicherweise, denn neueste Forschungen deuten auf eine eventuelle Abschwächung der Warmwasserströmung hin.

Die Ursachen für die dann folgende Abkühlung in Europa werden paradoxerweise in einer Klimaerwärmung gesehen: Durch den Temperaturanstieg würde sich das Oberflächenwasser nicht ausreichend abkühlen und daher nicht in die Tiefe sinken. Abschmelzendes Grönlandeis könnte außerdem die Salzkonzentration verringern und die sog. thermohaline Zirkulation stoppen. Dadurch würden die Durchschnittstemperaturen in Europa innerhalb weniger Jahrzehnte um 5–10 °C sinken – mit katastrophalen Folgen.

Wann kommt El Niño?

Das El-Niño-Phänomen (spanisch für »Christkind«) tritt etwa alle 4–30 Jahre ein. Dabei wird der kalte nährstoffreiche Humboldtstrom an der Westküste Ecuadors und Nordperus durch warmes nährstoffarmes Meereswasser überlagert, das aus dem tropischen Norden nach Süden vorstößt. Diese um die Weihnachtszeit auftretende Unregelmäßigkeit hat für das Klima großer Regionen Südamerikas und Südostasiens weitreichende Folgen: Die Erwärmung des Ostpazifiks bei einem El Niño führt zu höheren Niederschlägen und Flutkatastrophen in Südamerika, die Abkühlung im Westpazifik dagegen zu Trockenheiten in Asien und Afrika.

▼ Das vermehrte Abschmelzen der Eismassen Grönlands kann zu gravierenden Veränderungen des globalen Wärmeaustauschs führen.

◄ Eine überflutete Straße in Ecuador – für die heftigen Regenfälle, die zu den Überschwemmungen geführt haben, ist das El-Niño-Phänomen verantwortlich.

Wie funktioniert der »Salz-Motor«?

Als Antriebskraft der gewaltigen Tiefenströmungen wirkt der Dichteunterschied, hervorgerufen durch die unterschiedlichen Temperaturen (griechisch »thermos«) und den Salzgehalt (griechisch »hal«). Denn kühles, salzreiches Wasser ist von seinem spezifischen Gewicht her schwerer als warmes, salzarmes Wasser und sinkt daher stets nach unten.

Von großer Bedeutung für die thermohalinen Strömungen sind die Meeresregionen in den Polargebieten. Hier sinkt das Kaltwasser ab, fließt am Meeresgrund in Richtung Äquator und ersetzt als Auftriebswasser teilweise das Wasser, das durch Driftströmungen nach Norden bzw. Süden transportiert wird. Da die Tiefenströme nahezu die gesamte Wassersäule erfassen, bewirken sie langfristig eine weltweite Umwälzung der Wassermassen.

Wieso vermindern Meeresströmungen den Treibhauseffekt?

Ohne das Meer wäre der Treibhauseffekt weitaus größer, denn vom jährlichen Ausstoß des Treibhausgases Kohlendioxid wird etwa die Hälfte von ihm aufgenommen. Dies geschieht vor allem in den oberen 50–100 m Wasser der Ozeane, da dort Wind und Wellen für eine gute Durchmischung und damit für die Aufnahme von Gasen sorgen. Ein Großteil wird mit dem Oberflächenwasser in die Tiefe transportiert. Größter Transporteur ist der Golfstrom, dessen größter Teil vor Grönland aufgrund von Dichteunterschieden zum Umgebungswasser in das 3500 m tiefe Nordatlantikbecken strömt. Dieser »Wasserfall« im Meer sorgt dafür, dass das kohlendioxidgesättigte Wasser vorerst in der Tiefe verschwindet und durch frisches, aufnahmefähiges Wasser ersetzt wird.

▲ Fridtjof Nansen und seine Mannschaft zu Beginn der Nordpolarmeer-Expedition 1893 auf der »Fram«

Wussten Sie, dass …

- seit dem 19. Jahrhundert die Flaschenpost gezielt zur Messung von Meeresströmungen eingesetzt wurde? Zeit und Ort des Flaschenfundes ließen Rückschlüsse auf die Strömungsverhältnisse zu. Ähnlich funktionieren auch die modernen Driftbojen. Sie werden allerdings mithilfe der Satellitennavigation geortet.
- sich der Norweger Fridtjof Nansen mit dem Forschungsschiff »Fram« 1893–96 im Nordpolarmeer vom Meereis einschließen ließ, um den Meeresströmungen der Arktis auf die Spur zu kommen?

▲ Zusammenleben im Ozean: Ein Anemonenfisch geht zwischen den Fangarmen einer Seeanemone in Deckung. Gegen deren giftige Nesseln ist seine Haut mit einem Schutzstoff ausgestattet.

Wie groß ist der Lebensraum Ozean?

Knapp drei Viertel der Erdoberfläche werden von den Weltmeeren bedeckt. Berücksichtigt man zusätzlich die enorme Tiefenausdehnung von der Hochwasserlinie bis in die Abgründe der dunklen Tiefsee, so entfallen mehr als 90 % der gesamten Biosphäre auf die Weltmeere.

Der riesige Lebensraum scheint durch wenige natürliche Grenzen gegliedert, doch ist er keineswegs einheitlich. Grundlegend unterscheidet man zwischen dem Benthal, der Region des Meeresbodens, und dem Pelagial, der Zone des freien Wassers.

Welche Faktoren bestimmen das Leben im Meer?

Zum einen die Dichte des Meerwassers, die durch den Salzgehalt und die Temperatur bestimmt wird, zum anderen die Tiefe. Nimmt sie zu, geht der Einfluss des Lichts zurück, während der Druck steigt. In etwa 1000 m Tiefe liegt er z. B. bei rd. 10 000 Kilopascal (kPa), das heißt, auf jedem cm^2 der Körperoberfläche lastet ein Druck von 100 kg. Alle weiteren 10 m steigt dieser um 1 kg pro cm^2 (101,3 kPa) an. Und auch die Temperatur liegt – abhängig von der Tiefe – dauerhaft unter 4 °C.

Wie unterscheidet man die Vielfalt der Meeresbewohner?

Generell unterteilt man die Meeresorganismen – sie bilden ein weites Spektrum vom kleinsten Einzeller bis zum großen Wal – in mehrere große Gruppen, die verschiedene Lebensräume innerhalb des Meeres bewohnen. Die Mikroorganismen, Algen und Tiere, die auf der Wasseroberfläche leben, werden als Pleuston bezeichnet. Neuston heißt die Gesamtheit der Organismen direkt in der dünnen Grenzschicht von Wasser und Luft. Bei den untergetauchten Lebewesen unterscheidet man die im Wasser treibenden als Plankton von den aktiven Schwimmern, dem Nekton. Dazu gehören u. a. die Fische, Kopffüßer, Meeressäugetiere wie Wale und

Wusssten Sie, dass ...

- das Plankton so viel wie »das Umhergetriebene« heißt? Den Namen prägte der deutsche Meeresbiologe Victor Hensen (1835–1924).
- die Biomasse in der Nahrungskette von Stufe zu Stufe abnimmt? 50 t Phytoplankton ergeben 10 t Zooplankton. Davon lebt beispielsweise 1 t Heringe und deren Energie reicht für etwa 100 kg Thunfisch.

Robben, aber auch Meeresschildkröten. Alles am oder unmittelbar über dem Meeresboden Lebende wie Schwämme, Korallen oder Seescheiden wird als Benthos bezeichnet.

Welche Rolle spielt das Plankton für die Meeresbewohner?

Wie alles Leben letztendlich von den Pflanzen abhängt, ist für die meisten Lebewesen des Meeres das pflanzliche Plankton, das Phytoplankton, unentbehrlich. Die Cyanobakterien, pflanzliche Einzeller und Kleinalgen, die im Wasser treiben und mithilfe der Sonnenenergie durch Photosynthese organische Substanz aufbauen, sind zwar winzig, aber unvorstellbar zahlreich. Von ihnen ernährt sich in erster Linie das aus Einzellern, Quallen, Kleinkrebsen und Larven aller Art bestehende räuberische Zooplankton. Zusammen bilden Phyto- und Zooplankton die Basis für das fein verzweigte Nahrungsgefüge im Meer.

Warum sind Küstengewässer so artenreich?

Weil sich in den flachen Meeresbereichen am Rand der Kontinente ein besonders reichhaltiges Nahrungsangebot finden lässt.

In diesen sog. Schelfmeeren, die kaum tiefer als 200 m sind, reicht das Sonnenlicht meist bis zum Grund und fördert zusammen mit den aufgewirbelten Nährstoffen ein reichhaltiges Planktonwachstum. Durch das Sonnenlicht können dort am Meeresboden auch Seegraswiesen und Tangwälder wachsen, die vielen Tieren Laichplätze und Schutz vor Fressfeinden bieten. Neben dem reichen Nahrungsangebot bieten die flachen Meere durch den Einfluss vieler Faktoren wie Temperatur, Wind und Wellen vielfältige Lebensräume, entsprechend hoch ist die Artenvielfalt.

Wo beginnt das offene Meer?

Einige zehn bis wenige hundert Kilometer vor den Meeresküsten endet das flache Wasser des Kontinentalschelfs, und der Ozeanboden fällt relativ abrupt in Tiefen von mehreren Kilometern ab – an dieser Stelle beginnt die Hochsee. Auch hier drängt sich das vielfältige Leben in den obersten 200 m, wo dank des Sonnenlichts ausreichend Plankton vorhanden ist.

Im offenen Meer leben einige der effizientesten Raubfische. Diese meist guten und schnellen Schwimmer sind mit einem stromlinienförmigen Körper und einer kräftigen Muskulatur ausgestattet.

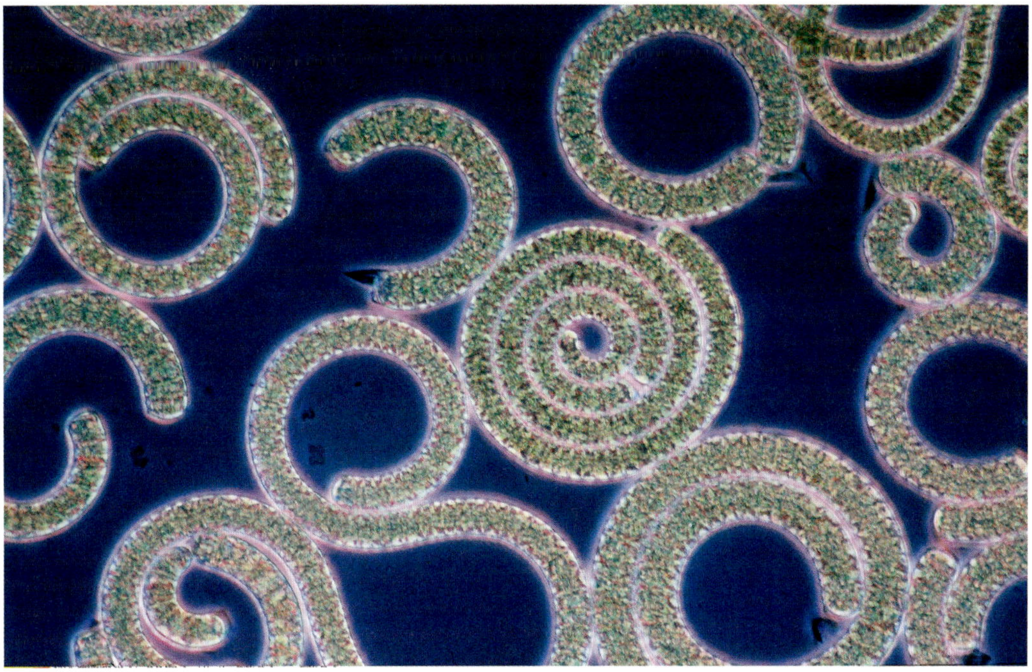

◀ Mikroaufnahme von Cyanobakterien (Blaualgen); es gibt 1400 Arten dieser photosynthetisch aktiven Bakteriengruppe. Einige Arten kommen auch in extremen Biotopen vor, etwa in heißen Quellen.

▲ Mit der leuchtenden Angel auf seinem Kopf lockt der Tiefsee-Anglerfisch seine Beute aus dem Dunkel an.

Geht es unter Wasser auch ohne Licht?

Ja. Ende der 1970er Jahre stieß man in etwa 2600 m Tiefe auf eine besonders spezialisierte Lebensgemeinschaft in lichtloser Umgebung. Sie hat sich rund um Quellen entwickelt, den sog. Blacksmokers, aus denen bis zu 400 °C heißes, schwefelwasserstoffhaltiges Wasser austritt. Mithilfe dieses Wassers und der Chemosynthese können Bakterien die freigesetzte Energie für ihren eigenen Stoffwechsel nutzen. Sie ernähren wiederum andere Lebewesen, z. B. Röhrenwürmer. Auch Bakterien, die an kalten Quellen austretendes Methan zu Wasser und Kohlendioxid verbrennen, sind nicht auf die Sonne als Energielieferant angewiesen.

Wie entkommt die Beute ihrem Räuber?

Da es im offenen Meer keine Versteckmöglichkeiten gibt, suchen manche Fische wie Heringe oder Makrelen den Schutz der großen Gruppe. Die meisten im sonnendurchfluteten Wasser lebenden Fische tarnen sich durch eine dunkle Ober- und eine hellere Unterseite. Dadurch verschwimmen ihre Konturen für die Jäger im Wasser. Fliegende Fische haben eine andere Schutzstrategie. Sie erheben sich auf der Flucht vor ihren Feinden zuweilen bis zu 8 m über die Wasseroberfläche.

Eine große Zahl von Tieren versucht ihren Räubern aus dem Weg zu gehen, indem sie selbst erst im Schutz der Dunkelheit in den oberen Wasserschichten auf Nahrungssuche geht. Tagsüber ziehen sie sich in die Restlichtzone (200–1000 m) zurück, um nicht entdeckt zu werden.

Lebewesen der Restlichtzone sind oft durchsichtig oder silbrig und so für ihre Jäger schwer auszumachen. Diese wiederum besitzen meist große Augen und ein ausgezeichnetes Sehvermögen, um ihre Beute aufzuspüren.

▶ Ein Schwarm Fische wird von Räubern als Einheit gesehen; nur einzelne Individuen werden als Beutetiere erkannt und angegriffen.

Warum sehen manche Tiefseebewohner wie kleine Ungeheuer aus?

Da das Nahrungsangebot vor allem in der Zone des ewigen Dunkels, die ab 1000 m beginnt, sehr begrenzt ist, haben viele Tiefseejäger riesige Mäuler mit nadelspitzen Zähnen, damit ihnen auch kein Fang entwischt. Manche besitzen dehnbare Mägen, um auch Beute, die größer ist als sie selbst, verschlingen zu können. Tiefsee-Anglerfische haben z. B. kleine Leuchtorgane, mit denen sie ihre Opfer anlocken. Laternenfische und Beilfische dagegen verwirren mit kleinen Lichtern ihre Räuber. Artspezifische Leuchtmuster dienen im Reich der Finsternis aber auch der Partnersuche.

Welches ist das größte Lebewesen im Meer?

Der Blauwal ist die größte lebende Tierart und – soweit bisher bekannt – auch die größte, die jemals auf der Erde gelebt hat.

Der Wal wird bis zu 28 m lang und wiegt 100–150 t. Etwa 8000 l Blut zirkuliert durch seinen Körper, das durch das 500 kg schwere Herz in Bewegung gehalten wird. Um den enormen Energiebedarf zu decken, muss dieser Meeressäuger täglich 3–4 t fressen. Die Nahrung besteht hauptsächlich aus Krill, planktonischen Kleinkrebsen. Blauwale leben überwiegend als Einzelgänger und sind in allen Ozeanen weltweit heimisch, allerdings halten sich drei Viertel der Giganten auf der Südhalbkugel auf.

Übrigens: Der größte lebende Fisch ist der Walhai mit einer maximalen Länge von 14 m. Ebenso wie der Blauwal ist er ein zahnloser Planktonfresser.

▲ Der Blauwal verbringt den Sommer in polaren Gewässern, die ihm reichlich Nahrung bieten. Im Winter wandert er in gemäßigte und subtropische Meere ab, in denen seine Fortpflanzungsgebiete liegen.

Wussten Sie, dass ...

- von den 33 Stämmen, in die die Tierwelt untergliedert ist, 32 im Meer zu finden sind? 15 Stämme leben ausschließlich dort.
- von den über 20 000 im Meer vorkommenden Fischarten die meisten Knochenfische sind? Sie besitzen eine Schwimmblase, mit der sie ihr Gewicht auf bestimmte Wassertiefen einstellen können. Haie, Rochen und Seedrachen, deren Skelett aus Knorpelmasse besteht, haben keine Schwimmblasen. Sie müssen in dauernder Bewegung bleiben, um nicht abzusinken.
- Haie ihre Beute mithilfe ihres Geruchssinns oder über elektromagnetische Schwingungen auf große Entfernungen aufspüren können? Wale und Delphine nutzen zur Jagd Ultraschall.

Warum wandern manche Tiere?

Viele Tierarten, darunter Fische und Meeressäuger, Meeresschildkröten und Seevögel, unternehmen Wanderungen, um z. B. ihre Fortpflanzungspartner zu treffen oder nahrungsreiche Gebiete für sich bzw. günstige Gewässer für das Aufwachsen ihres Nachwuchses aufzusuchen.

Manche ziehen in bestimmten Zyklen, manche nur einmal in ihrem Leben. Einige wandern dabei um den halben Erdball, andere nur relativ kurze Strecken. Problemlos überwinden Aale und Lachse auf den weiten Reisen zu ihren Laichgebieten die Grenzen zwischen Salz- und Süßwasser. Thunfische unternehmen nicht nur solche Laichwanderungen, sondern suchen und verfolgen ausdauernd Fischschwärme, was sie sogar über ganze Ozeane führt.

▲ Traditionelle Fischfangmethoden wie hier im Donaudelta am Schwarzen Meer beeinflussen das Ökosystem nur unerheblich.

▼ Fischer löschen einen Fang Heringe. Dank konsequenter Fangverbote seit den 1970er Jahren haben sich die Heringsbestände erholt, in Teilen der EU-Fischereizone gelten sie sogar als stabil.

Sind die Fischbestände unerschöpflich?

Auch wenn es vielen so scheint, sind die internationalen Fischgründe nicht unendlich mit Fischen bestückt.

Der Fischfang ist eine der wichtigsten Nutzungen des Meeres, und Fisch ist die größte und bedeutendste Eiweißquelle des Menschen. Bis Anfang des 20. Jahrhunderts beschränkte sich die Seefischerei im Wesentlichen auf die Küstengewässer. Mit dem Rückgang der Fangmengen in den Küstenmeeren und der Entwicklung moderner Fangmethoden entstanden Flotten, die auch in weit entfernten Hochseegewässern Fischfang betreiben, vor allem im Nordatlantik und im Nordpazifik. Dabei konkurrieren immer besser ausgerüstete Fangschiffe um immer weniger Fisch, der zumeist nicht einmal mehr ausgewachsen ist.

Haben Speisefische noch eine Chance?

Leider nicht alle; für manche Arten wird es zu spät sein, aber die internationale Staatengemeinschaft lenkt zunehmend ein. Der Gesamtfischbestand hat sich nach globalen Schätzungen zwischen den 1970er und 1990er Jahren halbiert.

Der Weltbestand an großen Raubfischen wie Haie, Tunfische, Blauer Marlin oder Schwertfisch ging in den letzten 50 Jahren durch die industrielle Fischerei um rund 90 % zurück, und herkömmliche Fischarten wie der begehrte Kabeljau stehen sogar kurz vor der Ausrottung.

Dem Problem der Überfischung versucht man u. a. durch die Festsetzung von Fangquoten, Einführung von Schonfristen und Mindestmaschengrößen der Netze zu begegnen, damit zumindest die Jungfische hindurchschlüpfen können und die Möglichkeit haben, ihr laichfähiges Alter zu erreichen.

Können die Wale noch gerettet werden?

Tierschützer geben diese Hoffnung nicht auf. Aber die Ausweitung der Fanggründe und die Einführung industrieller Fangmethoden brachten die Wale im 20. Jahrhundert an den Rand der Ausrottung.

Zwar machten bereits in der Antike die Menschen in Küstennähe Jagd auf die großen Meeressäugetiere. Dabei stand aber stets die Versorgung mit Fleisch im Vordergrund. Erst ab dem 18. Jahrhundert entstand eine stetig größer werdende Walfangflotte um den wachsenden Bedarf an Walöl zu befriedigen. Bis 1965 wurden so über 95 % der weltweit lebenden Wale getötet. Die drastischen Rückgänge führten dazu, dass die Internationale Walfang-Kommission (IWC) ab 1986 jeglichen kommerziellen Walfang verbot. Das Verbot wird weitgehend eingehalten und verschiedene Walbestände zeigen erste Anzeichen der Erholung. Lediglich Norwegen, Japan und im geringen Umfang auch Island stellen, teils unter dem Deckmantel des »wissenschaftlichen Walfangs«, weiterhin den Meeressäugern nach.

Sind Aquakulturen Ersatz für überfischte Meere?

In manchen Bereichen scheint das der Fall zu sein, doch mit ihren Problemen sind Aquakulturen nicht der Weisheit letzter Schluss.

Da die natürlichen Fischbestände in den letzten Jahrzehnten immer weiter geschrumpft sind, wird neben der traditionellen Fischzucht in Süßwasserteichen in zunehmendem Maße auch die Zucht von Meeresfischen, Krebsen, Muscheln oder Algen betrieben – die sog. Aquakultur. Sie hat sich bereits für die Küstenbevölkerung einiger Länder zu einem einträglichen Wirtschaftszweig entwickelt. Bei den Fischen dominiert der heringsähnliche Milchfisch, der naturgemäß in den tropischen Küstengewässern im Stillen und Indischen Ozean verbreitet ist. In den Meeresfarmen vor Norwegen, Schottland und Chile werden jährlich hunderttausende Tonnen Lachs produziert; das ist etwa die Hälfte der heute weltweit konsumierten Lachse. Künstliche Miesmuschelbänke und Austernfarmen sind vor allem von der französischen Atlantikküste bekannt. Zuchtperlen aus Japan zählen zu den bekanntesten Produkten der Aquakultur. Insbesondere in Ostasien werden Algen für den menschlichen Verzehr und seit kurzem auch als Rohstoff für die Industrie produziert.

Die Intensivierung der Aquakulturen birgt auch Gefahren: So verschmutzt die Massenhaltung in erheblichem Maße die Umgebung und greift in das natürliche marine Gleichgewicht ein. Teilweise wird auch Fischmehl verfüttert, das aus konventionellen Fängen stammt. In den Tropen werden für Aquakulturen vielerorts die Mangrovenwälder der Küste, ein wichtiger Schutz vor Überschwemmungen, zerstört.

▼ Haifischflossen im Angebot eines Hongkonger Händlers

Wussten Sie, dass ...

- bei der Schleppnetzfischerei jeder vierte Fisch als unerwünschter »Beifang« ins Netz gerät? Alles, was aufgrund der Art, des Alters oder der Größe nicht lukrativ erscheint, wird – meist tot oder halblebendig – wieder zurück ins Meer geworfen.
- um das Überleben des Herings in der Nordsee zu sichern, 1976 ein Fangverbot ausgesprochen werden musste?
- Treibnetze, die oft als kilometerlange Todesfallen im Meer herumtreiben, 1992 von den Vereinten Nationen für die Hochseefischerei verboten wurden? In der Europäischen Union gilt das Gesetz – mit Ausnahme der Ostsee – erst seit 2002.

▲ In marinen Aquakulturen werden heute überwiegend Krebse, Edelfische und – wie hier in Japan – Muscheln gezüchtet.

Kann man aus Salzwasser Süßwasser gewinnen?

In der Tat kann man aus dem salzigen Meerwasser Trinkwasser gewinnen. Dies ist bislang jedoch nur in den Ländern sinnvoll, die nicht nur wenig Süßwasservorräte haben, sondern sich auch die energieaufwändigen und somit teuren Verfahren der Meerwasserentsalzung leisten können, etwa Saudi-Arabien.

Das Prinzip hat man sich der Natur abgeschaut, und unter anderen Vorzeichen kommt es seit alters her bei der traditionellen Salzgewinnung aus Meerwasser zum Einsatz. Noch heute wird an vielen Küsten in warmen und trockenen Klimaregionen salziges Wasser in flache Becken geleitet. Sonne und Wind sorgen für die Verdunstung des Wassers, und zurück bleibt das Meersalz. Auch bei der Meerwasserentsalzung wird durch verschiedene verfahrenstechnische Prozesse das Salz aus dem Meerwasser isoliert, doch hier ist das Süßwasser das begehrte Endprodukt.

Wussten Sie, dass ...

- etwa 75 % der auf die Erdoberfläche eingestrahlten Sonnenenergie von den Weltmeeren gespeichert wird?
- vermutlich mehr als die Hälfte aller noch unentdeckten Reserven an Erdöl und Erdgas unter den Meeren liegen?
- 95 % der Erdölförderung der Anrainerstaaten der Nordsee auf die Offshoreförderung entfallen? Das asiatische Malaysia erreicht sogar 100 %.

Wann begann die Erdölförderung im Meer?

1947 wurde 15 km vor der Küste von Louisiana im Golf von Mexiko die sog. Offshoretechnik zur Gewinnung von Erdöl und Erdgas aus dem Meeresboden zum ersten Mal eingesetzt. Damals galt diese Methode als Zusatzgeschäft, heute stammt etwa ein Drittel der Fördermengen aus Quellen vor der Küste. Doch längst beschränkt sich die Erdölförderung nicht mehr nur auf den Bereich der Schelfmeerküsten.

Inzwischen werden Bohrungen in Meerestiefen bis zu 2000 m vorgenommen. Dafür wuchsen die Plattformen zu wahren Giganten heran, die auch starken Strömungen und der rauen See widerstehen. Eine ähnliche Entwicklung ist für die Offshoreausbeutung der Erdgasvorkommen zu erwarten, zumal der weltweite Verbrauch an Erdgas im Vergleich zum Erdöl ansteigt.

Trotz moderner Technik ist die Erdölförderung ein gefährliches Unternehmen: nicht nur für die dort unter harten Bedingungen arbeitenden Menschen, sondern auch für das Ökosystem Meer. Immer wieder verunreinigt Rohöl von Bohrinseln oder den Transportschiffen das Wasser.

Sind Manganknollen eine zukunftsträchtige Rohstoffreserve?

Noch ist nicht klar, inwieweit die Vorkommen sinnvoll ausgebeutet werden können. Manganknollen liegen in riesigen Mengen und über weite Flächen in der Tiefsee, insbesondere im Pazifik, über den Meeresboden ver-

▶ Gullfaks C, eine der größten Ölförderplattformen der Welt, ist rd. 100 km vor der norwegischen Küste in der Nordsee verankert.

Kann das Meer als Apotheke dienen?

Schon seit Jahrhunderten nutzt der Mensch die Meere, um Linderung von seinen Leiden zu erfahren: Baden in salzhaltigen Gewässern, Schlammpackungen gegen Rheuma oder Lebertran als Stärkungsmittel sind nichts Neues. Doch nun sucht die Pharmaforschung neue medizinische Substanzen und Rezepturen gegen Schmerzen, Krebs, Aids oder Malaria. Und sie ist bereits fündig geworden: Korallen liefern Entzündungshemmer oder Antikrebsmittel, die die Zellteilung verhindern, Kegelschnecken enthalten Schmerzmittel ohne Nebenwirkung, und Pilze bilden organische Verbindungen mit antibakteriellen Eigenschaften. Schwämme, Moos- und Manteltiere haben wirksame Gifte zur Abwehr von Fressfeinden und Schmarotzern entwickelt, die dem Menschen im Kampf gegen Krebs von Nutzen sein können.

streut. Sie sind oxidische Erzablagerungen mit einem Durchmesser von bis zu 10 cm. Neben Mangan enthalten sie auch Eisen, Nickel, Kupfer, Cobalt und Titan. Menge und Qualität würde vermutlich ausreichen, um den weltweiten Bedarf für die nächsten 100 Jahre zu decken. Da die Manganknollen aber in einer Tiefe von bis zu 5000 m liegen und die technischen Mittel noch nicht ausgereift sind, ist es schwierig, sie zu finden, und bislang unrentabel, sie zu bergen.

Kann gefrorenes Gas neue Energie liefern?

Im Zeitalter, in dem das Ende der nutzbaren Reserven von Kohle, Erdöl und Erdgas abzusehen ist, gelten gefrorene Gasspeicher, sog. Methanhydrate, als gewaltiges Energiepotenzial.

Methanhydrate bilden sich unter hohem Druck und niedrigen Temperaturen und sind daher im Meer erst ab einer Tiefe von 500 m anzutreffen. Wissenschaftler vermuten, dass die Hydratvorkommen doppelt so viel Energie enthalten wie weltweit alle bekannten Ressourcen von Erdöl, Erdgas und Kohle zusammen. Aber bislang ist eine wirtschaftliche Erschließung der tief im Sedimentgestein befindlichen Lagerstätten noch nicht in Sicht.

Der Abbau birgt möglicherweise auch erhebliche Risiken. Es wird vermutet, dass durch den Zerfall aufgestauter Gashydrate riesige Unterwassermassen in Bewegung versetzt und so gewaltige Flutwellen erzeugt werden können. Zudem ist Methan ein wirkungsvolles Treibhausgas. Würde nur ein Bruchteil der vermuteten Mengen aus der Tiefsee in die Atmosphäre gelangen, käme die Erde gewaltig ins Schwitzen.

Kann man die Energie des Meeres nutzen?

In bescheidenem Umfang wird schon heute das unvorstellbare Energiepotenzial im Meer zur Stromgewinnung genutzt.

Seit Mitte der 1960er Jahre wird z. B. bei der bretonischen Stadt Saint-Malo (Frankreich) im Mündungsbereich der Rance durch die Gezeiten Elektrizität gewonnen. Bei einem Tidenhub von 14 m strömt das Wasser bei Ebbe und Flut durch ein Sperrwerk und treibt dabei Turbinen an, die über elektrische Generatoren Strom erzeugen. In einem Kraftwerk an der Küste des englischen Cornwall treibt die von den Gezeiten verursachte Meeresströmung Unterwasserrotoren an.

In den Anfängen stecken dagegen Wellen- oder Brandungskraftwerke. Weitere Möglichkeiten bieten Kraftwerke, die das Temperaturgefälle des Wassers zwischen der Meeresoberfläche und dem Meeresgrund zur Energiegewinnung nutzen.

▼ Bei diesem Modell eines Kraftwerks werden Unterwasserrotoren durch die Strömungsenergie des Meeres angetrieben.

Das Wasser – Tropfen voller Kostbarkeit

Eigentlich trägt die Erde ihren Namen zu Unrecht, denn der größte Teil ihrer Oberfläche, fast drei Viertel, ist von Wasser bedeckt. Ob in gasförmigem Zustand in der Atmosphäre, in flüssiger Form in den Ozeanen, Flüssen und als Grundwasser oder in festem Zustand als Eis der Polkappen und Gletscher – in jedem Aggregatzustand ist Wasser das Lebenselixier.

Wasser gehört zu den wichtigsten Ressourcen. Es ist Urkraft der Natur, Sinnbild des Lebens und Symbol der Reinheit und der Läuterung. Seit Ende des 18. Jahrhunderts ist bekannt, dass Wasser kein chemisches Element ist, sondern eine Verbindung aus zwei Wasserstoffatomen und einem Sauerstoffatom. Zusammen bilden sie das geruch- und geschmacklose, farblose und lichtdurchlässige Wassermolekül H_2O.

Das Wasser der Erde ist ständig in Bewegung. Verdunstung, Niederschlag und Abfluss bestimmen die Zirkulation des Wassers, den Wasserkreislauf. Es gestaltet maßgeblich das Klima mit, formt die Erdoberfläche und ist die Geburtsstätte des Lebens: Im Wasser entstanden die ersten Lebensformen. Wasser ist auch heute noch der artenreichste Lebensraum und darüber hinaus Hauptbestandteil aller Lebewesen. Auch der Mensch besteht zum überwiegenden Teil aus dem Molekül H_2O. Pflanzen können zwar ohne Boden, nie aber ohne Wasser, in dem Nährsalze gelöst sind, gedeihen. Mensch und Tier können eher Hunger als Durst ertragen.

Eigentlich sind die vorhandenen Süßwasservorkommen mehr als ausreichend, um den Wasserbedarf zu befriedigen, aber fast überall sind die Wasservorkommen bedroht. Die von Natur aus ungleichmäßige Verteilung, der steigende Verbrauch und die Verschmutzung der Oberflächengewässer führen in vielen Ländern und Regionen zu existenzbedrohendem Wassermangel.

◀ Das Wasser der Erde hat viele Gestalten; der stete Wasserkreislauf ermöglicht sämtliches Leben auf unserem Planeten.

▲ Wasser in allen Aggregatzuständen: Im Jikukodani-Nationalpark in Japan sitzt ein Rotgesichtsmakak in einer heißen Quelle, umgeben von aufsteigendem Wasserdampf sowie Schnee und Eis.

Wie kam das Wasser auf die Erde?

Wasser hat sich vermutlich beim Abkühlungsprozess der noch jungen Erde gebildet. Danach gelangte es bei der Entgasung der glutflüssigen Magmen vor etwa 4 Mrd. Jahren als Wasserdampf in die Uratmosphäre der Erde und gestaltete diese um.

Abkühlung führte zu Niederschlägen, das Wasser sammelte sich in Hohlformen auf der Erde. Die stetige Abkühlung führte dazu, dass der Wasserdampf in der Atmosphäre zu Wasser kondensierte. Als Regen fiel es über Millionen von Jahren auf die Erde herab. Es gibt eine, allerdings umstrittene Theorie, die besagt, dass ein Großteil des Wassers von Kometen stammt, die Eis mit sich führten und in der Frühzeit der Erde einschlugen. Das Eis verdampfte und füllte die Uratmosphäre mit Wasserdampf, der sich schließlich verdichtete, abregnete und so auf die Erdoberfläche gelangte.

Was macht Wasser so flexibel?

Das Wassermolekül besteht aus zwei positiv geladenen Wasserstoffatomen (Wasserstoff hat das chemische Zeichen H) und einem negativ geladenen Sauerstoffatom (chemisches Zeichen: O). Durch die ungleichmäßige (asymmetrische) Verteilung der elektrischen Ladungsdichte sind Wassermoleküle ziemlich kräftige Dipole, die sich untereinander stark anziehen und über Wasserstoffbrückenbindungen zusammenhängende Molekülansammlungen bilden. Genauso schnell – innerhalb von Pikosekunden – wie die Brückenbindungen sich bilden, werden bestehende wie-

Wusstes Sie, dass …

- von allen Beimengungen befreites Wasser, das man als destilliertes Wasser bezeichnet, als Nahrungsmittel für den Menschen ungeeignet ist? Durch seine Lösungsfähigkeit würde es dem Körper lebensnotwendige Salze entziehen und zu schweren Schäden führen.
- die elektrische Leitfähigkeit von den im Wasser gelösten Stoffen abhängt? Sie ist bei reinem Wasser sehr gering und steigt mit dem Gehalt an Salzen und Säuren, da diese den Anteil an Ionen, elektrisch geladenen Teilchen, erhöhen.
- Wasser nicht nur eine hohe Wärmekapazität hat, sondern im Vergleich zur Luft auch ein guter Wärmeleiter ist? Deshalb kühlt auch ein menschlicher Körper in kaltem Wasser sehr viel schneller aus als an der gleich kalten Luft.

der gelöst, so dass keine starre Ordnung entsteht. Im Durchschnitt bleibt die Anzahl der Verbindungen bei gleich bleibender Temperatur jedoch konstant.

▲ Wasserdampf hat sich über dem Meer zu Wolken formiert.

Was hat Wasser allen anderen Stoffen voraus?

Nahezu alle bekannten Stoffe können in drei möglichen Erscheinungsformen, den sog. Aggregatzuständen, existieren: fest, flüssig oder gasförmig. Aber Wasser ist die einzige Substanz, die in der Natur in allen drei Aggregatzuständen vorkommt: Oberhalb von 0 °C, dem Gefrierpunkt, geht es vom festen Zustand (Eis) in den flüssigen Zustand über und bei 100 °C, dem Siedepunkt, vom flüssigen Zustand in den gasförmigen Zustand (Dampf). Wasser kann niemals eine Temperatur erreichen, die höher liegt als 100 °C. Durch den Wechsel der Zustandsform ändern sich auch die Eigenschaften des Wassers, die inneren Strukturen jedoch nicht.

Wieso löst sich Wasser in Luft auf?

Wird Wasser erhitzt, nehmen durch die zugeführte Wärmeenergie die Schwingungen der Moleküle zu, die Brückenbindungen zwischen den Sauerstoff- und Wasserstoffteilchen werden aufgebrochen. Die Zahl der miteinander verbundenen Moleküle nimmt also ab und die »schnellen« unter ihnen treten aus dem Verband aus. Beim Wasserdampf gibt es infolge der großen Molekülgeschwindigkeiten keine Brückenbindungen mehr, die Moleküle bewegen sich völlig frei. Da sich die Wasserteilchen jedoch stark anziehen, ist ein hoher Energieaufwand nötig, um das flüssige Nass in Wasserdampf überzuleiten. Man spricht daher von der hohen Wärmekapazität des Wassers.

◀ Hafen am alten Hanseviertel Bryggen von Bergen; das Wasser des warmen Golfstroms hat auf das Klima der norwegischen Stadt, die etwa auf der nördlichen Breite von Anchorage in Alaska liegt, mäßigenden Einfluss.

▲ Die große Oberflächenspannung des Wassers macht die Bildung von Tropfen möglich (oben, auf einem Lotusblatt) und erlaubt manchen Tieren sogar die Fortbewegung auf der Wasseroberfläche (unten, ein Wasserläufer).

Wie reguliert Wasser unser Klima?

Aufgrund der hohen Wärmekapazität erwärmen sich die großen Wassermassen auf der Erde viel langsamer als die Landmassen. Andererseits kann Wasser über einen längeren Zeitraum Wärme speichern; etwa zehnmal soviel wie trockene Luft oder der Erdboden. Aufgrund dieser Eigenschaft verändert sich die Temperatur des Wassers bei Schwankungen der Lufttemperatur nur sehr langsam. Die Folge sind die relativ ausgeglichenen Winter- und Sommertemperaturen im Bereich großer Wasserflächen wie der Meere.

Warum schwimmt Eis?

Weil es leichter ist als Wasser. Normalerweise dehnen sich Stoffe mit steigender Temperatur aus, nicht so beim Wasser. Dieses erreicht unter normalem Druck sein Dichtemaximum (1g/cm³) bei 4 °C. Darunter nehmen die Dichte und das spezifische Gewicht ab. Man nennt dieses Verhalten auch Anomalie des Wassers.

Beim Gefrieren schließen sich die Wassermoleküle zu symmetrischen Sechsecken (Hexagonen) zusammen, die ein weitmaschiges, mit zahlreichen Hohlräumen durchsetztes, stabiles Kristallgitter bilden, das mehr Platz einnimmt als die Einzelmoleküle. Das Eis dehnt sich aus, vergrößert also sein Volumen, und zwar um etwa 9 % im Vergleich zum Wasser. Gefrorenes H_2O ist also leichter als flüssiges; es schwimmt deshalb auf dem Wasser.

Übrigens: Diese sechseckige Grundform spiegelt sich besonders anschaulich in den sternförmigen Kristallen der Schneeflocken wider.

Wie kalt ist es in einem tiefen See?

Dort herrschen nicht gerade Badetemperaturen, aber wirklich kalt kann es nicht werden. Das hängt mit der Anomalie des Wassers zusammen. Infolge dieser Eigenschaft gefriert in stehenden Gewässern im Winter das Wasser auch zunächst an der Oberfläche; die Temperatur nimmt mit der Wassertiefe zu und beträgt in den unteren Bereichen 4 °C.

Warum kühlen Eiswürfel ein Getränk?

Eis ist gefrorenes Wasser, das sich unter Normaldruck bei 0 °C (Gefrierpunkt) bildet. Wenn man einen Eiswürfel in ein Getränk gibt, scheint das Eis seine Umgebung zu kühlen. Doch eigentlich ist das Gegenteil der Fall, denn bei einer Temperatur über 0 °C taut das Eis. Dabei verbraucht es Energie und die entzieht es in Form von Wärme der Umgebung, in diesem Fall der umgebenden Flüssigkeit. Die Flüssigkeit wird dadurch immer kälter und der Eiswürfel immer kleiner, bis er vollständig in den flüssigen Aggregatzustand übergegangen ist. Die Wärmeaufnahme im Eiswürfel geschieht jedoch nicht gleichmäßig; innerhalb des Würfels entstehen Spannungen, die man als Knacken wahrnehmen kann.

Kann man über das Wasser laufen?

Menschen und schwere Tiere können das nicht, aber Insekten, beispielsweise den wasserbewohnenden Wanzen, ist dies durchaus möglich.

Der Grund ist die Anziehungskraft der einzelnen Wassermoleküle. Im Innern des Wassers heben sich diese Kräfte gegenseitig auf, an der Oberfläche sind sie nach innen gerichtet und bestrebt, diese Schicht möglichst klein zu halten. Deshalb wirkt die Oberfläche des Wassers im Grenzbereich zur Luft wie eine straffe elastische Haut. Auf der Oberflächenspannung beruht auch die Fähigkeit des Wassers, Tropfen zu bilden.

Ist Wasser von Natur aus »sauber«?

Aufgrund seiner hohen Lösungsfähigkeit kommt Wasser in der Natur nie in seiner reinen Form vor, sondern enthält stets gelöste Substanzen in geringer Menge und Spuren, vor allem Salze. Süßwasser enthält beispielsweise bis zu 1 g Salz pro Liter. Von besonderer Bedeutung für Lebewesen sind die in Wasser gelösten Gase Sauerstoff und Kohlendioxid. Löslichkeit bedeutet aber nicht, dass sich die Stoffe mit dem Wasser verbinden oder mit ihm reagieren. Vielmehr bedeutet es, dass sich die Gasmoleküle zwischen die Wassermoleküle schieben.

Was ist eigentlich ...

- schweres Wasser? Bei schwerem Wasser (D_2O) sind die Wasserstoffatome durch Deuteriumatome ersetzt. D_2O weicht in seinen Eigenschaften von denen des gewöhnlichen H_2O ab und wird als Moderator (Verlangsamer der Reaktion) z. B. in Kernreaktoren verwendet.
- hartes Wasser? Wasser mit einem hohen Gehalt an Calcium- und Magnesiumsalzen. Es ist im Haushalt eher unerwünscht, weil Seife mit den Calciumverbindungen unlösliche Salze bildet und so einen Teil ihrer Reinigungsfähigkeit einbüßt. Regenwasser oder enthärtetes Wasser wird als weiches Wasser bezeichnet.
- der ph-Wert des Wassers? Der Messwert (Abk. für lateinisch potentia hydrogenii) gibt die in Lösungen enthaltene Konzentration von Wasserstoffionen an. Der normale ph-Wert liegt bei 7. Lösungen mit höherer Konzentration haben einen niedrigeren pH-Wert und werden als sauer bezeichnet, Lösungen mit niedrigerer Konzentration haben einen höheren pH-Wert und werden basisch (oder alkalisch) genannt.

▼ Treibeis vor der grönländischen Küste

▲ Alles Wasser, auch das unterirdische, ist einmal als Regen auf die Erde gefallen.

Wussten Sie, dass ...

- allein der Baikalsee in Ostsibirien ein Fünftel des weltweit frei verfügbaren Süßwassers speichert? Sein Reservoir ist damit so groß wie das der Großen Seen Nordamerikas zusammengenommen.
- Brackwasser für Menschen ebenso wenig verträglich ist wie Salzwasser? Das Wort Brack stammt übrigens aus dem Niederdeutschen und bezeichnet einen See oder Teich, der durch einen Deichbruch im Zuge einer Sturmflut entstanden ist.
- Meerwasser auch für Fische zu salzig ist? Manche scheiden das überschüssige Salz über die Kiemen aus. Reptilien entledigen sich des Salzes durch »Krokodilstränen« über die Augen oder durch die Nase, indem sie wie die Meerechsen heftig niesen.

Ist Wasser gleich Wasser?

Nein, Wasser gibt es auf der Erde in Hülle und Fülle und in verschiedenen Zustandsformen: flüssig als Regen oder in Gewässern, fest als Schnee oder Eis und gasförmig als Wasserdampf in der Atmosphäre. Es gibt Wasser aber auch in verschiedenen »Geschmacksrichtungen«: als Süßwasser, Salzwasser oder als ein Gemisch aus beiden, dem Brackwasser. Für das Leben auf der Erde spielt das Süßwasser eine entscheidende Rolle, doch hat es nur einen Anteil von weniger als 3 % an den globalen Wasserreserven.

Was macht Wasser süß?

Eigentlich der geringe Anteil an Salz, denn entsprechend der Klassifizierung nach Wasserarten enthält Süßwasser auch Salz, aber nicht mehr als 0,1 %. Der Anteil von gelösten Salzen in Salzwasser liegt dagegen über 1 %. Meerwasser besteht im Durchschnitt sogar zu 3,47 % aus Salz.

Mehr als drei Viertel der Süßwasserreserven der Erde sind im Eis, im polaren Inlandeis und den Hochgebirgsgletschern gespeichert. Auf das unterirdische Wasser, also Grundwasser und Bodenfeuchte, entfällt ein Anteil von rd. 22 %. Der Rest befindet sich in stehenden und fließenden Gewässern sowie als Wasserdampf in der Atmosphäre.

Gibt es auch Salzwasser außerhalb der Meere?

Ja, auch wenn der Großteil der globalen Wasserreserven – etwa 97 % – auf die Ozeane entfällt, es gibt auch im Binnenland stehende Gewässer mit erhöhtem Salzgehalt. Diese Salzseen oder Salzlaken entstehen, sobald die andauernde Verdunstung die Wasserzufuhr durch Niederschläge, Zuflüsse oder Grundwasserzustrom über längere Zeiträume übersteigt und sich so der Gehalt von Salzen und Mineralien ständig erhöht. Im Extremfall kann der Salzgehalt den des Meerwassers übersteigen und in kristallinen Krusten ausfallen: eine besondere Herausforderung für die dort lebende Tier- und Pflanzenwelt.

Können wir auf dem Meer verdursten?

Diese Gefahr besteht tatsächlich: Auch wenn man von Wasser umgeben ist, kann man verdursten. Trinkt man zu viel Salzwasser, wird der

Wasserbedarf nicht gestillt, sondern das Gegenteil tritt ein – man trocknet innerlich aus.

Der Grund liegt darin, dass das Wasser in den Körperzellen des Menschen einen geringeren Salzgehalt als Meerwasser hat, nämlich durchschnittlich nur 0,9 % im Gegensatz zu 3,47 %. Nimmt man Salzwasser zu sich, wird den Zellen Wasser entzogen anstatt hineinzuströmen, und zwar so lange, bis sich die Salzkonzentration auf beiden Seiten der Zellwand angeglichen hat. Das Gehirn, das die Flüssigkeitsmenge in den Zellen registriert, würde mit einem verstärkten Durstgefühl reagieren. Doch mit jedem weiteren Schluck Meerwasser würde auch mehr Salz in den Körper gelangen und so den Prozess noch verstärken.

▲ Meerwasserentsalzungsanlage in Djiddah, Saudi-Arabien

Was tun, wenn Süßwasser knapp wird?

Eine Möglichkeit, den steigenden Bedarf an Trinkwasser zu decken, ist, salzhaltiges Meerwasser in Süßwasser zu verwandeln. Die Verfahren zur Meerwasserentsalzung sind jedoch meist sehr energieaufwändig und kostenintensiv. Für verschiedene Bewässerungsprojekte werden schon heute teils große unterirdische und Jahrtausende alte Grundwasserspeicher angezapft. Kühn sind die Pläne, Eisberge, also gefrorenes Süßwasser, das vom antarktischen Schelfeis oder polaren Gletschern abgebrochen im Meer treibt, abzuschleppen und sie in Trockengebieten als Wasserspender zu nutzen.

Genau genommen hat Brackwasser einen Salzgehalt zwischen 0,1 % und 1 %. Die Mischung aus süßem Flusswasser und salzigem Meerwasser entsteht beispielweise in breiten und flachen Mündungsbereichen großer Flüsse oder in tropischen Mangrovensümpfen. Aber auch in Fließgewässern im Binnenland kann durch Salzzufuhr Brackwasser entstehen. Die Ursachen sind teils natürlichen Ursprungs, teils von Menschen gemacht. Besonders die Natriumchlorid- und Kalziumchlorideinleitungen aus dem Bergbau und der chemischen Industrie lassen den Salzgehalt der Flüsse erheblich ansteigen.

Warum ist die Ostsee das größte Brackwassermeer der Erde?

Wegen der Verbindung zur Nordsee und des Zustroms von Süßwasser aus den Flüssen nimmt der Salzgehalt von 3,5 % im Kattegatt bis auf kaum messbare Mengen in den Innenbuchten der östlichen Ostsee ab. Aufgrund des geringen Salzgehaltes bildet die Ostsee im Winter regelmäßig eine Eisdecke, vor allem im Finnischen und Bottnischen Meerbusen.

▶ Bootsanleger im seichten Brackwasser des Rügischen Boddens

▲ Ein Satellit über der Erde; große Mengen Wasser steigen als Wasserdampf über den Meeren auf und formen Wolken – eine Station des Wasserkreislaufs.

Wie viel Wasser gibt es auf der Erde?

Das globale Wasservorkommen wird auf 1,45 Mrd. km^3 geschätzt, davon entfällt der Löwenanteil, etwa 97 %, auf das Salzwasser in den Ozeanen. Süßwasser macht weniger als 3 % der Wasserreserven aus.

Der Großteil des Süßwassers ist im Eis der Polkappen und der Hochgebirgsgletscher gebunden. Das Süßwasser in den Flüssen oder Seen verteilt sich wie auch das Grundwasser sehr ungleichmäßig auf der Erdoberfläche. Nur ein verschwindend kleiner Anteil befindet sich in Form von Wasserdampf in der Erdatmosphäre. Er spielt aber für unser Wettergeschehen eine entscheidende Rolle [➔S. 172].

Wie reist das Wasser um die Welt?

Seit Milliarden von Jahren zirkuliert es um unseren Erdball. Dabei geht kein Tropfen verloren. Über Verdunstung, Niederschlag und Abfluss »reist« das Wasser ständig zwischen den Meeren, der Atmosphäre und dem Festland umher. Man spricht von einem großen globalen Wasserkreislauf, der durch die Sonneneinstrahlung ausgelöst bzw. aufrechterhalten wird und mit Änderungen des Aggregatzustandes des Wassers verbunden ist. Daneben gibt es mehrere kleinere oder innere Kreisläufe als Teil der großen Zirkulation; dabei spielen sich Verdunstung und Niederschlag ausschließlich über dem Meer bzw. ausschließlich über dem Land ab.

Woher stammt das Süßwasser?

Alles Wasser, das sich auf den Kontinenten befindet, sei es in Seen, Flüssen, Sümpfen oder als Grundwasser, Schnee und Eis, stammt aus dem Meer.

Ohne den großen Kreislauf wäre das Wasser jedoch für die meisten Land- und Süßwasserbewohner ungenießbares Salzwasser: Bei der Verdunstung durch die Sonneneinstrahlung verbleiben die im Meerwasser gelösten Salze in den Ozeanen. Praktisch salzfrei kehrt der aufsteigende Wasserdampf über die Kondensation und den Niederschlag wieder auf die Erde zurück. Der Großteil geht direkt über den Meeren nieder.

Wie kommt das Salz ins Meer?

Die Salze im Meer entstammen hauptsächlich dem Festland, insbesondere aus der Zeit der Entstehungsgeschichte der Erdoberfläche.

Seit vielen Milliarden Jahren versickert auf der Erde ein Teil der Niederschläge, ein anderer fließt oberirdisch ab. Auf dem Weg durch die Boden- und Gesteinsschichten reichert sich das Süßwasser jedoch aufgrund seiner Lösungsfähigkeit wieder mit Natriumchlorid und anderen Mineralien an. Über Bäche und Flüsse wird diese Fracht nach und nach ins Meer transportiert. Da bei der Verdunstung an der Meeresoberfläche jährlich große Wassermassen verdampfen, die im Wasser gelösten Salze jedoch im Meer zurückbleiben, speicherten die Ozeane im Lauf der Zeit Milliarden Tonnen von Salz. Der durchschnittliche Salzgehalt der Weltmeere liegt heute bei 3,5 %.

Wussten Sie, dass ...

- nur rd. 1 % des Süßwassers aktiv am Wasserkreislauf teilnimmt?
- es im Durchschnitt 3000 Jahre dauert, bis sich das gesamte Wasser der Meere und der Ozeane erneuert hat?
- die Wasserbilanz bzw. der Wasserhaushalt Auskunft gibt über die in einem Wasserkreislauf in einem bestimmten Gebiet befindliche Wassermenge?
- sich die Hydrologie mit den Erscheinungsformen, der Verteilung und dem Verhalten des Wassers in der Natur befasst? Dabei unterscheidet man zwischen der Lehre von den Binnengewässern (Limnologie), der Meereskunde (Ozeanologie), der Lehre vom Grundwasser (Hydrogeologie) und der Gletscherkunde (Glaziologie).

Wie viel Wasser gibt ein Baum in die Atmosphäre ab?

Ein großer Baum, der in gemäßigtem Klima wächst, führt der Atmosphäre jährlich mehr als 20 000 l Wasser zu.

▲ Als Niederschlag – meist in Form von Regen – kehrt das verdunstete Wasser zur Erde zurück.

Überall, wo sich eine Vegetationsdecke gebildet hat, sei sie noch so locker und lückenhaft, greifen Pflanzen in den großen Wasserkreislauf ein und bilden einen für das Leben bedeutsamen Unterkreislauf.

Das Regenwasser sickert in den Boden und wird dort von den Pflanzenwurzeln aufgesogen. Mit dem Wasser werden die in ihm gelösten und für die Pflanze lebenswichtigen Mineralien und Salze aufgenommen. Durch ein System von Leitbündeln und Blattadern steigt das Wasser bis zu den Blättern, von wo aus es über die Transpiration, also die Abgabe von Wasserdampf, an die Atmosphäre zurückgegeben wird. Dabei kühlen die Pflanzen sich und ihre Umgebung ab. Das verdunstete Wasser verdichtet sich wieder zu Wolken und geht als Niederschlag zu Boden. Der Kreislauf beginnt von neuem.

Wasserkreisläufe

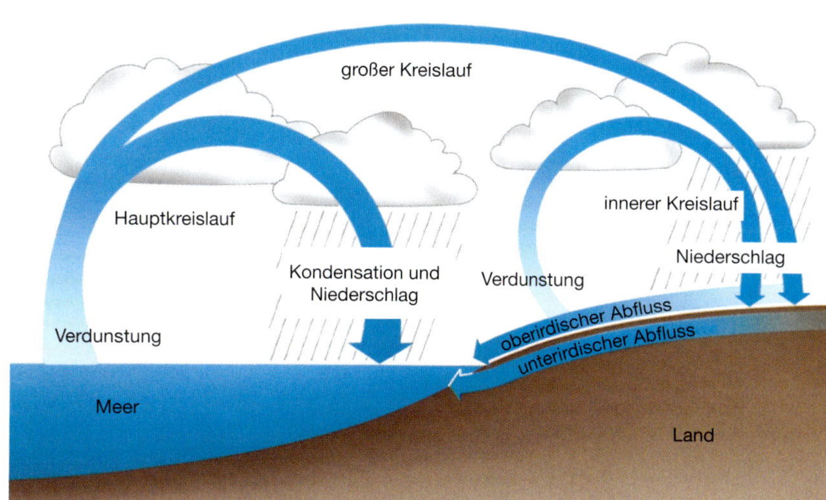

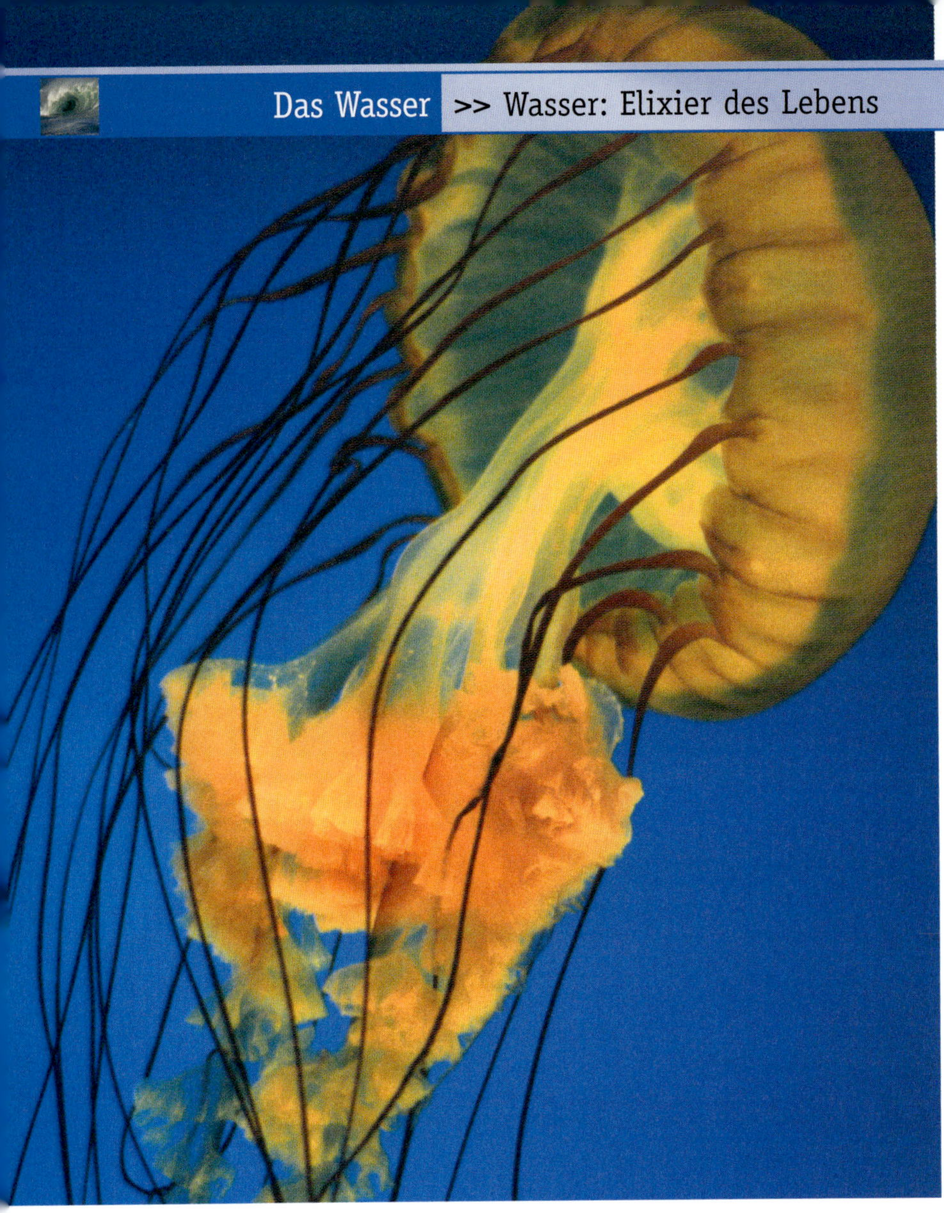

▲ Quallen sind wahre Wasserwesen: Sie leben nicht nur in dem Element, sondern bestehen auch fast komplett daraus.

Warum ist Wasser so wichtig?

Wasser ist der Rohstoff des Lebens: Jeder Organismus besteht zu einem gewissen Prozentsatz aus Wasser, und er braucht Wasser zum Überleben.

Das Leben entstammt sogar dem Wasser – genauer gesagt, dem Meerwasser. In den Ozeanen der Urzeit bildeten sich aus kleinen organischen Molekülen jene komplexen Verbindungen, aus denen schließlich lebende Organismen hervorgingen. Aus den ersten primitiven Lebensformen entwickelte sich eine große Artenvielfalt mit vielen eindrucksvollen Vertretern; in den ersten 3 Mrd. Jahren war das Leben jedoch ausschließlich an das Wasser gebunden. Und in gewissem Sinne hat sich das Leben nie vom Wasser entfernt, denn alle lebenswichtigen Vorgänge in den Zellen laufen in einer wässrigen Lösung ab.

Zu wie viel Prozent besteht unser Körper aus Wasser?

Der Mensch ist ein »Wasserwesen«, da sein Körper zu großen Teilen aus Wasser besteht. Dabei variiert der Wassergehalt im Alter: Während bei einem Neugeborenen 70–80 % des Körpergewichts aus Wasser bestehen, sinkt der Anteil im Lauf des Lebens immer weiter ab – bei Menschen, die älter als 85 Jahre sind, liegt er bei nur noch 45–50 %.

Das Blut, das größtenteils in den Gefäßen zirkuliert, besteht zu über 50 % aus Wasser. Das meiste Wasser befindet sich innerhalb der Körperzellen im sog. Intrazellulärraum, der Rest, etwa ein Drittel, im Extrazellulärraum, also außerhalb der Zellen.

Wozu braucht unser Körper Wasser?

Der menschliche Stoffwechsel funktioniert nur, wenn dem Körper ausreichend Wasser zur Verfügung steht.

Wasser regelt die Herzkreislauffunktion und die Verdauung, ist Lösungsmittel für Salze und Mineralstoffe, Transportmittel für Nährstoffe und Abbauprodukte. Zudem ist es für die Wärmeregulierung des menschlichen

Wussten Sie, dass ...

- schon der griechische Philosoph Thales von Milet im 6. Jahrhundert v. Chr. erkannte, dass die Existenz aller Dinge dem Wasser zu verdanken ist?
- seit 960 in Valencia jeden Donnerstag das unabhängige Wassergericht zusammentritt? Es ist der älteste ständige Gerichtshof der Erde. Acht Männer vertreten die verschiedenen Gebiete mit den Bewässerungskanälen, die von den Mauren errichtet wurden, um die Huerta von Valencia, ein Obst- und Gemüseanbaugebiet, mit Wasser zu versorgen. Hier wird das Wasser verteilt und bei Streitigkeiten über die Bewässerung Recht gesprochen. Heute ist das Tribunal auch eine beliebte Touristenattraktion.

Körpers von zentraler Bedeutung. Durch Schwitzen, Atmen sowie durch die Ausscheidungen gehen unter normalen Umständen im Lauf eines Tages etwa 2–3 l Wasser verloren. Dieser Verlust muss über Nahrung und vor allem über Getränke wieder ausgeglichen werden, denn schon auf kleinste Veränderungen im Wasserhaushalt reagiert der Körper mit gravierenden Störungen.

◀ Der Mensch kann sich nur mit technischen Hilfsmitteln wie einer Taucherausrüstung über längere Zeit im Element Wasser bewegen.

Wann haben wir Durst?

Bei einem Flüssigkeitsverlust von etwa 0,5 % entsteht ein Durstgefühl, das mit weiter abnehmendem Wassergehalt des Körpers zunehmend stärker wird. Bei 2 % vermindert sich bereits die körperliche und geistige Leistungsfähigkeit, bei einer Abnahme um 5 % steigt die Körpertemperatur an. Ein Wasserlust von 10 % des Körpergewichts bedingt schwere Krankheitserscheinungen wie Bluteindickung, Kreislaufversagen, Verwirrtheit. Ein Defizit von mehr als 20 % führt unweigerlich zum Tod durch Nieren- und Kreislaufversagen: Ohne Nahrung kann ein Mensch je nach Fettreserven etwa vier Wochen überstehen, ohne Wasser jedoch nur wenige Tage.

Wie verwenden Pflanzen Wasser?

Wie für Menschen und Tiere ist Wasser auch für Pflanzen unentbehrlich. Es ist ebenfalls Hauptbestandteil der Flüssigkeit in den Zellen, die ihrerseits das Gewebe und die Organe der Pflanzen aufbauen.

Das Wasser hat darüber hinaus eine Schlüsselrolle bei der Photosynthese, ist Lösungsmittel für die lebensnotwendigen Nährstoffe und übernimmt den Stofftransport. Die Aufnahme geschieht in der Regel über die Wurzeln aus dem Erdboden. Das Wasser mit den darin gelösten Mineralien und Salzen wird vom Xylem, dem Leitgewebe, aufgenommen und durch die Kapillarkräfte vorrangig zu den Blättern transportiert. Treibende Kraft ist gewissermaßen die Sonne: Durch die Spaltöffnungen der Blätter und die Einwirkung des

◀ Ihre ledrige Haut verhindert, dass die Kakteen in der Hitze des Saguaro-Nationalparks in Arizona austrocknen.

▲ Ein Großteil des Süßwassers der Erde ist im Eis gespeichert; hier ein Eisberg vor Neufundland, Kanada.

Wie viel Salz ist im Meer?

Der mittlere Salzgehalt von Meerwasser beträgt 3,47 % – das sind 34,7 g Salz in jedem Kilogramm Wasser. Etwa 78 % entfallen allein auf die Verbindung Natriumchlorid (NaCl), also reines Kochsalz.

In verschiedenen Meeresgebieten weicht der Salzgehalt vom Durchschnittswerts deutlich ab. Den statistischen Mittelwert zeigen großflächig nur der Südatlantik und der Südpazifik. Im Roten Meer steigt der Wert wegen der hohen Verdunstung auf 4,1 %, im Bottnischen Meerbusen der Ostsee liegt er bei 1 %, im Mündungsbereich großer Flüsse kann er auf fast 0 % zurückgehen.

Wussten Sie, dass ...

- sich nahezu alle chemischen Elemente im Meerwasser nachweisen lassen, wenn teilweise auch nur in winzigen Mengen?
- 1000 m^3 Meerwasser rd. 6 g reines Gold enthalten? Allein in der Nordsee beträgt der Goldvorrat etwa 220 000 t.
- der salzige Geschmack des Meerwassers vom Kochsalz und der bittere von den Magnesiumsalzen herrührt?
- eine rd. 60 cm dicke Salzschicht auf der Gesamtoberfläche der Erde zurückbleiben würde, wenn alles Wasser verdampfen würde?

Welche Gase sind im Meer gespeichert?

Zu den natürlichen Stoffbestandteilen gehören gewaltige Mengen gelöster Gase, neben Stickstoff (N_2) vor allem Kohlendioxid (CO_2) und Sauerstoff (O_2). Sie wickeln den für das Leben auf der Erde wichtigen Gasaustausch zwischen Atmosphäre und Hydrosphäre ab.

Sauerstoff gelangt durch die Atmosphäre und durch die Photosynthese der Meerespflanzen in das Wasser und wird durch die Atmung sowie Zersetzungsprozesse wieder verbraucht. Oberflächenwasser ist mit Sauerstoff übersättigt, während es in der Tiefe zu einem Sauerstoffdefizit kommt.

Der Rolle des treibhauswirksamen Kohlendioxids widmet man gegenwärtig viel Aufmerksamkeit, denn die Ozeane spielen als Kohlendioxidspeicher eine wichtige Rolle im globalen Klimageschehen. Meerwasser enthält 45-mal soviel CO_2 wie in der gesamten Atmosphäre vorkommt. Die riesige Zahl von Meeresorganismen benötigt das Gas, um Körpersubstanz aufzubauen.

Wo ist es am wärmsten?

Das wärmste Wasser wird an der Oberfläche des Meeres gemessen. In den Tropen werden bis zu 30 °C erreicht, in manchen Randmeeren, etwa im Roten Meer, oder an Küstengebieten sogar bis zu 40 °C.

In den gemäßigten Meeren liegen die Oberflächentemperaturen etwa zwischen 10–20 °C. Die warmen Oberflächenwasser der tropischen und gemäßigten Meere schwimmen als dünne Schicht auf den Meeren. In einer Tiefe von 200–1000 m fällt überall die Temperatur rapide ab – dies ist die sog. Sprungschicht oder Thermokline. Ab etwa 1000 m Tiefe herrschen fast konstante Temperaturen von etwa 0–5 °C. Durch die Sprungschicht ist das Wasser sehr stabil geschichtet, ein Austausch zwischen dem leichten, warmen Oberflächenwasser und dem schweren, kalten Tiefenwasser findet kaum statt.

Wo ist es am kältesten?

In den Polargebieten, denn hier liegt die Wassertemperatur der oberen Wasserschichten auch im Sommer stets unter 10 °C, im Winter meist zwischen –2 °C und 5 °C.

Die Oberflächentemperaturen unterscheiden sich kaum von denen des Tiefenwassers, und eine Thermokline bildet sich nicht aus. Ohne eine stabile Temperaturschichtung kann das Wasser auch bis in größere Tiefen umgewälzt werden, so dass die Oberflächenregionen stets mit mineralischen Nährstoffen aus der Tiefe versorgt werden.

Bei welcher Temperatur gefriert Meerwasser?

Während der Gefrierpunkt von Süßwasser bei 0 °C erreicht wird, gefriert Meerwasser mit einem mittleren Salzgehalt von 3,47 % erst bei –1,91 °C , bevor es seine maximale Dichte erreicht hat. Bei einem Salzgehalt von 2,47 % liegt der Gefrierpunkt bei –1,35 °C. Also: je höher der Salzgehalt, desto niedriger der Gefrierpunkt.

▲ Fischer an der Küste des Indischen Ozeans; das salzige Meerwasser birgt vielfältig nutzbare Nahrungsressourcen.

Sind Eisberge aus Süß- oder Salzwasser?

»Richtige« Eisberge schwimmen zwar im Meer, bestehen aber aus Süß- und nicht aus Salzwasser, da sie entweder vom antarktischen Schelfeis oder von arktischen Gletschern abgebrochen sind.

Doch kann sich Eis auch im Meer bilden. Bei Abkühlung der Meeresoberfläche sinkt das Oberflächenwasser ab, bevor es gefrieren kann und wird so lange durch aufsteigendes, wärmeres Tiefenwasser ersetzt, bis der Gefrierpunkt erreicht ist. Erst wenn die Wassertemperatur auch in größeren Tiefen unter den Gefrierpunkt absinkt, kann Meerwasser gefrieren. Beim Gefrieren wird nur reines Wasser zu Eis verfestigt. Daher erhöht sich in der Umgebung der Salzgehalt. Eis in den Ozeanen bildet sich fast ausschließlich in den Polargebieten oder in flachen Küstenmeeren der gemäßigten Breiten.

▼ Durch die Photosynthese der Meerespflanzen wird das Wasser mit Sauerstoff angereichert.

▲ Unterirdischer See in einer Höhle im französischen Département Ardèche

Wie kommt das Wasser in den Boden?

Ein kleiner Teil des Wassers, der als Niederschlag auf die Erde gelangt, versickert in den oberen Bodenschichten und bildet dort das Bodenwasser. Der größere Teil dringt jedoch als Sickerwasser durch die in der Erdkruste befindlichen Poren, Klüfte, Spalten und feinste Haarrisse in tiefere Schichten vor. Gestoppt wird er von wasserundurchlässigen Schichten wie etwa Ton. Darüber sammelt sich das Wasser an und füllt Hohlräume in Lockersedimenten oder Gesteinen. Solche Wasser führenden Gesteinsschichten werden Grundwasserleiter oder Aquifere genannt. Die obere Grenze des Grundwassers wird als Grundwasserspiegel bezeichnet.

▼ Eine besonders spektakuläre Art der Quelle sind die Geysire; hier der Strokkur (»Butterfass«) auf Island, der alle zehn Minuten eine Wasserfontäne ausstößt.

Warum ist Grundwasser so wertvoll?

Gewöhnlich ist das unterirdische Wasser durch das natürliche Reinigungsvermögen der Gesteinsschichten von besserer Qualität als das, was an der Oberfläche fließt. Es können aber auch Schadstoffe durch das Niederschlags- und Sickerwasser in das Grundwasser gelangen. Vor allem in ländlichen Gebieten weisen oberflächennahe Grundwässer oftmals Belastungen mit Nitrat und Pestiziden auf und müssen vor Nutzung einer aufwändigen Aufbereitung unterzogen werden.

Was macht die Sahara zur »Insel«?

Unter der größten Wüste der Erde lagern große fossile Grundwasservorräte. Bewässerungsprojekte wie der »Große künstliche Fluss« in Libyen bedienen sich dieser Vorräte. Sie gelten aber inzwischen wegen der unabsehbaren Folgen als äußerst fragwürdig.

Fossiles Grundwasser gibt es auch im Mittleren Westen der USA: Hier erstreckt sich unter den Staaten Nebraska, Kansas, Colorado, Oklahoma, Texas und New Mexico ein riesiger Grundwasserspeicher, das Ogallala-Aquifer. Der aus Sand- und Kiesablagerungen bestehende Gesteinsschutt hat einst insgesamt 3450 km^3 Grundwasser gespeichert. Zu Bewässerungszwecken hat man jedoch in etwa 50 Jahren bereits so viel Wasser entnommen, wie in 500 000 Jahren durch unterirdische Quellen nicht mehr nachfließen kann.

Wo entspringen die ergiebigsten Quellen?

Die ergiebigsten Quellen liegen in der Regel in Kalksteingebieten, wo manchmal unterirdische Flüsse austreten.

Quellen sind die natürlichen Über- und Ausläufe des Grundwassers. Die meisten Quellen entstehen dort, wo ein Grundwasserleiter an einer Hangfläche angeschnitten wird und das Wasser an die Oberfläche gelangt. Auch ein Geysir ist eine Quelle, eine sog. heiße Springquelle in vulkanisch noch aktiven Gebieten, die meist in bestimmten zeitlichen Abständen Wasser- und Dampffontänen ausstößt. Wird Grundwasser durch künstliche Eingriffe wie Bohrungen oder Grabungen erschlossen, spricht man von Brunnen.

Was ist ein artesischer Brunnen?

Dabei handelt es sich um eine künstlich geschaffene Quelle, bei der das Wasser infolge Überdrucks selbständig springbrunnenartig aufsteigt.

Voraussetzung für einen artesischen Brunnen ist, dass sich das Grundwasser zwischen zwei wasserundurchlässigen, muldenförmig gelagerten Schichten sammelt und an einer Stelle angebohrt wird, die tiefer als der Zufluss liegt. Artesische Brunnen wurden erstmals 1126 in der französischen Grafschaft Artois (lateinisch Artesium) angelegt und später danach benannt.

Übrigens: Artesische Wasservorkommen sind in Trockengebieten der Erde von großer wirtschaftlicher Bedeutung. Das Große Artesische Becken in Australien, ein unterirdisches Wasserreservoir gigantischer Ausdehnung, liefert beispielsweise durch tausende solcher Brunnen das Wasser für Schaf- und Viehfarmen.

Gibt es Leben im Grundwasser?

Trotz der extremen, lebensfeindlichen Bedingungen haben sich eine Reihe von Organismen an das Leben im Grundwasser angepasst. Die meisten Lebewesen sind klein, lang gestreckt, kurzbeinig, farblos und blind. Sie haben besondere Tastorgane entwickelt, mit deren Hilfe sie die Schotterporen abtasten und Nahrungsstoffe orten.

Aufgrund des fehlenden Sonnenlichts können sich auch keine Pflanzen entwickeln. Das Grundwasser wird allenfalls von tief wurzelnden Pflanzen der Bodenoberfläche angezapft. Auch der Gehalt an organischen Stoffen ist im Grundwasser gering, weil der darüber liegende Boden den allergrößten Teil der organischen Stoffe festhält.

Was ist eigentlich …

- **vadoses Wasser**? Das in früheren Klimaperioden gebildete Grundwasser hat bereits am Wasserkreislauf teilgenommen. Man nennt es auch Infiltrationswasser.
- **juveniles Wasser**? Das »jugendliche« Wasser stammt aus vulkanischen Vorgängen aus dem Erdinnern, hat aber noch nicht am atmosphärischen Wasserkreislauf teilgenommen.
- **fossiles Wasser**? Es wurde vor Jahrtausenden in Feuchtperioden gebildet und in tiefen Schichten der Erde eingelagert. Es steht mit dem heutigen Wasserkreislauf nicht mehr in Verbindung und kann sich deshalb nicht erneuern.

◄ Artesischer Brunnen in der Simpsonwüste (Australien)

Klima – Phänomen in stetigem Wandel

Jahrhundertelang war die Mehrheit der Bevölkerung in der Landwirtschaft tätig, und das Klima beeinflusste tagtäglich ihr Leben. Ein einziges Unwetter oder ein verregnetes Frühjahr konnten Hungersnöte und Auswanderungswellen nach sich ziehen. Deswegen behielt man den Himmel stets im Blick und tauschte Hinweise auf das Wetter der nächsten Zeit aus. Heute lassen wir die Entwicklung der Klimaelemente – etwa Temperatur, Luftdruckschwankung, Feuchtigkeit, Wind, Niederschlag, Ozonwerte – weltweit von einem dichten Netz von Instrumenten verfolgen, um die Folgen extremer Witterungsereignisse rechtzeitig zu erkennen und einzudämmen.

Der wichtigste Klimaproduzent, der Motor des ganzen Wettergeschehens, ist ein riesiger Kernreaktor in 150 Mio. km Entfernung: die Sonne. Ihre energiereichen Strahlen fallen mit unterschiedlichem Winkel auf die Erdoberfläche ein und lassen verschiedene Klimazonen entstehen: Am Äquator, wo die Sonneneinstrahlung am intensivsten ist, liegen die niederschlagsreichen und heißen Tropen, nach Norden und Süden schließen sich die warmen Subtropen an, weiter polwärts folgen die gemäßigten Breiten und die kalten Subpolar- und Polarzonen.

Nicht weniger entscheidend für das Klima und das Leben auf der Erde ist die Atmosphäre. Wir verdanken ihr unsere Luft zum Atmen. Auch filtert sie die gefährliche ultraviolette Strahlung aus dem Sonnenlicht. Die Sonnenstrahlen, die es bis zur Oberfläche der Erde schaffen, werden zunächst an der Erdoberfläche und anschließend an der Atmosphäre reflektiert. Ohne diesen »natürlichen Treibhauseffekt« würden Pflanzen, Tiere und Menschen nicht überleben.

Durch Langzeitmessungen ist in den letzten Jahrzehnten immer deutlicher geworden, dass Lebewesen – allen voran der Mensch – nicht nur Nutznießer oder Opfer des Klimas sind, sondern es auch verändern. Vieles deutet darauf hin, dass die Luftverschmutzungen der Industrie, des Verkehrs und der Haushalte die Atmosphäre – den Schutzschild der Erde – bereits stark geschädigt haben.

◀ Die Höhenlage eines Gebietes ist einer der Klimafaktoren, die Temperatur und Niederschlagsmenge wesentlich beeinflussen; im Bild eine Landschaft der gemäßigten Breiten.

▲ Ein Atoll in der Karibik, darüber die Erdatmosphäre – für uns sind davon meist nur die Wasserdampfbestandteile in Form von Wolken sichtbar.

Warum brauchen wir die Atmosphäre?

Ohne die Atmosphäre könnte auf der Erde kein Leben existieren, unser Planet wäre so unwirtlich wie die übrigen im Sonnensystem. Die Atmosphäre schenkt den Erdbewohnern nicht nur die zum Atmen notwendige Luft, sie schützt auch vor den tödlichen Teilchen und Strahlen aus dem Weltall, deren Bombardement die Erde ständig ausgesetzt ist. In der Atmosphäre spielen sich alle wetterbestimmenden Vorgänge ab. Die Schwerkraft bindet diese Lufthülle an die Erde.

Woraus besteht die Atmosphäre?

In den untersten 20 km besteht die Atmosphäre aus Gasen und gasförmigen Elementen. Stickstoff nimmt mit 78 % den größten Teil ein, Sauerstoff macht etwa ein Fünftel aus, die restlichen Bestandteile sind Wasserdampf, Argon, Wasserstoff, Kohlendioxid und Edelgase. In den unteren Abschnitten der Atmosphäre sind daneben erhebliche Mengen an Schwebeteilchen (Aerosole) vorhanden. Zu diesen Verunreinigungen zählen Staub, Rauch, Dämpfe und Mikroorganismen.

Wo spielt sich das Wetter ab?

Für das Wetter von entscheidender Bedeutung ist die je nach Breitenlage 9–18 km hohe untere Schicht, die Troposphäre.

Je 100 Höhenmeter nimmt die Temperatur um 0,5–0,6 °C ab. In der oberen Grenz-

Wie entstehen Polarlichter?

Polarlichter entstehen, wenn energiegeladene Sonnenteilchen – Elektronen und Protonen – mit hoher Geschwindigkeit auf die Sauerstoff- und Stickstoffmoleküle der Luft treffen und diese zum Leuchten bringen. Doch Sonnenteilchen können nur in der Nähe der magnetischen Pole der Erde zwischen 65 ° und 75 ° geografischer Breite in die Atmosphäre eintauchen. Daher gibt es nur dort Polarlichter.
Bei außergewöhnlich starkem Sonnenwind können die Nordlichter auch von Mitteleuropa aus beobachtet werden. Zuletzt war das 2003 der Fall. Die Lichterscheinungen werden auf der Nordhalbkugel als Nordlicht (Aurora borealis) und auf der Südhalbkugel als Südlicht (Aurora australis) bezeichnet. Das Farbenspiel findet in Höhen von 70–1000 km statt.

schicht, der Tropopause, schwankt die Temperatur zwischen –50 °C und –60 °C. Darüber schließt sich bis in Höhen von etwa 50 km die Stratosphäre an. Die Temperatur ändert sich mit zunehmender Höhe nur wenig. In der oberen Stratosphäre steigt sie sogar auf 10 °C an, weil das in ihr schichtartig angereicherte Gas Ozon die UV-Strahlung der Sonne aufsaugt.

Über der Grenzschicht Stratopause folgt die gut durchmischte Mesosphäre, in der die Temperatur wieder abnimmt. An der oberen Grenzschicht, der Mesopause, die in einer Höhe von etwa 85 km liegt, beträgt die Temperatur -80 °C. Die nachfolgende Thermosphäre reicht bis in Höhen von 450 km. Die starke Einwirkung der Sonnenstrahlen lässt die Temperatur auf 1700 °C ansteigen. Mit den unteren Luftschichten findet kaum noch ein Wärmeaustausch statt. Die anschließende, 500 km dicke Exosphäre regelt den Stoffaustausch mit dem weiten interplanetaren Raum.

Wie viel Sonnenenergie gelangt auf die Erde?

Die Atmosphäre filtert einen großen Teil der Sonnenenergie: Von der Sonnenstrahlung, die auf die Erde strahlt, gelangt nur ein Viertel ungestört zur Erdoberfläche. Der Rest der Strahlen wird von der Atmosphäre reflektiert oder absorbiert, also »geschluckt«. Auch ein Teil des reflektieren Lichtes gelangt als sog. diffuses Himmelslicht auf die Erde. Die Erdoberfläche erreicht so – direkte und indirekte Strahlung zusammengerechnet – etwa die Hälfte der auf die äußere Erdatmosphäre einfallenden Sonnenenergie.

Strahlt auch die Erde?

Ja, wenn auch nur indirekt. Wenn die Sonnenstrahlung auf der Erdoberfläche ankommt, ist sie kurzwellig. Dort wird sie in langwellige Strahlung umgewandelt und als sog. Gegenstrahlung wieder ausgestrahlt.

Ein Teil der Gegenstrahlung geht direkt in den Weltraum. Die Atmosphäre absorbiert eine weitere Portion. Der größte Teil der Gegenstrahlung wird jedoch in der Atmosphäre reflektiert und gelangt wieder auf die Erde zurück. Diese langwellige Strahlung erwärmt die unteren Luftschichten und regt den Wasserkreislauf der Erde an. Der Wechsel von Ausstrahlung und Gegenstrahlung hält die globalen Durchschnittstemperaturen bei etwa 15 °C. Ohne ihn wäre die Erde mit einer Durchschnittstemperatur von –18 °C eine Eiskugel.

Aufbau der Erdatmosphäre

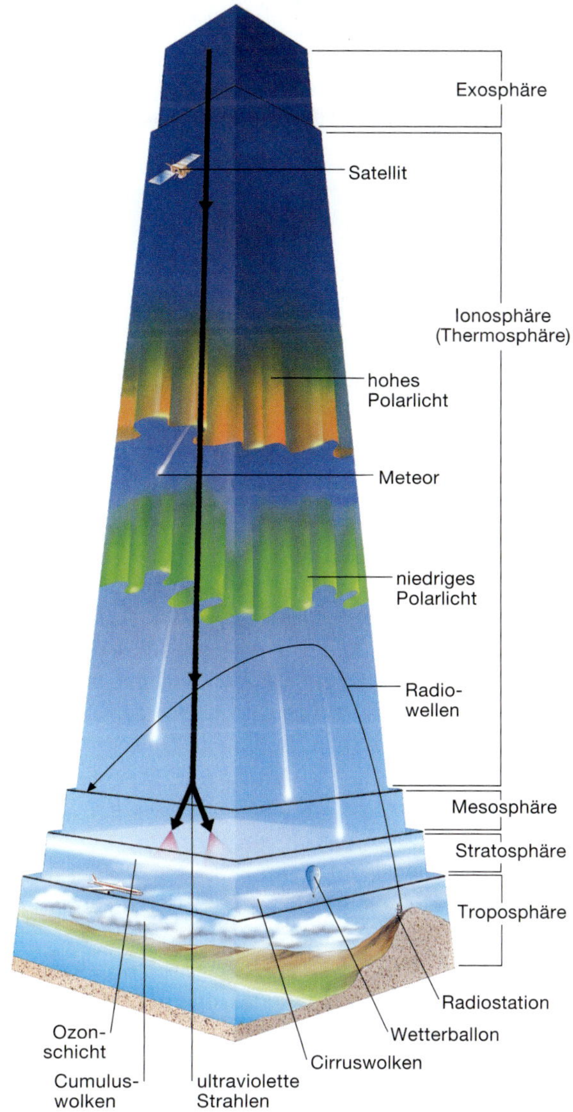

Wussten Sie, dass ...

- man erst mit der Erfindung bemannter Heißluftballons – 1783 durch die Brüder Montgolfier – in die höheren Schichten der Troposphäre vorstoßen konnte?
- 1960 der erste Wettersatellit in eine polare Umlaufbahn geschossen wurde und man schon 1961 mithilfe der Satellitenbilder einen Hurrikan vorhersagen konnte?

▲ Abendwolken über einer Gnuherde im Samburu-Nationalpark (Kenia); am Äquator bilden sich rasch mächtige Wolken, die in heftigen Güssen abregnen.

Wie bewegt sich die Luft um den Globus herum?

Die Luftmassen der unteren Atmosphäre gleiten in gewaltigen Strömen um die Erde. So steigen sie am Äquator in die Höhe und strömen von dort nach Norden und Süden.

Motor und Steuerung der Luftmassen ist der Luftdruck. Dieser hängt vor allem von der unterschiedlichen Erwärmung der Erde in den verschiedenen Breitenlagen der Erde ab, da warme Luft auf- und kalte Luft absteigt. Das weltweite Rotieren der Luftmassen wird als atmosphärische Zirkulation bezeichnet. Durch Auf- und Abstieg ordnen sich die Luftmassen zu Luftdruckgürteln.

Wussten Sie, dass …

- eine überwiegend windstille Zone im subtropischen Hochdruckgürtel rund um die Wendekreise auch Rossbreiten genannt wird? Zur Zeit der Segelschifffahrt kamen die Schiffe in dieser Gegend kaum voran. Da der Proviant für die mitgeführten Pferde oft nicht reichte, wurden die Tiere geschlachtet oder einfach über Bord geworfen.
- es am Äquator so viel regnet, weil die Passatwinde dort »zusammenprallen«, die Luftmassen nach oben schnellen und hoch aufragende Gewitterwolken bilden? Diese entladen ihre feuchte Fracht in heftigen Schauern über den inneren Tropen.
- das Elbhochwasser 2002 die Folge eines außergewöhnlichen zyklonalen Wirbels über der nördlichen Adria war? Durch ihn wurde feuchte und warme Mittelmeerluft nach Norden gepumpt. Die folgenden ungewöhnlich starken Niederschläge lösten das Hochwasser aus.
- ein »Hoch« auf der Wetterkarte bedeutet, dass der Druck im Zentrum eines Gebietes stärker ist als in der Umgebung? Bei einem »Tief« ist er dagegen im Zentrum niedriger.

Welche Luftdruckgürtel gibt es?

Es wechseln sich Gürtel hohen und niedrigen Luftdrucks ab: Der sog. äquatorialen Tiefdruckzone am Äquator schließen sich nach Norden und Süden die subtropischen Hochdruckgürtel, die subpolaren Tiefdruckgürtel und schließlich die Polarhochs an.

Am heißen Äquator ist die Sonnenstrahlung besonders hoch. Die erwärmte Luft steigt nach oben. Am Boden »fehlt« sie dann, und es entsteht eine Zone niedrigen Luftdrucks, die sich als äquatoriale Tiefdruckzone um den Erdball zieht. An den beiden Wendekreisen sinkt die Luft dagegen aus der Höhe auf die Erdoberfläche herab und lässt am Boden einen subtropischen Hochdruckgürtel entstehen. An den Polarkreisen verlaufen die beiden subpolaren Tiefdruckgürtel, über den Polen thronen die beiden Polarhochs.

Wie entstehen Passatwinde?

Die tropische Zirkulation sorgt für einen ständigen Luftaustausch zwischen der Tiefdruckzone am Äquator und den beiden subtropischen Hochdruckgürteln. Daher ist sie auch für die Passatwinde verantwortlich.

Dem Druckgefälle folgend, wehen die Passatwinde in Bodennähe von den Subtropen zum Äquator. Die Erdrotation macht aus ihnen Ostwinde, die Reibung an der Erdoberfläche lenkt sie zu Nordost- und Südostpassaten ab. Mit durchschnittlich 20 km/h treffen die Passate am Äquator aufeinander und vereinigen sich im Bereich der äquatorialen Tiefdruckrinne zur innertropischen Konvergenzzone (ITC). In dieser 100–200 km breiten Zone steigen die Luftmassen nach oben. In der Höhe strömt die Luft nach Norden bzw. nach Süden in Richtung der beiden Wendekreise. Dort sinkt sie, mittlerweile abgekühlt, im subtropischen Hochdruckgürtel zur Erdoberfläche und richtet sich abermals als Passatwind auf den Äquator aus – der Kreislauf beginnt von neuem.

Übrigens: Jahrhundertelang ließen sich die Seefahrer mit den verschiedenen Winden treiben. Besonders beliebt war der Nordostpassat, mit dem die Schiffe von Europa nach Zentral- und Südamerika gelangten. Die Passate wurden zu regelrechten Handelswinden. Auf Englisch heißen die Passate noch heute »trade wind« (Handelswind). Der deutsche Begriff Passat leitet sich dagegen von »Passage« ab. In den gemäßigten Breiten treiben die Westwinde die Seefahrer und ihre Schiffe dagegen schnell von Westen nach Osten.

▲ Kleinräumige horizontale Luftströmungen nehmen wir als Wind wahr. Hinweise auf vertikale Luftströmungen geben z. B. kreisende Segelflugzeuge, die sich von der aufsteigenden Luft in die Höhe tragen lassen.

Warum ist das Wetter bei uns so wechselhaft?

Wir leben in der Zyklonenzone. Zyklonen sind große Luftwirbel, die in den gemäßigten Breiten mit dem Westwind nach Osten wandern. Sie sind für unser unbeständiges Wetter, mal mit Sonnenschein, mal mit Regen, verantwortlich.

Die großräumige Luftzirkulation

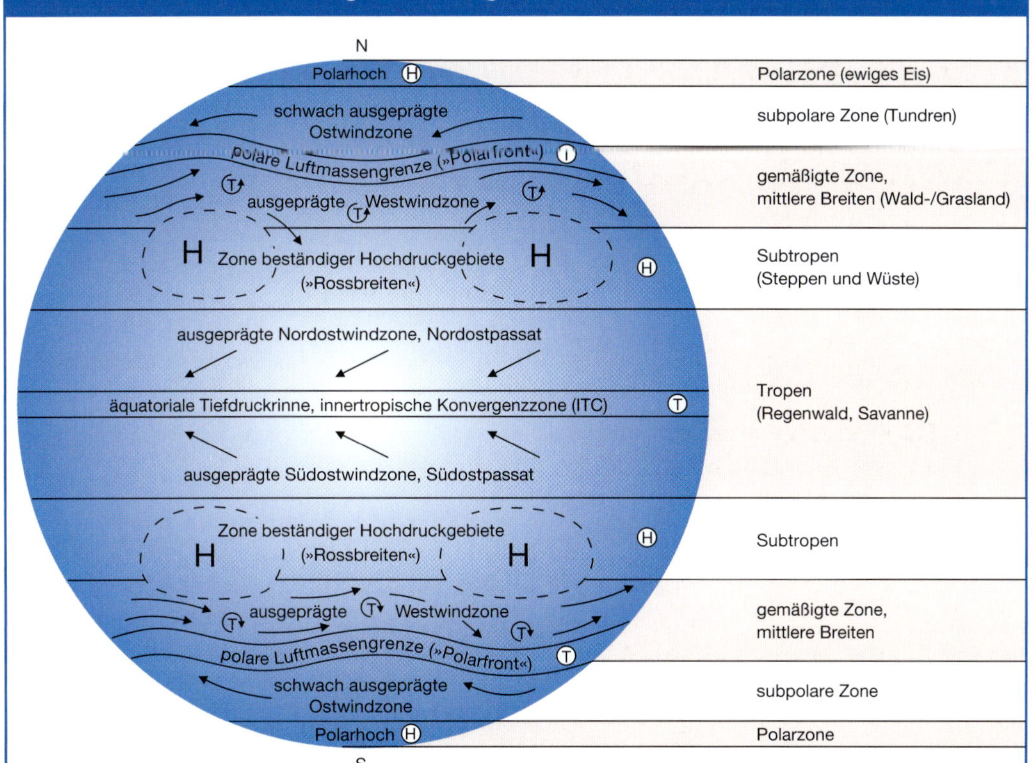

► Eine außergewöhnliche Zyklone (Tiefdruckgebiet) über der Adria löste im August 2002 die Überschwemmungen im Einzugsgebiet der Elbe aus.

Die Luftzirkulation der gemäßigten Breiten wird durch das Luftdruckgefälle zwischen den subtropischen Hochdruckgürteln und den subpolaren Tiefs in Gang gehalten – starke Westwinde versuchen die Luftdruckunterschiede auszugleichen. Doch beim Zusammentreffen der heißen Tropenluft und der kalten Polarluft entsteht in der schmalen Zone höchster Temperaturunterschiede eine Polarfront. Sie bildet keine einheitliche Linie, sondern wird von den großen Luftwirbeln der Zyklonen durchsetzt, die Durchmesser von bis zu 1000 km erreichen. Sie driften mit dem Westwind nach Osten.

Warum hoffen die Menschen in Asien auf den Monsun?

Der Sommermonsun wird in Südasien sehnlich erwartet. Er treibt nach der winterlichen Trockenzeit Feuchtigkeit vom Indischen Ozean auf das Land. Weite Regionen Südasiens verwandeln sich dann in fruchtbares Gebiet. Das Umschlagen des trockenen, winterlichen Nordostmonsuns in den feuchten, sommerlichen Südwestmonsun bezeichnet man als das »Kentern des Monsuns«.

Was bringen Warm- und Kaltfront?

Immer Regen. Auf ihrer Vorderseite besteht eine Zyklone aus Warmluft, die gegen die polare Kaltluft vorrückt. Diese sog. Warmfront wird von großflächigem Dauerregen begleitet. Hinter der Warmfront reißt die Bewölkung auf und für einige Zeit ist es trocken.

Dann folgt die Kaltfront. Sie entlässt heftige Schauer aus ihren hoch reichenden Wolken. Meistens bilden vier bis sechs Zyklonen, die nacheinander in Richtung Osten jagen, eine sog. Zyklonenfamilie. Für ihren Auf- und Abbau benötigt eine Zyklonenfamilie etwa ein bis zwei Wochen. Besonders häufig treten Zyklonen im Spätherbst auf und werden dann von heftigen Schauern und kräftigen Winden begleitet. Aus einzelnen Zyklonen können sich Sturmzyklonen entwickeln, die mit orkanartigen Winden einhergehen.

► Der Jokelfjord in Nordnorwegen im Winter; die Kälte der hohen Breitenlage wird durch die vom Nordatlantikstrom ins Europäische Nordmeer transportierte Wärme gemildert.

Wie ist das Wetter in der Arktis?

Garantiert »schlecht«, denn nach dem gleichen Prinzip wie die Polarfront entsteht in der Arktis die Arktikfront. Allerdings wird es in der Arktis nicht so kalt wie in der Antarktis mit ihren riesigen Eismassen.

Über der Arktis trifft relativ warme Luft, die sich auf ihrer weiten Reise über das Meerwasser der gemäßigten Breiten erwärmt hat, auf die eiskalte Arktisluft. Auch die Arktikfront weist Wellenstörungen wie die Polarfront auf, die sich zu Zyklonen weiterentwickeln. Besonders häufig ziehen sie vom Seegebiet zwischen dem Nordkap und Spitzbergen nach Westsibirien.

▲ Im Monsunregen fahren diese Einwohner von Dhaka (Bangladesch) mit einem Boot durch eine überschwemmte Straße.

Warum regnet es am Mittelmeer im Winter?

Im Winter gerät die Region in den Einflussbereich der Westwindzone mit ihren Niederschlag bringenden Zyklonen. Im Sommer steht das europäische Mittelmeer dagegen unter dem Einfluss des trockenen subtropischen Hochdruckgürtels – es regnet kaum. Der Grund für das unterschiedliche Wetter im Sommer und Winter liegt in der »Wanderung« der verschiedenen Luftdruckgürtel und des Systems der atmosphärischen Zirkulation: Im Nordsommer pendelt es nach Norden und im Südsommer nach Süden.

Ausgelöst wird diese Wanderung durch die Verschiebung der innertropischen Konvergenzzone (ITC), also der Zone des Zusammenfließens der Passate. Die ITC orientiert sich an der Zone der höchsten Sonneneinstrahlung, die im Laufe des Jahres zwischen den beiden Wendekreisen hin und her pendelt. Dabei wandert die ITC nicht ganz so weit, sie schafft es nur wenige Breitengrade über den Äquator hinaus. Mit der Verlagerung der ITC verschiebt sich die gesamte atmosphärische Zirkulation. Das Mittelmeer liegt im Sommer in der subtropischen »Schönwetterzone« und im Winter in der »Wind- und Regenzone« der gemäßigten Breiten. Allerdings wird es auch im Winter am Mittelmeer nicht so kalt wie in Mitteleuropa.

Welcher Wind bremst sogar Düsenjets aus?

Im Zweiten Weltkrieg entdeckten amerikanische Piloten die Jetstreams, starke Strahlströme mit einer Geschwindigkeit zwischen 150 und 600 km/h, die in einer Höhe von 10–15 km dahinsausen. Ihre Flugzeuge kamen trotz höchster Schubkraft kaum voran. Diese unbeständigen Luftströmungen wehen von West nach Ost. Es gibt zwei Typen: Der Polarjet strömt um den 35. Breitengrad, der Subtropenjet bewegt sich zwischen 20 ° und 35 ° geografischer Breite. Die Jetstreams entstehen in Frontalzonen durch den großen Temperaturunterschied zwischen Hoch- und Tiefdruckgebieten.

Warum wehen die Westwinde auf der Südhalbkugel so heftig?

Weil durch die riesige Eismasse der Antarktis das Temperaturgefälle zwischen Pol und Äquator sehr ausgeprägt ist. Diese durchgehend beständigen Westwinde bringen die Segelschiffe schnell von West nach Ost und heißen in der Seemannssprache auch die »Braven Westwinde«. Je weiter sich die Seefahrer jedoch nach Süden wagen, desto heftiger wehen die Winde um sie herum. So heißen die Breiten zwischen 40° und 50° Süd die »Roaring Forties« (»Brüllende Vierziger«), die zwischen 50° und 60° die »Furious Fifties« (»Wilde Fünfziger«) und die Zone zwischen 60° und 70° die »Screaming Sixties« (»Heulende Sechziger«).

Was ist ein Zyklonenfriedhof?

So nennen die Meteorologen umgangssprachlich die Gebiete, in denen die Zyklonen immer langsamer werden und schließlich von den nächstfolgenden eingeholt werden. Ganze Familien – die Zyklonenfamilien – finden auf dem Zyklonenfriedhof ihre letzte Ruhe. Die meisten der über Mitteleuropa hinwegziehenden Zyklonen »sterben« auf dem Zyklonenfriedhof zwischen dem Baltikum und Nordwestrussland.

▲ Sonnenuntergang an der Küste von Bali (Indonesien); über dem Wasser werden durch die Sonneneinstrahlung enorme vertikale Feuchtluftströmungen erzeugt.

Wie viel Druck lastet auf der Erde?

Die Atmosphäre lastet mit etwa 1 kg Gewicht auf jedem Quadratzentimeter der Erdoberfläche. Je höher man sich von der Erdoberfläche nach oben bewegt, desto geringer wird die Last des Luftdrucks. Der Luftdruck liegt auf Meereshöhe bei ca. 980–1040 hPa (Hektopascal) und nimmt pro 8–16 Höhenmeter um etwa 1 hPa ab.

Herrscht auf gleicher Höhe auch der gleiche Luftdruck?

Nein! Die Unterschiede des Luftdrucks hängen von der jeweiligen Lufttemperatur ab. Diese variiert mit der unterschiedlichen Erwärmung durch die Sonne und der Ausstrahlung warmer Wasser- oder Landmassen. Bei warmer Luft bewegen sich die Gasmoleküle aufgrund ihrer höheren Energie stärker und halten mehr Abstand zueinander – die Luftmasse ist also weniger dicht.

Erwärmte Luft steigt als Blase nach oben und hinterlässt am Boden ein Tiefdruckgebiet. Dieses »Loch« gilt es zu füllen. Je größer das Druckgefälle zum Umland, desto heftiger fällt die Ausgleichströmung in Richtung dieses Tiefs aus. Wenn sich die warme Luft in den kühleren höheren Atmosphärenschichten abkühlt, wird sie wieder dichter. Sie strömt zur Seite und dann wieder zum Boden zurück – so schließt sich der Luftkreislauf. Eine solche sog. Konvektion wird häufig durch Wolken sichtbar, denn wenn sich die aufsteigende Luft abkühlt, kann sie nicht mehr so viel Wasserdampf halten, und dieser kondensiert zu Tröpfchen. Daher sind Tiefdruckgebiete oft mit Regenwetter verbunden.

Wie funktioniert ein Barometer?

Den Luftdruck an einem bestimmten Ort auf der Erde misst man mit Barometern. Flüssigkeitsbarometer messen die Gewichtskraft

Was ist eigentlich ...

- ein Millibar? Eine ältere physikalische Maßeinheit für den Luftdruck, wobei ein Millibar (mbar) einem Hektopascal (hPa) entspricht.
- Wind? Horizontale Luftbewegungen, die durch Unterschiede des Luftdrucks innerhalb der Atmosphäre entstehen.
- Wasserdampf? Verdampftes, also gasförmiges Wasser, dessen Anteil in der Luft für die Luftfeuchtigkeit verantwortlich ist.

einer Flüssigkeitssäule, die mit dem Luftdruck das Gleichgewicht hält. Dazu füllt man ein etwa 1 m langes, an einer Seite geschlossenes Glasrohr mit Quecksilber. Das Rohr taucht man in ein offenes, ebenfalls mit Quecksilber gefülltes Gefäß. Aus dem Rohr läuft anschließend so lange Quecksilber aus, bis das im Rohr verbleibende Quecksilber den gleichen Druck wie das Quecksilber im Gefäß ausübt. Bei steigendem Luftdruck hebt sich die Oberfläche des Quecksilbers im Messrohr, bei fallendem Luftdruck sinkt die Oberfläche ab. An der Länge der Quecksilbersäule lässt sich der jeweilige Luftdruck ablesen.

Bei einem sog. Aneroid-Barometer handelt es sich um ein Metallbarometer. Es besteht aus mehreren übereinander angeordneten, luftdicht abgeschlossenen Metalldosen. Bei einer Änderung des Luftdrucks werden die Dosen deformiert. Ein Hebelsystem überträgt diese Deformierung auf eine Skala mit Zeiger.

Übrigens: Den genauen Luftdruck in einer bestimmten Höhe berechnet man mit der sog. barometrischen Höhenformel, die die Lufttemperatur einbezieht.

Wieso dreht nachts der Wind an der Küste?

Die unterschiedliche Wärmespeicherkapazität von Land und Meer – und damit auch die unterschiedlichen Druckverhältnisse – sorgen für die See-Landwind-Zirkulation: Am Tage weht vergleichsweise kühle Seeluft an Land, nachts kühlt sich das Land so schnell ab, dass nun hier der höhere Luftdruck herrscht und der Wind vom Land aufs Meer hinaus streicht.

Wann verdunstet Wasser am schnellsten?

Je stärker die Sonneneinstrahlung, je schneller der Wind und je trockener die Luft, desto stärker ist die Verdunstung. Außerdem hängt sie von der jeweiligen Oberfläche der Erde ab: Ein Gebiet mit einer üppigen Vegetationsdecke befeuchtet die Atmosphäre viel stärker als ein kahles Stück Boden. Etwa 90 % des Wasserdampfes in der Atmosphäre stammt aus der Verdunstung von Meerwasser, der Rest vom Festland.

▲ Oase in der libyschen Sahara; die Sahara gehört zu den trockenheißen Klimazonen der Erde, dennoch kann es hier in der Nacht eisig kalt werden.

Was unterscheidet absolute von relativer Luftfeuchtigkeit?

Die absolute Luftfeuchtigkeit gibt die Menge Wasserdampf pro Kubikmeter in Gramm an. Dagegen drückt die relative Feuchte den prozentualen Anteil an der maximalen Wasserdampfmenge bei einer bestimmten Temperatur aus.

Die absolute Feuchtigkeit sagt weniger über das Wetter und das Klima aus als die relative Feuchte. Je kühler die Luft ist, desto weniger Wasserdampf kann sie halten. Wann immer sich Luft abkühlt und dabei den sog. Sättigungs- oder Taupunkt erreicht, an dem die relative Feuchte 100 % beträgt, wird das gasförmige Wasser flüssig: Es kondensiert zu Nebel, Tau oder Wolken und setzt zugleich die Wärme wieder frei, die es beim Verdunsten gebunden hat. Bei Temperaturen unter 0 °C kann es auch sofort in den festen Aggregatzustand übergehen und Reif oder Eiswolken bilden.

◀ Das klassische Aneroid-Barometer für den Haushalt wird zunehmend von elektronisch gesteuerten Digitalbarometern verdrängt.

▲ Ein großer Teil der Wolken entsteht – unter dem Einfluss der Sonne – über den Meeren.

Wo kommt eigentlich unser Regen her?

Das meiste Wasser, das als Regen oder Schnee auf die Erde fällt, ist zuvor als Wasserdampf aus dem Meer verdunstet. Das Regenwasser, das über Mitteleuropa niedergeht, stammt ursprünglich aus dem Atlantik. Dort ist es als Wasserdampf mit den Westwinden nach Europa verfrachtet worden. Ein Wassermolekül verweilt nach der Verdunstung im Durchschnitt neuneinhalb Tage als Wasserdampf in der Atmosphäre. Dort setzen sich die Wassermoleküle zu Wolken zusammen.

▲ Cumulonimbuswolken – auch Gewitterwolken genannt – sind dichte und massige Wolken von beträchtlicher vertikaler Ausdehnung.

Woraus bestehen Wolken?

Wolken bestehen aus Luft, in der sich Wasserdampf zu Wasser verflüssigt bzw. zu Eis verfestigt hat.

Da die Sonnenstrahlen die Luft über dem Meer erwärmen und warme Luft relativ leicht ist, steigen Wassermoleküle mit der warmen Luft schnell auf. Mit zunehmender Höhe kühlt die Luft ab. Im Gegensatz zu warmer Luft vermag es kalte Luft nicht, große Mengen an Wasserdampf aufzunehmen und zu halten. Der Wasserdampf kondensiert zu flüssigem Wasser. Dabei lagern sich die Wassermoleküle an winzigen, in der Luft schwebenden Partikeln an und schließen sich zu Wassertropfen zusammen. Als diese sog. Kondensationskerne dienen z. B. Salze, die durch den Schaum von brechenden Meereswogen in die Atmosphäre geschleudert werden.

Wird es kälter, gefrieren die Wassertröpfchen zu Eis, oder es lagern sich Eiskristalle an die in der Luft schwebenden Partikel an, die dann als sog. Gefrierkerne dienen. Während Wasserdampf in der Luft unsichtbar ist, sind flüssiges Wasser und festes Eis in der Atmosphäre als Wolken sichtbar.

Wussten Sie, dass ...

- sich die meisten Wolken auflösen, ohne dass aus ihnen Regen oder Schnee gefallen ist? Tatsächlich muss sich eine Wolke etwa zehnmal neu bilden, bis die Tropfen so groß geworden sind, dass sie zu Regentropfen werden.
- Wassertröpfchen in den Wolken teilweise bei −25 °C noch flüssig sind? Man spricht dann von unterkühltem Wasser.
- die höchste Niederschlagsmenge, die bisher innerhalb von 24 Stunden gemessen wurde, mit 1870 mm im März 1952 auf die Insel Réunion fiel? Die größte Jahresmenge wurde 1860/61 in Cherrapunji in Indien gemessen: 26 461 mm!

Wie schichten sich die Wolken?

Wie Wolkenkratzer können sich Wolken über mehrere Stockwerke erstrecken. Andere Wolken treten nur in bestimmten Stockwerken auf. Diese unterscheidet man in hohe, mittelhohe und tiefe Wolken.

Ganz oben dominieren die aus Eiskristallen bestehenden Eiswolken. Im mittleren Stockwerk gibt es Wolken aus unterkühltem Wasser und Mischwolken, die sich aus flüssigem und gefrorenem Wasser zusammensetzen. Im niedrigsten Wolkenstockwerk schließlich finden sich nur noch Wasserwolken. Je nach Höhe und Form unterscheidet man zehn Wolkengattungen.

Welches Wetter bringen Federwolken?

Entgegen landläufiger Meinung schönes und schlechtes Wetter. Vereinzelt ziehende, weiße Federwolken, sog. Cirren, kommen als hohe Wolken in Höhen von 5–13 km vor. Bei uns kündigen die aus Eiskristallen bestehenden Wolken oftmals die Warmfront eines Tiefdruckgebiets an. Allerdings können die kleinen Federwolken auch als Schönwettercirren bei ausgesprochen stabilen Wetterlagen auftreten.

Zu den hohen Wolken zählen auch die sog. Cirrostratuswolken. Das sind Schleierwolken, die einen durchscheinenden, weißlichen Wolkenschleier bilden. Durch sie können Sonne und Mond mit einem Halo erscheinen. Dieser weiße Ring umgibt die Himmelskörper, wenn sie durch die Wolken zu sehen sind.

Werfen alle Wolken Schatten?

Nein. Hohe Wolken werfen keine Schatten auf die Erdoberfläche. Dagegen halten die mittelhohen Wolken die Sonne vom Erdboden fern: Es ist im Wortsinn »bewölkt«. Die mittelhohen Wolken reichen in den gemäßigten Breiten in Höhen von 2–5 km. Zu ihnen zählen u. a. die Altocumuluswolken – grobe Schäfchenwolken aus weißen oder grauen Flecken. Altostratuswolken bilden graue oder bläuliche Wolkenfelder oder -schichten.

Wann ist das Wetter »grau in grau«?

Für »graues« Wetter sind Schicht- bzw. Stratuswolken verantwortlich. Sie entstehen, wenn warme, feuchte Luft bei ihrer horizontalen Bewegung auf ein Hindernis prallt und so zum Aufstieg gezwungen wird. Dadurch kühlt die Luft ab, und es bilden sich Schichtwolken.

Solche Wolken können sich horizontal über mehrere 1000 km² erstrecken. Aus der durchgehend grauen Wolkenschicht mit ihrer einheitlichen Untergrenze fallen Sprühregen, Eisprismen oder Schneegriesel.

Wie schnell sind Regentropfen?

Das hängt von ihrer Größe ab. Bei Regenschauern variiert die Größe der Tropfen zwischen 0,5 mm und 5 mm. Größere Tropfen werden bei ihrem Fall durch den Luftwiderstand auseinandergerissen. Die dicksten Tropfen sausen mit 9 m/s der Erde entgegen. Dagegen bringen es Tropfen mit 1 mm Durchmesser auf nur 5 m/s. Die Tröpfchen von Niesel- oder Sprühregen sind mit 0,05–0,25 mm winzig klein und erreichen gerade mal eine Geschwindigkeit von 20 cm pro Sekunde.

▼ Cirruswolken bei Tromsö in Norwegen; an den Federwolken lässt sich ablesen, aus welcher Richtung der Wind in großer Höhe weht.

Wie wird Niederschlag gemessen?

Die Niederschlagsmenge in einer Region wird in Millimeter pro Zeitraum und Fläche berechnet: Die Zahl gibt also an, wie hoch eine Wassersäule auf einem Quadratmeter in einem bestimmten Zeitraum steht. Wegen des Flächenmaßes von einem Quadratmeter liefert die Zahl bei den Millimetern automatisch auch die Literzahl an Niederschlag. Für Berlin mit einem Jahresniederschlag von etwa 600 mm bedeutet dies, dass statistisch auf einen Quadratmeter in Berlin pro Jahr 600 Liter Niederschlag fallen.

Welche Wolken zeigen ein Gewitter an?

Cumulonimbuswolken. Massig und dicht erscheinen sie wie ein riesiges Himmelsgebirge. Der obere Teil breitet sich oftmals in der Form eines Ambosses aus. Die Gewitterwolke durchzieht alle drei Wolkenstockwerke.

Wärmegewitter entstehen durch starke Aufheizung an der Erdoberfläche bei gleichzeitig hoher Luftfeuchtigkeit. Deswegen treten sie in den gemäßigten Breiten nur im Sommer auf, in den Tropen dagegen ganzjährig. Durch die Erhitzung wird viel Luft nach oben getrieben, die in den höheren Regionen rasch abkühlt und dabei Wolken bildet. Dagegen bauen sich Frontgewitter unabhängig von der Erdoberfläche und deren Erhitzung auf.

Wie entstehen Blitz und Donner?

Gewitter sind stets an Cumulonimbuswolken gebunden. Durch heftige Aufwinde reichen diese Quellwolken sehr hoch. Die oberen Wolkenschichten vereisen, wodurch sich Ladungsdifferenzen zwischen den oberen, positiv geladenen und den unteren, negativ geladenen Wolkenteilen aufbauen. Die Gewitterelektrizität entlädt sich in Blitzen.

Wolkenblitze zucken innerhalb der Gewitterwolke, Erdblitze zwischen der Wolke und der Erde. Selten sind Kugelblitze, eine kugelförmige leuchtende Masse, die sich mit mäßiger Geschwindigkeit nahe der Erdoberfläche fortbewegt. Die Blitzenergie verursacht eine schlagartige Erhitzung in der Blitzbahn. Dabei dehnen sich die Luftmassen explosionsartig aus. Die Druckwelle pflanzt sich als rollendes oder krachendes Geräusch fort – der Donner ist weithin hörbar.

Können Wolken bis auf die Erde herabsinken?

Ja, denn Nebel ist nichts anderes als eine auf dem Boden liegende Wolke.

Winzig kleine Wassertröpfchen schweben in der Luft und lassen die relative Luftfeuchtigkeit auf nahezu 100 % ansteigen. Der weit verbreitete Strahlungsnebel entsteht, wenn

▶ In den Tropen – wie hier in der afrikanischen Savanne – sind Gewitter mit Blitz, Donner und ergiebigem Regen besonders heftig.

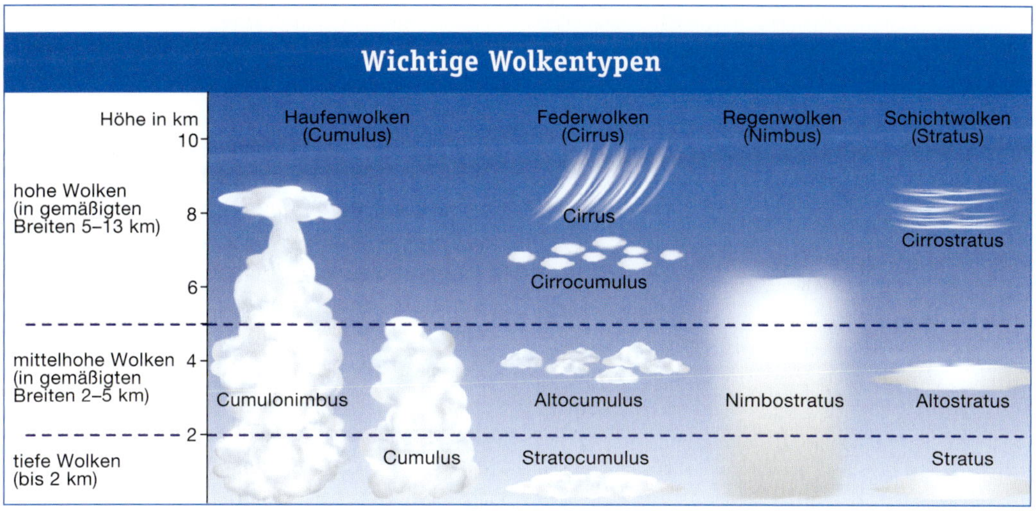

durch starke Ausstrahlung – etwa in sternenklaren Nächten – die Temperaturen der bodennahen Luft kräftig zurückgehen. Die kalte Luft kann den Wasserdampf nicht mehr halten, und die Feuchtigkeit kondensiert zu kleinen Tröpfchen. Besonders häufig entsteht Strahlungsnebel in der Nacht oder in den frühen Morgenstunden relativ windstiller Herbst- oder Wintertage. Erwärmt sich die Luft bei Tag, löst sich der Nebel rasch wieder auf.

Wie groß werden Hagelkörner?

In den gemäßigten Breiten erreichen sie Durchmesser von bis zu 55 mm, in den Tropen können sie sogar bis auf 12 cm anwachsen. Hagel und Graupeln, beides Wasser in fester Form, entstehen durch mehrmaliges Auf- und Absteigen innerhalb von hoch türmenden Wolken.

Reifgraupeln sind undurchsichtige Bällchen mit schneeartiger Beschaffenheit, die mehrere Millimeter groß werden können. Sie entstehen bei der Bildung weit verzweigter Schneesterne. Griesel sind eine Vorstufe von Reifgraupeln – sie werden nicht größer als 1 mm. Lagern sich unterkühlte Wassertröpfchen an die Reifgraupeln, entstehen Frostgraupeln. Sie sind halb durchsichtig und haben einen weißen Kern.

Alle Graupelarten können nur aus Quellwolken fallen, denn nur dort wachsen sie durch mehrmaliges Auf- und Absteigen innerhalb der Wolke heran. In stark aufgetürmten Cumulonimben werden durch Aufwind immer neue Schichten an Frostgraupeln angelagert: Es entstehen Hagelkörner.

Wann wird Tau zu Reif?

Tau und Reif können nur entstehen, wenn Wasserdampf auf eine kalte Oberfläche trifft, die ihre Kälte an die Umgebung abgibt. Dadurch kondensiert der Wasserdampf der umgebenden Luft zu Wassertropfen, der sich als Tau auf den kalten Gegenstand niederschlägt. Liegt die Lufttemperatur unter dem Gefrierpunkt, bilden feine Eiskristalle Reif.

Raureif entsteht, wenn es bei hoher Luftfeuchtigkeit – z. B. bei Nebel – friert. Die kleinen Eisnadeln wachsen stets dem Wind entgegen, denn mit diesem wird neue feuchte Luft zugeführt, aus der die Eisnadeln die Feuchtigkeit »aussaugen« und zu Eis verwandeln. Weht dabei ein kräftiger, kalter Wind, entsteht Raufrost.

▼ Berglandschaft bei Bologna (Italien) im Nebel

▲ Der Rüssel eines Tornados, ein Wolkenschlauch (auch Windhose), reicht von der Gewitterwolke bis zum Erdboden.

Wann toben Orkane, wann Tornados?

Orkane entstehen durch Zyklonen – Tiefdruckgebiete, die sich infolge starker Temperaturgegensätze zwischen warmer Meeresluft und kalter Polarluft zu einem Sturmtief entwickeln. Dagegen bilden sich Tornados, Wirbelstürme dort, wo über Land feuchte, warme Luft auf kühlere, trockene Luft trifft und dabei riesige Gewitterwolken bildet.

Die Tiefdruckgebiete, aus denen Orkane entstehen, gehören zum normalen Wettergeschehen der gemäßigten Breiten. Dass sich aus ihnen ein Orkan entwickelt, ist jedoch relativ selten. Orkane wehen mit mehr als 118 km/h; sie entwurzeln Bäume, decken Dächer ab und reißen Oberleitungen ab.

Tornados sind noch schneller. Sie sind kurzlebige, verhältnismäßig kleine Wirbelstürme, die über dem Festland beim Zusammentreffen von feuchter, warmer Luft und kühlerer, trockenerer Luft entstehen. Da kalte Luft wesentlich schwerer ist als warme, stürzt sie beim Zusammenprall mit warmer Luft viele Kilometer strudelförmig nach unten; um den Druckausgleich in der Höhe zu gewährleisten, strömt am Rand des Kaltluftzylinders warme Luft nach oben.

Was dreht sich beim Tornado?

Luft und Wolken. Wenn nämlich seitliche aufwehende Gewitterböen die aufsteigende Luft anstoßen, beginnt sie zu rotieren. Aus der rotierenden aufsteigenden Luft kann sich ein Wolkenschlauch bilden. Er reicht von der Gewitterwolke bis zum Boden herab und kreist senkrecht um seine eigene Achse.

Der Rüssel von Tornados hat meist einen Durchmesser von etwa 500 m, manche erreichen mehr als 1 km. Einige Tornados erstrecken sich als sehr dünne Schläuche vom Boden bis zur Gewitterwolke, andere entwickeln sich zu einem breiten, nach oben erweiterten Trichter.

Übrigens: Im Inneren liegt die Windgeschwindigkeit bei 600 km/h. Über Land bewegen sich die Schläuche mit 40–50 km/h fort, aber auch die doppelte Geschwindigkeit wurde schon gemessen. Die hohe Rotationsgeschwindigkeit und der extrem niedrige Luftdruck im Zentrum des Schlauches – er liegt

Wussten Sie, dass ...

- im mittleren Westen und dem Süden der USA jedes Jahr rd. 1200 Tornados wüten?
- auch in Europa jährlich 170 Tornados registriert werden?
- ein tropischer Wirbelsturm, der das Festland erreicht, schnell an Energie verliert? Die Reibung bremst ihn ab, außerdem versiegt über dem Land mit der fehlenden feuchten Luft seine Energiequelle.
- der längste bisher gemessene tropische Wirbelsturm 31 Tage wütete? Diesen Rekord stellte 1994 Hurrikan »John« auf.

Wer jagt Tornados?

Nicht nur Wissenschaftler jagen die großen Wirbel, auch Hobbymeteorologen und Fotografen sind dabei. Einem Tornado Auge in Auge gegenüberzustehen, ist das große Ziel aller Tornadojäger. Bei ihrer Jagd nach dem Sturm liefern sie der Tornadoforschung wertvolle Informationen. Sie ergänzen damit das Netz der ehrenamtlichen Beobachter, der sog. Spotter. Alle Informationen über gesichtete Tornados gehen in ein Kurzzeitwarnsystem ein. Zusätzlich werden Radarmessungen zur Früherkennung von Tornados eingesetzt. Mit ihrer Hilfe lassen sich verdächtige Rotationen in Gewitterwolken entdecken.

etwa 80–100 hPa unter dem Luftdruck der umgebenden Luft – machen einen Tornado außerordentlich zerstörerisch.

Wie muss man sich einen »unvorstellbaren Tornado« vorstellen?

Ein »unvorstellbarer Tornado« der Stufe F6 der eigens für Tornados entwickelten Fujita-Skala rotiert mit mehr als 510 km/h. Ein solcher Tornado wurde bisher nicht registriert!

Ein »unglaublicher Tornado« der Stufe F5 rotiert mit 417–510 km/h. Für sein Durchzugsgebiet bedeutet es totale Verwüstung, er hebt sogar stabile Gebäude aus ihren Fundamenten. Ein »verwüstender Tornado« (F4) bläst mit seinen 331–416 km/h nur leichte Gebäude fort, schleudert aber noch Autos durch die Luft. Auch ein »schwerer Tornado« der Stufe F3, in dessen Inneren die Winde 252–330 km/h schnell sind, kann noch Dächer und Wände stabiler Häuser zerstören und ganze Wälder entwurzeln. Dagegen sind »gemäßigte« und »bedeutende« Tornados (Stufen F1 und F2) relativ harmlos. Ein Sturmtornado der Stufe 0 bringt es gerade einmal auf 64–116 km/h.

Nur 2 % aller Tornados gelten als verheerend und halten länger als eine Stunde an; 69 % sind schwach und lösen sich nach wenigen Minuten wieder auf.

Welcher Tornado war der stärkste?

Mit 510 km/h wurde am 3. Mai 1999 in einem Tornado der »unglaublichen« Art (F5) in Oklahoma/USA die bisher höchste auf der Erde registrierte Windgeschwindigkeit gemessen. 48 Personen kamen ums Leben, und mit rund 1,1 Mrd. US-Dollar war es die bis dahin teuerste Naturkatastrophe dieser Art.

Mit der außergewöhnlich hohen Geschwindigkeit von 95 km/h zog am 18. März 1925 ein Tornado über die drei US-Staaten Missouri, Illinois und Indiana hinweg. »Tri-State Tornado« nannten die Amerikaner dieses Phänomen, das innerhalb von 3,5 Stunden über 350 km verwüstete und fast 700 Todesopfer forderte. Gleich 148 Tornados querten am 3. und 4. April 1974 im »Super Outbreak« insgesamt 13 Staaten der USA.

▲ Satellitenbild eines Hurrikans; aus der Wolkenwand eines solchen riesigen Wirbelsturms fallen gewaltige Regenmengen.

Was ist ein Willy-Willy?

Der Name für einen tropischen Wirbelsturm in Australien. In anderen Weltregionen heißen sie anders: Als Hurrikane peitschen tropische Wirbelstürme über die karibischen Inseln und die südliche Ostküste der USA. Als Taifune fegen sie über die Philippinen, Japan und die Ostküste Chinas einschließlich Taiwan hinweg. Im Golf von Bengalen heißen sie Zyklone und im Seegebiet nördlich von Madagaskar Mauritius-Orkane.

▼ Satellitenaufnahme des Hurrikans »Charley« am 11. August 2004 über der Karibischen See

Was macht tropische Wirbelstürme so gefährlich?

An der Küste können Wirbelstürme in kurzer Zeit große Schäden anrichten. Extrem hohe Windgeschwindigkeiten und sintflutartige Regenfälle gehen mit gewaltigen Sturmfluten einher, wenn der Sturm das Meerwasser zu hohen Wellen aufwühlt, die weit ins Landesinnere vordringen. In ihrer Wirkung sind sie dadurch viel verheerender als Tornados.

Tropische Wirbelstürme bauen sich nur über Meeren mit einer Oberflächentemperatur von mindestens 27 °C auf. Die intensive Sonneneinstrahlung lässt große Mengen Wasser verdunsten, das von der Luft als Wasserdampf aufgenommen wird. In der Höhe kühlt die feuchtwarme Luft schnell ab und der Wasserdampf kondensiert zu Wolken und Niederschlägen. Dabei werden erhebliche Mengen an Wärmeenergie freigesetzt. Sie ist der Motor einer riesigen atmosphärischen Wärmekraftmaschine. Durch den Aufstieg warmer Luft herrscht am Boden niedriger Luftdruck. Er saugt von allen Seiten warme und feuchte Luftmassen an, die den Wirbel immer weiter »füttern«. Oberhalb der Wolken wird Luft nach außen geschleudert, wo sie zum Boden zurücksinkt. So entsteht ein ständiger Luftkreislauf.

▼ Palmenküste in der Karibik während eines Sturms; vor allem die Küstenregionen haben unter der vollen Kraft der Hurrikane zu leiden.

Wie gliedert man Wirbelstürme mit der Saffir-Simpson-Skala?

Tropischer Sturm: 55,6–118,5 km/h
Kategorie 1 (schwach): 118,5–153,7 km/h, Zentraldruck > 980 hPa
Kategorie 2 (mäßig): 153,7–177,8 km/h, Zentraldruck 965–979 hPa
Kategorie 3 (stark): 177,8–209,3 km/h, Zentraldruck 945–964 hPa
Kategorie 4 (sehr stark): 209,3–250,0 km/h, Zentraldruck 920–944 hPa
Kategorie 5 (verwüstend): > 250,0 km/h, Zentraldruck < 920 hPa

Welche Geschwindigkeit erreicht ein Hurrikan?

Hurrikane kommen in Äquatornähe mit 8–32 km/h voran; in weiterer Entfernung vom Äquator legen sie bis zu 80 km in der Stunde zurück.

Entscheidend sind die Windgeschwindigkeiten der rotierenden Wolkenringe. Sie erreichen meistens einen Durchmesser von 60 bis 200 km und können sich mit über 300 km/h drehen. Je länger sie über tropische Gewässer ziehen, desto mehr Wasserdampf verdunstet und desto heftiger dreht sich die Luft. Aus der Wolkenwand des Wirbelsturms fallen gewaltige Regenmengen, 500–1000 mm Niederschlag können innerhalb weniger Stunden niedergehen. Zum Vergleich: In Berlin werden pro Jahr durchschnittlich 600 mm Niederschlag verzeichnet.

▲ Der Hurrikan »Andrew« hinterließ 1992 im Süden Floridas nach seinem Wüten ein Bild der Verwüstung.

Warum ist es im Auge des Sturms windstill?

Dort, im Zentrum des Wirbelsturms, liegt eine Zone niedrigen Luftdrucks. Während rundherum der Sturm tobt, ist es im »Auge« windstill und trocken. Das Auge erstreckt sich in der Regel über 30–60 km.

Der Luftdruck in einem Hurrikan fällt vom Rand in Richtung Auge rapide ab. Dagegen nimmt die Windgeschwindigkeit von außen bis zur Wolkenwand, die das Auge umschließt, zu. In dieser Wand erreicht der Hurrikan seine höchste Geschwindigkeit.

Wann gab es besonders viele Hurrikane?

Nie war eine Hurrikansaison so katastrophal wie die von 2005. Vom 1. Juni bis 30. November wüteten gleich 27 tropische Stürme, von denen sich 15 zum Hurrikan entwickelten.

Der stärkste von ihnen war »Wilma«, der sich innerhalb weniger Stunden von einem Tropensturm zu einem Hurrikan der Kategorie 5 entwickelte. In seinem Auge wurde mit 882 hPa der niedrigste jemals auf dem Atlantik gemessene Luftdruck verzeichnet. Den größten Schaden richtete »Katrina« an. Der Hurrikan brach zwei Deiche von New Orleans und setzte fast die gesamte Stadt unter Wasser. Zerstörte Erdölpipelines und -raffinerien ließen den Rohölpreis kurzzeitig ansteigen.

Wer vergibt die Hurrikan-Namen?

Heute wählt die World Meteorological Organization die Namen für die Stürme. Seit 1979 wird zwischen weiblichen und männlichen Vornamen abgewechselt. Der erste Sturm eines Jahres über dem Atlantik beginnt stets mit dem Buchstaben A. Die ersten Stürme der Jahre 2006 bis 2011 heißen »Alberto«, »Andrea«, »Arthur«, »Ana«, »Alex«, »Arlene«. Um sich nicht ständig neue Namen ausdenken zu müssen, wiederholen sich die Namenslisten alle sechs Jahre, d. h., der erste Sturm des Jahres 2012 heißt wieder »Alberto«. 2005 übertraf die Anzahl der Hurrikane erstmals die in der Liste für ein Jahr vorgesehenen 21 Namen. Die folgenden Hurrikane wurden nach dem griechischen Alphabet benannt: »Wilma«, dem 21. Hurrikan, folgten »Alpha«, »Beta« und »Delta« sowie »Epsilon«, »Zeta« und »Eta«. Wenn ein Hurrikan besonders schlimm wütet, kann sein Name aus der Liste gestrichen werden – so wurde »Ivan«, der 2004 schwere Schäden anrichtete, auf der Liste 2010 zu »Igor«.

▲ Wärme und Feuchtigkeit sorgen in den Tropen für scheinbar »paradiesische Zustände«: Aras auf einer Liane im immergrünen Regenwald.

Wie viele Klimazonen gibt es?

Sechs große Klimazonen spannen sich um die Erde: die Tropen und die Subtropen, die kühlgemäßigten und die kaltgemäßigten Breiten sowie die Subpolar- und die Polarzonen. Nicht nur die Breitenlage bestimmt die Lage der Klimazonen, auch die Höhenlage, die Verteilung von Land und Meer, der Verlauf von Gebirgen und der Weg von Meeresströmungen spielen eine große Rolle.

Ist es in den Tropen immer heiß?

Zumindest warm, denn auch der kälteste Monat erreicht 18 °C. Im Jahresverlauf schwanken die mittleren Monatstemperaturen am Äquator allenfalls um 1–5 °C. Am Tag hingegen variieren die Temperaturen oft stark.

Am Äquator regnet es das ganze Jahr über, insgesamt mehr als 1500 mm. Je weiter man sich vom Äquator entfernt, desto mehr schwanken die Temperaturen im Jahresverlauf. In diesen äußeren, sog. sommerfeuchten Tropen fallen dagegen im Winter kaum Niederschläge.

Die Tropen nehmen den Raum zwischen den beiden Wendekreisen ein, reichen also von 23° 27′ südlicher Breite bis 23° 27′ nördlicher Breite. Der größte Teil Südamerikas und Teile der Karibik zählen dazu, ebenso das mittlere Drittel des afrikanischen Kontinents. In Asien reichen die Tropen weit nach Norden bis zum Südrand des Himalaya.

Gibt es in den Tropen nur Regenwälder?

Nein, in den Tropen gibt es auch Savannen. Der tropische Regenwald wächst unter den heißen Temperaturen und den starken Regenfällen der inneren Tropen. Nördlich und

Wussten Sie, dass …

- die höchste jemals registrierte Temperatur im August 1923 im libyschen El Asisija mit 57,3 °C gemessen wurde, die tiefste Temperatur dagegen im Juli 1983 auf der russischen Antarktisstation Wostok mit sage und schreibe –89,2 °C?
- die Temperaturen in der Sahara zwischen 40 °C am Tag und 0 °C in der Nacht schwanken können?

Was wächst im kühlen Klima?

In den ozeanisch geprägten Teilen der kühlgemäßigten Breiten sind sommergrüne Laubwälder weit verbreitet. Eichen, Buchen, Hainbuchen, Birken und Eschen bilden hier von Natur aus dichte Laubwälder. Die trockenen, baumlosen Steppengebiete werden von üppigen krautreichen Grasländern eingenommen. Dazu zählt in Eurasien die Schwarzerdesteppe, die sich vom Schwarzen Meer in einem 300 bis 500 km breiten Streifen nach Osten zieht. Im westlichen Nordamerika liegen die Grassteppen und -prärien unter dem Steppenklima.

▲ In den australischen Eukalyptuswäldern – subtropischen Feuchtwäldern – ist der Koala zu Hause.

südlich des Regenwaldes schließen sich die weiten Grasfluren der Savannen an, die von einzelnen Bäumen oder Baumgruppen durchsetzt sind. Polwärts werden die Savannen immer trockener: Der Feuchtsavanne folgen die Trockensavanne und die Dornsavanne.

Sind die Subtropen trocken oder feucht?

Sie sind beides. Zwei große Klimagürtel lassen sich unterscheiden: die ausgedehnten Trockengebiete und die warmgemäßigten Klimazonen. Die Sommer sind in den gesamten Subtropen wegen der hohen Sonneneinstrahlung heiß. Die Jahresmitteltemperatur beträgt etwa 15–20 °C.

Die subtropischen Westseiten der Kontinente liegen im Winter in der Regen bringenden Westwindzone, die Sommer sind dagegen trocken. Die subtropischen Ostseiten der Kontinente stehen unter dem Einfluss der Monsune, die im Sommer kräftige Schauer bringen. Im Zentrum der Kontinente herrscht ein trockenes subtropisches Klima wie in der Sahara und den Wüsten Australiens.

Die Subtropenzone erstreckt sich auf der Nord- und Südhalbkugel zwischen Wendekreis und 45. Breitengrad. In Eurasien gehört dazu ein gigantischer Streifen zwischen dem Mittelmeerraum und China. In Nordafrika zählen die Sahara und die südliche Mittelmeerküste zu den Subtropen, in Nordamerika das Gebiet von der Küste Kaliforniens bis zu den US-Staaten im Südosten sowie ein Teil der Karibik. In Südamerika reicht die subtropische Zone vom nördlichen Chile bis zur argentinischen Pampa. Die Südspitze Afrikas zählt ebenso zu den Subtropen wie der größte Teil Australiens.

Wo in den Subtropen wächst Wald?

In den Winterregengebieten gedeiht eine Hartlaubvegetation. Nach den trockenen und heißen Sommern können sich die Pflanzen in den feuchten, milden Wintern erholen. In den Subtropen an den Ostküsten der Kontinente

▼ Auf den tropischen Regenwald folgen nach Norden und Süden Savannen wie hier im kenianischen Amboseli-Park.

wachsen subtropische Feuchtwälder. Entsprechend der verschiedenen Klimate der Subtropen unterscheidet sich auch deren Vegetation. In den Wüsten wachsen nur vereinzelte Büsche und Dornsträucher. In den etwas feuchteren Halbwüsten können sich speziell an die Trockenheit angepasste Pflanzen behaupten.

Welche Elemente kennzeichnen die gemäßigten Breiten?

Im Vergleich zu den anderen Klimazonen der Erde erreichen die Temperatur- und Niederschlagswerte in den gemäßigten Breiten keine extremen Ausmaße. Das Klima wird durch die Jahreszeiten geprägt: Die Sommer sind warm und hell, die Winter dagegen kalt und dunkel. Die gemäßigten Breiten gliedern sich in eine kühlgemäßigte und eine kaltgemäßigte Zone. Zusammen erstrecken sie sich zwischen dem 45. Breitengrad und den Polarkreisen auf 66,5 °. Die Jahresmitteltemperaturen betragen in den kühlgemäßigten Breiten 8–12 °C.

Die kühlgemäßigte Zone bedeckt in Nordamerika einen breiten Streifen, der sich zwischen Nordkalifornien und der kanadischen Provinz British-Columbia bis zur Ostküste erstreckt. In Eurasien zieht sie sich als breites Band von West- und Mitteleuropa bis nach Ostasien. Auf der Südhalbkugel zählen das südliche Chile, Südostaustralien und die Südinsel Neuseelands zu den kühlgemäßigten Breiten.

Wo ist es im Winter knackig kalt?

Im Innern von Europa, Asien und Nordamerika. Dort herrscht kontinentales Klima: Im Sommer wird es sehr heiß, und aus Gewitterwolken fällt heftiger Regen. Die Winter sind dagegen kalt und trocken. So ist es in Moskau im Januar im Durchschnitt –9,9 °C kalt, im Juli dagegen 19 °C. Die Ostseiten der Kontinente werden das ganze Jahr von Kaltlufteinbrüchen heimgesucht. Dort erreichen die Niederschläge im Sommer ihr Maximum.

An den Westseiten der Kontinente hingegen sind die Temperaturen im Sommer und im Winter mild. Das ganze Jahr über treiben Westwinde regenreiche Zyklonen über die küstennahen Gebiete.

Was ist ein A-Klima?

Ein tropischer Klimatyp, in dem der kälteste Monat einen Mittelwert von mindestens 18 °C hat.

Einer der bekanntesten Versuche, die Klimate der Erde in einem Schema zu ordnen, ist die von Wladimir Peter Köppen entwor-

▼ Wenn die Oberfläche des Permafrostbodens auf der nordsibirischen Taimyr-Halbinsel antaut, ist der kurze Sommer nicht mehr weit. Die durchschnittlichen Julitemperaturen liegen bei 5 °C.

fene Klassifikation. Er gliedert die Erde in fünf Hauptklimazonen und ordnet ihnen die Buchstaben A bis E zu. Als Hauptkriterien dienen die Temperaturmittelwerte bestimmter Monate. Diese Hauptklimatypen werden nach der Verteilung und Menge der Niederschläge sowie nach der Differenzierung der Sommerwärme und Winterkälte weiter untergliedert, die Untertypen erhalten Kleinbuchstaben.

Die gemäßigten C-Klimate grenzen sich von den Schneeklimaten der D-Klimate durch die –3 °C-Grenze als Mittelwert des kältesten Monats ab. C- und D-Klimate erreichen in ihrem wärmsten Monat eine Mitteltemperatur von über 10 °C. Diese Temperatur spielt für das Pflanzenwachstum eine wichtige Rolle, bei tieferen Temperaturen können keine Bäume wachsen. In den Eisklimaten, den E-Klimaten, liegt die Mitteltemperatur des wärmsten Monats unter diesen 10 °C. Als weitere, eigenständige Gruppe gibt es die Trockenklimate, die B-Klimate.

Wo liegen die kaltgemäßigten Breiten?

Die kaltgemäßigten Breiten sind auf die Nordhalbkugel beschränkt. In Eurasien erstrecken sie sich von Skandinavien über das Uralgebiet bis nach Ostasien. In Nordamerika zählen große Teile Alaskas sowie fast ganz Kanada zu diesen Breiten.

In den kaltgemäßigten Breiten ist es zwar kalt, aber nicht so kalt wie in den Polarzonen. Das Mittel des kältesten Monats liegt unter –3 °C, in den kältesten Bereichen unter –25 °C. Im wärmsten Monat ist es immer wärmer als 10 °C. Niederschlag fällt das ganze Jahr über, im Sommer als Regen, im Winter als Schnee.

Gibt es Wüsten nur im Süden?

Nein. Wüsten gibt es auch im hohen Norden, denn durch die Kälte der Subpolar- und Polarzone kann nur wenig Wasser verdunsten, so dass es kaum regnet. Aus diesem Grund spricht man von Kältewüsten.

In den ozeanisch geprägten Bereichen der Subpolar- und Polarzonen erreichen die Temperaturen im Winter –8 °C bis +2 °C, im Sommer 5–12 °C. Im Innern der Kontinente fallen die Temperaturen im Winter auf unter –8 °C. In den Regionen mit polarem Eisklima (Antarktis und Grönland) ist es noch kälter: An der Antarktisstation McMurdo zeigt das Thermometer im Winter weniger als –25 °C an!

Die subpolare Klimazone erstreckt sich im nördlichen Nordamerika als 2000 km breiter Streifen quer über den Norden des Kontinents. Im nördlichen Eurasien nimmt sie einen 100 bis 1000 km breiten Gürtel ein. Zu den Polen hin schließt sich das Polarklima an.

Warum wachsen in den kaltgemäßigten Breiten nur Nadelbäume?

Die niedrigen Temperaturen der kaltgemäßigten Breiten schränken die Vegetationszeit – die Zeit, in der Pflanzen wachsen können – auf weniger als 120 Tage ein. Laubhölzer haben hier keine Überlebenschance mehr, nur die Nadelholzwälder der Taiga haben sich an die extremen Klimabedingungen angepasst. Die Wälder bestehen im westlichen, ozeanisch geprägten Abschnitt überwiegend aus Fichten und Waldkiefern. Im noch kälteren Innern der Kontinente wachsen u. a. die Sibirische Fichte und die Sibirische Tanne.

◄ Tundralandschaft am East Fork River im Denali-Nationalpark (Alaska); die Tundra ist eine Vegetationsform der Subpolargebiete und bildet den Übergang von der Taiga zu den Kältewüsten der Arktis. Die typische Vegetation der meist baumlosen Tundra besteht aus Moosen, Flechten, Gräsern und Zwergsträuchern.

▶ Fossile Hinweise auf die Schwankungen des Erdklimas: Als ein Dinosaurier diese mittlerweile versteinerten Eier in der Wüste Gobi ablegte, war es dort noch wärmer und feuchter.

Steht uns ein Klimawandel bevor?

Da gehen die Expertenmeinungen auseinander, aber extreme Wetterereignisse haben in den letzten Jahren immer öfter Schlagzeilen gemacht.

Auch in Deutschland hat die Zahl und Heftigkeit von Stürmen, Überschwemmungen und Hitzewellen zugenommen. Die zunehmende Häufung und die globale Verteilung dieser außergewöhnlichen Ereignisse lassen darauf schließen, dass wir uns in einer Phase des Klimawandels befinden. Das ist an sich nichts Besonderes, denn Klima ist nichts, was über Jahrhunderte hinweg konstant bleibt. Sorge bereitet der Menschheit aber die Geschwindigkeit des Wandels, die sie möglicherweise selber beeinflusst hat.

Haben Klimaschwankungen die Geschichte beeinflusst?

Im Laufe der Menschheitsgeschichte gab es mehrere Klimaschwankungen, doch deren Einfluss auf die menschliche Entwicklung ist nicht eindeutig zu klären.

In den letzten 11 000 Jahren betrugen die Klimaschwankungen etwa 1–2 °C. Kühl war es vor 4500–2500 Jahren, danach wurde es wieder wärmer, 500–1000 n. Chr. dann erneut kälter. Im mittelalterlichen Klimaoptimum (ca. 1100–1300) erlebte Europa die wärmsten Zeiten seit 4000 Jahren, sogar in England und Norwegen wurde Wein angebaut.

Zwischen dem 15. und der Mitte des 19. Jahrhunderts wurde es wieder kälter. In dieser sog. kleinen Eiszeit gaben die Wikinger ihre Siedlungen in Grönland auf, während sich

Wussten Sie, dass ...

- Eisbohrkerne aus der Antarktis detaillierte Daten über den Klimaverlauf der letzten 50 000 Jahre geben? In diesem Eis sind Luftbläschen enthalten – winzige Proben vergangener Klimaverhältnisse.
- 1998 das wärmste Jahr seit Beginn der Aufzeichnungen 1856 war? Die Durchschnittstemperatur der gesamten Erdoberfläche lag bei 14,57 °C – und damit +0,58 °C über dem Durchschnitt der Jahre 1961–1990.
- die Obstbauern am Bodensee seit 1990 von den Apfelsorten Cox Orange und Boskop auf die Sorten Gala, Braeburn und Fuji umgestiegen sind, weil es für die traditionellen Sorten zu warm und feucht geworden ist?

die Inuit von der Nordküste Kanadas weit nach Süden ausbreiteten. 1900–1940 stieg die Temperatur um etwa 0,4 °C an und blieb bis 1980 im Wesentlichen konstant. Doch seit den 1980er Jahren stieg sie erneut um mehr als 0,3 °C.

Was versteht man unter Eiszeitalter?

Das Eiszeitalter war die geologische Epoche des Pleistozäns (vor 1,81 Mio. bis 11 000 Jahren), als Nordeuropa, Westsibirien und große Teile Kanadas unter einer bis zu 2 km dicken Eisschicht lagen.

Grob lässt sich das Eiszeitalter in Warmzeiten und Kaltzeiten gliedern – also Perioden mit ausgedehnten Vereisungen und eisfreie Perioden. Die Geologen unterscheiden je nach Region vier bis fünf Eiszeiten. Ende der 1980er Jahre brachten die ersten Temperaturkurven aus Eisbohrkernen eine Überraschung: Alle paar tausend Jahre wechselte das Klima zwischen einem wärmeren und einem kälteren Zustand, wobei sich die Temperatur jeweils in nur wenigen Jahrzehnten um 5–10 °C änderte.

Was hat sich mit dem Ende der Eiszeit geändert?

Das Ende der Eiszeit vor rd. 11 000 Jahren ähnelte einem der vielen Klimaumschwünge des Pleistozäns: Wieder stieg die Temperatur innerhalb von Jahrzehnten um etwa 10 °C.

◀ Gletscherzunge und Endmoränen des Foxgletschers in Neuseeland; an den Veränderungen der heutigen Gletscher ist zu erkennen, dass sie kältere Zeiten erlebt haben. Weltweit befinden sich die Eismassen auf dem Rückzug.

Doch diesmal blieb das Klima im wärmeren Zustand. Innerhalb von Jahrtausenden verschwand das Eis auf der Nordhalbkugel fast vollständig und der Meeresspiegel stieg um mehr als 100 m. Klima- und Vegetationszonen verschoben sich um 20–30 Breitengrade nordwärts: Aus der Tundra Mitteleuropas wurden warmgemäßigte Laubwälder.

Kann man das Klima vorhersagen?

Die Vorhersage von langfristigen Werten ist einfacher als die von Details – man kann Tendenzen angeben und mögliche Szenarien skizzieren. Leider können Klimaforscher keine Experimente machen. So verwenden sie Computermodelle, die die bekannten physika-

◀ Kirchenruine aus der Zeit der Wikinger auf Grönland; sie verließen die Insel wegen der zunehmenden Kälte ab dem 14. Jahrhundert.

War die Sahara einst eine blühende Landschaft?

Vor rd. 8000 Jahren war die heute so lebensfeindliche Sahara ein Gebiet voller Leben: Wälder und Savannen waren von Elefanten, Giraffen, Affen, Flusspferden und eben auch Menschen bevölkert. Schätzungsweise 400 mm Niederschlag pro Jahr machten aus der Region einen Gunstraum. Dann, vor etwa 5000 Jahren änderte sich das Klima, die Niederschläge ließen immer öfter auf sich warten, Wüste breitete sich aus. Felsmalereien und Gravuren aus der regenreichen Zeit im Tassili-Gebirge in Algerien zeigen das Bild einer blühenden Landschaft: weite Savannen, in denen Wildrinder, Giraffen und Elefanten lebten.

▲ Die Motive alter Felsbilder in der Sahara geben Hinweise auf eine völlige andere Lebenswelt: Wo heute Wüste ist, war vor Jahrtausenden Savanne.

lischen Gesetze nutzen, um die Bewegungen, den Wärmeaustausch und andere Prozesse in Atmosphäre und Ozean zu simulieren.

Wie wird das Klima des 21. Jahrhunderts?

Die Durchschnittstemperaturen dürften um 1,5–5,8 °C ansteigen. Die große Schwankungsbreite beruht u. a. darauf, dass der von den Menschen verursachte Kohlendioxidausstoß schwer abzuschätzen ist. Auf jeden Fall geschieht dieser Anstieg viel schneller als der im 20. Jahrhundert.

Gerade die Geschwindigkeit ist ein Problem, denn an schnelle Änderungen kann sich die Pflanzen- und Tierwelt wie auch der Mensch schlecht anpassen. Auch mit veränderten Niederschlägen ist zu rechnen, so dass Extremereignisse wie Dürren, Stürme und Flutkatastrophen wahrscheinlich zunehmen.

▼ 3200 m tief lagerte dieses Eis im antarktischen Inlandeis; es wurde als Eisbohrkern zu Tage gefördert und soll Auskunft über die klimatischen Verhältnisse vor 8 Mio. Jahren geben.

Wer ist für den Treibhauseffekt verantwortlich?

Seit Jahrmillionen gibt es einen natürlichen und nützlichen Treibhauseffekt. Der Mensch verstärkt diesen Effekt durch Schadstoffe der Industrien und Autos.

Wie warm es auf der Erde ist, hängt zum einen von der Intensität der Sonnenstrahlung, zum anderen von der Energieabstrahlung durch die Erde ab. Die Atmosphäre speichert die von der Erde abgestrahlte Energie. Ohne die Atmosphäre würde die globale Mitteltemperatur −18 °C betragen, mit ihr sind es etwa +15 °C. Die Speicherfähigkeit der Atmosphäre hängt mit dem Gehalt bestimmter Gase wie Kohlendioxid, Wasserstoff und Methan zusammen. Diese Gase lassen einerseits die energiereiche UV-Strahlung der Sonne durch, andererseits behindern sie die Abstrahlung der Wärmeenergie in den Weltraum. Das Grundprinzip kommt auch beim Treibhaus zur Anwendung, wo das Glas die UV-Strahlung einlässt, die Wärmestrahlung aber zurückhält. Deswegen bezeichnet man u. a. Kohlendioxid und Methan als Treibhausgase und den Effekt als natürlichen Treibhauseffekt.

Wie heizt der Mensch das Klima auf?

Besonders klimaschädlich ist das Kohlendioxid, das bei Verbrennung fossiler Rohstoffe wie Kohle und Erdöl frei wird. Zu Beginn der Industrialisierung, also um 1850, lag der Anteil an Kohlendioxid in der Atmosphäre bei ca. 280 ppm (parts per million, Teile pro Million). Heute sind es 370 ppm.

Auch Fluorchlorkohlenwasserstoff (FCKW) trägt zum Treibhauseffekt bei. Ein FCKW-Molekül hat dasselbe Treibhauspotenzial wie 3400 Kohlendioxid-Moleküle. FCKW ist überaus reaktionsträge – gerade deswegen eignet es sich als Kühlmittel und Treibgas in Spraydosen –, so dass es sehr lange in der Atmosphäre verbleibt. Durch die Erwärmung der Atmosphäre steigt der Meeresspiegel spürbar an, und die Klimazonen verschieben sich.

Warum ist die Ozonschicht so wichtig?

Sie schützt die Erdoberfläche vor schädlicher UV-Strahlung.

Ozon ist ein süßlich nach Nelken und Chlor riechendes Gas, das die Schleimhäute stark reizt, die mit einem stechenden Schmerz auf Ozonkontakt reagieren. In hoher Konzentration ist es tiefblau und stark giftig.

Ozon ist in der Stratosphäre in einer Höhe von 15–30 km relativ hoch konzentriert vorhanden. Man nennt diese Schicht daher Ozonschicht. Bis hierher dringt die im Sonnenlicht reichlich vorhandene, kurzwellige ultraviolette Strahlung (UV-Strahlung) ungehindert vor. Die besonders kurzwellige UV-C-Strahlung spaltet hier das normale Sauerstoffmolekül (O_2) in Sauerstoffatome (O) auf. Dabei wird die Strahlung absorbiert und extrem abgeschwächt. Aus einem einzelnen Sauerstoffatom und einem »normalen« Sauerstoffmolekül entsteht das dreiatomige Ozon (O_3). Würde dieser Prozess weiterlaufen, hätte sich sämtlicher Sauerstoff längst in giftiges Ozon umgewandelt. UV-B-Strahlung sorgt aber dafür, dass Ozon wieder in Sauerstoffmoleküle und -atome aufgespalten wird. Bildung und Zerfall stehen im dynamischen Gleichgewicht. Es bleibt genügend Ozon übrig, um die meiste UV-Strahlung aus der Atmosphäre zu filtern.

Wodurch wird das Ozon vernichtet?

Stickoxide, Chloroxide und Bromoxide beschleunigen den Abbau von Ozon. Als Quelle für die gefährlichen Chloroxide gelten Chlor- und Fluorchlorkohlenwasserstoffe (CKW und FCKW). Ein einziges Chloratom kann eine Reaktion auslösen, der bis zu 10 000 Ozonmoleküle zum Opfer fallen.

Die Chlor enthaltenden Chemikalien, aber auch Bromverbindungen, sind größtenteils industrielle Produkte, die u. a. in Kühlschränken und Klimaanlagen als Treibgase oder Lö-

Wird »The Day after Tomorrow« Wirklichkeit?

Die Eiskappe der Antarktis schmilzt, der Meeresspiegel steigt rapide und führt zu Überflutungen. Das zusätzliche Süßwasser bringt die Meeresströmungen zum Erliegen, eine neue Eiszeit beginnt – so zeigt es der Film »The Day after Tomorrow«. Viele der dargestellten Mechanismen sind möglich und werden in der Wissenschaft als Folgen der Erderwärmung diskutiert. Die Hauptkritik an dem Film bezieht sich auf die Zeitskala: Wenn Klimaforscher von »schnellen Veränderungen« reden, meinen sie damit nicht Tage, sondern Jahrzehnte.

▼ Als Folge einer plötzlichen Klimaveränderung lässt Filmregisseur Roland Emmerich New York in einer gigantischen Flut versinken (Szenenbild aus »The Day after Tomorrow« 2004).

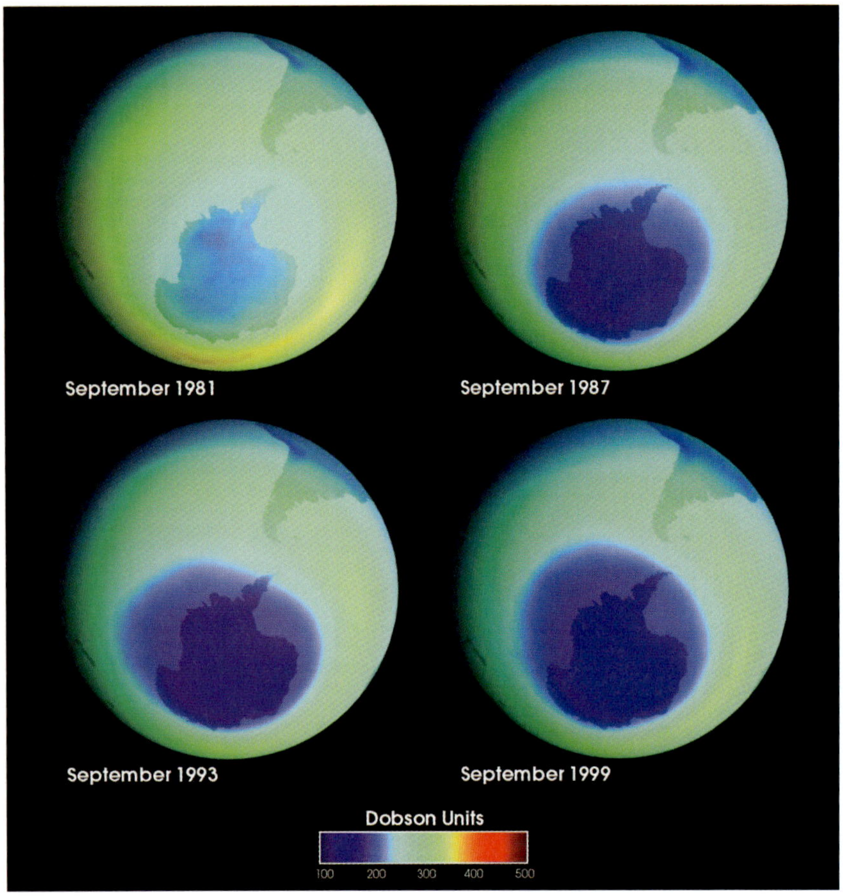

▲ Entwicklung des Ozonlochs über der Antarktis von 1981 bis 1999; je dunkler das Blau, desto dünner die Ozonschicht (NASA-Satellitenfoto)

sungsmittel eingesetzt wurden. Die Produktion wurde zwar weitgehend eingestellt, aber die Zerfallsprodukte halten sich immer noch in der Atmosphäre auf. Mit einem spürbaren Rückgang wird erst ab 2010 gerechnet.

Welche Gefahr geht von ultravioletter Strahlung aus?

Die sehr energiereiche UV-B-Strahlung kann Erbgut und Proteine schädigen und die Embryonalentwicklung stören. Durch UV-B-Strahlen ausgelöste Sonnenbrände können Hautkrebs verursachen. Die Strahlung dringt bis zu 20 m tief ins Meer ein und schädigt dort nicht nur Tierlarven, sondern vor allem das Phytoplankton, die Basis der marinen Nahrungsketten. Bei Landpflanzen wird die Photosynthese gestört. Nur Tiere mit Fell und Federn oder einer nächtlichen Lebensweise sind einigermaßen geschützt.
UV-B ist gleichzeitig unerlässlich für die Bildung der Vitamine D3 und D2. Diese fördern die Aufnahme von Calcium und Phosphat aus der Nahrung, was wiederum wichtig für den Aufbau des Knochengerüsts ist.

Wieso gab es das erste Ozonloch über dem Südpol?

Während die Ozonkiller Chlor und Brom in anderen Breiten durch Methan oder Stickstoffoxid gebunden werden, versagen diese natürlichen Bremsen der Ozonzerstörung bei Temperaturen von unter –80 °C, wie sie in der Stratosphäre über der Antarktis herrschen.

Im Winter bildet sich über der Antarktis ein riesiger Kaltluftwirbel, der den Zustrom warmer Luft verhindert. Der Wasserdampf gefriert dann in der Stratosphäre zu polaren Eiswolken. Chlor-Reservoirmoleküle wie Salzsäure oder Chlornitrat, also solche Verbindungen, die Chlor enthalten, setzen an den Oberflächen der Eiskristalle Chlormoleküle frei. Sobald der Südwinter zu Ende geht, zerlegen die ersten energiereichen Sonnenstrahlen diese Moleküle zu sog. Chlorradikalen, die die Umwandlung von Ozon zu Sauerstoff bewirken und dadurch das Ozon abbauen. Erst wenn die Sonne die Eiswolken auflöst, wird der Prozess gebremst. Daher tritt das Ozonloch über der Antarktis immer zum Ende des Südwinters im September und Oktober auf und schließt sich im November.

Übrigens: 1993 und 2001 hatte das antarktische Ozonloch mit etwa 25 Mio. km^2 eine Ausdehnung von der Größe Nordamerikas erreicht. 2002 war es deutlich kleiner und erstmals zweigeteilt.

Kommt das Ozonloch nach Europa?

Wenn nichts unternommen wird, ist das nicht auszuschließen: Im Winter 1999/2000 und im Winter 2004/05 kam es auch über der Arktis zu einem rapiden Ozonschwund. Polarluftwirbel trugen das nördliche Ozonloch bis weit nach Europa hinein. Dadurch nimmt die Ozonkonzentration in der Stratosphäre in den mittleren Breiten bedenklich ab: derzeit um 5–10 % pro Jahrzehnt, gekoppelt an eine immer noch steigende Chlorkonzentration. In den letzten 30 Jahren hat die UV-Strahlung im Februar um etwa 15 %, im Sommer um 5 % zugenommen; manche Forscher sprechen gar von einer Zunahme um über 20 %.

Wie entsteht das Klimaphänomen El Niño?

Während die Gewässer des Pazifiks vor der südamerikanischen Küste normalerweise kalt, nährstoffreich und daher reich an Kleinfischen sind, erwärmt sich das Wasser etwa alle vier (manchmal nur zwei, manchmal auch zehn) Jahre abrupt. Diese klimatische Unregelmäßigkeit tritt in wechselnder Stärke auf. Weil es immer zur Weihnachtszeit passiert, tauften peruanische Fischer dieses Klimaphänomen El Niño (das Christkind). Die Ursachen liegen in einem zeitweiligen Umkippen der Luftdruckverhältnisse zwischen dem West- und Ostpazifik. Noch konnten Wissenschaftler nicht endgültig klären, wodurch diese Luftdruckschwankungen entstehen.

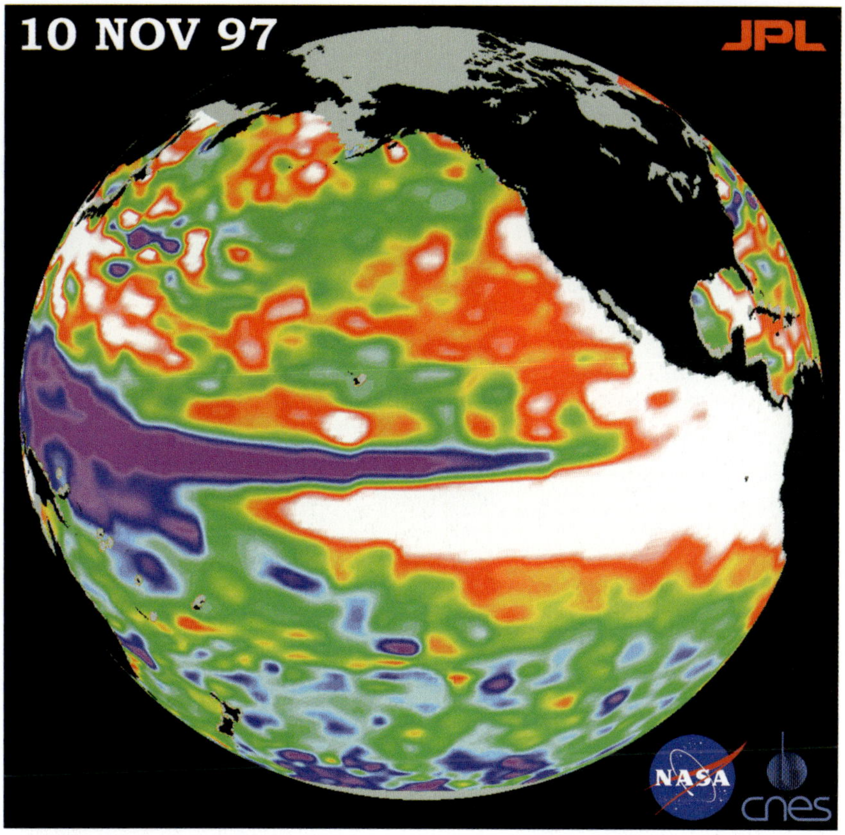

▲ Das Satellitenbild vom 10. November 1997 verdeutlicht die starke Erwärmung (helle Färbung) des östlichen Pazifiks.

Was passiert, wenn El Niño kommt?

Kommt El Niño um die Weihnachtszeit, dann sterben die winzigen Meeresorganismen, das Plankton, vor der Küste Perus.

Die Kleinlebewesen, die am Anfang der marinen Nahrungskette stehen, sind in dieser Region an das etwa 10 °C kalte Wasser des Humboldtstroms angepasst. Die darauf angewiesenen Fischschwärme wandern ab. Meeressäuger und Seevögel folgen ihnen – oder verhungern. 1983 starben in Peru 85 % aller Seevögel. Die vom warmen Wasser aufgeheizte Luft steigt auf und es beginnt heftig zu regnen. Während des El Niño von 1982/83 verwandelten sich die trockenen Küstenwüsten Perus in ein üppig grünes, seenreiches Grasland.

Dagegen kam es in Südostasien und Australien zu Dürreperioden. Während des El Niño von 1997/98 waren auch Südostafrika und Nordbrasilien von Trockenheit betroffen. Auf Borneo und Sumatra ausgebrochene Waldbrände gerieten außer Kontrolle.

Übrigens: El Niño hat wahrscheinlich auch die Französische Revolution beeinflusst. Nach dem harten Winter 1787/88 bescherte ein ungewöhnlich langer und heftiger El Niño 1789–93 den Europäern weitere Rekordfröste und einen Dürresommer mit schlechten Ernten. Die Nahrungsknappheit trug mit zum Ausbruch der Revolution bei.

Welches Ereignis wird als La Niña bezeichnet?

Hat sich ein El Niño besonders gut entwickelt, kann es zu einem radikalen Umschwung kommen, der als »La Niña«, also Christkinds kleine Schwester, bezeichnet wird. Bei La-Niña-Ereignissen ist das Wasser vor der südamerikanischen Westküste deutlich kälter als sonst üblich, und das Festland leidet unter starken Dürren. Dagegen kommt es in Australien und Indonesien zu Überschwemmungen.

◀ Pinguine in der Antarktis; Wissenschaftler gehen davon aus, dass die Abnahme der Ozonschicht das Ökosystem erheblich verändert.

▶ Auf der Zugspitze befindet sich seit über 100 Jahren die höchstgelegene der heute mehr als 200 Wetterstationen des Deutschen Wetterdienstes.

▲ Ein Hurrikan aus dem All betrachtet; die Zugbahnen tropischer Wirbelstürme können relativ genau vorhergesagt werden.

Kann man das Wetter wirklich vorhersagen?

Jeder wird Beispiele kennen, bei denen er ein deutliches »Nein« sagen würde. Nicht umsonst gehören unzutreffende Wetterprognosen zu beliebten Gesprächsthemen.

Die Wettervoraussage hängt eng mit den Abläufen in der unteren Atmosphäre zusammen. Kurzfristige Prognosen lassen sich relativ einfach aufstellen, wenn man die jeweiligen Wetterelemente zu bekannten Erscheinungen, die zu einem bestimmten Zeitpunkt in der Atmosphäre auftreten, in Beziehung bringt. Längerfristige Voraussagen lassen sich erheblich schwerer machen. Hilfe bringen von Großrechnern aufgestellte Simulationsmodelle, die atmosphärische Vorgänge nachahmen.

Wussten Sie, dass ...

- bereits im 4. Jahrhundert v. Chr. der Grieche Aristoteles atmosphärische Erscheinungen und Wetterphänomene beschrieb? Genaue Wetterbeobachtungen sind aber erst seit der Erfindung des Thermometers und des Barometers im 17. Jahrhundert möglich.
- die drei meteorologischen Weltzentren in Washington, Melbourne und Moskau liegen? Daneben gib es 25 Regionalzentren, eines davon in Offenbach.
- die Station Hohenpeißenberg in Oberbayern seit 1781 ihre Messungen ohne Unterbrechungen durchführt? Sie ist eine der wichtigsten Klimastationen in Deutschland.

Übrigens: »Wetter« bezeichnet nur den augenblicklichen physikalischen Zustand der Atmosphäre, dagegen umfasst »Witterung« den Wetterverlauf über mehrere Tage bis Monate. »Klima« ist eine weitere Verallgemeinerung, die den mittleren Zustand der Witterung beschreibt, der aus jahrelangen Datenreihen abgeleitet wird.

Woher bekommen die Meteorologen ihre Daten?

Für die Wettervorhersage benötigen die Meteorologen eine große Anzahl von exakten Daten über den Zustand der unteren Atmosphäre. Diese physikalischen Daten werden von Wetterstationen laufend ermittelt. Mit Helium oder Wasserstoff gefüllte Wetterballons steigen bis in Höhen von 30–35 km auf und gewinnen mithilfe von Radiosonden auch Messwerte aus der oberen Atmosphäre. Der Deutsche Wetterdienst schickt täglich 18 Wetterballons von neun verschiedenen Bodenstationen in die Luft.

Wettersatelliten beobachten auch die Ozeane und Polargebiete. Dort befinden sich keine oder nur wenige Wetterstationen, die Wetterdaten ermitteln könnten. Schon in den 1960er Jahren wurde eine erste Serie von Wettersatelliten ins Weltall geschickt. Aus der auf Satellitenbildern erkennbaren Verlagerung von Wolkenformationen lassen sich Windrichtung und Windgeschwindigkeit voraussagen, ebenso Tiefdruckwirbel und der Verlauf von Kalt- und Warmfronten. Die Zugbahn von Hurrikanen und Taifunen kann ebenfalls relativ genau berechnet werden.

Was leistet eine Wetterstation?

Mindestens dreimal am Tag werden u. a. die Lufttemperatur, der Niederschlag, der Luftdruck, die relative Luftfeuchte, die Windgeschwindigkeit und -richtung und die Globalstrahlung gemessen. Die Klimadatenbank des Deutschen Wetterdienstes nutzt die Messwerte von weit mehr als 200 voll ausgerüsteten Wetterstationen in Deutschland. Dazu kommen die vielen privaten Wetterstationen und Wetterdienste. Ihre Zahl wächst ständig. Im weltweiten Netz der WMO, der Weltorganisation für Meteorologie, fließen die Messwerte von mehr als 20 000 Wetterstationen zusammen und werden von Großrechnern ausgewertet.

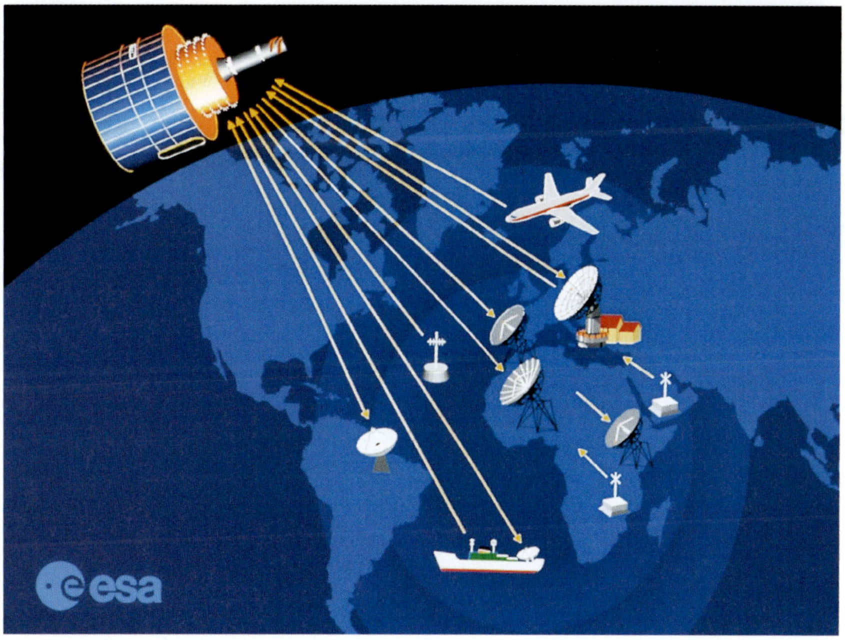

▲ Der erste europäische Wettersatellit Meteosat sendet halbstündlich Bilder von der Erdoberfläche und der Atmosphäre zur Erde. Er sammelt zusätzlich Wetterdaten von automatischen Stationen, Schiffen und Flugzeugen und leitet diese an verschiedene Nutzer weiter.

Sind Bauernregeln Hokuspokus?

Nicht unbedingt. Viele Bauernregeln enthalten einen wahren Kern. Sie beruhen auf der genauen Beobachtung der Natur. Die meisten dieser Regeln stammen wohl aus dem 13. und 14. Jahrhundert und wurden zur besseren Einprägung in Reimform mündlich überliefert. Beim Vergleich von mehr als 400 Bauernregeln mit Wetterdaten aus fast 200 Jahren trafen in etwa 80 % der Fälle die kurzfristigen Wetterregeln zu. Aktuelle Wetterprognosen für zwei Tage erreichten auch nur eine Trefferquote von 90 %. Relativ genau ist die Wetterregel zum Siebenschläfertag, dem 27. Juni: »Ist der Siebenschläfer nass, regnet's ohne Unterlass.«

Warum ist Stadtluft so schlecht?

Das größte Problem der Stadtluft ist die Anreicherung mit Luftschadstoffen. Vor allem durch die Verbrennung fossiler Kraftstoffe in Autos, Heizungen und Industrieanlagen werden zahlreiche Partikel freigesetzt, die gemeinsam als Aerosol bezeichnet werden. Während man über den Ozeanen knapp 1000 Kerne pro Kubikzentimeter misst und auf dem Land noch unter 10 000, sind es in Großstädten im Durchschnitt fast 150 000. Größere Feinstaubpartikel setzen sich rasch ab, aber die kleinen schweben als Dunst in der Luft.

Ozon reizt die Atemwege, Stickstoffverbindungen säuern den Nebel und Regen an. Smog entsteht, wenn sich die Luftschadstoffkonzentration infolge besonderer meteorologischer Bedingungen stark erhöht. Kohlenmonoxid und Schwefeldioxid sind aufgrund verbesserter Filter bei Industrie und Autos sowie aufgrund sauberer Brennstoffe bereits zurückgegangen.

Wegen der Lichtstreuung an Partikeln und Wasserdampf erscheint der Himmel über Städten eher weiß als blau. Die Dunstwolke verhindert, dass Wärme entweichen kann. Aus diesem Grund sind die Städte unserer Breiten im Jahresdurchschnitt etwa 1 °C wärmer als ihr Umland.

▼ Die hohe Luftverschmutzung in Los Angeles wird zusätzlich durch umgebene Gebirgsketten verstärkt, die den Luftaustausch mit dem Umland hemmen.

Das Leben – Vielfalt und Einmaligkeit

Aus Einzellern entwickelten sich Vielzeller, dann Pflanzen und Tiere: So breitete sich das Leben auf der Erde aus. Alles begann im Meer. Die Pflanzen waren die ersten, die den Weg aufs feste Land fanden, die Tiere folgten ihnen erst 50 Mio. Jahre später. Zugleich eroberten Insekten den Luftraum, und es entwickelten sich Amphibien, aus diesen wiederum Reptilien. Schließlich eroberten die Säugetiere die Erde.

Pflanzen und Tiere bilden heute eine unüberschaubare Vielfalt. Hohe Temperaturen und große Regenmengen lassen in den inneren Tropen einen dichten tropischen Regenwald gedeihen. Nördlich und südlich davon erstrecken sich die weiten Graslandschaften der Savannen. In den sich anschließenden Wüsten gedeihen nur an besonders günstigen Standorten Büsche und Dornsträucher. In den etwas feuchteren Halbwüsten behaupten sich dagegen zahlreiche an die Trockenzeit angepasste Pflanzen. Viel üppiger geht es in den subtropischen Winterregengebieten an den Westseiten der Kontinente zu. Nach den trockenen und heißen Sommern können sich die Pflanzen in den feuchten, milden Wintern erholen. Typische Gewächse sind hier Hartlaubgehölze.

Die ozeanisch geprägten kühlgemäßigten Breiten sind die Heimat der sommergrünen Laubwälder. Mit ihrem herbstlichen Blattabwurf passen sich die Bäume der kalten Jahreszeit an. Zu ihren Füßen erstreckt sich eine dichte, Schatten liebende Kraut-Gras-Schicht. Die trockenen und baumlosen Steppengebiete im Inneren der Kontinente werden von üppigen krautreichen Grasländern eingenommen. In den weiter polwärts gelegenen kaltgemäßigten Breiten beherrschen die Nadelholzwälder der Taiga das Landschaftsbild. In den Subpolar- und Polarzonen schränkt die Kälte das Pflanzenwachstum ein. Nur die nahezu baumlose Tundra kann sich mit ihren anspruchslosen und niedrig wachsenden Pflanzen – Flechten, Moosen, Gräsern, Kräutern und Zwergsträuchern – behaupten. Im polaren Klima gibt es nur noch Kältewüsten ohne Boden und Vegetation.

◀ Das Perlboot (Nautilus) lebt in tropischen Meeren. Fossile Arten des Kopffüßers lassen sich bis in die Kreidezeit zurückverfolgen.

▲ Abdruck eines Trilobiten aus dem Burgess-Schiefer

Wann entstand das Leben auf der Erde?

Vor rund 4 Mrd. Jahren. Unter eigentlich lebensfeindlichen Bedingungen – es gab keine schützende Atmosphäre und die Erdoberfläche war noch immer heiß – bildete sich primitives Leben. Die ersten Zellen können heute aus einer Zeit vor 3,5 Mrd. Jahren nachgewiesen werden.

Etwa 1 Mrd. Jahre später hatten sich diese Zellen so sehr vermehrt, dass der bei ihrer Zellteilung anfallende Sauerstoff in der nun entstandenen Atmosphäre neben den Hauptanteilen Stickstoff und Kohlendioxid an Bedeutung gewann. Vor 1 Mrd. bis 600 Mio. Jahren entwickelten sich die ersten mehrzelligen Lebewesen. Der gesamte Zeitraum bis vor 545 Mio. Jahren wird als Präkambrium, also als die Zeit vor dem Kambrium, bezeichnet.

Wann entfaltete sich das Leben explosionsartig?

Im Kambrium (vor 545 bis 510 Mio. Jahren) blieb das Leben zwar auf das Meer beschränkt, doch es entfaltete sich so reich, dass sich der Begriff der kambrischen Explosion eingebürgert hat. Allerdings haben jüngste Forschungen ergeben, dass es bereits vorher viele Lebewesen gegeben hat. Doch bisher fand man nur wenige Fossilien, also versteinerte Reste von Pflanzen und Tieren, aus dieser Zeit.

Welches war das gefährlichste Tier des Kambrium?

Anomalcaris, die »ungewöhnliche Krabbe«. Mit einer Körperlänge von mehr als 50 cm ein wahrer Riese unter den damaligen Lebewesen, war sie mit ihren rasiermesserscharfen Zähnen wohl der am meisten gefürchtete Jäger am Riff.

Einige Bewohner des kambrischen Meers hatten ein sog. Exoskelett, eine Art Stützstruktur für den weichen Körper, ähnlich wie der Panzer der heutigen Krustentiere. So ausgestattet bewegte sich z. B. der etwa 10 cm große Opabinia im Wasser. Das Tier hatte fünf Augen, bewegliche seitliche Körperanhänge und einen langen Rüssel mit einem Greifarm. Es lebte wahrscheinlich als Jäger. Zu seinen Beutetieren zählte mutmaßlich der frühe Stachelhäuter Eldonia, der große Ähnlichkeit mit heutigen Quallen aufweist, oder die mit flossenartigen Organen ausgestattete Amiskwia.

Seit wann gibt es Fische?

Im ausgehenden 20. Jahrhundert waren sich die Wissenschaftler einig, dass die ersten Fische aus dem Ordovizium stammen, einem Erdzeitalter, das vor 510 Mio. Jahren begann und vor 438 Mio. Jahren endete. Doch Mitte der 1990er Jahre zwang eine Entdeckung aus China zum Umdenken: In der Nähe des Ortes Haikou waren Reste eines Fisches gefunden worden. Sie lagen in Gesteinsschichten aus dem Kambrium und bewiesen, dass der Ursprung der Fische 60 Mio. Jahre länger zurücklag.

Leitfossilien des Kambrium

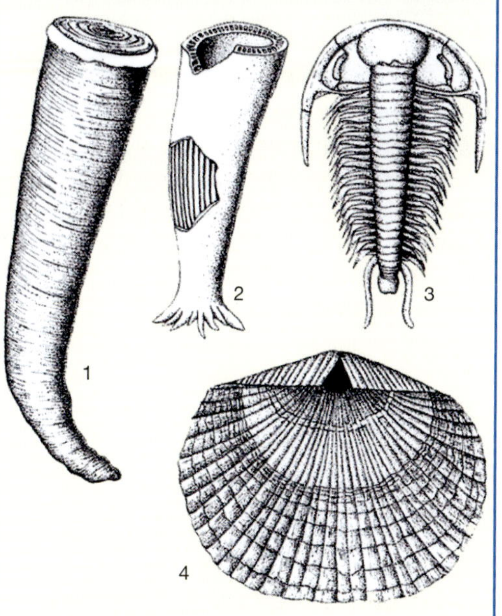

1 Hyolithen (vermutlich Mollusken), Hyolithellus micans; 2 Archaeocyathen (Urschwämme); 3 Trilobiten (Dreilapper, Urkrebse), Paradoxides bohemicus; 4 Brachiopoden (Armfüßer), Orusia lenticularis

Wussten Sie, dass ...

- im Mai 2004 die geologische Zeittafel um das Erdzeitalter Ediacarium erweitert wurde? Dieses umfasst die Zeit vor 600–545 Mio. Jahren, als zum ersten Mal Vielzeller in großer Zahl die Meere bevölkerten.
- das erste bekannte Lebewesen mit vier Beinen Ichthyostega war und vor 410 Mio. Jahren lebte? Es benutzte seine Beine jedoch eher zum Schwimmen als zum Laufen, denn es lebte noch im Meer.
- im Karbon – vor 355–290 Mio. Jahren – ausgedehnte Wälder die Landflächen bedeckten? Die Photosynthese der vielen Pflanzen ließ den Sauerstoffgehalt der Atmosphäre von 15 % auf 35 % anwachsen.
- am Ende der Kreidezeit (vor 65 Mio. Jahren) nicht nur alle Dinosaurier ausstarben, sondern drei Viertel aller Tierarten? Mit ihnen starb auch ein Fünftel der bis dahin unbedeutenden Säugetiere.
- Schildkröten und Krokodile die einzigen Reptilienordnungen aus der Zeit der Dinosaurier sind, die bis heute überlebt haben?

Wann gingen die ersten Pflanzen an Land?

Wissenschaftler streiten sich immer noch über den Zeitpunkt, an dem der erste Landgang der Pflanzen stattgefunden hat. Im Ordovizium, vor 510–438 Mio. Jahren, hatten sich große Algen entwickelt, die sich mittels eines starken Strangs aus abgestorbenen Zellen am Boden festhalten konnten. Aus diesem Strang wurde bei späteren Landpflanzen ein Wasser leitendes Gefäßsystem. Grünalgen gelten als Vorfahren der ersten Landpflanzen.

Im Silur, vor 438–410 Mio. Jahren, existierten zumindest Pflanzen, die subaquatisch, d. h. halb im Wasser, halb auf dem Land lebten. Erst im Devon, vor 410–355 Mio. Jahren, kam es zu einer nachhaltigen Verbreitung von Landpflanzen, die eine erstaunliche Artenvielfalt aufwiesen.

◄ Wasserpflanzen und erste Landpflanzen im Devon

▲ Der Komorenquastenflosser, das wohl bekannteste lebende Fossil, erreicht eine Länge von rund 1,5 m und wird bis zu 70 kg schwer.

Welche Tierart kam als erste vom Meer an Land?

Als erste krochen Tausendfüßer an Land. Die kleinwüchsige Flora an den Küsten der flachen Meere und den Ufern der Brackwasser im Silur (vor 438–410 Mio. Jahren) bot ihnen einen eigenen Lebensraum. Diese frühen Landformen atmeten als erste Tiervertreter über Tracheensysteme Luft ein – etwa so wie die heutigen Landspinnen.

▲ Ammoniten, eine ausgestorbene Gruppe der Kopffüßer, sind wichtige Leitfossilien für die Altersbestimmung der Meereswelt.

Im frühen Devon herrschte auf dem Festland schon ein reges Leben. Zwischen Urlandpflanzen krabbelten Urspinnen, Milben und mit den Springschwänzen schon die ersten, allerdings noch flügellosen Insekten. Im Karbon (355–290 Mio. Jahren) besiedelten die Tiere dann endgültig das Land. Die ersten Landbewohner waren Amphibien, Lebewesen, die sowohl im Wasser als auch an Land bestehen konnten. Aus ihnen entwickelten sich die Reptilien.

Sind Beine zum Überleben wichtig?

Im Devon waren sie es auf jeden Fall, denn im Klima dieser Zeit passierte es immer wieder, dass Seen und Tümpel auf dem Land zumindest zeitweise austrockneten. Um ihr Überleben zu sichern, mussten die dort lebenden Fische im Lauf der Evolution auf dieses Phänomen reagieren. Vielleicht entwickelten sie vier Beine und Füße, um während der Trockenperioden neue Wasserstellen zu suchen oder sich im feuchten Schlamm einzugraben. Sicher lockte auch das steigende Nahrungsangebot an Land.

Zu den ersten Tieren mit »Beinen« zählt Eusthenopteron, der zur Ordnung der Quastenflosser gehört. Diese Fische besaßen an der Unterseite des Rumpfes vier große, lappige Flossen – und besitzen sie noch heute: Seit 1938, als vor Südafrika ein Quastenflosser gefangen wurde, weiß man, dass diese Urtiere nicht, wie bis dahin angenommen, ausgestorben sind.

Wann folgten die Tiere den Pflanzen?

Zwischen dem ersten Landgang der Pflanzen und dem der Tiere liegt nach bisherigem Forschungsstand ein Zeitraum von mindestens 50 Mio. Jahren. Der Grund ist ein Prinzip der Nahrungskette: Tiere ernähren sich von anderen Organismen, entweder von Pflanzen oder von Pflanzenfressern, die sie räuberisch erbeuten. Daher musste sich an Land zunächst eine schon recht üppige Pflanzenwelt entwickeln, bevor die Tiere einen so entscheidenden Schritt wagen konnten. Im Lauf der Erdgeschichte hinkt die tierische Entwicklung der pflanzlichen daher immer um eine gewaltig erscheinende Zeitspanne hinterher.

Welche Arten eroberten zuerst die Lüfte?

Die ersten waren libellenartige Insekten wie Meganeura monyi. Sie erreichten in den tropischen Steinkohlenwäldern des Oberkarbon Flügelspannweiten von bis zu 70 cm.

Dagegen sind unsere heutigen Libellen geradezu winzig. Allerdings konnten diese frühen Flieger ihre beiden Flügelpaare – im Gegensatz zu den meisten heutigen Fluginsekten – nicht über dem Kopf zusammenschlagen. Von der bislang erfolgreichsten Insektengruppe der Evolution, den Käfern, gab es im Karbon hingegen noch keine Spur.

▲ Die riesigen libellenartigen Meganeura monyi lebten im Oberkarbon in Sumpfgebieten und Mooren Mitteleuropas.

Unterbrachen Massensterben die Entwicklung des Lebens?

Ja. Im Lauf der Erdgeschichte gab es mindestens fünf große Massensterben und etwa 20 kleinere Sterbeperioden.

Bei den großen Ereignissen verschwand mindestens ein Drittel aller Tiere und/oder Pflanzen, bei den kleineren wurden »nur« 10–20 % aller Arten vernichtet. Über die jeweiligen Ursachen – ob Meteoriteneinschläge, Vulkanismus, Meeresspiegelschwankungen, Entstehung neuer und Verdrängung alter Arten – wird heftig gestritten. Zwei der größten Sterbeereignisse fanden vor etwa 250 Mio. Jahren zu Beginn und vor 65 Mio. Jahren am Ende des Erdmittelalters statt. Betroffen waren zuerst fast alle Meeresbewohner und später die Dinosaurier.

Wo blieben die Reptilien?

Das Perm (vor etwa 290–248 Mio. Jahren) war die erste Blütezeit der Reptilien. Frühe Vertreter waren schon die im Karbon aufgetauchten an Flüssen und Seen lebenden Anthracosaurier – Brückenglieder zwischen Amphibien und Reptilien. Das trockene Binnenklima förderte die Evolution der Reptilien.

Im Perm tummelten sich sonst in den Ozeanen Ammoniten (Kopffüßer), Brachiopoden (Armfüßer), Bryozoen (Moostierchen), Schnecken, Muscheln, Knochenfische, Haie und Foraminiferen – winzige Urtierchen. Auf dem Festland vollzog sich ein Wandel in der Pflanzenwelt. Die im Karbon vorherrschenden Farne, Schachtelhalm- und Bärlappgewächse wurden im Norden von Nadelhölzern abgelöst.

◄ Landschaft des Trias, vor etwa 248–205 Mio. Jahren (Farbdruck um 1880)

▶ Das Riesennashorn Baluchitherium wog bei einer Länge von 8 m rund 30 t; es lebte im Oligozän (vor etwa 34–23 Mio. Jahren).

Wieso haben Saurier die Erde beherrscht?

Die Lebensbedingungen – üppige Vegetation und tropische Temperaturen – waren so gut, dass sich besonders große Arten entwickeln konnten. Dazu zählten Flugsaurier mit mehr als 10 m Flügelspannweite und bis zu 15 m lange Fischsaurier. Die eindrucksvollsten Kolosse sind der 40 m lange und 100 t schwere Pflanzenfresser Argentinosaurus und die über 5 m hohe Raubechse Tyrannosaurus rex.

Dinosaurier lebten im Jura (vor 205 bis 135 Mio. Jahren) und in der Kreide (vor 135–65 Mio. Jahren). Die anfangs kleinen Reptilien hatten schnell alle ökologischen Nischen besetzt. Sie bevölkerten das Land, eroberten die Luft und kehrten auch ins Wasser zurück, das ihre Vorfahren rund 100 Mio. Jahre zuvor verlassen hatten.

Wie schnell konnten Saurier rennen?

Auf etwa 30 km/h soll es ein aufrecht gehender, Fleisch fressender Dinosaurier gebracht haben. Das ergaben Berechnungen an Fußspuren, die 2002 in einem britischen Steinbruch entdeckt worden waren. Zwar konnte seine Art nicht bestimmt werden, doch bei seiner Geschwindigkeit waren sich die Wissenschaftler einig: Ein breitbeiniges Watscheln brachte das Tier anfangs auf 6,8 km/h, bei einem anschließenden Rennen betrug die Schrittlänge bis zu 5,6 m und das Tempo exakt 29,2 km/h.

Warum sind die Dinosaurier ausgestorben?

Endgültig geklärt ist ihr Aussterben nicht. Nach der gängigen Theorie war ein großer Meteorit, der vor 65 Mio. Jahren mit unvorstellbarer Wucht im Golf von Mexiko einschlug, Ursache für das große Sterben. Der erst Ende des 20. Jahrhunderts gefundene Einschlagkrater wurde nach der auf der Halbinsel Yucatán gelegenen Ortschaft Chicxulub benannt. Ein weiterer Beleg für das Katastrophenereignis ist eine hohe Iridiumkonzentration in einer dünnen Tonschicht, welche die Grenze zwischen Kreide und Tertiär markiert. Iridium ist ein auf der Erde sehr seltenes Element, das man aber häufiger in Meteoriten findet.

Der Einschlag löste gewaltige Brände und Flutwellen aus. Der in die Atmosphäre geschleuderte Staub verdunkelte das Sonnenlicht und kühlte die Atmosphäre ab. Etwa zur gleichen Zeit ergossen sich im heutigen Südindien gewaltige Lavamassen über die Region Dekhan. Schwefeldioxid und Kohlendioxid gelangten in die Atmosphäre, sorgten zunächst für eine globale Erwärmung (Treibhausgase), längerfristig in Verbindung mit Staubpartikeln und Vulkanasche aber zu einer Abkühlung.

Seit wann gibt es Säugetiere?

Die frühesten Vertreter dieser Wirbeltierklasse tauchten schon vor etwas mehr als 200 Mio. Jahren im Erdzeitalter des Trias auf, allerdings lebten die überwiegend mausgroßen Säugetiere damals im Schatten der dominierenden Reptilien.

In der Erdneuzeit, dem Känozoikum, das vor 65 Mio. Jahren begann, setzte der Siegeszug der Säugetiere ein. Denn im Gegensatz zu den Dinosauriern und vielen Meeresbewohnern überlebten sie das Massensterben am Ende der Kreidezeit. Schon vor der Katastrophe waren in der Vegetation die ersten Blütenpflanzen aufgetaucht, die bevorzugte Nahrung der kleinen Pflanzen fressenden Säuger. Diese Vegetarier waren wiederum Nahrung für die ersten Raubtiere unter den Säugetieren.

▲ Die Rekonstruktion von Lucy, einem Australopithecus afarensis aus der Zeit vor etwa 3,5 Mio Jahren, gilt als abgesichert, weil 40 % des Skeletts gefunden wurden.

Stammt der Mensch vom Affen ab?

Nicht direkt, aber Menschen und Menschenaffen haben gemeinsame Vorfahren, die bereits vor 30 Mio. Jahren in den afrikanischen Regenwäldern lebten. Wann sich die Entwicklungslinien der Menschenaffen und der Hominiden, der Vorfahren des Menschen, getrennt haben, ist noch ungeklärt. Da es keine Funde eines gemeinsamen Ahnen gibt, spricht die Wissenschaft vom »missing link«, dem fehlenden Verbindungsglied. Die Suche nach ihm beschränkt sich auf Afrika, da erwiesen ist, dass dort der Ursprung der Menschheit liegt.

Was besagt Darwins Evolutionstheorie?

Kern der Darwin'schen Abstammungslehre ist die Selektionstheorie, auch »Theorie der natürlichen Auslese« genannt. Nach Charles Darwin tendiert jedes Lebewesen dazu, sich immer weiter zu vermehren. Dass die absolute Zahl der Tiere und Pflanzen einer Art dennoch mehr oder weniger stabil bleibt, liegt daran, dass nicht alle überleben. Zwischen den einzelnen Individuen derselben Art entbrennt vielmehr ein »Kampf ums Dasein«.

Diesen Kampf darf man nicht als Kampf zwischen Jägern und Beutetieren verstehen, sondern als Kampf zwischen Tieren derselben Art. Diejenigen Individuen, deren Organe durch geringe erbliche Unterschiede besser für den »Überlebenskampf« ausgerüstet wurden, sind ihren Artgenossen überlegen. Eine natürliche Auslese führt dazu, dass nur jene Pflanzen und Tiere mit den besser entwickelten Organen überleben und Nachkommen produzieren können. Die anderen Individuen sterben aus.

Darwins Theorien sorgten seinerzeit überall für helle Aufregung, da sie sich auch auf den Menschen übertragen ließen: Er hätte demnach seine Fähigkeit zu denken der natürlichen Auslese – also dem Zufall – zu verdanken. Das widerspricht aber der biblischen Schöpfungsgeschichte.

Wie alt ist der Mensch?

Die ältesten Reste eines menschlichen Vorfahren wurden auf 6 bzw. 7 Mio. Jahre datiert. Orrorin tugenensis und Sahelan-thropus tschadensis wurden jedoch erst 2001 bzw. 2002 gefunden und sind bis jetzt von nur wenigen Wissenschaftlern begutachtet worden, so dass sie noch umstritten sind. Anerkannt ist dagegen der Ardipithecus ramidus, der vor 4,4 Mio. Jahren seine Spuren hinterließ. Seine Reste wurden in den 1990er Jahren in Äthiopien gefunden.

▼ Ein Apatosaurier im Größenvergleich mit einem Menschen

▲ Gleichmäßig warmes und feuchtes Klima hat den immergrünen tropischen Regenwald mit seinem außerordentlichen Artenreichtum entstehen lassen.

Wo wächst tropischer Regenwald?

Tropischer Regenwald wächst rund um den Äquator bis etwa 6° nördlicher und südlicher Breite. Es gibt drei große Gebiete mit tropischem Regenwald: das tropische Amerika, das Zentrum Afrikas einschließlich Teilen Madagaskars sowie Südostasien von Indien über Malaysia bis nach Nordost-Australien.

Am weitesten hat sich der Regenwald in Südamerika ausgebreitet, wo er im Andenvorland bis auf 25° südlicher Breite vordringt. Der Regenwald des Amazonasbeckens stellt mit 4,7–6 Mio. km^2 die weltweit größte Waldfläche. Im äquatorialen Ostafrika ist es dagegen aufgrund der großen indischen Monsunzirkulation zu trocken für den Regenwald.

Tropischer Regenwald benötigt das immerfeuchte Klima der inneren Tropen [➔S. 188]. Dort ist auch der kälteste Monat noch über 18 °C warm. Es gibt keine ausgeprägten Unterschiede zwischen den mittleren Monatstemperaturen, dagegen schwanken die Temperaturen im Laufe eines Tages teils erheblich. Regen fällt das ganze Jahr über, meistens mehr als 1500 mm.

Warum sind Regenwälder so artenreich?

Flora und Fauna des tropischen Regenwaldes konnten sich seit dem Tertiär (vor 65–1,8 Mio. Jahren) bei optimalen Klimabedingungen entwickeln. Dagegen ist die Artenvielfalt in Europa bis heute relativ gering, da sich die meisten Pflanzen während der letzten Eiszeit in wärmere Gebiete zurückgezogen haben und erst seit 20 000–10 000 Jahren ihren Lebensraum »zurückerobern«. Während in Mitteleuropa 2700 Arten von Gefäßpflanzen bekannt sind, wachsen alleine in der artenreichen Inselwelt Indonesiens 45 000 verschiedene Pflanzenarten, darunter 3000 Baumarten.

Wussten Sie, dass ...

- die Hälfte aller lebenden Arten im Regenwald vorkommt, obwohl dieser nur 7 % der gesamten Landfläche bedeckt?
- allein in Brasilien pro Jahr über 25 000 km^2 Regenwald, also annähernd die Fläche von Belgien, vernichtet werden?
- durch die Zerstörung des Regenwaldes jedes Jahr mindestens ein Viertel des Kohlendioxids, das die Menschen produzieren, in die Atmosphäre gelangt?

Die üppige Vegetation des tropischen Regenwaldes besteht aus immergrünen Pflanzen, die das ganze Jahr über Blätter tragen. Sie umfasst aber nicht nur Bäume, sondern auch Sträucher, Palmen, Farne, Orchideen, Kräuter und viele andere Pflanzen, die auf-, neben- und übereinanderwachsen.

Im mittelamerikanischen Staat Panama, zu großen Teilen von Regenwald bedeckt, brüten 890 Vogelarten – im über viermal so großen Deutschland sind es nur rd. 250. Auf der südostasiatischen Insel Borneo haben Zoologen auf nur 19 Baumkronen 2000 Käferspezies entdeckt. Das ist etwa ein Viertel der Artenanzahl, die bislang in ganz Mitteleuropa entdeckt worden ist.

Beherrschen bestimmte Pflanzen den Dschungel?

Nein, die Artenvielfalt bewirkt, dass sich keine der vorkommenden Arten in den Vordergrund drängen kann. Auf einer Fläche von 1 ha wachsen durchschnittlich 100–150 Bäume mit einem Stammdurchmesser von mindestens 25 cm. Doch jede Art ist mit nur einem bis drei Exemplaren vertreten. Das ist einer der Gründe dafür, dass eine rationelle Holznutzung der Regenwälder kaum möglich ist und Edelhölzer einzeln aus den Wäldern geschlagen werden müssen.

Haben tropische Bäume Jahresringe?

Nein, denn es gibt keinen jahreszeitlichen Rhythmus, den Jahresringe in den Stämmen der Bäume anzeigen könnten. In außertropischen Gebieten entstehen während des stärksten Wachstums im Frühling bzw. in der Regenzeit weite Holzzellen, während die Zellen im Sommer bzw. in der Trockenzeit engmaschig sind. In den Tropen ist das Klima ganzjährig feuchtwarm, und die Stämme wachsen regelmäßig.

Durch die fehlende Jahresrhythmik des Klimas ist weder das Wachstum noch der Laubfall auf bestimmte Jahreszeiten beschränkt. Dennoch weisen die Pflanzen häufig einen bestimmten Wachstumsrhythmus auf, der von Art zu Art – und oft auch bei Pflanzen derselben Art – variiert. Das Laub der »immergrünen« Bäume wechselt regelmäßig, doch kann diese Periode zwischen sechs und 32 Monaten schwanken. Die Ruheperiode, während der der Baum kahl steht, dauert einige Wochen bis Monate an. Manche Arten werfen ihr Laub erst dann ab, wenn sich bereits neue Blätter entwickelt haben.

▼ Oben: Brettwurzeln stützen einen Baumriesen im Regenwald von Guyana.
Unten: Luftaufnahme des tropischen Regenwaldes am Amazonas in Peru

Wann blüht es im Regenwald?

Im Regenwald blüht es das ganze Jahr über. Auch das liegt an den ganzjährig gleich bleibenden Klimaverhältnissen; die Blütezeit ist im Regenwald nicht wie in anderen Klimazonen von wechselnden Tageslängen und Temperaturen abhängig. Häufig treten am gleichen Baum Blüten und Früchte nebeneinander auf.

Die Bestäubung und die Verbreitung der Samen erfolgt fast ausschließlich über Tiere. Während in den höheren Baumschichten neben Insekten überwiegend Vögel die Samen verbreiten, sind es in den tieferen Baumschichten Fledermäuse und die mit ihnen eng verwandten Flughunde. Letztere verdanken ihren Namen ihrem hundeähnlichen Kopf. Tagsüber hängen sie kopfunter an Ästen, nachts begeben sie sich auf Nahrungssuche.

▼ Hier ist nur ein winziger Bruchteil der Tier- und Pflanzenarten des amerikanischen tropischen Regenwaldes zu sehen: u. a. Tukan, Aras, Kolibris, Faultier, Jaguar, Harpyie (ein Greifvogel), Reptilien und Affen.

Sind tropische Böden fruchtbar?

Nein, tropische Böden sind viel weniger fruchtbar als z. B. die Böden Mitteleuropas. Die von Natur aus nährstoffarmen tropischen Böden erhalten ihre Nährstoffe zu großen Teilen durch die Zersetzung des auf ihnen liegenden Laubes. Durch den permanenten Laubfall werden die Böden das ganze Jahr über gedüngt. Die Rodung des Regenwaldes unterbricht den Nährstoffnachschub. Die Böden verlieren dadurch rasch ihre Fruchtbarkeit und können nur für kurze Zeit als Ackerböden genutzt werden.

Warum kippen die Baumriesen nicht um?

Damit die teils über 60 m, selten auch einmal 100 m hohen Regenwaldbäume nicht umkippen, entwickeln sie strebenähnliche Brettwurzeln. Die Hauptwurzeln der Bäume wachsen statt in die Tiefe zur Seite; auf der Oberseite der Wurzeln ist das Wachstum stärker als auf der Unterseite. Dadurch bilden die horizontal vom Stamm abgehenden Wurzeln bis zu 9 m hohe Streben, die sich schräg zum Stamm hinaufziehen.

Das sehr flache Wurzelsystem der Tropenbäume ist kein Hindernis bei der Nährstoffaufnahme: Die den Wurzeln aufsitzenden Mykorrhizapilze arbeiten so effektiv, dass sie bereits in geringer Tiefe alle aus der Laubstreu freigesetzten Mineralsalze aufnehmen.

Was sind Stockwerke im Regenwald?

Damit werden Bereiche verschiedener Lichtintensität bezeichnet, die vor allem für das Wachstum der Bäume wichtig sind. Es gibt drei Kronenstockwerke in durchschnittlich 10 m, 25 m und 40 m Höhe. In der unteren, sehr dichten Schicht bilden die Bäume schmale Kronen mit spindel- bzw. kegelförmigem Bau, die die schmalen Lichtschneisen optimal ausnutzen können. Die mittleren und oberen Kronenschichten sind dagegen lückenhaft und bilden meistens weit gespannte Schirmkronen.

Das Sonnenlicht kann das untere Stockwerk kaum durchdringen: Nur noch 0,1–0,5 % des Lichtes gelangen auf den Waldboden. Jungbäume und Sträucher wachsen deswegen rasch in die Höhe, um vom lebensnotwendigen Licht zu profitieren. Moose und niedrige Pflanzen gibt es im Dschungel kaum.

◀ Flughunde ernähren sich von Nektar, Pollen und Früchten; dabei bestäuben sie die Blüten der Pflanzen und verbreiten deren Samen. Tagsüber ruhen die dämmerungs- oder nachtaktiven Tiere kopfunter hängend an Ästen.

Weshalb sind tropische Samen so groß?

Die dicken Samen der tropischen Pflanzen bergen reichlich Reservestoffe, welche die jungen Pflanzen zum Wachsen benötigen. In anderen Wäldern erzeugen Jungpflanzen die benötigten Stoffe durch Photosynthese. Doch im tropischen Regenwald kann das dafür erforderliche Sonnenlicht nicht bis zum Boden durchdringen. Junge tropische Bäume können daher die lebensnotwendige Photosynthese erst durchführen, wenn sie mit ihren Spitzen das Sonnenlicht erreichen. Daher »ernähren« sie sich möglichst lange von den im Samen gespeicherten Reservestoffen.

Übrigens: Damit die Pflanzen möglichst rasch in die Höhe wachsen, wird das Wuchshormon Auxin aktiviert. Volle Sonnenstrahlung deaktiviert dieses Hormon. Diese Reaktion ist auch für das geringe Pflanzenwachstum in den strahlungsreichen Höhen der Gebirge oberhalb der Waldgrenze verantwortlich.

◀ Die Blüten des Kakaobaums entwickeln sich auf seinem Stamm.

Wieso trägt der Kakaobaum seine Blüten am Stamm?

Die Stammblütigkeit, die sog. Kauliflorie, die bei vielen tropischen Bäumen der unteren Baumschicht auftritt, lockt Fledermäuse und Flughunde an, die sich auf dem Stamm und den dicken Ästen eher niederlassen können als auf dünnen Zweigen. Dadurch besitzt der Kakaobaum einen Vorteil bei der Verbreitung seiner Samen. Die kleinen, unscheinbaren Blüten des Kakaobaums entwickeln sich aus ruhenden, teilweise schon vor vielen Jahren angelegten Knospen im Stamm. Aus den Blüten bilden sich große rote Früchte, in deren Fruchtfleisch die Kakaobohnen eingebettet sind. Fledermäuse und Flughunde fressen diese Früchte; durch den Kot der Tiere gelangen die Samen in den Boden.

Welche Pflanzen können klettern?

Lianen. Als schnellwüchsige Kletter- und Schlingpflanzen erreichen sie rasch die gut

▲ Ein Flughörnchen im Sprung; zwischen seinen Vorder- und Hinterbeinen spannt sich eine Haut, die wie ein Gleitschirm wirkt.

▶ Aufsitzerpflanzen (Epiphyten) an Baumstämmen im Regenwald von Costa Rica

belichteten höheren Vegetationsstockwerke. Dazu klammern sich die Pflanzen mit Ranken und Haftwurzeln an Baumstämmen fest. Lianen bauen erst dann festes Stützgewebe auf, wenn sie genügend Licht erreicht haben, um eine Laubkrone auszubilden. Nährstoffe und Wasser erhalten Lianen über ihre Wurzeln aus dem Boden.

Welche Pflanzen brauchen keine Erde?

Epiphyten sitzen anderen Pflanzen auf und beziehen die lebensnotwendigen Nährstoffe und das Wasser aus der Luft. Diese aufsitzenden Pflanzen nutzen andere Pflanzen lediglich als Stütze, ihren Wasser- und Nährstoffbedarf decken sie aus dem Regen. Dazu verfügen sie über speziell ausgebildete Wurzeln und Blätter.

▶ Dreifinger-Faultiere wie das Kragenfaultier bewohnen ausschließlich tropische Regenwälder, wo sie nahezu ihr gesamtes Leben in den Bäumen verbringen.

Manche Orchideenarten bilden frei herabhängende Luftwurzeln mit großen, toten Zellen, die das Regenwasser regelrecht aufsaugen. Bei der Familie der Ananasgewächse sind die Blätter mit Saugschuppen besetzt, die bei Benetzung mit Regenwasser aufquellen. Einige Pflanzen bilden zusätzlich mit ihren rosettenartig angeordneten Blättern einen Trichter, in dem sich das Regenwasser sammelt.

Übrigens: Im Gegensatz zu den Epiphyten zählen die sog. Hemi-(»Halb«-)-Epiphyten zu den Parasiten. Sie benutzen einen Baum als Stütze, um ihn nach Ausbildung genügender Stelzwurzeln zu »erdrosseln«.

Wie haben sich die Tiere an das Leben im Regenwald angepasst?

Die schlechten Lichtverhältnisse und die vorherrschende Windstille haben den Seh- und Geruchssinn vieler Tiere eingeschränkt; das Gehör ist im Dschungel das wichtigste Sinnesorgan. Um die dichte Waldformation durchqueren zu können, verfügen Tiere wie Tapire, Leguane und Schlangen über einen glatten oder keilförmigen Körperbau. Andere Tiere wie Elefanten und Nashörner durchbrechen den Urwald mit ihren massigen Körpern. Affen, Laubfrösche und Geckos gehören zu den Kletterern des Regenwaldes. Viele Tiere fliegen oder gleiten zwischen den Bäumen hin und her. Zu diesen sog. Flugspringern zählen u. a. Flugfrösche und Flughörnchen.

Wie die Pflanzenwelt siedelt sich auch die Tierwelt in verschiedenen Stockwerken an. Besonders dicht bewohnt sind die höheren Stockwerke des Regenwaldes. Dort tummeln sich neben Vögeln und Insekten auch Affen und Halbaffen, Faultiere, Baumschliefer und sogar baumlebende Kängurus.

Ist Tropenholz gutes Nutzholz?

Ja. Gerade wegen seiner wertvollen Hölzer wird der Regenwald abgeholzt. Da aber die Artenvielfalt so groß ist, werden bei der Gewinnung der gefragten Hölzer weite Teile des Waldes beeinträchtigt. Das Fällen eines einzigen Mahagonibaums zerstört durchschnittlich 27 weitere Bäume, die z. B. ihren Lebensraum im Schatten des Mahagonibaums verlieren.

Mit der Rodung werden Straßen und Verbindungswege durch den Wald angelegt, um auf ihnen das Holz zu Sägewerken transportieren zu können. Entlang den Transportschneisen arbeiten sich die Holzfirmen weiter in den Wald vor, um auch minderwertige Bäume schlagen zu können. Gleichzeitig siedeln sich Kleinbauern an, die für ihre Parzellen den Wald weiter roden. Im größeren Maßstab machen dies auch Großgrundbesitzer, die den Regenwald in Weidegebiete oder Plantagen für Weltmarkterzeugnisse verwandeln. Etwa ein Viertel der weltweiten Kaffeeproduktion wächst bereits heute auf brasilianischen Plantagen. Weitere wichtige Anbauprodukte in den ehemaligen tropischen Wäldern sind Zuckerrohr und Bohnen. Auch der Gewinnung von Rohstoffen fallen große Regenwaldgebiete zum Opfer.

Wie viel Regenwald wurde schon vernichtet?

Zuerst waren es nur einzelne unzusammenhängende Flächen, auf denen die ursprüngliche Vegetation vernichtet wurde. Ab den 1960er Jahren steigerten sich jedoch Ausmaß und Geschwindigkeit des Raubbaus: Zwischen 1960 und 1990 verschwand ein Fünftel der weltweiten Fläche des tropischen Regenwaldes, das waren 4,5 Mio. km² oder mehr als die zwölffache Fläche von Deutschland. 2003/04 wurde allein in Brasilien eine Regenwaldfläche so groß wie das Bundesland Mecklenburg-Vorpommern vernichtet.

▼ Die traurigen Reste abgeholzten Regenwaldes, hier auf Borneo (Indonesien)

▲ Ein Elefant in der Savannenlandschaft des Ruaha-Nationalparks in Tansania

Wo gibt es Savannen?

Savannen sind in Afrika weit verbreitet und bedecken große Teile des Indischen Subkontinents. Es gibt sie im Norden Australiens ebenso wie in Süd- und Mittelamerika.

Die Grasländer und Trockenwälder der Savannen liegen auf einem breiten Übergangsgürtel zwischen dem tropischen Regenwald und der Wüstenzone. Die weiten Grasfluren sind von einzelnen Bäumen, Baumgruppen oder lichten Wäldern durchsetzt.

Was kennzeichnet das Klima der Savanne?

In der Savanne herrscht heißes, wechselfeuchtes tropisches Klima. Im Jahresverlauf wechseln sich trockene und feuchte Perioden ab. Je nach Region fallen 200–1500 mm Regen, der meiste davon im Sommer. In Ouagadougou, der Hauptstadt Burkina Fasos, regnet es im Jahresmittel 870 mm. Allein im August sind es 280 mm, von November bis Februar hingegen insgesamt nur 3 mm.

In den Savannen wird es im Durchschnitt 25 °C heiß, doch im Gegensatz zu den inneren Tropen schwanken die mittleren Monatstemperaturen im Lauf eines Jahres um 10–12 °C.

Welche Savanne ist trockener als die Trockensavanne?

Die Dornsavanne: In der Trockensavanne fallen 500–1000 mm Regen, in der Dornsavanne lediglich 200–500 mm. Während es in der Trockensavanne fünf bis siebeneinhalb Monate nicht regnet, dauert die Trockenzeit in der Dornsavanne sieben bis zehn Monate.

In beiden Savannentypen werden weite Grasfluren nur vereinzelt von Schirmakazien, Affenbrotbäumen oder Flaschenbäumen unterbrochen. Diese Bäume sind an die Tro-

Wussten Sie, dass ...

- die Flüsse der Savannen oft von einem Waldstreifen begleitet werden? Diese als Galeriewälder bezeichneten Wälder bestehen im Gegensatz zu den Laub abwerfenden Savannenwäldern aus immergrünen Arten.
- ein etwa 20 m hoher Affenbrotbaum mit einem Stamm von 6 m Durchmesser 120 m^3 Wasser speichern kann?
- auf ehemaligen Termitenbauten isolierte Waldinseln wachsen können? Der Boden der Termitenhügel ist aufgelockert und mit Nährstoffen angereichert.

▶ Der afrikanische Vogel Strauß lebt ausschließlich in offenen Landschaften Afrikas.

ckenheit angepasst und werfen während der Trockenzeit ihr Laub ab. In der Dornsavanne wachsen zudem zahlreiche Dornsträucher.

In der Feuchtsavanne – sie ist dem Äquator am nächsten – wachsen üppige, übermannshohe Gräser. Hochwüchsige Bäume stehen in kleinen Gruppen zusammen, manchmal bilden sie einen lockeren Wald. Die Trockenzeit dauert zweieinhalb bis fünf Monate, in der restlichen Zeit regnet es regelmäßig. Die Niederschläge summieren sich auf 1000 bis 1500 mm pro Jahr.

Wie überstehen Savannengräser die Trockenheit?

Sie durchziehen die oberen Bodenschichten mit einem 25–30 cm mächtigen Wurzelstock, der den Hauptteil des Regenwassers aufsaugt. Die Gräser können so das verfügbare Wasser optimal nutzen. In der Trockenzeit sterben große Teile der Pflanze ab, die Gräser benötigen dann kaum Wasser.

Nur wenn die Speichermöglichkeit der Graswurzeln überschritten wird, kann Regenwasser bis in die Wurzelbereiche der Bäume sickern. Die Baumwurzeln breiten sich deswegen weit in die Horizontale und die Tiefe aus. Nur so können sie mit dem spärlichen Wasserangebot auskommen. Je weniger Wasser vorhanden ist, desto weiter stehen die um das Wasser konkurrierenden Bäume auseinander. Doch im Gegensatz zu den Gräsern können Bäume Wasser speichern und so längere Trockenphasen überbrücken.

Welche Tiere leben in der Savanne?

In den offenen Landschaften der Savanne leben Großtiere verschiedenster Arten und Familien. Zu ihnen zählen Huftiere wie Zebras, Giraffen, Antilopen, Gazellen und Wasserbüffel sowie hochbeinige Raubtiere wie Hyänenhunde, Geparden und Tüpfelhyänen. Straußenvögel haben sich in Afrika als Vogel Strauß, in Australien als Emu und in Südamerika als Nandu entwickelt.

Viele Tiere treten in Gruppen auf: Zebras, Antilopen und Strauße leben in Herden, Löwen und Falken jagen in Rudeln bzw. Schwärmen. Weitere Bewohner der Savannen sind Kängurus, Springmäuse und Springhasen sowie Raubvögel und Geier. Termiten, Ameisen und Heuschrecken sind besonders häufig in der Trocken- und Dornsavanne zu finden.

Warum brauchen Akazien Schirme?

Auf jeden Fall nicht, weil es zu viel regnet! Mit ihrer schirmförmigen Krone passen sich die Akazien wie auch andere Savannenbäume an das von oben kommende Licht der Tropen an. Hätten die Kronen die bei uns übliche rundliche Form, würden sich die einzelnen Blätter gegenseitig zu stark beschatten. Dagegen erhalten alle Blätter einer schirmförmigen Baumkrone genügend Sonnenlicht für die Photosynthese.

▼ Affenbrotbaum (links) und Flaschenbaum (rechts) sind mit ihren dicken, Wasser speichernden Stämmen die markantesten Baumarten der afrikanischen Trocken- und Dornsavanne.

▲ Eine Karawane im Wadi Doum in der Sahara; ein Wadi ist ein trocken liegendes Flussbett in der Wüste, das nur nach starken Regenfällen Wasser führt.

Wo liegen die großen Wüsten der Erde?

Die großen Wüsten der Alten Welt bilden einen Trockengürtel, der sich vom Atlantik bis zum Indischen Ozean erstreckt. Er umfasst die Sahara, die Wüsten der Arabischen Halbinsel sowie die Trockengebiete Irans und Westindiens. Die Wüsten Australiens und die Kalahari im südlichen Afrika liegen im Bereich des südlichen Wendekreises. Polwärts der beiden Wendekreise befinden sich zahlreiche weitere Wüsten. Einige von ihnen wie die Mojavewüste in Nordamerika erstrecken sich im Westen großer Gebirgssysteme, andere wie die Namib im Südwesten Afrikas auf einem schmalen Küstenstreifen an der Westseite der Kontinente. Wieder andere wie die Gobi liegen im Inneren der Kontinente.

Zu den feuchteren Halbwüsten zählt die Sahelzone südlich der Sahara. Ein halbtrockener Saum umgibt auch die Wüsten Australiens. Die Prärien Nordamerikas sind ebenso Halbwüsten wie ein breiter Streifen im Norden der innerasiatischen Wüsten.

Sind Wüsten immer heiß?

Nur in der Vorstellung der meisten Menschen. Doch das entspricht nicht der Wirklichkeit. Die Temperaturen in Wüsten hängen von der Breiten- und Höhenlage, der Entfernung von der Küste und dem Ausmaß der Trockenheit ab.

In den Wüsten Asiens und Australiens werden im Sommer Lufttemperaturen von 50 °C erreicht. Al-Aziziyah in Nordlibyen liegt an der Spitze: Im September 1922 wurden dort 58 °C gemessen. Noch höher sind die Bodentemperaturen. Bisheriger Rekord waren 83,5 °C im Sand von Port Sudan am Roten Meer. In den gemäßigten Wüsten kann es im Winter extrem kalt werden. So fällt in der Gobi das Thermometer regelmäßig auf −20 °C.

Charakteristisch für Wüsten sind extreme Temperaturschwankungen im Tagesverlauf. In der Sahara kann die Temperatur innerhalb weniger Stunden von 37 °C bis auf −1 °C fallen. In Tucson im US-Bundesstaat Arizona wurde sogar schon eine Abweichung von 56 °C gemessen. Eines haben alle Wüsten und Halbwüsten gemeinsam: Egal, ob heiße oder kalte Wüste, Regen fällt kaum – oft sind es weniger als 100 mm im Jahr.

Warum kann Hitze tödlich sein?

Hitze schränkt die chemisch-physikalische Natur von Eiweißen ein, und das kann tödlich für Tiere und Pflanzen enden. Die Eiweißmoleküle, die als Enzyme in allen Zellen für einen funktionierenden Stoffwechsel sorgen, sind nicht hitzestabil. Oberhalb einer spezifischen Temperatur verändern die Eiweiße ihre Struktur. Dadurch können die biochemischen Umsetzungen, für die die Enzyme zuständig sind, nicht mehr ablaufen. Für die meisten höheren Pflanzen liegt diese tödliche Temperatur bei 40–55 °C, bei vielen Landwirbeltieren liegt der Wert bei 35–45 °C.

▶ Die Wüste Namib erstreckt sich über 2000 km an der Küste Namibias und reicht 80 bis 150 km ins Inland hinein.

Wie können Wüstenpflanzen überleben?

Einige Pflanzen der Wüsten und Halbwüsten können Wasser speichern, einige versuchen die Verdunstung durch verkleinerte Blattoberflächen oder die Umwandlung der Blätter zu Dornen zu minimieren. Wieder andere lassen ihre Samen oder Knollen so lange im trockenen Boden verharren, bis ein Regenguss ihre Lebensgeister weckt.

Wussten Sie, dass ...

- Wüsten und Halbwüsten etwa ein Drittel der festen Erdoberfläche bedecken?
- in Wüsten jedes Jahr 1000–4000 mm Wasser verdunsten kann? Die Verdunstung erfolgt sowohl durch direkte Sonneneinstrahlung als auch durch die Wasserabgabe der Pflanzen.
- die Samen einjähriger Wüstenpflanzen oft mehrere Jahre ruhen, um erst nach ausgiebigen Regenfällen auszukeimen? Innerhalb weniger Wochen wachsen sie zu vollständigen Pflanzen heran, beginnen zu blühen und bilden wieder Samen, die bis zur nächsten Regenzeit ruhen.
- Kandelaberkakteen, die eine Höhe von bis zu 15 m erreichen, bei starken Regenfällen an einem einzigen Tag bis zu 1 t Flüssigkeit aufsaugen können?

In Wüsten können sich nur an besonders begünstigten Standorten vereinzelte Büsche und Dornsträucher behaupten. In den feuchteren Halbwüsten gedeihen hingegen mehrere speziell an die Trockenzeit angepasste Pflanzenarten.

Warum reflektieren manche Pflanzen das Sonnenlicht?

Dabei handelt es sich um eine Strategie, die Wasserabgabe zu verringern.

Die Blätter der Salzmelde z. B. sind dicht mit feinen weißen Härchen besetzt. Sie verleihen dem Strauch einen silbrigen Glanz; gleichzeitig reflektieren sie die Sonnenstrahlen. Eine ähnliche Taktik verfolgen zahlreiche australische Eukalyptusbäume, die auf ihren Blättern eine helle Wachsschicht ablagern. Dagegen scheiden Tamarisken aus dem Boden aufgenommenes Salz auf den Blättern ab – ebenfalls ein guter Schutz gegen die gleißende Sonne.

▲ Vom Meer zieht Nebel durch das Lluta-Tal in der nordchilenischen Wüste Atacama; die hohe Luftfeuchtigkeit ermöglicht spärliches Leben.

Wohin mit dem Wasser, wenn es mal regnet?

Viele Wüstenpflanzen haben einzelne Organe zu Saftspeichern umgewandelt. Auf diese Weise steht ihnen ein großes Flüssigkeitsreservoir zur Verfügung, dessen Inhalt sie in langen Trockenzeiten für den Stoffwechsel verwenden können.

Pflanzen, die Wasser speichern können, heißen Sukkulenten. Man unterscheidet Blattsukkulenten, bei denen die dicken, fleischigen Blätter oder Blattstiele als Wasserre-

▼ Die in Amerika beheimateten Kandelaber- oder Riesenkakteen (Saguaros) können immense Wassermengen speichern.

Was sind »Lebende Steine«?

Pflanzen, die jedes Jahr nur ein einziges Paar sukkulenter Blätter bilden, die bis auf einen Spalt an der Spitze weitgehend miteinander verwachsen sind, werden auch als »Lebende Steine« bezeichnet. Der Name geht darauf zurück, dass die Sukkulenten häufig zwischen Kieseln wachsen, denen sie an Größe und Farbe zumeist so sehr ähneln, dass sie kaum zu erkennen und dadurch gut vor hungrigen Tieren geschützt sind.

servoir dienen, Stammsukkulenten, bei denen sich das Wasser speichernde Gewebe in den Stämmen, Sprossen oder Stängeln befindet, sowie Wurzelsukkulenten, die das Wasser in unterirdischen Organen speichern.

Zu den bekanntesten Sukkulenten zählen die in Amerika beheimateten Kakteen und die Yuccas. Ebenso gehören die in Afrika lebenden Aloen und Eiskraut- oder Mittagsblumengewächse sowie die Wolfsmilchgewächse zu den Sukkulenten. Insgesamt kennt man ungefähr 50 Pflanzenfamilien mit sukkulenten Arten.

Warum haben viele Wüstenpflanzen kleine Blätter?

Sie sparen dadurch kostbares Wasser. Mit der oft drastisch verminderten Blattoberfläche verringern die Pflanzen die Zahl ihrer Spaltöffnungen. Über diese findet hauptsächlich der Gasaustausch mit der Luft statt, und dabei geht immer auch Wasser verloren. Wegen der kleinen Blattoberfläche müssen allerdings die Stängel, auf deren Oberfläche nur wenige Spaltöffnungen vorhanden sind, einen Teil der Photosynthese übernehmen. Sie sind deshalb mit Chlorophyll angereichert und erscheinen von außen grün.

Übrigens: Einige Wüstenpflanzen haben überhaupt keine Blätter mehr, sondern überlassen den Stämmen, Trieben oder Sprossen die gesamte Photosynthese. Das gilt z. B. für die große Mehrzahl der Kakteen.

Wer hält extreme Hitze aus?

Besonders hohe Temperaturen, kurzfristig bis über 70 °C, ertragen nur Organismen in entwässertem Zustand. Viele Moose, Flechten und manche Farne, aber auch einige Blütenpflanzen können dann teilweise über Jahre im Zustand »latenten Lebens« überdauern und sichern sich auf diese Art und Weise ihr Überleben.

Auch im Tierreich gibt es solche Überlebenskünstler, etwa bei den Bärtierchen und Rädertierchen. Ihre Eiweiße sind in Abwesenheit von Wasser quasi erstarrt. Im feuchten Zustand sind sie dagegen hitzeempfindlich. Schnecken, Gliederfüßer – zu denen Insekten, Spinnen und Krebstiere gehören – sowie Echsen und Schlangen sind ebenfalls auf hervorragende Weise an die heißen Temperaturen angepasst.

▼ »Lebende Steine« bilden jährlich ein Paar neue Blätter aus. Während der Trockenzeit umgibt das alte Blattpaar das neue und dient als Wasserspender (links). Die Blüten (rechts) bilden sich nach der Regenzeit im Spalt zwischen den Blättern.

◀ Links: Wenn der Sand zu heiß wird, hebt die Sandeidechse in einer Art Tanz ihre Füße, um sie abzukühlen.

▲ Oben: Eine Südafrikanische Zwergrennmaus in der Namib-Wüste; Rennmäuse kommen in Trockengebieten Afrikas und Asiens vor.

Wie trotzen die Tiere den lebensfeindlichen Bedingungen?

Manche Tiere müssen sich in den kühleren Boden zurückziehen, um nicht in Hitze und Trockenheit zu verenden. Viele Reptilien haben ihre oberirdischen Aktivitäten in die kühleren Tageszeiten verlegt und manche Säugetiere gehen nur nachts auf die Jagd. Andere Tiere wiederum konzentrieren ihren Urin möglichst stark, um nur wenig Flüssigkeit abgeben zu müssen.

Warum hecheln Tiere bei Hitze?

Hecheln ist ein sehr schnelles, flaches Atmen, das die Verdunstung aus dem oberen Atmungstrakt erhöht. Manche Tiere wie der Chuckwalla, ein nordamerikanischer Wüstenleguan, können durch Hecheln die Temperatur ihres Gehirns auf fast 3 °C unterhalb der Umgebungstemperatur abkühlen. Der Vorteil des Hechelns gegenüber dem Schwitzen ist, dass das Tier hierdurch keine Salze verliert. Schweiß enthält hingegen sehr viel Salz und der durch Schwitzen hervorgerufene Salzmangel muss über die Nahrung wieder ausgeglichen werden. Schafe, Ziegen und viele kleine Gazellen sowie die meisten Fleischfresser und sogar viele Vögel hecheln.

Einige Tiere ziehen von Wasserloch zu Wasserloch oder folgen den Regenzeiten. Manche Fleischfresser dagegen haben sich von solchen Wanderungen unabhängig gemacht, indem sie Feuchtigkeit ausschließlich aus ihrer Beute beziehen. Ameisen und Nagetiere ernähren sich überwiegend von Pflanzensamen. Von ihnen leben wiederum Eidechsen, Schlangen und Schakale. Auf diese Weise wird das kostbare, von den Wüstenpflanzen gesammelte und gespeicherte Wasser von Organismus zu Organismus weitergegeben.

Wie halten Wüstentiere Wasserverluste gering?

Zu diesem Zweck haben viele Wüstentiere ein helles Gefieder oder Fell, um die Sonnenstrahlen möglichst gut zu reflektieren. Außerdem besitzen zahlreiche Wüstentiere keine Schweißdrüsen, damit die wertvolle Flüssigkeit nicht durch Schwitzen verloren geht.

Manche Tiere wie der Fennek, ein in Afrika heimischer Wüstenfuchs, und der nordamerikanische Antilopenhase besitzen sehr große, gut durchblutete Ohren, über die überschüssige Wärme an die Umgebung abgegeben wird. Viele Tiere nehmen die benötigte Flüssigkeit ausnahmslos mit ihrer Nahrung auf. Das gilt z. B. für die Kängururatte, die sich hauptsächlich von trockenen Samen ernährt, denen sie aber dennoch ausreichend Wasser zum Leben entziehen kann. Andere Wüstentiere haben auch effektiv arbeitende Nieren, die ganz auf das Einsparen von Wasser eingerichtet sind.

▲ In den kühlen Nachtstunden kommt der Fennek aus seinem Bau, um in der Wüste auf Nahrungssuche zu gehen.

▲ Rothirsche äsen am Rande eines Laubwaldes; sie sind in ganz Eurasien verbreitet.

Wo auf der Erde ist es kühlgemäßigt?

Die gemäßigten Breiten erstrecken sich sowohl auf der Nord- als auch auf der Südhalbkugel zwischen dem 45. Breitengrad und den Polarkreisen auf 66,5 °. Dort herrscht ein stark jahreszeitlich geprägtes Klima, das durch Sonnenhöhe und Tageslänge bestimmt wird. Die Sommer sind warm und hell, die Winter dagegen kalt und dunkel. Regen kann zu allen Jahreszeiten fallen.

Die kühlgemäßigte Zone mit vorherrschenden sommergrünen Laubwäldern bedeckt in Nordamerika einen breiten Streifen, der sich zwischen Nordkalifornien und der kanadischen Provinz British-Columbia bis zur Ostküste erstreckt. In Europa zieht sie sich als breites Band über West- und Mitteleuropa und den Süden Nordeuropas quer durch Eurasien bis nach Ostasien. Auf der Südhalbkugel zählen das südliche Chile, Südostaustralien mit Tasmanien sowie die Südinsel Neuseelands zu den kühlgemäßigten Breiten.

Übrigens: Obwohl auch in Nordamerika und Ostasien in der Eiszeit zahlreiche Arten in wärmere, südliche Gefilde verdrängt wurden, ist die Flora in diesen beiden Arealen weitaus artenreicher als in Europa. Dies ist auf den günstigen Gebirgsverlauf der Appalachen und des Südchinesischen Berglandes zurückzuführen, die sich in Nord-Süd-Richtung erstrecken, während der West-Ost-Verlauf der Alpen eine Barriere für die von Süden zurückwandernden Arten darstellte.

Wussten Sie, dass ...

- einst Schweine im Wald weideten? Sie wurden früher im Herbst zur sog. Eichelmast in die Eichenwälder getrieben. Das macht man heute noch in Spanien, um den beliebten Serranoschinken zu erhalten.
- bevor ein Laubblatt im Herbst vom Baum abfällt, die entstehende Wunde geschlossen wird? Auf der dem Zweig zugewandten Seite bildet sich eine Schutzschicht aus Kork als »Narbe«.
- nur 1 % aller Waldbrände in Mitteleuropa auf Blitzschlag zurückzuführen ist? Alle anderen werden durch menschliche Einwirkung verursacht, entweder gezielt oder durch Unachtsamkeit.
- den größten Anteil an den weltweiten Waldbeständen – trotz ständiger Rodung immer hin noch etwa ein Drittel der Landfläche – die immergrünen tropischen Regenwälder sowie der kaltgemäßigte Nadelwaldgürtel [→S. 226] haben?

◀ Bevor der Herbstwind das Blatt vom Zweig löst und es zu Boden fällt, werden alle verwertbaren Stoffe herausgezogen und gespeichert.

Was unterscheidet das Westseiten- vom Ostseiten-Klima?

An den Westseiten der Kontinente bringen Tiefdruckgebiete, die über den weiten Wasserflächen der Ozeane entstehen, das ganze Jahr über Regen. Die Temperaturen im Sommer und im Winter sind gemäßigt. Im Innern der Kontinente herrscht dagegen ein kontinentales kühlgemäßigtes Klima. Während im Winter Tiefdruckausläufer wenig Regen mit sich bringen, fällt der Sommerregen aus Gewitterwolken, die sich durch die starke Hitze über dem Land bilden.

Das außertropische Ostseitenklima wird das ganze Jahr über durch Kaltlufteinbrüche bestimmt. Im Winter kommt die Kaltluft aus dem Innern der Kontinente, im Sommer stammt sie aus den polaren Breiten. Die Niederschläge erreichen im Sommer ihr Maximum.

Die Jahresmitteltemperaturen der kühlgemäßigten Breiten betragen 8–12 °C. Die Mittel der wärmsten Monate erreichen einheitlich 15 °C bis etwas über 20 °C.

Warum fühlen sich Laubbäume in der gemäßigten Zone wohl?

Mit ihrem herbstlichen Blattabwurf passen sich die Laubbäume der kühlgemäßigten Breiten der kalten Jahreszeit an, denn bei den hier herrschenden tiefen Temperaturen würden die Blätter erfrieren. In den langen Sommern wachsen die Bäume und legen Stoffreserven an, mit deren Hilfe sie nach dem Winter austreiben und fruchten können. Sie benötigen eine Vegetationszeit von mindestens 120 Tagen, also Tage, an denen die Tagesmitteltemperatur über 10 °C liegt. In den ozeanisch geprägten Regionen sind sommergrüne Laubwälder aus Eichen, Buchen, Hainbuchen, Birken und Eschen weit verbreitet.

▼ Im Herbst ändert die Landschaft der kühlgemäßigten Breiten ihr Gesicht. Wie hier am Ontariosee in Kanada bereiten sich die Laubgehölze mit einem eindrucksvollen Farbenspiel auf den Winter vor.

Unter den Bäumen liegt eine dichte, Schatten liebende Kraut-Gras-Schicht. Nach Osten hin werden die Laubbäume immer weniger. Zunächst verschwindet die Buche, deren östliche Verbreitungsgrenze dem Verlauf der Flüsse Dnjestr und Weichsel entspricht. Die Hainbuche schafft es noch über den Dnjepr hinaus, die Gemeine Esche bis in das Wolgagebiet. Eichen treten bis zum Ural auf. Noch weiter nach Osten reichen Birke und Eberesche. Wird es noch trockener, breiten sich in weiten Steppengebieten üppige, krautreiche, aber baumlose Grasländer aus.

Wo grünt es auch im Winter?

Immergrüne Wälder in den gemäßigten Breiten findet man vor allem in den südlichen, schon subtropischen Zonen.

Viele dieser Wälder wurden schon frühzeitig gerodet, zahlreiche Hartlaubwälder im Mittelmeerraum z. B. bereits in der Antike. Mit kleinen, lederartigen Blättern schützen sich dort die Bäume, vor allem Stein- und Korkeichen, vor dem Vertrocknen im heißen Sommer. An vielen Orten sind die natürlichen Hartlaubwälder Ersatzgesellschaften wie der Macchie, einer dichten Buschvegetation, oder der Garigue gewichen, die nur noch aus niedrigen dornigen Sträuchern oder duftenden Kräutern besteht.

▼ Macchie, die mediterrane Buschlandschaft, ist an trockene Lebensräume angepasst.

Was ist eigentlich ...

- **eine Pflanzengalle**? Eine aktiv von der Pflanze verursachte Neubildung von Blattgewebe, die von den normalen Strukturen abweicht. Ausgelöst wird sie von Bakterien, Pilzen oder Gallmücken.
- **eine Heidelandschaft**? Die Zwergstrauchheiden in Mitteleuropa, auch die Lüneburger Heide, entstanden durch frühe Rodung von Laubwäldern. Schafe halten sie heute als »Landschaftspfleger« frei von Baumbewuchs.
- **der Altweibersommer**? Eine in Mitteleuropa fast regelmäßig in der zweiten Septemberhälfte einsetzende Schönwetterperiode. Dann erstrahlen wie beim vergleichbaren Indian Summer in Nordamerika die bunt gefärbten Laubblätter besonders schön.

Übrigens: Auf den Kanarischen Inseln und auf Madeira, vor allem aber in Ostasien sind Lorbeerwälder beheimatet. Sie benötigen ein schwüles, nicht aber unbedingt heißes Klima und können leichten Frost vertragen. Die kleinen Bestände auf La Gomera oder La Palma stehen unter strengem Naturschutz.

Ist der Wald auf dem Rückzug?

In den gemäßigten Breiten schon seit langem, denn für Siedlungen und die Landwirtschaft wurden die meisten Wälder seit dem Mittelalter gerodet.

Einst bedeckten die sommergrünen Laubwälder als natürliche Vegetationsform weite zusammenhängende Flächen. So schrieb der römische Historiker Tacitus wenige Jahrzehnte nach der Zeitenwende noch von Germanien als einem Land, das ihn durch »abstoßende Wälder, entstellt von Sümpfen« beeindruckt hat. Doch gerade diese Regionen wurden wegen ihres gemäßigten Klimas vom Menschen besonders dicht besiedelt; der einst fast urwaldähnlich anmutende Laubwald musste im Laufe der Zeit wirtschaftlichen Interessen weichen.

Heute sind meist nur noch mosaikartig eingestreute Restbestände innerhalb einer Kulturlandschaft erhalten. An die ehemaligen vielschichtigen Naturwälder mit reichem Krautwuchs erinnern noch am ehesten die wenigen erhaltenen Auenwälder, an trockenen Standorten die Restbestände von Eichen-Birken-Wäldern oder die unter Schutz gestellten Relikte.

Wie viele Tiere leben in unseren Wäldern?

Nach Schätzungen bevölkern etwa 500 Mio. Lebewesen einen Hektar Waldboden. Und die Zahl der Bakterien auf der gleichen Fläche lässt sich in Zahlen gar nicht mehr ausdrücken. Letztlich befinden sich in einer Handvoll guten Waldbodens mehr Organismen als es insgesamt Menschen auf der Erde gibt.

Zu jeder Jahreszeit verbirgt sich im sommergrünen Laubwald der gemäßigten Breiten ein überaus vielfältiges Tierleben, von dessen Zusammenleben oder gegenseitiger Konkurrenz der Waldspaziergänger kaum etwas ahnt. Allein die Jahr für Jahr neu sprießenden Blätter der Laubwälder bieten verschiedenen Lebewesen nahrhaftes Futter. In dieser grünen Speisekammer finden unzählige Pflanzenfresser – von der Schmetterlingsraupe bis zum Hirsch – reichlich Nahrung. Von den zahllosen Insekten und Wirbellosen leben wiederum Insekten fressende Vögel, Reptilien und Säugetiere. Sie stellen das Beutespektrum der Räuber dar, z. B. der Greifvögel aus der Luft und der großen Raubsäuger am Boden.

Gibt es noch Urwald in Europa?

Im Grenzgebiet zwischen Polen und Weißrussland erstreckt sich die Puszcza Białowieska, wörtlich übersetzt der »Urwald« von Białowieska. Der 981 km² große grenzüberschreitende Nationalpark, ein UNESCO-Weltnaturerbe, ist in der Tat der letzte natürliche Tieflandwald in Europa. In den Laubmischwäldern aus Hainbuchen, Stieleichen, Linden u. a. Bäumen gedeihen auch vereinzelte Fichten. Eine Sonderrolle in der reichen Fauna nehmen die erfolgreich ausgewilderten etwa 600 Wisente ein. Die Art hatte nur noch in Zoologischen Gärten überlebt – 1919 wurde das letzte frei lebende Exemplar vor Ort getötet.

▲ Eine Gelbhalsmaus nutzt das Nahrungsangebot des sommergrünen Laubwaldes; sie hat es auf die reifen Früchte einer Eberesche abgesehen.

Insgesamt zeigt die Tierwelt der gemäßigten Wälder Eurasiens und Nordamerikas aufgrund der gleichen erdgeschichtlichen Ausgangslage große Übereinstimmungen.

Haben die Tiere noch genug Platz?

Mit dem Zurückdrängen des Waldes infolge der menschlichen Nutzung wird auch der einst üppige Lebensraum der waldbewohnenden Tiere immer mehr eingeengt. So wurden allein durch die Rodung von drei Vierteln der ursprünglichen sommergrünen Laubwälder im Osten Nordamerikas mehr Vogelarten unwiderruflich vernichtet als auf jedem anderen Kontinent. Aber auch durch die selektive Jagd und Hege bestimmter Waldtiere, z. B. Wildschwein, Rothirsch oder Reh, und die Bekämpfung mancher vermeintlicher Nahrungskonkurrenten wie Braunbär, Wolf, Luchs oder Uhu hat sich im Lauf der Jahrhunderte der Tierbestand in den Laubwäldern entscheidend verändert.

▲ Steppenlandschaft am Lago Puyerredon im südamerikanischen Patagonien

Was versteht man unter einer Steppe?

Steppen sind – vereinfacht gesagt – die Grasländer der gemäßigten Breiten. Es gibt sie auf allen Kontinenten mit Ausnahme der Antarktis, vor allem im Inneren von Eurasien und Nordamerika. Auf der Südhalbkugel kommen Steppen nur in geringer Ausdehnung vor, bekannt ist etwa die Pampa in Argentinien. Ihr Erscheinungsbild reicht von fast wüstenartigen unfruchtbaren und trockenen Steppen bis zu mit Wäldern vermischten Grasfluren.

Welches Klima herrscht in der Steppe?

In der nordamerikanischen Prärie und mehr noch in den weiten Steppengebieten Innerasiens herrscht ein zum Teil extrem kontinentales Klima mit trockenen, heißen Sommern und strengen Wintern. Extreme Temperaturen und Trockenheit sind der Grund dafür, dass in natürlichen Steppenlandschaften Bäume meist völlig fehlen.

Die großen Unterschiede zwischen den Jahreszeiten geben den Lebensrhythmus in der Steppe vor. Oft wehen heftige Winde, die, je nach Jahreszeit, Staub oder Schnee vor sich hertreiben. Nur im Frühjahr nach der Schneeschmelze steht reichlich Wasser zur Verfügung. Gräser und Kräuter wachsen und blühen, farbenfrohe Blütenteppiche bedecken die Steppenflur. Für Pflanzen- und Fleischfresser ist nun der Tisch reich gedeckt. Je nach Wasserangebot dauert diese bunte Phase bis in die ersten Sommermonate an. Dann trocknet die Steppe zunehmend aus.

Wie haben sich die Pflanzen angepasst?

Etwa die Hälfte aller Steppenpflanzen haben oberirdische Sprosse, die im Winter ganz absterben. Unmittelbar an der Erdoberfläche bleiben jedoch lebende Knospen erhalten, die im nächsten Jahr wieder austreiben. Bei anderen sterben alle oberirdischen Organe ab,

Wussten Sie, dass ...

- das Rötliche Bartgras Stängel von 2–3 m Länge bildet? Die Grasart wächst in der Hochgrasprärie Nordamerikas.
- vor der Ankunft der Europäer rd. 75 Mio. Bisons in den nordamerikanischen Prärien grasten? 1889 wurden nur noch 8000 Überlebende gezählt. Heute gibt es dort noch rd. 350 000 Exemplare.
- die Saiga, eine in Zentralasien lebende Antilope, vor der Ausrottung steht? In der traditionellen chinesischen Medizin gelten die Hörner der männlichen Tiere als begehrtes Heilmittel.

die überwinternden Knospen liegen tief im Boden. Häufig treten hier Wurzel- oder Stängelknollen oder auch Zwiebeln als Speicherorgane auf.

Die Pflanzen müssen sich aber auch der Bedingungen im heißen und trockenen Sommer erwehren. Je trockener die Steppe, desto kleiner und dicker sind die Blätter. Gräser haben auch eine harte Außenhaut als Verdunstungsschutz. Als Anpassung an die schwierige Wasserversorgung ist zudem das bei den Gräsern außerordentlich fein verzweigte Wurzelsystem zu verstehen, das auch noch den kleinsten Bodenporen Wasser entziehen kann.

▲ Präriehunde (im Bild ein Schwarzschwanz-Präriehund) leben in der Prärie Nordamerikas und ernähren sich hauptsächlich von Gräsern.

Welche Tiere leben in Pampa und Prärie?

Die Steppe ist ein Reich der großen Pflanzenfresser. Im Unterschied zu den Savannen [→S. 214] leben hier nur wenige große Raubtiere.

Zu den großen, meist in Herden lebenden Säugetieren zählen die schnellen Antilopen, etwa die Saiga in Zentralasien oder der Niederkalifornische Gabelbock, große, kräftige Rinder wie der Amerikanische Bison oder der Europäische Wisent sowie Wildpferde, die, wie der Tarpan in Osteuropa, größtenteils ausgerottet wurden.

Ein Großteil der Steppenbewohner sind in Höhlen lebende Nagetiere. Diese tragen durch das Anlegen ihrer Baue auch zur guten Durchmischung und Durchlüftung von Humus und mineralischem Boden bei. Hier sind z. B. die früher viele Millionen zählenden Präriehunde zu nennen. Deren eurasisches Gegenstück ist das Steppenmurmeltier, kleiner sind Ziesel und Steppenlemminge sowie Feldhamster und Wühlmäuse. In Südamerika findet man verschiedene Meerschweinchenarten.

Nager stehen auf dem Speiseplan der Raubtiere ganz oben. An der Spitze der Nahrungspyramide steht im Steppengürtel der Wolf. In Eurasien nimmt diesen Lebensraum eine Unterart des europäischen Wolfs ein, in Nordamerika der etwas kleinere Präriewolf oder Kojote, in Südamerika der größere und langbeinigere Pampa- oder Mähnenwolf. In Nord- und Südamerika tritt mit dem Puma auch eine Raubkatze auf.

Gibt es noch natürliche Steppen?

Nur noch in Schutzgebieten. Fast alle Steppengebiete werden durch Ackerbau und Viehzucht genutzt.

Die Steppenzone beherbergt einige der wichtigsten Regionen für Viehhaltung und Getreideanbau. Zwar leben dort mit etwa 130 Mio. Menschen nur 2 % der Weltbevölkerung, diese aber produzieren über 50 % der Weltweizenernte, denn die Böden, etwa die Schwarzerde, sind sehr fruchtbar und das ebene Gelände denkbar günstig für den Einsatz von Maschinen. Besonders in Nordamerika wurden die großen Präriegebiete vom Menschen weitgehend umgestaltet.

Was sind Steppenroller?

Spät fruchtende Kräuter, bei denen der versteifte Stängel mit den trockenen Fruchtständen als ein kugeliges Gebilde erhalten bleibt. Am Wurzelhals gibt es eine schwache Stelle, an der bei starkem Wind der Stängel abbricht, so dass die Pflanze über die Steppe gerollt wird. Oft verhaken sich die Fruchtstände und bilden zusammen metergroße Ballen, die in hohen Sprüngen mit großer Geschwindigkeit über die Steppe geweht werden. Dabei werden beständig Samen aus den Kapseln gestreut.

▼ Bisons in der Prärielandschaft des Yellowstone-Nationalparks in Wyoming, USA

▲ Taiga, »das Land der kleinen Stöcke«; so lautet die Übersetzung des russischen, ursprünglich aus dem Mongolischen stammenden Wortes.

Wo wachsen viele Nadelbäume?

Der von Nadelhölzern dominierte Waldgürtel, der als Taiga oder borealer Nadelwald bezeichnet wird, erstreckt sich nur auf der nördlichen Halbkugel etwa zwischen dem 50. und dem 70. Breitengrad quer durch die Kontinente Eurasien und Nordamerika. Jenseits der polaren Waldgrenze geht die Taiga allmählich in eine ebenfalls auf die Nordhalbkugel beschränkte baumlose Kältesteppe, die Tundra, über.

Wussten Sie, dass ...

- es blutroten Schnee gibt? Auch einige niedrige Organismen haben sich gut an die Schneemassen im Norden angepasst. Bestimmte Schneealgen bilden Sporen aus, die zum Schutz vor UV-Strahlung rot gefärbt sind.
- man aus Nadeln Bier brauen kann? Für ein »Fichtenbier« werden in Neufundland die Nadeln der hier wachsenden Schwarzfichte verwendet.
- viele Taigatiere besonders breite Füße haben? Sie schützen vor tieferem Einsinken in den Schnee. Wie auf Schneeschuhen verteilen die Tiere dadurch gleichmäßig ihr Körpergewicht.
- in Alaska mehr Menschen durch Angriffe von Elchen als von Bären ums Leben gekommen sind? In der Brunftzeit sollte man den schweren Kolossen besser aus dem Weg gehen.

In Eurasien zieht sich der Nadelwaldgürtel von Skandinavien über das Uralgebiet bis nach Ostasien. In Nordamerika zählen große Teile Alaskas sowie fast ganz Kanada zu den kaltgemäßigten Breiten. Im Westen Nordamerikas erreicht diese Zone eine Breite von über 3000 km, im Osten sind es etwas mehr als 1600 km. Sie ist die größte zusammenhängende Waldfläche der Erde und ein wertvoller Kohlenstoffspeicher. Nur an wenigen Stellen mischen sich Laubbäume wie Birken oder Pappeln unter die vorherrschenden Nadelhölzer. Bei ausgeprägtem Wasserüberschuss bilden sich ausgedehnte Moorflächen.

Wie kalt kann es werden?

In den auch als boreale Zone bezeichneten kaltgemäßigten Breiten liegt das Mittel des kältesten Monats unter –3 °C, in den kältesten Bereichen unter –25 °C. Nordwinde bringen noch extremere Temperaturen. Das sibirische Werchojansk auf dem 67. Breitengrad hält mit –67 °C den Kälterekord auf der Nordhalbkugel. Das Mittel des wärmsten Monats geht immer über 10 °C hinaus und erreicht mitunter sogar 20 °C. Reichlich Niederschlag fällt das ganze Jahr über, im Sommer als Regen, im Winter als Schnee. Man bezeichnet diese Klimazone auch als Schneewaldklimat.

Taiga, Tundra und die Polargebiete sind Lebensräume, deren hervorstechendes Merkmal die winterliche Kälte ist. Sie werden beherrscht von einem ausgeprägten Jahreszeitenklima, bei dem im extremsten Fall – am Nordpol und am Südpol – Polarnacht und Polartag jeweils ein halbes Jahr dauern. Die Lebensbedingungen sind entsprechend hart und verlangen den in diesen Zonen lebenden Pflanzen und Tieren spezielle Formen der Kälteanpassung ab.

Übrigens: Das Wort boreal stammt vom griechischen »boréas« für Nordwind oder Norden und bezeichnet die nördlichen Klimazonen Eurasiens und Nordamerikas. »Boreas«, der kalte Nordwind, wurde in der Antike als Gott verehrt. An der Nordseite des Turms der Winde, eines achteckigen Marmorbaus am Rand der Agora in Athen, bläst dieser Gott kräftig in eine Muschel.

Warum haben Buche und Eiche keine Chance?

Weil Laubhölzern die durch die niedrigen Temperaturen auf weniger als 120 Tage pro Jahr reduzierte Vegetationszeit nicht ausreicht. Nadelhölzer hingegen kommen nicht nur mit den kalten Temperaturen und den relativ niedrigen Niederschlägen besser zurecht, sie vertragen auch eine lange Zersetzungsdauer der Biomasse und geringwertige Böden, die z. T. dauerhaft gefroren sind (Permafrost).

Die Taiga besteht in ihrem westlichen, ozeanisch geprägten Abschnitt überwiegend aus Fichten und Waldkiefern. Unter der Baumschicht liegt eine Krautschicht, in der Zwergsträucher wie Heidelbeere, Preiselbeere und Heidekraut dominieren. Kräuter und Kleinsträucher werden durch die isolierende winterliche Schneedecke gut vor Frostschäden geschützt.

Im Innern der Kontinente werden die Nadelwälder von Holzarten bestimmt, die an die noch extremeren Klimabedingungen angepasst sind. So wachsen in Eurasien jenseits des Ural die Sibirische Fichte, die Sibirische Kiefer und die Sibirische Tanne. Auch die Sibirische Lärche, die ihre Nadeln im Winter abwirft, ist dort verbreitet. In den borealen Wäldern Nordamerikas wachsen verwandte Nadelbaumarten bzw. Koniferen. Häufige Vertreter sind die Weißfichte, die Bankskiefer, die schlanke Balsamtanne und die Amerikanische Lärche.

Gibt es Ausnahmen von der Regel?

Ja. Auch einige wenige kleinblättrige Laubbäume haben das Terrain erobert. Am bekanntesten von ihnen ist die Birke.

Laubbäume findet man in der Taiga fast nur an feuchten Standorten. Neben Birken sind es Pappel-, Erlen- und Weidenarten. Nach Waldbränden, die im Nadelwald häufig vorkommen, entwickeln sich besonders in der europäischen Taiga zuerst oft Birken und Pappeln, die nach und nach von Kiefern und zuletzt von Fichten verdrängt werden. Ein Beispiel für die amerikanischen Vertreter ist die Papierbirke. Aus ihrer dünnen, aber strapazierfähigen Rinde bauten die Waldindianer einst Kanus und Zelte.

Auf welche Weise hilft Zucker gegen Frost?

Ein höherer Zuckergehalt im Zellsaft ist eine von verschiedenen Frostschutzmaßnahmen, die Koniferen gegen strenge Kälte entwickelt haben.

Tiefe Temperaturen zerstören bei einigen Pflanzen unwiderruflich die Struktur des Zellplasmas, was den Stoffwechsel schon nach

▼ Im Unterwuchs der Baumschicht wachsen zahlreiche Zwergsträucher wie die immergrüne Preiselbeere.

▲ In den Mooren der Taiga gedeiht der Fleisch fressende Rundblättrige Sonnentau. Die lang gestielten rötlichen Drüsenhaare auf seinen Blättern sind von einem klebrigen Sekret umhüllt, an dem die Beute haften bleibt.

kurzer Zeit zum Erliegen bringt. Außerdem entzieht das zu Eis gewordene Wasser alle verfügbare Flüssigkeit, was einer Austrocknung gleichkommt. Um Kälteschäden zu vermeiden, haben die Nadelbäume verschiedene Überlebensstrategien entwickelt. Einige Arten reichern den Zuckergehalt des Zellsafts an und senken dadurch ganz erheblich den Gefrierpunkt. Andere bauen Fettsäuren in ihre Zellmenbranen ein oder sie bilden Eiweißmoleküle, die dafür sorgen, dass die Eiskristalle keine Schäden in den Nadeln anrichten. Viele Nadelblätter besitzen zusätzliche Zellschichten, um das Innere vor Kälte zu schützen. Nadelbäume verdunsten auch bei strahlendem Sonnenschein viel weniger Wasser als Laubbäume und bewahren sich damit vor der Frosttrocknis.

Warum finden Moore in der Taiga ideale Bedingungen?

Moore können sich in den Lücken zwischen den Wäldern aus mehreren Gründen besonders gut entwickeln: Die dort verbreiteten Podsolböden besitzen eine durch Eisen- und Humusanreicherungen stark verfestigte Schicht. Dieser sog. Ortstein lässt kaum Wasser durch, so dass sich die Niederschläge aufstauen. Wasser kann auch schlecht versickern, weil die Böden lange Zeit gefroren sind. Dazu kommt, dass es in der Taiga viel flaches Gelände mit einem hohen Grundwasserspiegel gibt, was die Moorbildung begünstigt.

▶ Sphagnum fallax ist ein häufiges Torfmoos in Mooren und auf sauren Waldböden.

Auch viele kleine und große Seen lockern das Bild auf. In Finnland sowie in weiten Teilen Kanadas bilden Wälder, Seen und Feuchtgebiete regelrechte Flickenteppiche. Jenseits des Uralgebirges ist die boreale Nadelwaldzone im Westsibirischen Tiefland von zahlreichen Sümpfen durchzogen. Teils sind es große Überschwemmungsflächen der Ströme Ob und Irtysch.

Welche Tiere durchstreifen die Wälder?

Nicht nur große Elche und Bären sind zwischen den Bäumen unterwegs, sondern auch viele kleine Säugetiere. Reptilien und Amphibien findet man selten, dafür sind die Gewässer sehr fischreich. Wegen des immensen Insektenreichtums der Region verbringen auch viele Zugvögel den Sommer in den borealen Nadelwäldern.

Die Tierwelt der Taiga in Eurasien und Nordamerika zeigt eine große Übereinstimmung. Die großen Säuger – Elch, Rentier, Braunbär, Wolf und Vielfraß – trifft man ebenso in Sibirien wie in Kanada an. Pflanzenfresser wie Elche, Hirsche und Hasen, die im Sommer Gras und Laub fressen, stellen ihre Nahrung im Winter auf die oberhalb des Schnees erreichbaren Ressourcen um: Sie begnügen sich nun mit der Rinde sowie den Zweigen von Bäumen und Sträuchern. Hörnchen, aber auch Vögel wie der Tannenhäher haben sich in der nahrungsreichen Zeit einen Wintervorrat angelegt.

Kleinere Säuger wie Biber, Nerz, Hermelin oder Zobel, die zum Schutz gegen die Kälte ein dichtes Fell tragen, waren und sind die Beute von Pelztierjägern und Fallenstellern. Heute kommen die meisten Pelze allerdings aus Pelztierfarmen. Bären, Streifenhörnchen und Murmeltiere entgehen dem strengen Nordwinter, indem sie sich für mehrere Mo-

Was ist eigentlich ...

- **ein Frostkeimer?** Eine Pflanze, bei der die Samen nur dann auskeimen, wenn sie eine Zeitlang niedrigen Temperaturen ausgesetzt waren. Ohne Frost könnten die Pflanzen nicht überleben.
- **eine Karnivore?** Eine Fleisch fressende Pflanze, die in den Taigamooren häufig vorkommt. Schlauchpflanzen und Sonnentau decken durch verschiedene Fangmethoden ihren Bedarf an Stickstoff.
- **weiches Gold?** So bezeichnete man früher in Sibirien die Pelze. Erst nach der Ankunft der Europäer wurde die Pelztierjagd eine Hauptbeschäftigung vieler Taigavölker.

nate zur Winterruhe oder zum Winterschlaf an einen geschützten Ort zurückziehen.

Ist die Taiga wirklich in Gefahr?

Ja. Forstwirtschaft, Bergbau und die Erschließung neuer Erdöl- und Erdgasfelder bedrohen besonders die sibirischen Wälder. Im europäischen Teil Russlands sind sogar nur noch 14 % der Taiga unberührter und intakter Urwald.

Schon seit Jahrhunderten rodet der Mensch den borealen Nadelwald. Pelzhandel und später der Bergbau waren die Motoren bei der Erschließung der riesigen Wälder. Eine rasche Besiedlung ermöglichte ab 1916 die Transsibirische Eisenbahn in Sibirien und in Kanada die Canadian Pacific Railway Ende des 19. Jahrhunderts. Obwohl sich heute viele Holz und Papier verarbeitende Unternehmen den Umweltschutz auf ihre Fahnen geschrieben haben, schreitet der Kahlschlag in den Wäldern unaufhaltsam voran. Moderne Holzerntemaschinen können mit nur zwei Mann täglich bis zu 800 Bäume »ernten«.

Unter den Wäldern liegen auch zahlreiche Bodenschätze verborgen. 1858 kam es im westkanadischen Küstengebirge zum ersten Goldrausch in der Taiga. Besonders stark wütete das Goldfieber am Klondike River in Alaska. Gold gibt es auch in Jakutien in Ostsibirien, einer wahren Schatzkammer. Dort werden im Dauerfrostboden neben Gold auch Diamanten und Kohle gefördert – im Sommer wie im Winter bei eisigen Temperaturen.

Besonders große Umweltschäden verursacht die Ausbeutung der Erdöl- und Erdgasreserven in Westsibirien. Die ökologischen Folgen der ohne Nachsorge vorangetriebenen Erschließung sind unübersehbar: Ausgelaufenes Erdöl hat schon mehr als 8000 km² Nadelwald und Rentierweiden zerstört sowie Seen, Flüsse und Sümpfe verseucht. Außerdem zog die ungehemmte Ausbeutung die Wirtschafts- und Lebensweise der ansässigen Taigabevölkerung empfindlich in Mitleidenschaft.

▼ Ein Jakute mit seiner Rentierherde; Jakutien im Nordosten Sibiriens ist reich an Bodenschätzen.

▲ Ein Elch in der Tundrenlandschaft Alaskas; in den kurzen Sommern, wenn sich das Gesicht der kargen Landschaft wandelt, bietet die Tundra ihren Bewohnern ein reiches Nahrungsangebot.

Wie viel Tundra gibt es auf der Erde?

Tundrenvegetation bedeckt nur knapp 4 % der gesamten Festlandfläche. Im Eiszeitalter lagen weite Teile dieses Gebietes unter einer dicken Eisschicht – die Tundra ist also eine relativ junge Landschaft.

Die Tundra liegt in den Subpolar- und Polarzonen mit kalten Sommern und eisigen Wintern auf der Nord- und der Südhalbkugel. Das Klima dort ist generell geprägt von der Lage hoch im Norden, in der Tageslicht und Sonnenenergie auf einen kurzen Sommer begrenzt sind. Nördlich des Polarkreises beginnt die winterliche Polarnacht.

Wussten Sie, dass ...

- die beliebte Steingartenpflanze Silberwurz die Landschaftsblume von Lappland ist? Das immergrüne Rosengewächs wächst häufig in der Tundra und war während des Eiszeitalters auch in Mitteleuropa weit verbreitet.
- die Küstenseeschwalbe den Streckenrekord bei Zugvögeln hält? Im Sommer lebt sie in der arktischen Tundra, im Winter hält sie sich in der Nähe der Antarktis auf. Jährlich bewältigt sie eine Strecke von 40 000 km.
- der Massenselbstmord der Lemminge eine Legende ist? Bei ihren durch Nahrungsknappheit ausgelösten Wanderungen sterben zwar viele Tiere, aber im Disney-Film »Abenteuer in der weißen Wildnis« mussten sie auf Regieanweisung von der Klippe springen.

Die subpolare Klimazone erstreckt sich im nördlichen Nordamerika als etwa 2000 km breiter Streifen quer über den Norden des Kontinents. In Eurasien zieht sie sich als 100 bis 1000 km breiter Gürtel über den Nordrand der Landmasse. Subpolares Klima ozeanischen Typs herrscht auch auf Island, dem Aleuten-Bogen zwischen Asien und Amerika sowie auf der Südhalbkugel auf den Falkland- und Kergueleninseln.

Fällt in der Tundra viel Schnee?

Nein. Bei einer mittleren Temperatur im Winter von weniger als –8 °C ist es zwar sehr kalt, doch da bei dieser Kälte nur wenig Wasser verdunsten kann, fällt auch wenig Schnee.

In den ozeanisch geprägten Bereichen liegen die kältesten Monatsmitteltemperaturen bei –8 °C bis +2 °C, die wärmsten bei 5–12 °C. Im Innern der Kontinente sind die Sommer noch kühler – das wärmste Monatsmittel beträgt hier 6–10 °C. In den Regionen mit polarem Eisklima, der Antarktis und Grönland, ist es noch kälter; hier fallen alle Niederschläge als Schnee.

Wo wachsen auch Bäume?

In der Waldtundra, der »Kampfzone« zwischen Tundra und der südlich anschließenden Taiga, dem Reich der dunklen Nadelbäume. Wie in einem Mosaik wechseln hier Waldflecken mit baumlosen Inseln ab. Allerdings ist das Pflanzenwachstum in den kalten subpolaren Zonen sehr eingeschränkt, da Bäume eine Vegetationszeit von mindestens 30 Tagen brauchen.

Bei der eigentlichen Tundra lässt sich von Süden nach Norden grob eine Zonierung in die Strauchtundra, die Grastundra und die Moos- und Flechtentundra erkennen. In der Strauchtundra wachsen vor allem Zwergsträucher wie Preiselbeeren oder Heidekrautgewächse. Man findet auch Zwergbäume, die sich nur kriechend an der windgeschützten Bodenschicht halten können. Zwergbirken und Krautweiden werden etwa 50 cm hoch – so hoch liegt im Winter auch der Schnee – und wachsen extrem langsam. Weiter nördlich werden die winzigen Sträucher von büschelartig wachsenden Gräsern verdrängt.

Welche sind die Charakterpflanzen der arktischen Tundra?

In der arktischen Tundra gedeihen fast nur noch Moose und Flechten, die die frostharten Böden und Felsen überziehen.

Dichte Moospolster breiten sich auf den kargen, im Sommer feuchten Böden aus. Von Flechten dominierte Tundra gibt es besonders dort, wo Trockenheit die meisten Blütenpflanzen scheitern lässt. Flechten sind Doppelorganismen aus einem Pilz und einer oder zwei Arten von Algen. Manche Flechten können sogar auf blankem Fels wachsen. Besonders artenreich ist die Gattung der Rentierflechten (Cladonia). Die graugrünen bis fahlgelben Gewächse sind im Winter eine wichtige Nahrung für Rentiere.

◀ Baumlose Tundra bei Tiksi in Jakutien (Sibirien)

Übrigens: Als »arktische Wüste« bezeichnet man die nördlichsten Regionen der Tundrazone und die Inseln des Arktischen Ozeans mit extremer Kälte und Trockenheit.

Ist Leben nur im Sommer möglich?

Große Kälte, Trockenheit und ein Winter, der mehr als sechs Monate dauert und noch dazu dunkel ist, machen die Tundra zu einem unwirtlichen Lebensraum. Aber im kurzen Sommer sprießen Gräser und krautige Binsengewächse, treiben Zwergsträucher aus.

Karibu- und Rentierherden, die in südlicheren Regionen überwintert haben, finden jetzt reichlich Futter. Der Dauerfrostboden taut oberflächlich auf und aus den entstehenden Wasserläufen, Tümpeln und Pfützen schlüpfen zahllose Insekten. Sie bilden die Nahrungsgrundlage für die aus ihren Winterquartieren zurückkehrenden Zugvögel. Reptilien und Amphibien fehlen, da ihr Stoffwechsel in der Kälte zum Erliegen kommt. Viele Vögel wie das Moorschneehuhn und Säugetiere wie der Polarfuchs verfärben sich zu Beginn des Winters weiß und legen sich im Sommer eine braune Schutzfärbung an.

Wie kam die Tundra zu ihrem Namen?

Der Name »Tundra« für die nördliche Kältesteppe, die sich als relativ schmaler Saum rings um das Nordpolarmeer zieht, stammt aus dem Finnischen und bedeutet »hoch gelegener, trockener Ort«. In Lappland bezeichnen die Samen damit die baumlosen Hügel und Hochebenen oberhalb der Nadelwälder. Der Begriff wurde für alle Regionen übernommen, die auf der Nordhalbkugel nördlich der Waldgrenze und südlich der Zone des ewigen Eises liegen.

◀ Die Schnee-Eule kommt in Tundrengebieten von Nordeuropa, Sibirien, Alaska, Kanada und Grönland vor. Sie erbeutet hauptsächlich kleine Säugetiere wie Mäuse oder Lemminge.

▲ Blühende Alpenrosen in den Dolomiten; im Winter schützt die Schneeschicht die Pflanzen vor der extremen Kälte der Luft.

Wussten Sie, dass ...

- Heidekraut mehrere Meter hoch werden kann? In den trockenen ostafrikanischen Gebirgen wachsen auf der subalpinen Stufe sog. Baumheiden.
- in der alpinen Stufe die Pflanzen Polster bilden? Der Polsterwuchs bietet dem scharfen, kalten Wind nur eine geringe Angriffsfläche.
- an den Polen die Schneegrenze auf Meereshöhe liegt? In den Alpen klettert sie auf 2600–3200 m, am Äquator auf 5000 m. Bei großer Trockenheit wie in Tibet liegt sie auf über 6000 m.

Wie verändert sich die Vegetation mit der Höhe?

Dichte Wälder werden von einzelnen Bäumen abgelöst, die noch weiter oben Wiesen und Zwergsträuchern Platz machen. In der spärlich bewachsenen Fels- und Schuttlandschaft kurz unterhalb der Schneegrenze trotzen nur noch wenige Arten den Unbilden der Witterung, und im ewigen Eis kann fast keine Pflanze mehr gedeihen. Ursache für die zunehmend lebensfeindlichen Bedingungen ist u. a. die Temperatur, die mit wachsender Höhe abnimmt, aber auch der häufigere Niederschlag und der steigende Wind spielen eine Rolle. Ähnlich wie man die Erdkugel in Klimazonen unterteilt hat, unterscheidet man auch bei Gebirgen verschiedene Höhenzonen, die unterschiedliche Vegetation und klimatische Verhältnisse aufweisen.

Wie schnell kommt man von einer Klimazone zur anderen?

Im Gebirge werden Klimabereiche schneller durchschritten als in der Ebene; um beispielsweise eine Klimazone, die dem Temperaturbereich von 1 °C entspricht, zu durchqueren, benötigt man in Mitteleuropa fünf Tage, im Gebirge genügen 20 Minuten.

So wie die Temperaturen vom Äquator zu den Polen durch den abnehmenden Einfallswinkel der Sonnenstrahlen immer weiter abfallen, sinken die Celsiusgrade im Gebirge mit zunehmender Höhe. Die tropischen Hochgebirge umfassen mit ihren Höhenstufen fast alle Klimate der Erde, vom tropischen Klima am Fuß bis zum polaren Eisklima an den Gipfeln. In den Anden findet man alles: vom tropischen Regenwald bis zur Eiswüste.

Wie heißen die Höhenstufen der Alpen?

Die Basis der außertropischen Gebirge beginnt mit der Höhenstufe, die der herrschenden Klima- bzw. Vegetationszone entspricht – im Fall der Alpen mit den kühlgemäßigten Laubwäldern bis in 400 m Höhe. Der niedrigsten Höhenstufe, der collinen Stufe oder Hügelstufe, folgt die Bergstufe oder montane Stufe. Sie reicht bis in 1500 m Höhe und wird durch Nadelwälder geprägt. In ihrem unteren Abschnitt wächst Laub-Nadel-Mischwald. Heute dienen weite Bereiche dieses Abschnitts der Landwirtschaft, der obere Teil wird von der Forstwirtschaft genutzt.

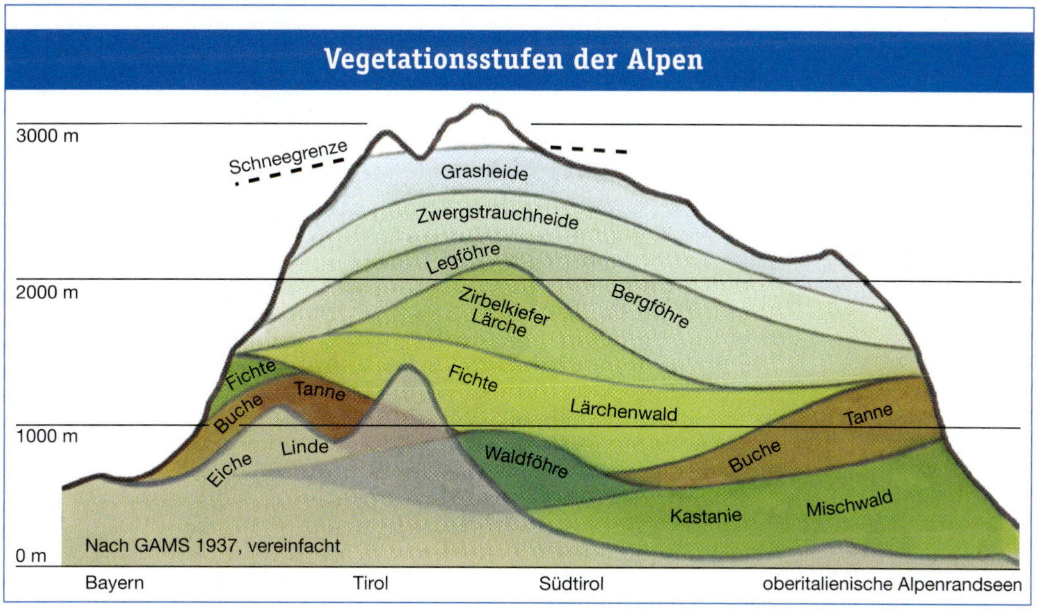

Mit der Waldgrenze setzt in etwa 1500 m Höhe die subalpine Stufe an, in der Strauch- und Zwergstrauchgesellschaften verbreitet sind. Sie wird wie die alpine, baum- und strauchfreie Stufe oberhalb der Baumgrenze (1900–2200 m) heute meist als Almweide genutzt. In 2500–2600 m Höhe beginnt die subnivale Stufe. Hier können sich nur noch niedrige Polsterpflanzen, Moose und Flechten behaupten. Die oberste Stufe, die nivale Stufe, erstreckt sich oberhalb der Schneegrenze. Hier fällt im Jahresdurchschnitt mehr Schnee als im Sommer abtauen kann, es ist die Zone des ewigen Eises.

Wächst in den Anden auch Kakao?

Ja, aber nur in der untersten Höhenstufe, der Tierra caliente (warmes Land). Sie reicht bis 1000 m und wird vom tropischen Regenwald eingenommen. Bei Jahresdurchschnittstemperaturen von 22–28 °C werden Kakao, Bananen, Kaffee, Baumwolle, Zuckerrohr und Mais angebaut. Insgesamt umfassen die Anden fünf Höhenstufen, die sich durch dort angebaute Produkte charakterisieren lassen.

In der Tierra templada (gemäßigtes Land) herrschen Jahresdurchschnittstemperaturen von 17–23 °C. Diese Zone der tropischen Bergwälder reicht bis in 2000 m Höhe. Mit Ausnahme des kälteempfindlichen Kakaos werden dort die gleichen Kulturpflanzen wie in der Tierra caliente angebaut.

Die nächste, von 2000–3200 m reichende Höhenstufe bildet die Tierra fría (kaltes Land). In dieser Zone wächst ein immergrüner Höhen- oder Nebelwald, die Jahresdurchschnittstemperaturen liegen bei 10–17 °C. Als Feldfrüchte dominieren Weizen, Gerste und Kartoffeln. Die sich anschließende Tierra helada (eisiges Land) erstreckt sich bis in 4500 m Höhe. In ihr liegen die mittleren Jahrestemperaturen bei etwa 0–10 °C. Hier wachsen Polsterpflanzen und Gräser des sog. Páramo. Für den landwirtschaftlichen Anbau ist es nun zu kalt. Oberhalb von 4500 m erstreckt sich mit der Tierra nevada (Schneeland) die Zone ewigen Eises, die mittlere Jahrestemperatur liegt hier unter 0 °C.

▶ Páramo-Landschaft am Vulkan Rumiñahui (4812 m) in Ecuador

Wann ist ein Baum ein Baum?

Um eine Baumgrenze festzulegen, muss zunächst Einigkeit darüber bestehen, welche Kriterien ein Baum erfüllen muss, um als solcher zu gelten. Leider sind sich die Wissenschaftler nicht einig, deshalb gibt es eine Vielzahl von Definitionen. Bäume und Sträucher gehören zu den Gehölzpflanzen. Die Fähigkeit, an den Zweigen und am Stamm zu verholzen, verleiht ihnen die nötige Festigkeit, um eine gewisse Größe zu erreichen. Während Sträucher viele mehr oder weniger gleichstarke Äste an der Basis ausbilden und etwas kleiner bleiben, haben Bäume einen Haupttrieb, den Stamm, mit einer Krone.

Nutzung der Erde – Ausbeutung mit Grenzen

Heute leben mehr als 6 Mrd. Menschen auf der Erde. Sie unterteilen sich in eine Vielzahl von Völkern, die unterschiedliche Kulturen hervorgebracht haben. Doch wo liegen die Wurzeln der Menschheit? Entstand sie an einem bestimmten Ort und breitete sie sich von dort aus, oder gab es mehrere, parallele Entwicklungslinien? Wann spricht man überhaupt vom Menschen, nicht mehr vom Vormenschen? Hierzu gibt es mehrere Theorien. Und immer wieder tauchen neue auf, ganz sicher immer dann, wenn wieder ein Fund gemacht wurde, der nicht mit den bisherigen Erklärungen in Übereinstimmung gebracht werden kann.

Unbestritten ist, dass mit dem Auftreten der ersten Hominiden eine neue Kraft auf der Erde erschien, denn der Mensch greift in die natürliche Umwelt ein und verändert sie. Dieser Prozess vollzog sich zunächst sehr langsam, und die Veränderungen waren mangels Technik und angesichts der vergleichsweise wenigen Menschen auf der Erde noch von sehr geringem Ausmaß. Erst während der Jungsteinzeit begann mit dem Einsetzen von Ackerbau und Viehzucht allmählich die intensive Umgestaltung der ursprünglichen Lebensräume. Die meisten Menschen leben heute in Kulturlandschaften. Ohne Landwirtschaft können wir uns nicht ernähren, obwohl die Industrie inzwischen zahlreiche Ersatzprodukte geschaffen hat. Aber die Nutzung birgt auch Gefahren, insbesondere durch eine zu intensive Ausbeutung der natürlichen Ressourcen, deren Endlichkeit bei vielen Bodenschätzen bereits absehbar ist.

Dabei sind schon heute die Chancen ungerecht verteilt. Während die meisten Menschen in den Industrienationen noch verschwenderisch leben, müssen sich die Bewohner der Entwicklungsländer bereits in vielem beschränken. Gerade in den armen Ländern wächst die Bevölkerung besonders schnell. Dadurch werden die Verteilungsprobleme in Zukunft noch schärfer werden. Ein anderes Problem ist die regionale Konzentration: Auf dem Land wollen oder können immer weniger Menschen leben. Sie ziehen in die Städte, die unaufhörlich wachsen, ein Trend, der ebenfalls in immer höherem Maße die Entwicklungs- und Schwellenländer erfasst und ihre Probleme erst recht verschärft.

◀ Teeplantage im Süden Indiens: Das Land ist der weltweit bedeutendste Teeproduzent.

▶ Lebensbild des Homo erectus: eine Gruppe auf Java bei der Nahrungssuche

Was haben Mensch und Affe gemeinsam?

Beide haben gemeinsame Vorfahren und gehören zur Ordnung der Primaten. Diese lassen sich in verschiedene Unterordnungen und Überfamilien gliedern. Gemeinsam mit dem Gibbon sowie den Menschenaffen Orang-Utan, Gorilla, Schimpanse und Bonobo bildet der Mensch die Ordnung der Hominiden (Menschenartige). Der einzige noch lebende Vertreter aus der Überfamilie der Hominoiden (Menschenähnliche) ist der heutige Mensch. Sein Ursprung liegt ungefähr 5– 8 Mio. Jahre zurück, als die Ahnen der heutigen Menschenaffen andere Entwicklungswege gingen.

Wussten Sie, dass ...

- der Proconsul als ein Vorfahr der großen Menschenaffen und der Menschen gilt? Er lebte vor etwa 22–17 Mio. Jahren im Osten Afrikas.
- die genetische Verwandtschaft zwischen Mensch und Schimpanse eine Übereinstimmung von 98,3 % aufweist? Zwischen Mensch und Orang-Utan beträgt sie lediglich 96 %.
- 1978 im tansanischen Laetoli 3,8–3,4 Mio. Jahre alte Fußspuren früher Hominiden entdeckt wurden? Sie hatten sich in vulkanischen Ablagerungen erhalten.

Wann lebte das »Kind von Taung«?

Das »Kind von Taung« lebte vor etwa 2,5 bis 2 Mio. Jahren und ging auf zwei Beinen. Es handelt sich um ein ca. sechs Jahre altes Individuum, dessen Schädel man 1924 im südafrikanischen Ort Taung fand.

Sein Entdecker Raymont Dart wähnte in ihm das »missing link«, das fehlende Bindeglied in der Stammesgeschichte zwischen Menschen und Menschenaffen, und benannte die neue Gattung Australopithecus africanus, also »afrikanischer Südaffe«. Die Bezeichnung Australopithecus hat sich später auch für andere Arten der Vormenschen durchgesetzt. Aus den frühren Australopithecinen hat sich die Stammeslinie der Gattung Homo entwickelt.

Wieso war Urmensch »Lucy« eine Sensation?

Als man 1974 bei Hadar im Nordosten Äthiopiens die Knochenreste eines 3,7 Mio. Jahren alten weiblichen Australopithecus afarensis fand, glaubte man, unseren ältesten

Vorfahren entdeckt zu haben. Die Knochen verrieten, dass »Lucy«, so ihr Spitzname, kaum größer als 1 m war und ungefähr 30 kg wog. Sie hat sich größtenteils aufrecht auf zwei Beinen fortbewegt. 1995 büßte Lucy ihren Platz im Stammbaum unserer Art jedoch schon wieder ein. Mit dem 4,1–3,9 Mio. Jahren alten Australopithecus anamensis konnte ein noch älterer, bereits aufrecht gehender Hominide nachgewiesen werden.

Heute sind acht Arten von Australopithecinen bekannt, deren Überreste ausschließlich im südlichen und östlichen Afrika geborgen werden konnten. Manche lebten zeitgleich, hatten sich aber auf unterschiedliche Lebensräume und Nahrung spezialisiert. Der jüngste Vertreter ist der Australopithecus robustus; mit ihm starben die Australopithecinen vor rd. 1,2 Mio. Jahren aus.

Welche Vorteile brachte der aufrechte Gang?

Der aufrechte Gang, die sog. Bipedie, war eine revolutionäre Entwicklung auf dem Weg hin zum Menschen. Er bedeutete die Befreiung der Arme und Hände von der Aufgaben der Fortbewegung. Von da an erlaubte der freie und präzise Einsatz der Hand die Handhabung von Gegenständen, die Herstellung und den Gebrauch von Werkzeugen. Im Laufe der Generationen verfeinerte sich die Technik bei der Herstellung von Geräten und Waffen. Die Menschen, die anfangs der Natur ausgeliefert waren, entwickelten sich mehr und mehr zu planvoll vorgehenden Jägern und Sammlern.

Wer waren die ersten Menschen?

Wenn man den aufrechten Gang und die Fähigkeit Werkzeuge herzustellen als Kriterien der Menschwerdung zugrunde legt, ist vermutlich Homo rudolfensis der erste »richtige« Mensch. Er bewohnte vor 2,4–1,8 Mio. Jahren das östliche Afrika. Zeitgleich mit diesem für viele Jahrtausende und in dessen räumlicher Nähe lebte der Homo habilis, der »geschickte Mensch«. Seine Spuren reichen 2,1–1,5 Mio. Jahre zurück.

Mit dem Homo rudolfensis begann vor 2,4 Mio. Jahren die Altsteinzeit, das Paläolithikum, die längste Epoche der Menschheitsgeschichte, die in Europa erst vor rd. 7000 Jahren endete. Bearbeitete Steine, insbesondere Feuerstein, Quarz und Quarzit, waren die Handwerkszeuge dieses Zeitabschnitts.

Wer verbreitete sich über Afrika hinaus?

Nach Meinung der meisten Experten war Homo erectus, der »aufrechte Mensch«, der erste Hominide, der den afrikanischen Konti-

◄ Abdruck der 3,8–3,4 Mio. Jahre alten Fußspuren aus Laetoli in Tansania (unten); sie bestätigten, dass sich der Australopithecus afarensis bereits auf zwei Beinen fortbewegte (oben).

▶ Steinwerkzeuge aus der Altsteinzeit

nent verlassen hat. Er benutzte nicht nur präziser gefertigte Steingeräte, sondern beherrschte auch das Feuer. Spätestens vor 400 000 Jahren war er in Ostasien, Südostasien sowie in Mittel- und Südeuropa weit verbreitet. Die letzten Zeichen des Homo erectus von vor 30 000 Jahren finden sich noch in Asien.

Hatte der Neandertaler eine Zukunft?

Nein, denn der aus dem Homo erectus hervorgegangene und nach seinem Fundort bei Düsseldorf, dem Neandertal, benannte Neandert(h)aler ist eine ausgestorbene Seitenlinie der Menschheit. Er befand sich in einer Sackgasse der Evolution.

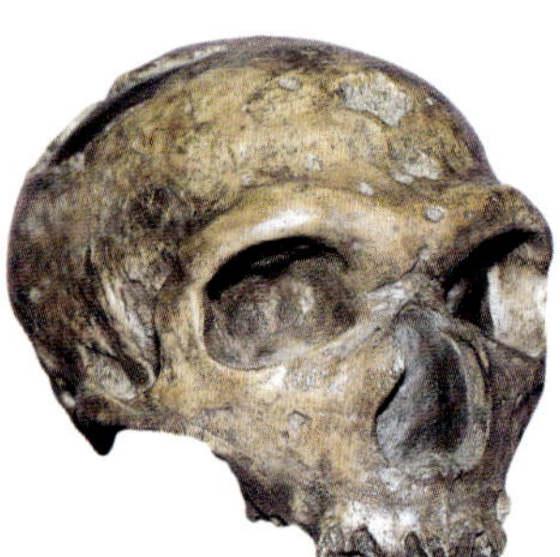

▲ Neandertaler-Schädel aus La-Chapelle-aux-Saints in Frankreich; weitere bedeutende Fundorte liegen in Mittel- und Südeuropa, Usbekistan, Irak und Israel.

Die Ära des Homo sapiens neanderthalensis fällt in die Epoche der Eiszeiten. Er entwickelte sich vor rd. 130 000–150 000 Jahren, war von muskulöser und gedrungener Gestalt, etwa 1,60 m groß und hatte einen großen, flachen Schädel mit fliehender Stirn sowie ausgeprägte Augenwülste. Als Jäger und Sammler zog er umher, besaß ein weit entwickeltes Sozialverhalten und bestattete seine Toten. Sein Verbreitungsgebiet reichte von England und Norddeutschland über Südrussland bis nach Vorderasien und in den heutigen Iran. Vor etwa 30 000 Jahren verlieren sich seine Spuren. Er wurde aus noch unbekannten Gründen vom Homo sapiens sapiens verdrängt, mit dem er über Jahrtausende zeitgleich gelebt hatte.

Wo stand die Wiege des modernen Menschen?

So wie der Homo erectus hat sich nach Meinung der meisten Paläoanthropologen auch der Homo sapiens, der »vernunftbegabte Mensch« in Afrika entwickelt, bevor er sich über die restliche Welt verbreitete (»Out-of-Africa-Hypothese«).

Die frühesten Vertreter des Homo sapiens traten bereits vor 450 000 Jahren auf. Sie lebten über den ganzen Kontinent verstreut. Vor rd. 130 000 Jahren erschien Homo sapiens sapiens, dem es noch besser gelang, sich an die veränderten klimatischen Verhältnisse und Umweltbedingungen anzupassen. Vor 60 000 bis 50 000 Jahren machten sich erste Gruppen auf den Weg nach Europa und ins ferne Asien, um neue Siedlungsgebiete zu erobern, und verdrängten dort schließlich den Neandertaler bzw. Homo erectus.

Wann beginnt die menschliche Kulturgeschichte?

Lange Zeit dachte man, dass erst im letzten Abschnitt der Altsteinzeit, die vom Crô-Magnon-Menschen geprägt war, der Mensch zum Kulturwesen wurde. Heute weiß man, dass in dieser Epoche bereits eine kulturelle Blüte erreicht worden war, denn schon der Neandertaler kannte Kunst.

Der nach seiner Fundstelle in einer Höhle in der französischen Dordogne benannte Crô-Magnon-Mensch ist seit etwa 40 000 v. Chr. in Europa nachweisbar. Anatomisch ist er vom heute lebenden Menschen nicht mehr zu unterscheiden. Er war weder stärker als der Neandertaler, noch hatte er ein größeres Gehirn. Seine Überlegenheit zeigte sich u. a. darin, dass er die natürlichen Ressourcen besser zu nutzen verstand, bessere Werkzeuge und Gebrauchsgegenstände herstellte und zweifelsfrei sprechen konnte. Er schuf die ersten

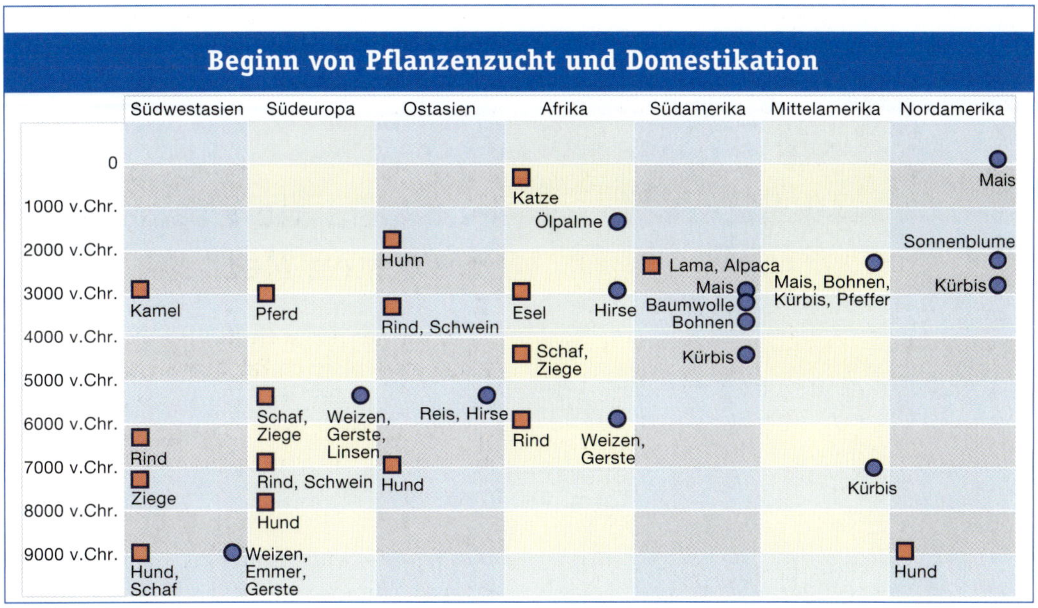

ausgeprägten Kunstwerke der Menschheitsgeschichte und hinterließ Plastiken, Gravierungen und Höhlenmalereien u. a. in der Grotte von Altamira (Spanien), der Höhle von Lascaux oder der Chauvet-Höhle im Tal der Ardèche (beide Frankreich).

Wann wurde Amerika besiedelt?

Lange Zeit glaubte man, das vor 13 000 bis 11 000 Jahren die ersten Wagemutigen zu Fuß über die trockengefallene Beringstraße den Weg nach Amerika geschafft haben. Eine neue Theorie besagt, dass erste Siedler nicht zu Fuß, sondern per Boot entlang der Pazifikküste den Kontinent erreichten – und das bereits vor mindestens 20 000 Jahren. Es gibt aber auch die Hypothese, dass Europäer mit Schiffen parallel der damals tief nach Süden verlagerten Eiskante den Atlantischen Ozean überwanden. Sicher ist nur, dass Amerika ebenso wie Australien menschenleer waren, bevor der Homo sapiens sie erreichte und besiedelte.

Wussten Sie, dass ...

- vor 50 000 Jahren Australien erstmalig von Menschen besiedelt wurde?
- vor 30 000 Jahren zum letzten Mal drei Menschenformen zeitgleich auf der Erde lebten: Homo erectus, Neandertaler, Homo sapiens sapiens?
- sich vor 20 000 Jahren der Mensch mit dem Hund sein erstes Haustier anschaffte?
- vor 10 000 Jahren Jericho die erste bekannte Großsiedlung war, die von einer Mauer umgeben war?

Was versteht man unter der Neolithischen Revolution?

Die Neolithische (Jungsteinzeitliche) Revolution ist einer der größten Wendepunkte in der Menschheitsgeschichte: Innerhalb weniger Jahrtausende entwickelten sich die Menschen von unsteten Jägern und Sammlern zu sesshaften Bauern und Viehhirten. Sie bauten Getreide an, hielten Haustiere, errichteten feste Häuser und bildeten größere Siedlungsgemeinschaften. Es entstanden landwirtschaftliche Geräte, Keramik, Stoffe und völlig neue Handwerkstechniken.

Die Ursprünge der agrarisch geprägten Kultur liegen um 9000 v. Chr. im sog. fruchtbaren Halbmond nördlich der arabischen Halbinsel. Von hier aus breitete sich die neue Wirtschaftsweise und Lebensform schrittweise über Anatolien bis zum Balkan hin aus und erreichte um 5400 v. Chr. Mitteleuropa. Unabhängig von dieser Entwicklung hatten ab dem 7. Jahrtausend v. Chr. auch die Menschen in Mittel- und Südamerika und wenig später in Ost- und Südostasien die Landwirtschaft als Existenzgrundlage entdeckt.

▲ Verziertes Tongefäß aus der Jungsteinzeit

▲ Gedränge in einer U-Bahnstation in Tokio: Ballungsräume gibt es schon lange. Der rasche Anstieg der Weltbevölkerung sorgt u. a. dafür, dass sie immer zahlreicher und größer werden.

Wie viele Menschen gab es in der Steinzeit?

Auf etwa 5 Mio. Menschen wird die Weltbevölkerung in der Steinzeit vor rd. 10 000 Jahren geschätzt.

In der Zeit um Christi Geburt sollen 250 Mio. Menschen auf der Erde gelebt haben. Jahrhundertelang änderte sich die Bevölkerungszahl der Erde kaum. Erst um 1500 hatte sie sich auf eine halbe Milliarde verdoppelt. Die erste Milliarde erreichte die Weltbevölkerung ca. 1800, bereits 1927 waren es 2 Mrd. und weitere 33 Jahre später 3 Mrd. Menschen. Die 6-Mrd.-Grenze wurde 1999 überschritten, Mitte 2006 lebten 6,5 Mrd. Menschen auf der Erde.

Wussten Sie, dass ...

- der 6 000 000 000. Erdenbürger am 12. Oktober 1999 in Sarajevo (Bosnien-Herzegowina) geboren wurde?
- im Jahr 2000 die Zahl aller Menschen, die jemals geboren wurden, bei ca. 106 Mrd. lag?
- alle Entwicklungsländer zusammen etwa 45 Jahre brauchen, um ihre Bevölkerungszahl zu verdoppeln? Die Industriestaaten würden dazu 747 Jahren benötigen.

Wo liegen die heutigen Bevölkerungszentren?

Die Bevölkerung ist ungleich über die Erde verteilt: Die heutigen großen Verdichtungsräume liegen in Ostasien, im tropischen und randtropischen Südasien sowie in Europa und im östlichen Nordamerika. Allein auf diese vier Gebiete, die nur ein Zehntel der Landoberfläche ausmachen, entfallen mehr als 60 % der Weltbevölkerung. Ihnen gegenüber stehen ausgedehnte dünn besiedelte Regionen wie Sibirien und weite Teile Zentralasiens, der Norden Amerikas, das Amazonasbecken, Australien, der altweltliche Wüstengürtel und die Polargebiete.

Wann verdrängt Indien China von Platz eins?

Den Prognosen zufolge werden China und Indien ihre Plätze als bevölkerungsreichste Staaten der Welt bis 2050 getauscht haben. Der Grund liegt in der rigorosen Bevölkerungspolitik Chinas. 1979 wurde angeordnet, dass jedes Paar nur noch ein Kind haben dürfe. Da traditionell in China Jungen bevorzugt werden, trat 2002 ein Gesetz in Kraft, das die Ein-Kind-Politik zwar bekräftigte – doch dürfen Paare auf dem Land ein zweites Kind bekommen, wenn das erste ein Mädchen ist.

Die Volksrepublik China hat heute 1,3 Mrd. Einwohner. Auf Platz zwei der Weltrangliste folgt Indien mit 1,1 Mrd. Menschen. In neun weiteren Staaten lebten 2006 jeweils mehr als 100 Mio. Einwohner: USA, Indonesien, Brasilien, Russland, Pakistan, Bangladesch, Japan, Nigeria und Mexiko.

Warum leben Menschen dort, wo sie leben?

Das Grundmuster der Bevölkerungsverteilung ist seit der frühen Menschheitsgeschichte durch weiträumige Wanderungsbewegungen entscheidend beeinflusst worden. Überwiegend waren Kriege dafür verantwortlich, dass sich Menschen eine neue Heimat suchen mussten – sei es innerhalb oder außerhalb ihres eigenen Landes. Andere Zwänge zur Migration, so der Fachausdruck für Wanderung, sind Menschenrechtsverletzungen oder schlechte Überlebensbedingungen.

Welche Folgen hatte der Sklavenhandel?

Den Handel mit Menschen, die extremste Form erzwungener Migration, gibt es schon seit Urzeiten, im Zuge der Eroberung und Kolonialisierung Amerikas erreichte er aber eine neue Dimension.

Von der ersten europäischen Besiedlung Amerikas 1493 bis zum Jahr 1900 wurden über 11 Mio. Menschen von Afrika über den Atlantik verschleppt. Sie wurden als Arbeitskräfte an die Plantagen und Pflanzungen in Latein- und Nordamerika verkauft. Im 19. Jahrhundert wurde der transatlantische Sklavenhandel schließlich verboten, zuerst 1807/08 durch Großbritannien und die USA. 1848 folgten Frankreich, 1851 Brasilien und 1862 Kuba. Dennoch wurden weiterhin illegal Sklaven über den Atlantik transportiert. Heute ist die Bevölkerung vieler amerikanischer Länder durch diesen Menschenhandel geprägt. So sind 40 % der brasilianischen Bevölkerung Schwarze oder Mulatten.

Welche sind die großen Wanderungsbewegungen?

Schon am Beginn der Menschheitsgeschichte stehen zwei Auswanderungsbewegungen: Von Afrika ausgehend, begann vor 1,8 Mio. Jahren die Verbreitung des Homo erectus, schließlich vor 60 000 Jahren die des Jetztmenschen über die Welt. Die erste große historische Wanderungsbewegung war die sog. Völkerwanderung, die ab dem 4. Jahrhundert n. Chr. in Mittel-, West- und Südeuropa für Erschütterung sorgte: Auslöser war der Einfall von Reitervölkern in Südrussland.

In Europa war die letzte große Bevölkerungswanderung eine Folge des Zweiten Weltkriegs. Mindestens 20 Mio. Menschen verloren ihre Heimat. Krieg und Vertreibung sind bis heute Hauptursache von Wanderungsbewegungen. Anfang des 21. Jahrhunderts gab es weltweit rd. 12 Mio. Flüchtlinge und Asylsuchende.

Welches Land gehört zu den Hauptzielen für Einwanderung?

Die USA. Unbestritten geht von dem »Land der Freien und der Heimat der Tapferen« seit jeher eine ungeheure Anziehungskraft aus. Vor allem im 19. und frühen 20. Jahrhundert wurde es zur Heimat von Einwanderern u. a. aus Großbritannien, Irland, Deutschland, Frankreich, Polen und Russland.

▲ Der Zwang zur »Ein-Kind-Familie« hat in China die Bevölkerungsexplosion eingedämmt.

▼ Die Freiheitsstatue ist gleichsam zum Markenzeichen der Vereinigten Staaten geworden. Sie erhebt sich im Hafen von New York.

▲ Mit HIV infizierte Kinder in einem Heim in Südafrika beim Mittagessen; ihre Mütter haben ihnen bereits während der Schwangerschaft das Virus übertragen.

Seit dem Zweiten Weltkrieg haben sich die Schwerpunkte verschoben. So stammten von den fast 18 Mio. Einwanderern zwischen 1961 und 1992 über 5 Mio. aus Asien. Auch der Anteil der Einwanderer aus Lateinamerika ist gestiegen; viele von ihnen sind illegal ins Land gekommen. Bis heute sind rd. 66 Mio. Menschen in die USA eingewandert.

Woran stirbt der Mensch?

Mehr noch als Kriege und Hungersnöte bestimmt das Auftreten von Seuchen wie Malaria, Cholera, Gelbfieber und Typhus die Sterblichkeit und damit die Entwicklung der Bevölkerung.

Die Pest hat seit dem Mittelalter mehrfach ganze Landstriche in Europa entvölkert. Zwischen 1347 und 1352, also binnen fünf Jahren, raffte der »schwarze Tod« allein in Europa mehr als 25 Mio. Menschen, ein Drittel der damaligen Bevölkerung hinweg. Anschließend dauerte es ca. 200 Jahre, bis diese Bevölkerungsverluste wieder ausgeglichen waren. In den beiden letzten Jahrzehnten hat das HI-Virus, das die Immunschwächekrankheit Aids hervorruft, das Ausmaß einer weltweiten Pandemie erreicht.

Wie sieht die Zukunft der Menschheit aus?

Global hat sich die Dynamik des Bevölkerungswachstums in den letzten Jahren verlangsamt. Gab es Mitte der 1990er Jahre noch einen jährlichen Zuwachs von 82 Mio. Menschen, so hat sich die Zahl auf derzeit 75 Mio. abgeschwächt. Für 2050 prognostiziert der UN-Weltbevölkerungsbericht trotz sinkender Geburtenraten und dem verheerenden Einfluss von Aids eine Weltbevölkerung von über 9 Mrd. Menschen.

Wo wächst die Bevölkerung am stärksten?

Der Anstieg der Weltbevölkerung findet zum überwiegenden Teil in den Entwicklungsländern statt. Hier leben die meisten Menschen der Erde, sie sind überdurchschnittlich jung und werden überdurchschnittlich viele Kinder bekommen.

Für die meisten Industrienationen sieht die Prognose allerdings vollständig anders

Was ist eigentlich ...

- **die Geburtenrate(-ziffer)**? Die Zahl der Lebendgeborenen auf je 1000 der Bevölkerung pro Jahr. Analog dazu ist die Sterberate oder Sterbeziffer die Zahl der Todesfälle je 1000 der Bevölkerung.
- **die Fruchtbarkeitsrate**? Die Zahl der Lebendgeborenen auf 1000 Frauen im gebärfähigen Alter zwischen 15 und 45 Jahren.
- **die Lebenserwartung**? Der statistische Begriff gibt an, welches Alter die im laufenden Jahr geborenen Kinder voraussichtlich erreichen werden.

aus. Hier liegt die Gesamtfruchtbarkeitsrate bei 1,6 und hat damit die entscheidende Grenze von 2,1 unterschritten. So viele Nachkommen sind notwendig, damit die Generation der Kinder die der Eltern ersetzen kann. Anders ausgedrückt: Die Bevölkerungszahlen nehmen ab, beispielsweise in Deutschland mit der Gesamtfruchtbarkeitsrate 1,3 von derzeit 82 Mio. auf voraussichtlich 59 Mio. im Jahr 2050. Schon heute leben in den Industrienationen nur 18 % junge Menschen unter 15 Jahren. Stattdessen sind 15 % der Bevölkerung älter als 65, in den geburtenstarken Entwicklungsländern liegt diese Quote bei lediglich 5 %.

Wie viele Menschen kann die Erde ernähren?

Die Frage nach der Tragfähigkeit unseres Planeten wird bereits seit einigen Jahrhunderten kontrovers diskutiert. Da künftige Entwicklungen nur schwer vorherzusehen sind, wurde und wird die Frage von Fachleuten sehr unterschiedlich beantwortet. So kam der deutsche Statistiker Johann Peter Süßmilch (1707–97) 1765 zu dem Ergebnis, dass die Welt rd. 14 Mrd. Menschen ernähren könne, der britische Nationalökonom Thomas Robert Malthus (1766–1834) sah dagegen mit seiner pessimistischen Bevölkerungstheorie 1798 bereits bei einer Milliarde Menschen die Grenze in bedrohlicher Nähe. Neuere Schätzungen, die die Möglichkeiten der Steigerung von Ernteerträgen, aber auch die vom Menschen hervorgerufene Umweltzerstörung stärker berücksichtigen, liegen bei 14–16 Mrd. Menschen.

Kommt die Bevölkerungsexplosion zum Stillstand?

Um diese Frage beantworten zu können, behilft man sich mit dem Modell des demographischen Übergangs. Es veranschaulicht die Veränderungen von Geburten- und Sterberaten der Bevölkerung europäischer Länder seit Beginn der Industrialisierung.

In der vorindustriellen Zeit herrschte eine recht hohe Sterblichkeit, die aus den vorhandenen Geburtenüberschüssen keine nennenswerten Bevölkerungszunahmen entstehen ließ. Im Gegenteil, Seuchen, Hungersnöte und Kriege führten zeitweise eher zu Bevölkerungsrückgängen. Als sich durch die modernen Methoden der Medizin und Hygiene die Sterblichkeit im beginnenden Industriezeitalter erheblich verringerte, ergab sich bei gleichbleibender Geburtenzahl eine rasche Bevölkerungszunahme. Durch gestiegenen Lebensstandard oder höhere Bildung kam es zum deutlichen Rückgang der Geburten, was in den Industriestaaten in der Schlussphase sogar zu einem Bevölkerungsschwund führte. Aus diesen Beobachtungen glauben Wissenschaftler schließen zu dürfen, dass sich die Probleme der Bevölkerungsexplosion in den Entwicklungsländern im Zeitverlauf von selbst erledigen.

▼ Das Menschengewimmel in den Ballungszentren kann nicht darüber hinwegtäuschen, dass die Bevölkerungszahlen in Deutschland rückläufig sind.

▲ Der Central Park in Manhattan ist die grüne Lunge von New York. Die klassische Megastadt wird zunehmend von Städten in Asien oder Lateinamerika in den Schatten gestellt.

Wo haben sich die ersten dauerhaften Siedlungen entwickelt?

Rund um den »Fruchtbaren Halbmond« haben sich zwischen 9000 und 8000 v. Chr. – der Zeit der »Neolithischen Revolution«, als der Mensch vom Jäger und Sammler zum sesshaften Bauern und Viehzüchter wurde [➔ S. 239] – die ersten Städte der Menschheit als neue Form des gesellschaftlichen und wirtschaftlichen Zusammenlebens entwickelt, z. B. Çatal Hüyük in Anatolien, Jericho in Palästina sowie Ninive, Ur und Babylon im Zweistromland (Mesopotamien). In den folgenden Jahrtausenden und eingebettet in verschiedene historische Epochen eroberten die Städte den gesamten Globus. Im 21. Jahrhundert erleben wir schließlich die »urbane Revolution«: Erstmals in der Geschichte der Menschheit leben weltweit mehr Menschen in Städten als in ländlichen Siedlungen.

Wussten Sie, dass ...

- Kanada das größte Dorf der Welt ist? Zumindest dem Namen nach, denn »Kanata« bedeutet in der Sprache der Irokesen »Dorf«.
- das »globale Dorf« auf keiner Landkarte der Welt zu finden ist? Vielmehr steht der Begriff »global village« für eine Welt, die durch die Vernetzung der elektronischen Medien ihre räumlichen Distanzen verliert und zu einem »Dorf« zusammenwächst. Heute wird er verstärkt als Metapher für das World Wide Web benutzt.

Was unterscheidet die Stadt vom Dorf?

Auf den ersten Blick eine gewisse Größe, die höhere Bebauungsdichte, eine geschlossene Ortsform und natürlich die Einwohnerzahl. Die Untergrenze der Einwohnerzahl einer Stadt ist sehr unterschiedlich definiert: In Island werden Ansiedlungen von 20 Einwohnern bereits als Städte bezeichnet, in Frankreich ab 2000, in der Schweiz ab 10 000 und in Japan ab 50 000 Einwohnern. In Deutschland gelten Siedlungen ab 2000 Einwohnern als Landstädte, ab 5000 als Kleinstädte, zwischen 20 000 und 100 000 Einwohnern als Mittelstädte und darüber als Großstädte.

Im Gegensatz zu den Bewohnern von ländlichen Siedlungen ist die Mehrheit der Stadtbevölkerung nicht in der Landwirtschaft, sondern im produzierenden Gewerbe und im Dienstleistungsbereich beschäftigt. Durch die Konzentration von Handel und Gewerbe sowie von politischen, Verwaltungs- und Kultureinrichtungen entsteht so ein Bedeutungsüberschuss gegenüber ländlichen Siedlungen.

Wie sieht eine Stadt typischerweise aus?

In den großen Kulturkreisen haben sich unterschiedliche Stadttypen entwickelt: Die Altstädte der orientalischen Städte weisen alle dasselbe Muster auf: Im Mittelpunkt liegt der große Bazar (Souk) mit einer großen Moschee als geistlichem und gleichzeitig öffentlichen Zentrum. Die Altstadt wird von einer Stadtmauer umschlossen, an ihr liegt die Burg (Kasbah) als ehemaliges politisches Zentrum. Der Straßengrundriss wird von Sackgassen beherrscht. Bei der lateinamerikanischen Kolonialstadt sind es z. B. der große zentrale Platz mit seinen repräsentativen Bauten und der Schachbrettgrundriss. Der gleiche Grundriss als charakteristisches Element einer geplanten Stadt findet sich häufig auch in den USA. Als Folge der vom Automobil geprägten Gesellschaft sind dort auch große Einkaufszentren an den Ausfallstraßen ein Kennzeichen geworden.

Was haben Trier und Augsburg gemeinsam?

Beide Städte gehen auf römische Gründungen zurück: Trier wurde 16 v. Chr. von Kaiser Augustus als Stadt im Gebiet der Treverer gegründet und war Hauptort der Provinz Gallia Belgica. Augsburg ging aus der 15 v. Chr. gegründeten römischen Militärkolonie Augusta Vindelicorum hervor.

Römische Stadtgründungen erfolgten oft aus militärischen Gründen, etwa zur Grenzsicherung. Im Mittelalter und in der Neuzeit spielten ganz andere Motive eine Rolle. Die absolutistisch regierenden Fürsten wollten durch die Stadtgestaltung ihre Macht demonstrieren. So war das gesamte Straßennetz auf das Schloss ausgerichtet. Auch die übrigen Bauwerke mussten sich der fürstlichen Residenz unterordnen. So durften die Fassaden nicht prunkvoller und die Gebäude nicht höher sein. Bekannte Fürstenstädte sind Mannheim und Karlsruhe.

Wann sind die meisten europäischen Städte entstanden?

Im Mittelalter. Wichtigste Keimzellen waren neben römischen Gründungen oder Kastellen Burgen, Pfalzen, Klosteranlagen oder Kaufmannsniederlassungen. Gemeinsam war den meisten Städten, dass sie geplant wurden und dass sie über Bauelemente wie Marktplatz oder Stadtmauer verfügten.

Auch das 20. Jahrhundert kennt Stadtgründungen, wenn auch in weitaus geringerer Zahl. So entstanden ab 1949 in Großbritannien die New Towns, die die bestehenden Verdichtungsräume in den alten Städten entlasten sollten. Dabei gab es Neugründungen, aber auch Erweiterungen bereits bestehender

▼ Oben: Freigelegte Grundmauern der jungsteinzeitlichen Siedlung Çatal Hüyük in der Türkei
Unten: Argentiniens Hauptstadt Buenos Aires hat 3 Mio. Einwohner, in der städtischen Agglomeration leben jedoch über 10 Mio. Menschen.

▲ Streckenvortrieb im Steinkohlenbergbau

Wann ging der Mensch unter Tage?

Schon in der Steinzeit. Das bislang älteste entdeckte Bergwerk lag im oberägyptischen Nazlet Khater. Dort wurde bereits vor mehr als 30 000 Jahren Feuerstein unter Tage abgebaut. Bis dahin wurden die harten und scharfkantigen Steine zur Herstellung von Werkzeugen und Waffen aus flachen Gruben, den sog. Pingen, gesammelt. Als der Feuerstein aus dem Tagebau den Bedarf nicht mehr decken konnte, setzte spätestens seit der Jungsteinzeit auch in Europa der Untertagebergbau ein.

Ein steinzeitliches Bergwerk unterscheidet sich nicht grundsätzlich von einem modernen. Zunächst wurden ein oder mehrere vertikale Schächte gegraben, von denen aus man durch Stein- oder Holzpfeiler gestützte horizontale Stollen in den Berg vorantrieb. Um den Untergrund zu lockern, wurde mit der Methode des Feuersetzens gearbeitet. Dabei wurde das Gestein durch Holzbrände so lange erhitzt, bis sich Risse bildeten und es leichter gebrochen werden konnte. Als Grubenleuchten dienten ausgehöhlte Steinschalen, die mit brennbaren Fetten gefüllt waren.

Wussten Sie, dass ...

- Bleistiftminen und Diamanten beide aus dem gleichen chemischen Element bestehen? – Aus Kohlenstoff. Bei Graphit, dem Material für Minen, sind die Kristalle hexagonal in Lagen angeordnet, beim Diamanten sind sie kubisch angeordnet.
- Bauxit, der wichtigste Rohstoff zur Herstellung von Aluminium, nach dem ersten Fundort Les Baux in Südfrankreich benannt wurde?
- Deutschland der weltweit größte Braunkohleproduzent ist? Im Bundesgebiet lagern mehr als 10 % der global förderbaren Braunkohlenreserven.
- die größte Tagebaumine der Erde die Kupfermine Chuquicamata in Chile ist? Sie wird seit 1915 ausgebeutet. Inzwischen ist die Grube etwa 5 km lang, 2,5 km breit und 850 m tief.

Welches Metall wurde zum frühen Erfolgsmodell?

Bronze, nach diesem Metall wurde eine ganze Epoche benannt: die Bronzezeit, die vom 2. Jahrtausend bis um 800 v. Chr. reichte.

Das erste Metall aber, das der Mensch nutzte, war Kupfer. Bereits um 6000 v. Chr. wurde es zu Waffen, Gerätschaften und

Schmuck verarbeitet. Die Ägypter förderten in großem Stil schon um 3800 v. Chr. unterirdisch Markasit, aus dem Kupfer gewonnen wurde. Ebenfalls dort entdeckte man die Vorteile einer Legierung von Kupfer mit Zinn zu Bronze. Das neue metallische Gemisch ließ sich leichter gießen und besser bearbeiten.

Schwieriger zu bearbeiten war Eisenerz. Die Hethiter gelten als Erfinder der Eisentechnik und hatten von 1400–1200 v. Chr. eine Art Monopol im Vorderen Orient. Die frühgeschichtliche Eisenzeit, die der Bronzezeit folgte, dauert streng genommen immer noch an, denn Werkstoffe aus Eisen oder Stahl werden nach wie vor verwendet.

Welche Rohstoffe sind mineralisch?

Bei den mineralischen Rohstoffen bilden Ton, Sand, Kies, aber auch Edelsteine und Diamanten die Gruppe der Gesteine oder Sedimente. Mengenmäßig zwar nicht die größte, aber mit Abstand die wichtigste Gruppe der mineralischen Rohstoffe bilden die Metallerze, aus denen Eisen, Stahl und Aluminium ebenso wie Gold, Silber und Platin gewonnen werden.

Die größten Lagerstätten findet man vor allem in alten Erdkrustenteilen; sie entstanden teilweise bereits vor fast 4 Mrd. Jahren. Die Erzvorkommen sind in der Regel an alte Vulkangesteine gebunden und drangen als Gesteinsschmelzen aus der Tiefe der Erde in eine für den Menschen erreichbare Tiefe hinauf. Jüngere Lagerstätten bildeten sich in Ablagerungen, vor allem von Flüssen. Die Rohstoffe reicherten sich allmählich in vom Wasser zerkleinerten und verfrachteten Gesteinen an. Im Mündungsbereich wurden die abgerundeten Gesteinsbrocken durch Bindemittel wieder zusammenfügt und an bestimmten Stellen konzentriert.

Was kam zuerst: Braun- oder Steinkohle?

Die Braunkohle entstand vor der Steinkohle. Sie ist Teil des Prozesses, der im Karbon, vor 300 Mio. Jahren, begann.

Damals herrschte ein feuchtwarmes Klima, in dem eine üppige Vegetation gedieh. Mit der Zeit starben die Pflanzen ab, wurden vom Meer überflutet und mit Schlamm bedeckt. Neue Urwälder breiteten sich aus. Unter Luftabschluss, Hitze und hohem Druck stieg der Kohlenstoffgehalt der abgestorbenen Pflanzenreste an, während der Gehalt an Wasserstoff und Sauerstoff abnahm. Zunächst bildete sich Torf, dann die weiche Braunkohle und schließlich die harte Steinkohle. In der Folge entstand eine über 3000 m mächtige Gesteinsschicht, in der die alten Sumpfwälder als dunkle Streifen auftauchen – die sog. Kohleflöze.

Übrigens: Kohle zählt genauso wie Erdöl und Erdgas zu den fossilen Rohstoffen, der zweiten großen Gruppe neben den mineralischen Rohstoffen.

▲ Braunkohlentagebau bei Frechen, westlich von Köln

Warum gibt es überhaupt Erdöl?

Erdöl- und Erdgaslagerstätten entstanden auf ganz ähnliche Art und Weise wie Kohle vor Millionen von Jahren. Im warmen Meereswasser lebende Tiere und Pflanzen sanken nach ihrem Tod auf den Meeresboden. Das Wasser in der Tiefe ist arm an Sauerstoff aber reich an Schwefelwasserstoff und erschwert oder verhindert den Verwesungsprozess der organischen Materie. Untermeerische Bakterien verwandelten die abgesunkene Biomasse in Erdöl. Als Nebenprodukt entstand Erdgas. Das im sog. Muttergestein entstandene Erdöl weicht bei Druck seitlich oder nach oben aus und lagert sich im Erdölspeichergestein wie-

▼ Abbruchwand im jungsteinzeitlichen Feuersteinbergwerk Grime's Graves in Norfolk (England)

der ab. Wird dieses Gestein etwa durch Ton abgedichtet, sammelt sich das Erdöl in regelrechten Erdölfallen.

Wo gibt es die meisten Bodenschätze?

Die Verteilung der abbauwürdigen Lagerstätten über die Erde ist sehr ungleichmäßig. Bei mineralischen Rohstoffen teilen sich sechs Staaten die Spitzenpositionen bei der Förderung: Russland, USA, Kanada, Australien, China und Südafrika. Sie fördern zwei Drittel dieser Bodenschätze.

Ein Viertel der weltweiten Erdölproduktion stammt aus Staaten des Vorderen Orients, u. a. aus Saudi-Arabien, Iran, den Vereinigten Arabischen Emiraten, Kuwait und Libyen. Große Förderländer sind auch Russland, USA, Mexiko, Venezuela und Nigeria. Die wichtigsten Erdgasproduzenten sind Russland, USA, Norwegen und Großbritannien. Bei Steinkohle führen China, USA, Indien, Australien und Südafrika.

▲ Fertigung bei Ford 1913: Fließband, Arbeitsteilung und Rationalisierung ermöglichten die Massenproduktion.

Wo begann die industrielle Revolution?

Die industrielle Revolution begann am Ende des 18. Jahrhunderts in Großbritannien, der damals technologisch führenden Nation. Nach 1800 griff der Prozess der Industrialisierung auf den Kontinent über; zunächst auf Belgien, die Niederlande und Frankreich. Ab Mitte des 19. Jahrhunderts entfaltete die industrielle Revolution auch im Deutschen Reich ihre Kräfte, vor allem um die Kohlereviere im Ruhrgebiet, im Saarland und in Oberschlesien.

Wusssten Sie, dass ...

- bereits die Griechen im 2. Jahrhundert v. Chr. mit der Energie aus Dampfkraft experimentierten, um Lasten zu bewegen?
- der Brite James Watt die Dampfmaschine nicht erfunden hat? Er erhöhte aber entscheidend die Leistungsfähigkeit und die Sicherheit der von Thomas Savery und Thomas Newcomen 1698 bzw. 1712 konstruierten Maschinen.
- 1825 mit der von George Stephenson entwickelten Dampflokomotive die ersten Güter per Eisenbahn transportiert wurden? Die ersten Personen folgten fünf Jahre später.

Damals kamen drei Dinge zusammen: Erstens änderten sich durch bahnbrechende Erfindungen wie Spinnmaschine, Webstuhl, Dampfmaschine und Eisenbahn die Produktions- und Transportbedingungen. Zweitens konnten neu gegründete Aktiengesellschaften ausreichend Kapital für große Investitionen zur Verfügung stellen. Und drittens wuchs die Bevölkerung so schnell, dass es genügend billige und geeignete Arbeitskräfte für die Massenproduktionen gab.

Was haben uns die rauchenden Schlote gebracht?

Die Umgestaltung der Wirtschaft prägte mit ihren Dampfhämmern, rauchenden Fabrikschornsteinen und gigantischen Werkshallen nicht nur das Landschaftsbild, sondern sie wandelte auch das soziale Gefüge. Aus einer

Schnitt durch eine Erdöllagerstätte

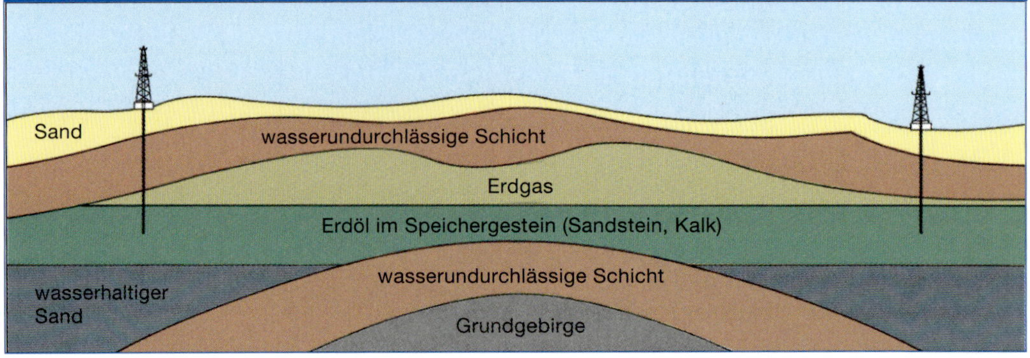

ländlich und agrarisch geprägten Gesellschaft wurde eine Industriegesellschaft.

Bestimmend waren nicht mehr kleine Dörfer, Großfamilien und Selbstversorgung. Stattdessen konzentrierten sich die Arbeitskräfte in der Nähe der Fabriken. Städte wuchsen oder entstanden durch die Industriebetriebe, die Bevölkerungsdichte nahm durch Zuwanderung beständig zu, und mit der Größe stieg der Grad der Anonymität. Die Gemeinschaft wurde gleichzeitig komplexer, bis dahin unbekannte Berufe entstanden, der Lebensstandard stieg. Die auf Wachstum ausgerichteten Ökonomien verbrauchten ungebremst Ressourcen, und sowohl die Fabriken als auch die Städte belasteten die Umwelt.

▲ Die Mechanisierung ging auch an der Landwirtschaft nicht vorbei: ein Dampfpflug Ende des 19. Jahrhunderts.

Übrigens: Die Vereinten Nationen haben die Industrialisierung als Faktor gewählt, um die Staaten der Welt in zwei Gruppen zu teilen: Industriestaaten und Entwicklungsländer. Die als Industriestaaten bezeichneten Länder gelten als die reichsten der Welt.

Wer gehört zu den »Großen Acht«?

Unter dem Begriff G-8 haben sich die sieben führenden Wirtschaftsmächte zusammengeschlossen: USA, Japan, Deutschland, Frankreich, Großbritannien, Italien und Kanada; seit 1997 ist Russland aufgrund seiner politischen Bedeutung ebenfalls Mitglied. Die Staats- bzw. Regierungschefs der Staaten treffen sich jährlich auf dem sog. Weltwirtschaftsgipfel, der zum ersten Mal 1975 in Rambouillet (Frankreich) stattfand, damals unter dem Label Gruppe der Sieben (G-7).

Die Wirtschaftsriesen dominieren zwar die globale Ökonomie, der größte Anteil des BIP (Bruttoinlandsprodukt) wird aber nicht mehr von den in der Industrie erzeugten Werten, sondern im Dienstleistungssektor erwirtschaftet. Ohnehin spielen statt einzelner Staaten im Zeitalter der Globalisierung vermehrt Konzerne eine führende Rolle in der Industrie.

◀ Heizer im Maschinenraum eines Dampfschiffs (1914)

Herausforderungen – die Zukunft der Erde

In der Millionen Jahre alten Menschheitsgeschichte nimmt der Abschnitt weltumspannender Entdeckung und Erforschung nur wenige Jahrhunderte ein. In dieser Periode wurden Erkenntnisse über die Erde gewonnen, die heute noch grundlegend sind. Doch selbst im 21. Jahrhundert ist man von einem Verständnis vieler Zusammenhänge noch weit entfernt. Die Hoffnung beruht darauf, noch mehr über den Blauen Planeten zu erfahren und ihn dann auch besser schützen zu können.

Schon immer hat es Naturkatastrophen gegeben, doch sie werden meistens erst dann als Katastrophen empfunden, wenn ihnen Menschen zum Opfer fallen. Das passiert immer häufiger, da mit der wachsenden Weltbevölkerung immer mehr Menschen sich auch dort ansiedeln müssen, wo Gefahr für sie besteht. Dieses geschieht in der Nähe von Vulkanen ebenso wie am Rande der Wüste. Zusätzlich macht sich der Mensch seit Jahrzehnten seine Umweltkatastrophen selbst: Industrie, Verkehr und Haushalte verpesten die Luft mit Abgasen, Öltanker verunglücken, bei der Kernenergie kommt es zu unbeherrschbaren Unfällen, und man weiß noch immer nicht, wo man den radioaktiven Abfall dauerhaft lagern soll.

Eine der Folgen: Immer mehr Tier- und Pflanzenarten sterben aus. Sie können sich den veränderten Umweltbedingungen nicht mehr anpassen. Doch der Mensch verändert die Natur weiter. Heute ist es in vielen Ländern der Erde üblich, genmanipulierte Pflanzen anzubauen. Niemand kann heute sagen, welche Auswirkungen das haben wird.

Dies alles zu kontrollieren, wird eine Herausforderung für die Zukunft sein. Dabei muss sich die Menschheit auch ihren eigenen Problemen stellen. Noch immer verhungern Menschen, obwohl genügend Lebensmittel zur Verfügung stehen. Eine globale Herausforderung ist auch der Klimawandel, zu dem der Mensch möglicherweise entscheidend beiträgt. Gerade bei diesem Thema zeigt sich, dass schonender Umgang mit den Rohstoffen immer wichtiger wird.

◀ Mit der Entdeckung durch den Menschen kamen auch die Probleme: Müll in der Antarktis.

▲ Markttag in Goa an der mittleren Westküste Indiens (Kupferstich, 1599); Goa war von 1510 bis 1961 portugiesische Kolonie.

Was beflügelte die europäischen Entdeckungsfahrten?

Das Interesse der europäischen Herrscher lag nicht darin, Länder und Seewege nur zu entdecken; vielmehr galt es, internationale Handelsrouten ausfindig zu machen und so eine wirtschaftliche Vormachtstellung zu erlangen.

Nachdem Heinrich der Seefahrer, Sohn des portugiesischen Königs Johann I., 1419 die besten Nautiker um sich versammelt hatte, tasteten sich die portugiesischen Kapitäne entlang der afrikanischen Westküste immer weiter nach Süden vor. 1488 umrundete Bartolomëo Diaz (1450–1500) die Südspitze des Kontinents, das Kap der Guten Hoffnung. Vasco da Gama (1469–1524) erreichte 1498 als erster Europäer Indien über den Seeweg.

▲ Der Portugiese Vasco da Gama erreichte als erster Europäer auf dem Seeweg um Afrika die Westküste Indiens.

Auch das spanische Königshaus setzte auf Entdeckungsreisen: Nachdem Christoph Kolumbus (1451–1506) 1492 in Amerika gelandet war, machten sich in den ersten beiden Jahrzehnten des 16. Jahrhunderts rd. 500 Schiffe Spaniens auf den Weg nach Westen.

Wer unternahm im Mittelalter die längste Reise?

Als der am weitesten gereiste Mensch des Mittelalters gilt Ibn Battuta (1304–68/69 oder 1377) aus Tanger (Marokko). 1324 machte er sich auf eine Reise, die erst 1349 zu Ende ging. Dabei legte er rd. 120 000 km zurück – rechnerisch gesehen reiste er dreimal rund um die Erde.

Ibn Battuta besuchte den Norden und Osten Afrikas ebenso wie Indien und China, sah das Delta des Mekong im heutigen Vietnam und den Süden Russlands. Ibn Battutas Aufzeichnungen »Reisen bis ans Ende der Welt« galten im islamischen Kulturkreis als Standardwerk über exotische Länder und Kulturen.

War Marco Polo ein Schwindler?

Das bleibt bis heute ein Rätsel. Fest steht: Der venezianische Kaufmann Marco Polo (1254 bis 1324) war mit seinem Onkel und seinem Vater 1271 nach China aufgebrochen und kehrte erst 1295 nach Venedig zurück. Die meiste Zeit verbrachte er am Hof des Mongolenherrschers Kubilai Khan. In seinem Reisebericht schildert Marco Polo Details der chinesischen Kultur und Politik, des dortigen Handwerks und Handels. Aber weder erwähnt er die Chinesische Mauer, noch finden sich in chinesischen Quellen Hinweise auf den Europäer. Welche Anteile Realität und Fantasie in seinen Darstellungen haben, lässt sich heute kaum noch feststellen.

Warum scheiterte Kolumbus?

Seinen eigentlichen Plan, das östliche Asien aus westlicher Richtung über den Seeweg zu erreichen, konnte Kolumbus niemals verwirklichen. Er hatte die Entfernung zwischen den Kanarischen Inseln und Japan auf knapp 4500 km geschätzt, in Wirklichkeit sind es jedoch über 19 600 km. Bis zu seinem Tod 1506 war Kolumbus davon überzeugt, den Seeweg nach Indien gefunden zu haben.

Der aus Genua stammende Seefahrer stach am 3. August 1492 mit drei Schiffen und 90 Mann Besatzung unter spanischer Flagge vom spanischen Palos aus in See. Am 12. Oktober 1492 erreichte er eine Insel der Bahamas, die er San Salvador taufte. Nachdem er auch Kuba und Hispaniola angelaufen hatte, trat er 1493 die Heimreise nach Europa an. Auf seinen insgesamt vier Reisen nach Amerika erreichte er u. a. Trinidad, Panama und Jamaika.

Übrigens: Dem Irrtum des Kolumbus verdanken die Indianer, die Ureinwohner Amerikas, bis heute ihren Namen. Und die Inselgruppe der Antillen heißt dank Kolumbus' Fehler auch Westindische Inseln.

Wer waren die ersten Entdecker?

Schon 1483 v. Chr. erreichten die Ägypter das Goldland Punt, das wahrscheinlich im heutigen Mosambik lag. Ab 600 v. Chr. umsegelten die Phönizier Afrika von Ost nach West. Ab 310 v. Chr. gelangte Pytheas von Marseille ebenfalls per Segelschiff wahrscheinlich bis zum nördlichen Polarkreis. 1003 machte sich der Wikinger Leif Eriksson von Grönland Richtung Westen auf, erreichte Neufundland und gilt somit als der eigentliche Entdecker Amerikas.

Umrundete Magellan als Erster den Globus?

Fernão de Magalhães (um 1480–1521), deutsch Ferdinand Magellan, stach zwar 1519 mit fünf Schiffen zur ersten Weltumsegelung in See, wurde aber 1521 auf den Philippinen von Einheimischen getötet.

Ein Jahr nach seinem Tod konnten 18 Mann der ursprünglich 256-köpfigen Besatzung die erste Weltumseglung der Geschichte beenden. Die Spanier feiern heute Juan Sebastián de Elcano (1476–1526) als eigentlichen ersten Weltumsegler, weil er die Flotte wieder nach Hause führte. Magalhães, der Portugiese in spanischen Diensten, hatte jedoch die

▲ Modell der 52 t schweren Karavelle »Niña« aus der Flotte von Christoph Kolumbus

Frühe Entdeckungsreisen der Spanier und Portugiesen

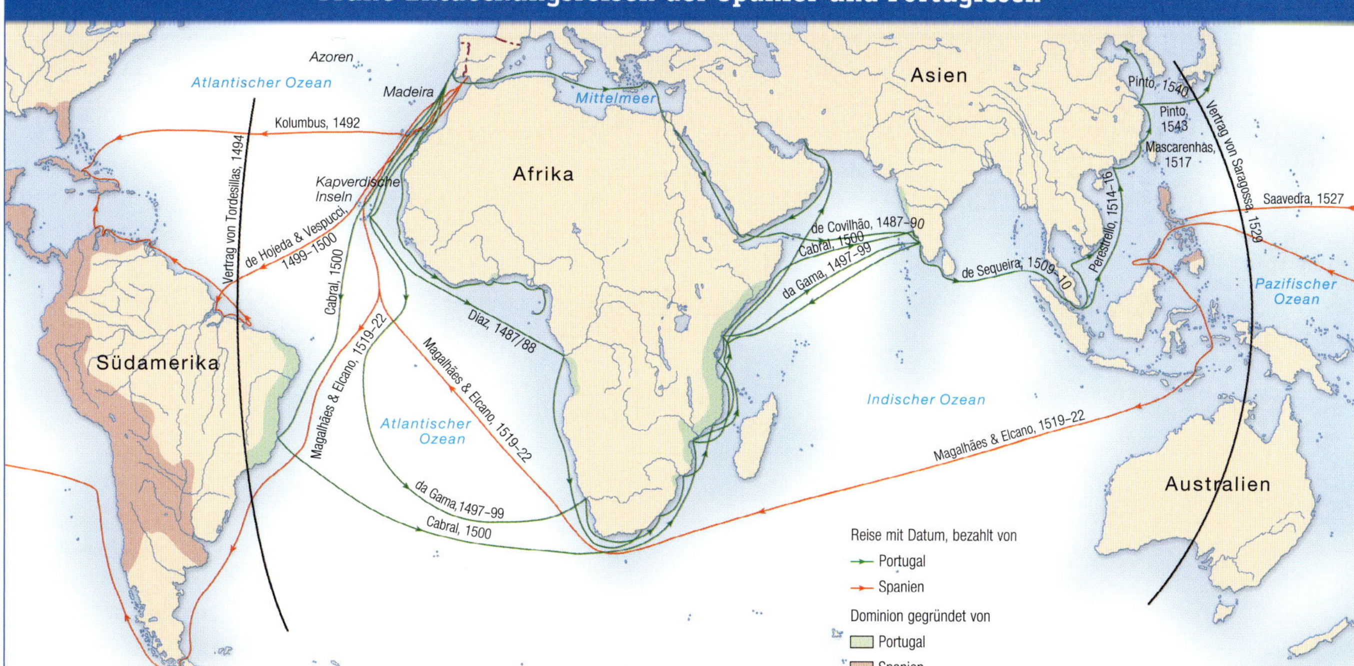

später nach ihm benannte Magellanstraße entdeckt und u. a. dem Pazifischen Ozean und Feuerland einen Namen gegeben.

Wieso wollte James Cook nach Tahiti?

Die Expedition des Engländers James Cook (1728–79) sollte dazu beitragen, die Entfernung zwischen Sonne und Erde zu berechnen: Er sollte am 3. Juni 1769 den Durchzug der Venus vor der Sonne beobachten. Das astronomische Phänomen tritt sehr selten ein: Jeweils zweimal im Abstand von acht Jahren, dann wieder erst in etwa 120 Jahren – zuletzt fand im Juni 2004 ein solcher Venusdurchgang statt. 1769 wollte man ihn von verschiedenen Punkten aus beobachten; für Cook war Tahiti vorgesehen. Die Insel war erst 1767 das erste Mal von Europäern angelaufen worden, die Fahrt bedeutete also eine Reise ins Ungewisse.

Übrigens: Auf seinen insgesamt drei Weltumseglungen 1768–79 bewies James Cook, dass Neuseeland aus zwei Inseln besteht. Er war der erste Europäer, der mit seinem Schiff den südlichen Polarkreis überquerte. Cooks bekannteste Einzelentdeckung war Hawaii, das ihm zum Verhängnis wurde: Am 14. Februar 1779 wurde er dort im Streit von Eingeborenen getötet.

Wann wurde das Innere Afrikas erforscht?

1795–1806 erkundete der Schotte Mungo Park den Fluss Niger im westlichen Afrika, der Deutsche Johann Rebmann erblickte 1848 als erster Europäer den Kilimandscharo im heutigen Tansania. Der Brite John Hanning Speke entdeckte 1859 den Victoriasee, der an die heutigen Staaten Uganda, Kenia und Tansania grenzt. Der bekannteste Afrikareisende aber war David Livingstone. Ab 1852 war der britische Forscher vier Jahre lang im südlichen Afrika unterwegs. Auf einer weiteren Reise, die er 1865 begann, suchte er die Quellen des Nil, galt dann jahrelang als verschollen und wurde erst 1871 von Henry Morton Stanley wieder ausfindig gemacht.

Waren Humboldt und Darwin Entdecker oder Forscher?

Beides. Die beiden Forscher wollten Erkenntnisse über die Natur sammeln – und gelangten dabei in Gebiete, die zuvor kein Europäer erreicht hatte. Der deutsche Universalgelehrte Alexander von Humboldt (1769–1859) war 1799–1804 in Südamerika unterwegs. 1802 erklomm er als erster Europäer

▼ James Cook landet während seiner zweiten Expedition auf den Freundschaftsinseln im Osten Polynesiens (Stich von 1778).

den Chimborazo bis auf 5400 m Höhe. Der 6267 m hohe Berg in Ecuador galt damals als höchster Gipfel der Erde.

Der britische Naturforscher Charles Darwin (1809–82) segelte 1831–36 auf dem Schiff »Beagle« rund um die Erde. Er besuchte u. a. die Kapverdischen Inseln und die Galápagosinseln, landete auf Tahiti, Neuseeland und Mauritius. Beim Studium der Tierwelt auf den Galápagosinseln kam ihm die Eingebung zu seiner Evolutionstheorie.

▲ Die Expedition des Norwegers Roald Amundsen 1911 auf dem Weg zum Südpol

Wo lagen die letzten weißen Flecken auf der Landkarte?

Im ausgehenden 19. und beginnenden 20. Jahrhundert waren nur noch die unwirtlichsten Gebiete der Erde unbetretenes Land: die Polarregionen. Die kürzeste Verbindung zwischen Atlantik und Pazifik, die sog. Nordostpassage, führt von der Nordsee entlang der eurasischen Küste bis zum Beringmeer und wurde erst 1879 vom Schweden Adolf Erik Nordenskiöld (1832–1901) bewältigt.

Der Erste, der die Nordwestpassage vom Atlantik durch die arktische Inselwelt Nordkanadas bis zum Beringmeer bezwang, war 1903–06 der Norweger Roald Amundsen (1872–1928). Er war es auch, der 1911 als erster Mensch am Südpol stand. Nur zwei Jahre zuvor hatte der Amerikaner Robert Peary (1856–1920) behauptet, als erster Mensch den Nordpol erreicht zu haben. Heute gilt es als sicher, dass Peary nur in die Nähe des Pols gelangt sein kann. Wie dem auch sei, die wesentlichen Entdeckungen waren gemacht worden, und die letzten weißen Flecken waren von der Landkarte verschwunden.

Wussten Sie, dass ...

- ab dem 7. Jahrhundert Schiffe von der Arabischen Halbinsel aus die Route nach Indien und China fuhren? Umgekehrt trieben die Chinesen Handel mit der islamischen Welt, ihre Schiffe liefen Somalia und Sansibar an.
- Spanien und Portugal die Neue Welt 1494 im Vertrag von Tordesillas unter sich aufteilten? Alle neu entdeckten Länder westlich eines bestimmten Längengrads kamen zu Spanien, der Osten zu Portugal. Wegen dieser Abmachung ist Brasilien das einzige Land in Südamerika, in dem man noch heute Portugiesisch statt Spanisch spricht.
- Australien bis ins frühe 19. Jahrhundert als Neuholland bezeichnet wurde? Die Niederländer hatten bei diversen Entdeckungsfahrten ab dem 16. Jahrhundert die Küsten Australiens erkundet.
- Sir Francis Drake als Freibeuter im Dienst der Königin Elisabeth I. 1577–80 die zweite Weltumseglung gelang? Dabei störte er den spanischen Überseehandel empfindlich.

Wer sind die Entdecker des 21. Jahrhunderts?

▲ Robert Edwin Peary 1909 nach der Rückkehr von seiner umstrittenen Nordpolexpedition

Die Erdbeobachtungssatelliten. Sie kreisen in der Erdumlaufbahn, um sich ihr eigenes Bild von unserem Planeten zu machen. Dazu setzen sie die von der Oberfläche abgestrahlte elektromagnetische Strahlung in Bilddaten um. Anders als die von Flugzeugen aufgenommenen Luftbilder sind Satellitenaufnahmen also keine Fotografien. Beide dienen in vielen Bereichen als Grundlage, bei der Kartografie und Raumplanung genauso wie bei der Ozeanerforschung oder der Entdeckung von Rohstoffvorkommen.

Unterstützt werden die Erdbeobachtungssatelliten von den Satelliten des Global Positioning System (GPS). Das 1978 vom US-Verteidigungsministerium ins Leben gerufene System stützt sich heute auf 24 Satelliten, die die Erde auf sechs Bahnen umkreisen. Mindestens vier Satelliten decken zu jeder Zeit jeden Punkt der Erde ab – mit einem kleinen Empfangsgerät kann so jedermann bestimmen, wo genau er sich befindet.

▲ Straßenszene in Port Harcourt, der »Erdöl-und Gas-Hauptstadt« Nigerias; obwohl das Land reichlich Bodenschätze besitzt, ist die Bevölkerung arm geblieben.

Wobei bilden Norwegen und Niger Extreme?

Beim Entwicklungsstand: Während Norwegen ganz oben auf der Liste des Entwicklungsindex der Entwicklungsorganisation der Vereinten Nationen (UNDP) steht, bildet Niger das Schlusslicht. Diese Liste beschreibt den Entwicklungsstand der Länder dieser Welt. Dabei steht jedoch nicht die wirtschaftliche Entwicklung im Mittelpunkt: Der theoretisch von 0 bis 1 reichende Human Development Index (HDI) misst die »menschliche« Entwicklung. Er kombiniert u. a. die Lebenserwartung mit der Analphabeten- und Einschulungsrate sowie dem BIP pro Kopf.

Wieso gibt es reiche und arme Länder?

Die Unterteilung der Welt in reiche Industrienationen und arme Entwicklungsländer geht zum Teil auf den Kolonialismus zurück. Während sich u. a. in Europa wirtschaftlich reiche Staaten entwickeln konnten, wurden die Kolonien lange Zeit in politischer Abhängigkeit gehalten und als Rohstofflieferanten ausgebeutet. Das änderte sich mit der Unabhängigkeit der Kolonien, doch bis heute sind viele dieser Länder politisch instabil und wirtschaftlich zerrüttet. Da die meisten reichen Länder im nördlichen Teil, die meisten armen in den südlichen Regionen der Erde liegen, spricht man vom Nord-Süd-Konflikt.

Was macht ein Land zum Entwicklungsland?

Als Kriterien für ein Entwicklungsland gelten u. a. ein hohes Bevölkerungswachstum, eine unzureichende Versorgung der Einwohner mit Nahrungsmitteln und ein niedriges Pro-Kopf-Einkommen.

Es kann aber noch eine Vielzahl anderer Merkmale herangezogen werden, wie etwa mangelhafter Zugang zu sauberem Trinkwasser, hohe Säuglings- und Kindersterblichkeit, geringe Lebenserwartung und eine hohe Analphabetenquote. Ein Beispiel ist das westafrikanische Land Burkina Faso: 2004 lag dort die Wirtschaftsleistung, das Bruttoinlandsprodukt (BIP) pro Kopf, bei 350 US-Dollar, die Lebenserwartung betrug 48,1 Jahre, und 79 % der Erwachsenen konnten weder lesen noch schreiben.

Übrigens: Die Bezeichnung »Dritte Welt« ist ein Relikt aus der Zeit des Kalten Krieges: Die Staaten der »Dritten Welt« gehörten weder dem Bündnis der NATO (»Erste Welt«) noch dem des Warschauer Paktes (»Zweite Welt«) an. Heute wird immer häufiger von »Einer Welt« gesprochen, ein Schlagwort, das die Aufhebung der Klassengesellschaft innerhalb der Staatengemeinde einfordert.

▶ Medizinische Laborarbeit in Afrika; eines der Merkmale für den Entwicklungsstand eines Landes ist auch die Qualität der medizinischen Versorgung der Bevölkerung.

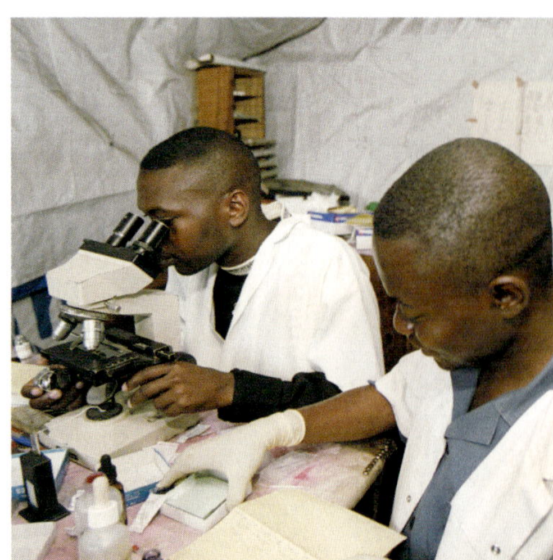

Kann die Erde alle Menschen ernähren?

Ja, theoretisch. Die weltweit erzeugten Nahrungsmittel würden ausreichen, um die gesamte Menschheit zu versorgen.

Doch verhungern jedes Jahr Millionen Menschen, darunter 6 Mio. Kinder unter fünf Jahren. Die wenigsten sterben bei akuten Hungersnöten durch Missernten, Kriege oder Naturkatastrophen, über die in den Medien berichtet wird, sondern an den gesundheitlichen Folgen einer ständigen Unterernährung. Die Lebenserwartung liegt in den ärmsten Ländern bei etwa 38 Jahren, im Gegensatz hierzu erreicht sie in den 24 reichsten Staaten 70 Jahre.

Ist ein Schuldenerlass gerecht?

So jedenfalls argumentieren die Entwicklungsländer. Sie sehen einen Schuldenerlass als Teil einer Wiedergutmachung für die frühere Ausbeutung durch die Kolonialmächte. Auch seien es meist Diktaturen oder andere autoritäre Führungen gewesen, die Schulden aufgenommen hätten. Das Geld sei nicht dem Land zugute gekommen, sondern habe der persönlichen Bereicherung der jeweiligen Führungselite gedient. In diesem Sinne werden die Kredite als Bestechungsgelder gewertet.

Was ist eigentlich …

- **ein Schwellenland?** Ein Entwicklungsland mit einem verhältnismäßig fortgeschrittenen Entwicklungsstand; man nimmt an, dass die Schwellenländer in absehbarer Zeit die typischen Strukturmerkmale eines Entwicklungslandes überwinden werden.
- **der Internationale Währungsfonds (IWF)?** Eine zusammen mit der Weltbank gegründete Institution, die die internationale Währungsstabilität durch Bereitstellung von Krediten sichern soll; wie die Weltbank knüpft der IWF die Kreditvergabe an wirtschaftliche wie politische Bedingungen.
- **die Kölner Schuldeninitiative?** Eine Entlastung hoch verschuldeter armer Entwicklungsländer, die beim 1999 in Köln abgehaltenen G8-Gipfel, dem Treffen der acht reichsten Nationen der Welt, beschlossen wurde; für die Entschuldung können sich Länder qualifizieren, deren Schuldenstand mehr als 150 % der Exporte ausmacht – 42 Staaten erfüllen diese Kriterien.

Oft geraten Entwicklungsländer wegen ihrer Abhängigkeit vom Export weniger Güter in die Schuldenfalle. Sollte der Weltmarkt für diese Exportprodukte gesättigt sein, die Preise also sinken, können die Länder ihren Schuldendienst nicht erfüllen, womit die fälligen Zinsen in der Regel auf die Gesamtsumme aufgeschlagen werden. Damit erhöht sich die Schuld und auch die nun fälligen jährlichen Rückzahlungen.

◀ Verschiffung von Bananen für den Export: Die wirtschaftliche und politische Abhängigkeit der armen »Bananenrepubliken« Mittelamerikas vom reichen Norden ist quasi auf die ganze Welt übertragbar.

▲ Im 19. Jahrhundert hatten rauchende Schornsteine noch ein positives Image und galten als Symbole des Fortschritts. Die katastrophalen Auswirkungen der Abgase auf die Umwelt haben dies längst geändert.

Zerstört der Mensch die Erde?

Die Erde wird der Mensch nicht zerstören können, aber der viel zitierte »Raubbau an der Natur« hat im vergangenen Jahrhundert bereits zu einer zunehmenden Zerstörung der Umwelt geführt.

Was ist eigentlich ...

- **das UNEP**? Das Umweltprogramm der Vereinten Nationen (United Nations Environment Programme); es bündelt und koordiniert die Umwelt betreffenden Aktionen aller UN-Organisationen und integriert dabei auch politisch unabhängige Nichtregierungsorganisationen.
- **die Agenda 21**? Ein auf dem Erdgipfel von Rio de Janeiro 1992 verabschiedetes Umwelt-Aktionsprogramm, mit dem die Bereiche Wirtschaft und soziale Gerechtigkeit im 21. Jahrhundert nicht mehr losgelöst von der Umwelt betrachtet werden sollen.
- **das Kyoto-Protokoll**? Ein bei der Klimakonferenz der Vereinten Nationen 1997 in Kyoto verabschiedetes Protokoll, mit dem sich die beteiligten Industrienationen verpflichten, ihre Emissionen klimaschädlicher Gase zwischen 2008 und 2012 um durchschnittlich 5,2 % gegenüber dem Niveau von 1990 zu senken.

Die Auswirkungen eines bedenkenlosen Umgangs mit den natürlichen Ressourcen werden zunehmend spür- und sichtbar. Luft, Wasser und Boden galten lange Zeit als immer und unendlich verfügbare Güter. Daher wurden sie als »billig« und wenig schützenswert angesehen. Ihre zunehmende Verschmutzung hat jedoch zur Umkehr der Bewertung und zu öffentlicher Beachtung geführt.

Wo litten die Menschen zuerst an schlechter Luft?

In England. Bereits im frühen 19. Jahrhundert sammelten sich über den dortigen frühindustriellen Zentren Luftschadstoffe wie Kohlenmonoxid, Blei- und Stickoxide sowie Schwefeldioxid in hoher Konzentration an. Hielten sich diese undurchdringlichen »Dunstglocken« über mehrere Tage bzw. Wochen, lösten sie ernsthafte Atemwegserkrankungen aus.

Da die Situation besonders in London häufig prekär war, sprach man bald vom »Londoner Smog«, ein Wort gebildet aus »smoke« (Rauch) und »fog« (Nebel). Gesetzliche Maßnahmen zur Luftreinhaltung haben in Europa in den vergangenen Jahren zu einer deutlichen Verbesserung der Situation geführt.

Ist Erdöl Fluch oder Segen?

Beides. Einerseits ist Erdöl der wichtigste natürlich vorkommende Energieträger der Erde; andererseits zählen Tankerunglücke zu den schlimmsten hausgemachten Katastrophen überhaupt. Als im Dezember 1999 die »Erika« mit 30 000 t Schweröl an Bord vor der nordfranzösischen Küste zerbrach, lief mehr als die Hälfte des Öls aus. Fast 500 km Küste wurden verseucht, hunderttausende von Seevögeln und anderen Tieren gingen zugrunde. Die »Prestige« sorgte für die größte Umweltkatastrophe in der Geschichte Spaniens, als sie im November 2002 vor der nordspanischen Küste mit 60 000 t Schweröl versank.

Was versteht man unter Emissionshandel?

Den Kauf und Verkauf von sog. Kohlendioxid-Zertifikaten: Firmen, die durch umweltfreundliche Technologien wenig Kohlendioxid produzieren, können den Anteil an Kohlendioxid, den sie eigentlich per Gesetz ausstoßen dürften, an solche Firmen verkaufen, die mehr Schadstoffe in die Luft blasen, als erlaubt ist. Solche »Umweltsünder« ersparen sich dadurch den Einsatz umweltfreundlicher Energien bzw. die Zahlung einer Strafe.

Diese Regelung betrifft vor allem Kraftwerke, Stahl- und Chemiewerke sowie Zement- und Papierfirmen. Die EU hat 2005 ein Emissionsrechtehandelssystem eingerichtet, an dem rd. 5260 Anlagen beteiligt sind – in Deutschland sind es etwa 1850.

Ist Ozon schädlich?

Das kommt darauf an, wo es sich befindet. Die in der Stratosphäre vorkommende Ozonschicht hält die schädliche ultraviolette Strahlung von der Erde fern [→S. 195]. Dagegen ist das Ozon, das an wolkenlosen Sommertagen durch eine chemische Reaktion aus Stickoxiden entsteht, sehr ungesund. Dieser »Sommersmog« reizt die Atemwege. Bei lange anhaltendem Strahlungswetter steigt die Ozonkonzentration auf über 300 ppb (parts per billion, Teilchen pro Milliarde) an – bereits 150 ppb können für Menschen schädlich sein.

Warum kann Regen sauer sein?

Weil Schwefel- und Stickoxide aus Abgasen in Reaktion mit dem Niederschlagswasser in die für Pflanzen giftigen Schwefel- bzw. Salpetersäuren umgewandelt werden.

▲ Seevögel gehören zu den zahlreichen Opfern verunglückter Öltanker, die immer wieder Meere und Küsten verseuchen.

◀ Katastrophen durch Havarien von Öltankern empören die Öffentlichkeit. Von den Umweltschäden durch ausgelaufenes Öl aus schadhaften Pipelines wie hier in Russland nimmt hingegen kaum jemand Kenntnis.

▲ Eichenzweig mit typischen Ozonschäden; Ozon wird für das Waldsterben mit verantwortlich gemacht.

Diese Schadstoffe haben in den vergangenen 150 Jahren zum sog. Waldsterben beigetragen. Seit in den 1960er und 1970er Jahren die Industrieschornsteine sehr viel höher gebaut werden, erreichen die ausgestoßenen Schadstoffe auch höhere Schichten in der Atmosphäre; sie werden mit dem Wind großräumig verlagert und teilweise über hunderte von Kilometern transportiert. Wälder, die von den Industriezentren weit entfernt liegen, sind deshalb heute stärker betroffen als die Wald- und Forstgebiete in Industrienähe.

▶ Greenpeace-Aktivisten im Einsatz: hier auf der Suche nach Treibgut-Beuteln mit einem Pestizid, die ein Frachter verloren hat

Woran erkennt man kranke Bäume?

Ein sichtbares Zeichen sind lichte Kronen, ausgelöst durch den Verlust vieler Blätter bzw. Nadeln. Bei fortgeschrittener Schädigung wachsen die Nadelbäume nicht mehr in die Höhe, sondern bilden verstärkt Seitentriebe (»Storchennester«). Fichten lassen z. B. ihre nadellosen Zweige herunterhängen (»Lamettasyndrom«), Laubbäume bilden unnatürlich lange Seitentriebe (»Peitschentriebe«) und werfen ihr noch grünes Laub ab. Unter Ozoneinfluss entstehen weiße Blattflecken; Magnesiummangel lässt die Blätter vergilben.

Laut Waldzustandserhebung der Bundesregierung 2005 weisen 29 % aller Waldbäume deutliche Schäden auf und 42 % fallen in die »Warnstufe«.

Kann man Radioaktivität beherrschen?

Zwar gelang es den Menschen, Radioaktivität durch Kernenergie friedlich zu nutzen – Atomstrom sichert vielen Staaten die Energiegrundversorgung und trägt auch in Deutschland zu rd. einem Viertel zur Energieversorgung bei. Doch Unfälle wie der in der ukrainischen Stadt Tschernobyl im April 1986 offenbarten das hohe Risiko dieser Energie. Allein die Zahl der Menschen, die damals erheblichen Strahlenbelastungen ausgesetzt waren, wurde mit 600 000 angegeben. Nur schwer abschätzbar sind bis heute die Spätfolgen für die unmittelbar betroffenen Regionen in Russland, Weißrussland und der Ukraine.

Können Böden Schadstoffe filtern?

Im Prinzip schon, denn aufgrund ihrer chemischen Eigenschaften besitzen sie eine natürliche Puffer- und Filterfunktion. Langfristig kommt es jedoch zu einer unumkehrbaren Schädigung der Böden, da sie versauern und vergiftet werden.

Böden können hineingelangte Säuren neutralisieren und Schadstoffe, z. B. Schwermetalle (Quecksilber, Kadmium, Blei und Zink), aus dem Sickerwasser herausfiltern. Dies geht jedoch zulasten der Bodennährstoffe, da diese den Schadstoffen weichen müssen. Düngung und Kalkung können den Nährstoffverlust der Böden auf Dauer nicht ausgleichen. Pflan-

▶ Abgestorbene Bäume in Tschechien

zen, die auf diesen belasteten Böden wachsen, nehmen statt Nährstoffen zunehmend auch Schadstoffe auf. Über die Nahrungskette gelangen die Schadstoffe schließlich in den menschlichen Organismus.

Was machen die Japaner mit ihrem Müll?

Die Japaner schütten aus Platzmangel Mülldeponien in den Meeresbuchten der großen Städte auf. So wird zwar neues Land gewonnen, aber auch Natur zerstört.

Ab den 1960er Jahren wurde dort mit der Müllverbrennung ein zweiter Weg eingeschlagen. Heute werden fast 80 % des Mülls in rd. 1800 Verbrennungsanlagen verbrannt. Doch damit fallen neben Luftschadstoffen auch Filterrückstände an, die als Sondermüll entsorgt werden müssen. In Deutschland mit seinen knapp 60 Müllverbrennungsanlagen liegt der Anteil des verbrannten Mülls weit niedriger. Ende des 20. Jahrhunderts mussten in Japan pro Jahr und Einwohner 408 kg Restmüll entsorgt werden – in Deutschland waren es nur 209 kg.

Wie funktioniert internationaler Umweltschutz?

Ein konkretes Beispiel ist der Schutz von Feuchtgebieten: 1971 wurde in der iranischen Stadt Ramsar mit der sog. Ramsar-Konvention ein internationales Übereinkommen zum Schutz von Feuchtgebieten beschlossen, das 1975 in Kraft trat. Über 140 Staaten sind an der Konvention beteiligt. Jeder verpflichtet sich dazu, mindestens ein Feuchtgebiet einzurichten, das den Ramsar-Kriterien entspricht. Diese verlangen eine überregionale Bedeutung, ein Feuchtgebiet muss also ein »Trittstein« für Zugvögel sein. Die durch die Ramsar-Konvention geschützten Feuchtgebiete müssen in ihrer ökologischen Struktur erhalten bleiben, und der jeweilige Staat muss für eine »weise Nutzung« sorgen. Das betrifft z. B. die vorrangige Beachtung bei Raumplanungen. 2004 befanden sich auf der Ramsar-Liste 1387 Feuchtgebiete mit einer Gesamtfläche von rd. 1,2 Mio. km² Fläche, was in etwa der dreifachen Größe von Deutschland entspricht.

Seit wann gibt es Greenpeace?

Die Umweltorganisation wurde 1971 gegründet, als kanadische Atomwaffengegner auf den Alëuten Atombombenversuche der USA verhindern wollten. Greenpeace setzt sich mit teils spektakulären Aktionen für den Umweltschutz ein, u. a. auf den Gebieten der Klimaveränderung, der Artenvielfalt, der erneuerbaren Energien und der Gentechnik. Heute ist die Organisation in rd. 40 Ländern vertreten und finanziert sich zu 90 % aus Spenden- und Fördergeldern. 2003 kosteten die internationalen Kampagnen knapp über 37,2 Mio. €. Die deutsche Sektion zählt mit über 540 000 Fördermitgliedern zu den zahlenmäßig stärksten.

Übrigens: Hauptanliegen des Umweltschutzes ist es, den Menschen und seine Gesundheit vor den negativen Folgen seines eigenen Handelns zu bewahren. Der Umweltschutz umfasst all jene Maßnahmen, die die natürliche Umwelt und auch den Menschen vor schädigenden Einflüssen schützen sowie eingetretene Schäden beseitigen oder mildern sollen – angefangen vom umweltbewussteren Verhalten im persönlichen Umfeld bis hin zu internationalen Vereinbarungen zur Reinhaltung von Luft und Wasser. Die Erhaltung der Umwelt ist stärker denn je zur Existenzfrage der Menschheit geworden. Denn der Mensch ist nicht nur Verursacher, sondern auch Betroffener der Umweltzerstörung.

▼ Ein Eisbär im Müll von Menschen: Viele Tierarten sind durch die Ausbreitung des Menschen bedroht.

▲ Die einstigen Weideflächen in der Sahelzone sind weitgehend zerstört. Menschen und Tiere sammeln sich an den wenigen verbliebenen Wasserstellen.

Kann der Mensch Wüsten schaffen?

Ja, leider. Mit steigender Bevölkerungszahl müssen immer mehr Menschen Lebensraum finden und dringen dafür in zuvor unbesiedelte Gebiete vor. Sie zerstören dabei ökologisch sensible Bereiche. In den Steppen- und Savannenlandschaften an den Rändern der Wüsten sind diese Schäden oftmals nicht wiedergutzumachen. Dort schreitet die Wüstenbildung, die sog. Desertifikation, immer weiter voran.

Wie werden Landschaften zu Wüsten?

Eine der wichtigsten Ursachen der Wüstenbildung ist die Veränderung und die Zerstörung der natürlichen Vegetation.

Es ist immer das Gleiche: Wälder werden abgeholzt, der Bodenschutz durch eine Pflanzendecke geht ebenso verloren wie die Vielfalt an Arten. Eine falsch betriebene Landwirtschaft sorgt für den Rest: Zu viele Tiere sollen von der spärlichen Vegetation leben, Felder werden ohne Sicherung vor Wind und Wetter angelegt, eine Bewässerung wird dort betrieben, wo die nötigen Wasserreserven nicht auf Dauer zur Verfügung stehen. Die Übernutzung der natürlichen Ressourcen mündet dann direkt in die Wüstenbildung.

Wie groß ist die Gefahr der Wüstenbildung?

Derzeit leiden 36 Mio. km^2 Fläche unter den Auswirkungen der Wüstenbildung – ein Areal dreieinhalbmal so groß wie Europa. Jährlich gehen 25 Mrd. t Boden verloren. Sie versalzen, werden weggespült oder -geweht.

Nach Schätzungen der Vereinten Nationen beläuft sich der Schaden in den direkt von Desertifikation betroffenen Ländern auf jährlich etwa 42 Mrd. US-Dollar. Allein in China entstehen jedes Jahr Kosten in Höhe von 7,7 Mrd. US-Dollar – das entspricht 4 % der nationalen Wirtschaftsleistung. In Äthiopien werden nur die Schäden in der Landwirtschaft 2000 bis 2010 auf rd. 7 Mrd.

Wussten Sie, dass ...

- über 1,2 Mrd. Menschen – ein Sechstel der Weltbevölkerung – in Trockengebieten leben und damit potenziell von Desertifikation betroffen sind?
- rd. 135 Mio. Menschen in direkter Gefahr sind, durch Desertifikation aus ihren Heimatgebieten vertrieben zu werden? Das sind fast so viele Menschen wie in Deutschland und Frankreich leben.
- auch Landstriche in Europa von Desertifikation betroffen sind? Sie sind allerdings auf die Trockengebiete des Mittelmeerraums beschränkt.

Was wird gegen Desertifikation unternommen?

Ende 1996 trat die Konvention zur Bekämpfung von Desertifikation der Vereinten Nationen in Kraft (UNCCD). Die Konvention, der über 180 Staaten zugestimmt haben, legt fest, dass der Kampf gegen die Wüstenbildung nicht alleinige Sache des Staats ist. Auch Bürger sollen daran beteiligt werden. Die Bekämpfung der Desertifikation wird als Umweltaufgabe gleichrangig neben dem Klimaschutz und der Erhaltung der Artenvielfalt betrachtet. Die Umsetzung wird von einem Sekretariat koordiniert, das seine Arbeit 1999 in Bonn aufnahm.

US-Dollar beziffert, dabei sind indirekte Schäden wie die an der Infrastruktur noch nicht berücksichtigt.

Was passiert, wenn die Wüste kommt?

Die betroffenen Menschen sind gezwungen, die lebensfeindlichen Landstriche zu verlassen. Als Umweltflüchtlinge reihen sie sich in die weltweite Migration ein, die längst nicht mehr nur aus Kriegs-, Wirtschafts- und politischen Flüchtlingen besteht.

Dabei trifft es meistens die Ärmsten. Allein auf dem afrikanischen Kontinent sind 45 % der Fläche durch Wüstenbildung gefährdet. In Mali hat schon ein Sechstel der Bevölkerung die Lebensgrundlage durch Ausweitung der Wüste verloren. Das Umweltprogramm der Vereinten Nationen (UNEP) schätzt, dass Afrika jedes Jahr rd. 9 Mrd. US-Dollar an Einkommen verliert, weil immer mehr Landfläche unbewohnbar wird.

Wie kämpft Burkina Faso gegen die Wüste?

In einem Projekt der deutschen Entwicklungszusammenarbeit entwerfen die Entwicklungshelfer zusammen mit Dorfbewohnern im westafrikanischen Staat Burkina Faso eine an die Region angepasste nachhaltige Landnutzung; sie suchen Alternativen zur Abholzung und Überweidung.

◀ Küstenlandschaft im Nationalpark Cabo de Gata in der spanischen Provinz Almeria; seit Jahrhunderten werden in dieser Region die natürlichen Ressourcen übernutzt. Heute sind bereits über 70 % des Bodens verloren.

Die Landwirtschaft stößt dort bei 250 mm Regen im Jahr an ihre klimatischen Grenzen. Angebaut werden überwiegend Sorghum und Kolbenhirse. Der Wanderfeldbau mit Brandrodung ist weit verbreitet. Bäume werden abgeholzt oder niedergebrannt und die gewonnenen Flächen als Ackerflächen genutzt.

Zum Schutz vor Erosion werden kleine Erdwälle auf den Feldern gebaut, die das an der Oberfläche ablaufende Wasser bremsen und kanalisieren. Dadurch wird nicht nur der Erosion Einhalt geboten, sondern gleichzeitig auch den Pflanzen Wasser zugeführt. Um die Versorgung mit Trinkwasser zu verbessern, werden Brunnen gebaut. Im Rahmen des Projekts werden zudem Baumschulen eingerichtet, so dass neue Bäume nachwachsen können.

▼ Das Brennholz, das sie gesammelt haben, wollen diese Jungen im ostafrikanischen Malawi auf dem Markt der Hauptstadt verkaufen. An die fortschreitende Erosion, die dadurch begünstigt wird, denken sie wohl kaum.

▲ Einsatz nachhaltiger Technik: Eine Photovoltaikanlage treibt die Pumpe für den Brunnen im indischen Pargula Thandra an.

Was bedeutet nachhaltige Entwicklung?

Eine wirtschaftliche Entwicklung wird dann als nachhaltig bezeichnet, wenn sie nicht auf Kosten der Natur und der nachfolgenden Generationen geht. Wirtschaftliches Wachstum bekommt dadurch eine neue Qualität. Der Begriff kommt aus dem englischen »sustainable« – und wäre besser mit »tragfähig« übersetzt worden.

Wussten Sie, dass ...

- die USA, in denen weniger als 5 % der Weltbevölkerung leben, fast 25 % der weltweiten Treibhausgasemissionen produzieren?
- in Deutschland die Siedlungs- und Verkehrsfläche jährlich um 129 ha wächst, eine Fläche, die so groß wie 200 Fußballfelder ist? Ginge es in diesem Tempo weiter, so wäre Deutschland in 80 Jahren zugepflastert.
- 1950 ein Hektar Agrarfläche weniger als zwei Menschen ernähren musste, es 2000 aber schon vier waren? Bei unverändertem Bevölkerungswachstum werden es 2050 sieben sein.
- in Australien ein neuartiges Aufwindkraftwerk geplant ist? In einem Treibhaus von 7 km Durchmesser soll Luft erhitzt werden, die in einem 1 km hohen Turm aufsteigt und schließlich durch Turbinen Strom für 200 000 Haushalte erzeugt.

Der Impuls für dieses Konzept ging ab den 1970er Jahren von Einzelpersonen und Institutionen in den Industrienationen aus, jenen Staaten also, die bei ihrem eigenen Wachstum über Jahrzehnte, teilweise über Jahrhunderte, Raubbau betrieben hatten und dies heute noch tun. 1987 wurde für ein Wirtschaftsdenken, das die Tragfähigkeit der Erde berücksichtigt, der Begriff der nachhaltigen Entwicklung eingeführt.

Seit wann beeinflusst die Idee der Nachhaltigkeit die Weltwirtschaft?

Seit der Umwelt- und Entwicklungskonferenz der Vereinten Nationen 1992 in Rio de Janeiro. Ihr Abschlussdokument, die Rio-Deklaration, besteht aus 27 Prinzipien, allein in elf von ihnen ist von nachhaltiger Entwicklung die Rede.

Auf dem Erdgipfel in Rio versammelten sich Vertreter aus 172 Staaten – darunter 108 Staats- und Regierungschefs – sowie 2400 Repräsentanten von Nichtregierungsorganisationen. Besprochen wurden die Anforderungen, denen sich die Welt durch die zunehmende Globalisierung zu stellen haben würde.

Ein Jahrzehnt nach Rio folgte 2002 im südafrikanischen Johannesburg die bis dahin größte Konferenz der Vereinten Nationen.

Wie viel Energie wird weltweit benötigt?

Der Energieverbrauch steigt ständig: 1950 waren es etwa 2 Mrd. Steinkohleeinheiten (SKE) pro Jahr; 50 Jahre später, im Jahr 2000, lag der Verbrauch bei mehr als der sechsfachen Menge (über 12 Mrd. SKE) – obwohl die Weltbevölkerung sich nur verdreifachte. Das bedeutet, dass sich der jährliche Pro-Kopf-Energieverbrauch verdoppelte. Während der Energieverbrauch in den Industrieländern auf sehr hohem Niveau stagniert, steigt er in den Schwellen- und Entwicklungsländern weiterhin stark an. Europa mit Russland verbraucht zusammen mit Nordamerika (ohne Mexiko) fast 60 % der weltweit erzeugten Energie, Mittel- und Südamerika knapp 6 % und Afrika gerade einmal 3 %.

Seit Jahrhunderten werden land- und forstwirtschaftlich erzeugte Produkte nicht nur für die Lebensmittelherstellung genutzt. Erst mit der industriellen Revolution verloren sie an Bedeutung. Synthetische Produkte traten an die Stelle pflanzlicher Erzeugnisse, da sie billiger, haltbarer oder vielseitiger einsetzbar waren. In jüngerer Zeit wird die Herstellung von Produkten aus nachwachsenden Rohstoffen jedoch wieder belebt. Öl- und Stärkepflanzen stehen bei der Nachfrage an der Spitze, gefolgt von Faser- und Heilpflanzen.

Bei welcher Energieart ist Deutschland Weltmeister?

Deutschland ist nicht nur »Exportweltmeister«, sondern auch Weltmeister in der Erzeugung und Nutzung von Windenergie. Mit fast 18 500 Megawatt installierter Leistung wurde 2005 fast ein Drittel der weltweiten Windenergie in Deutschland produziert.

Gefördert wurde der Siegeszug der Windenergie durch das Erneuerbare-Energien-Gesetz von 2000, das Betreibern für mehrere Jahre eine feste Vergütung für den von ihnen in das Stromnetz eingespeisten Strom garantiert. Bis 2010 soll der Anteil an erneuerbaren Energien in Deutschland auf mindestens 12,5 % und bis 2020 auf mindestens 20 % erhöht werden.

Lässt sich mit Kühen Strom erzeugen?

Mit ihrer Gülle und dem Mist ist das möglich. Auch aus Gartenabfällen kann man energiereiches Biogas herstellen. Durch Vergären der Gülle entsteht Gas, das in Gasbrennern zu Strom umgewandelt wird. Die dabei frei werdende Wärme kann vor Ort zum Heizen genutzt werden. Biogas könnte in Zukunft ca. 1 % des Energiebedarfs in Deutschland decken.

Übrigens: Holz und Holzkohle waren über Jahrtausende die wichtigsten Heizmaterialien. In Zukunft soll Holz zur ökologischen Stromversorgung beitragen. Bereits heute werden rasch wachsende Bäume wie Pappel, Weide und Esche auf Versuchsplantagen angepflanzt, um ihre systematische Nutzung zu erproben.

▲ Raps ist ein Tausendsassa: Er dient beispielsweise als Viehfutter und wird zu Biodiesel verarbeitet.

Welcher Kraftstoff kommt vom Acker?

Biokraftstoff. Bereits Rudolf Diesel experimentierte für den Antrieb seines ersten Motors in den 1890er Jahren mit Pflanzenölen. Durch die Energiekrise 1973 wurden Biokraftstoffe, die man beispielsweise aus Rapsöl gewinnen kann, als ernsthafte Alternative zu Erdöl oder Erdgas wieder ins Gespräch gebracht. Die Zahl der Tankstellen, an denen man Bio- oder Rapsdiesel tanken kann, nimmt stetig zu. Auch im Bereich der Schmier- und Verfahrensstoffe werden aus Rapsöl gewonnene Produkte immer beliebter, da sie biologisch schnell abgebaut werden und die Umwelt nur gering belasten.

▼ Eine Fähre passiert eine Offshore-Windkraftanlage.

▲ Ökosysteme unterliegen sensiblen Wechselbeziehungen: Kann ein Insekt, das für die Bestäubung bestimmter Pflanzen notwendig ist, diese Pflanzen nicht mehr erreichen, ist der Bestand der Pflanze gefährdet.

Wieso sterben eigentlich Arten aus?

Dazu kommt es, wenn Lebewesen es aus unterschiedlichen Gründen nicht schaffen, sich Veränderungen der Umwelt anzupassen.

Der Konkurrenzkampf um die gleichen Nahrungsquellen oder Unterschlupf- und Nistmöglichkeiten führt dann zum Aussterben unterlegener Arten. Andere fallen ihrer eigenen Spezialisierung zum Opfer. Sind Insekten auf nur wenige Pflanzen spezialisiert, bedeutet das Verschwinden dieser Pflanzen aus dem Ökosystem auch das Ende der Insekten. Manchen Tierarten gelingt es, sich in anderen Ökosystemen ein neues Zuhause zu suchen. Für Pflanzen ist das schwieriger.

Übrigens: Bis heute wurden 1,75 Mio. Arten von Mikroben, Pilzen, Pflanzen und Tieren beschrieben. Hinzu kommen unbekannte Arten, deren genaue Anzahl niemand kennt. Wissenschaftler schätzen sie auf drei, 30 oder 100 Millionen.

Welche Verantwortung trägt die natürliche Auslese?

Bevor der Mensch massiv in Natur und Umwelt einzugreifen begann, starben jedes Jahr 0,000009 % aller Tier- und Pflanzenarten aus. Bei 2 Mio. Arten erlosch so alle fünf Jahre eine einzige Art. Das scheint nicht viel, aber im Lauf der Evolution wurden 99 % aller Arten, die jemals die Erde besiedelten, durch natürliche Auslese ausgemerzt.

Immer wieder löschen auch katastrophale Naturereignisse wie einschlagende Meteoriten oder ausbrechende Vulkane eine Vielzahl von Arten aus. Im Perm verschwand vor 250 Mio. Jahren auf einen Schlag über die Hälfte aller damals existierenden Tierfamilien – möglicherweise eine Folge extremer vulkanischer Aktivität. Zum Ende der Kreide fielen vor 65 Mio. Jahren die Dinosaurier einem erneuten Massensterben zum Opfer [➔S. 205].

Ist der Mensch ein Superkiller?

Traurig, aber wahr: Seit mehreren Jahrhunderten zerstört der Mensch die Ökosysteme der Tiere und Pflanzen und trägt so zum Aussterben zahlreicher Arten bei. Umweltverschmutzung, die Erschließung neuer

Was ist eigentlich ...

- **das Washingtoner Artenschutzabkommen**? Ein 1973 verabschiedetes Übereinkommen über den internationalen Handel mit gefährdeten Arten frei lebender Tiere und Pflanzen; auch bekannt unter dem Kürzel CITES, das für das englische »Convention on International Trade in Endangered Species of Wild Fauna and Flora« steht.
- **Biodiversität**? Die genetische Verschiedenartigkeit innerhalb einer Art sowie die Mannigfaltigkeit an Ökosystemen; eine hohe Biodiversität ermöglicht es Lebensgemeinschaften, sich immer wieder neu an ständig wechselnde Umweltbedingungen anzupassen und so ihren Fortbestand langfristig zu garantieren.

Acker- und Weideflächen, die Anlage von Verkehrswegen und die Versiegelung von Flächen stellen dramatische Eingriffe in den Naturhaushalt dar. So hat die intensive Landwirtschaft in Mitteleuropa seit den 1960er Jahren zu einem Rückgang von Feldvogelarten wie Feldlerchen, Kiebitzen oder Goldammern geführt. Auf globaler Ebene trägt der Treibhauseffekt zum Klimawandel bei, der sich auf alle Ökosysteme der Welt auswirkt.

In jüngster Zeit sind es giftige Chemikalien, die über die Nahrungskette Tiere und Pflanzen schädigen. Chemische Stoffe haben dazu geführt, dass der Calciumstoffwechsel bei vielen Vögeln gestört ist. Die Eierschalen werden weicher und Teile des Nachwuchses nehmen vor dem Schlüpfen Schaden.

◀ Ein Breitmaulnashorn beim Schlammbad; alle vier noch existierenden Nashornarten sind stark gefährdet.

Gibt es bald keine Eisbären mehr?

Wenn es mit der Erwärmung des Klimas so weitergeht, könnte es durchaus eng für die Eisbären werden. Durch die Erwärmung schmilzt ihnen buchstäblich der Boden unter den Füßen weg. Doch Eisbären brauchen das Packeis, denn nur von dort aus können sie ihre Hauptnahrung, die Robben, jagen. Heute gibt es nur noch 22 000 Exemplare, in den kommenden 45 Jahren könnte der Bestand nochmals um rd. ein Drittel zurückgehen.

Was versteht man unter Bioinvasoren?

Bioinvasoren sind Lebewesen, die in Regionen eingeschleppt wurden, wo sie von Natur aus nicht hingehören, etwa Kaninchen in Australien. Durch das absichtliche oder unabsichtliche Einschleppen von Tieren und Pflanzen in fremde Gebiete können im schlimmsten Fall die einheimischen Arten ausgerottet werden.

Kaninchen, Füchsen, Katzen und Hunden fiel in Australien in den letzten 200 Jahren etwa ein Viertel aller Säugetierarten zum Opfer, ein weiteres Viertel ist stark bedroht. In der südfranzösischen Camargue kämpft der eurasische Biber um sein Überleben gegen das in Südamerika heimische Wasserschwein, das größte auf der Welt lebende Nagetier. Der amerikanische Flusskrebs fühlt sich in europäischen Gewässern so heimisch, dass er den europäischen Artgenossen fast vollständig verdrängt hat.

Wie viele Arten stehen auf der Roten Liste?

Die »Rote Liste der bedrohten Arten« enthält 2006 knapp 16 200 Einträge – im Vergleich zu 2004 sind 530 Arten dazugekommen. Ein Drittel aller Amphibienarten, ein Viertel aller Säugetierarten sowie jede achte Vogelart sind vom Aussterben bedroht. Seit 1966 veröffentlicht die International Union for Conservation of Nature and Natural Resources (IUCN) Listen mit gefährdeten Pflanzen- und Tierarten.

▼ In Ballungszentren (hier: Los Angeles) greifen zunehmendes Verkehrsaufkommen und steigende Flächenversiegelung dramatisch in den Naturhaushalt ein.

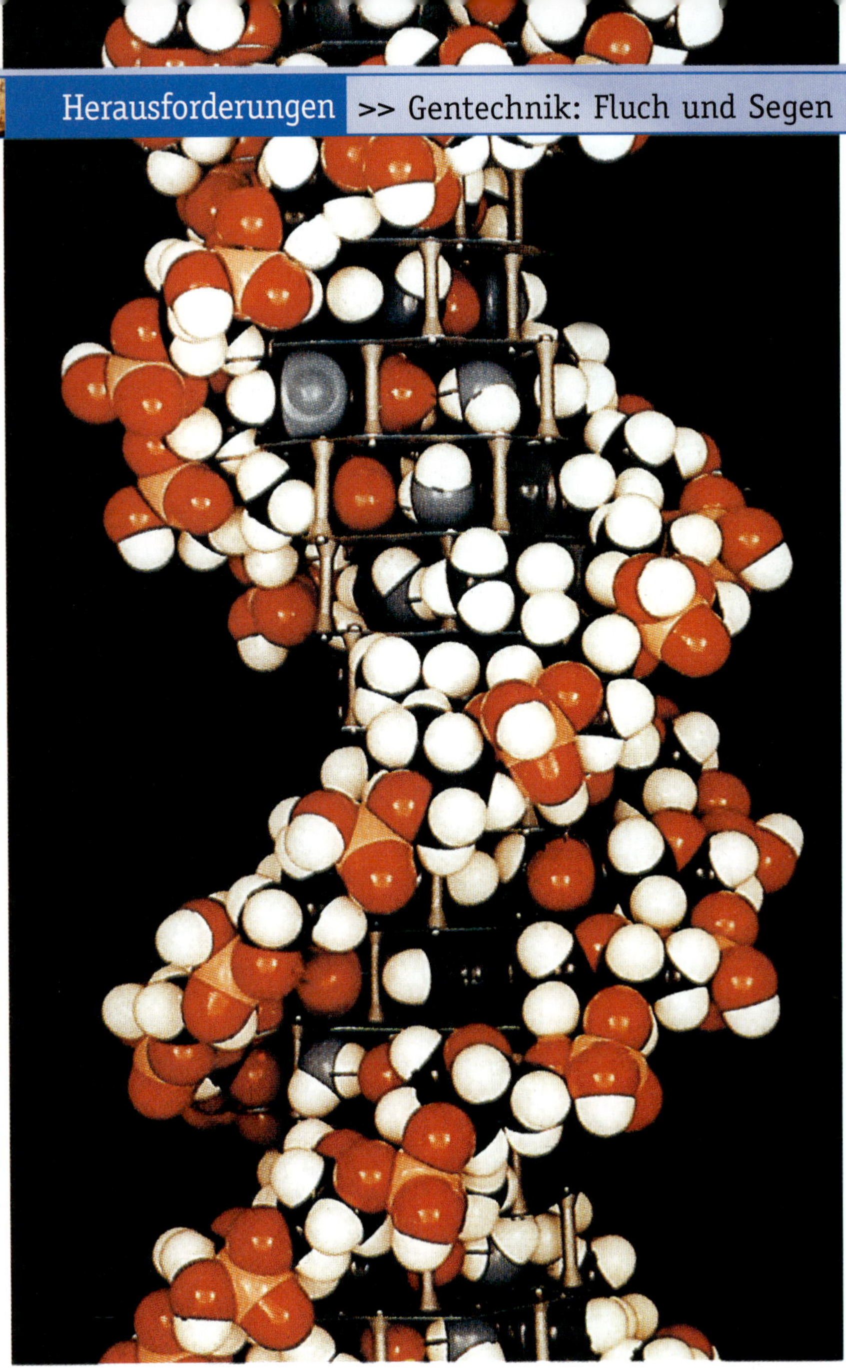

▲ Eine der Grundlagen für die Entwicklung des Lebens auf der Erde ist der in der Doppelhelix der DNA gespeicherte Bauplan (Modell).

Was ist Gentechnik?

Die Gentechnik umfasst alle Techniken, mit denen genetisches Material (DNA) neu kombiniert und auf andere Organismen übertragen werden kann. Sie gehört zu den Schlüsseltechnologien und ist aus Medizin, Landwirtschaft und Umwelttechnik nicht mehr wegzudenken.

Im Gegensatz zu konventionellen Möglichkeiten der Veränderung von DNA, z. B. durch Züchtung, ist mithilfe der Gentechnik ein gezielter Eingriff in die Erbinformation eines Organismus möglich. So kann mittels gentechnischer Methoden ein spezifisches Gen mit seinen Eigenschaften übertragen werden – auch über Artgrenzen hinweg, was bei der Anwendung herkömmlicher Züchtungsmethoden unmöglich ist.

Wo kommt Gentechnik zum Einsatz?

In verschiedenen Bereichen: In der Pflanzengenetik nutzt man sie, um z. B. Pflanzen durch Nährstoffanreicherung oder höheren Vitamingehalt zu optimieren oder um Nutzpflanzen gegen Schädlinge resistent zu machen. Ein weiteres Teilgebiet ist die Tiergenetik.

Neben diesem »Gene-Farming« finden sich Perspektiven in der Medizin bzw. Pharmazie, nämlich durch gentechnisch basierte Produktion von pharmazeutischen Wirkstoffen (Gene-Pharming). Dadurch werden neue Therapien gegen Krebs, Alzheimer u. a. Krankheiten erwartet. Einige Medikamente, z. B. Insulin, werden schon heute gentechnisch produziert.

Was ist Bt-Mais?

Ein insektenresistenter Mais, der ein Protein aus dem Bodenbakterium Bacillus thuringiensis (B. t.) bildet. Dieses Bakterium ist in der Lage, das giftige Bt-Toxin zu produzieren, das bestimmte Fraßschädlinge schädigt.

Das Protein eignet sich sehr gut als ökologisches, da für Mensch und Umwelt ungefährliches Pflanzenschutzmittel, das auch beim Kartoffelanbau und bei Obst- und Gemüsekulturen sowie ebenfalls beim Anbau von Baumwolle eingesetzt wird. Bt-Mais wird bereits großflächig in den USA kultiviert.

▶ Gentechnik hilft der Polizei: freiwillige Speichelprobe für eine DNA-Analyse zur Lösung eines Mordfalls.

Welche gentechnisch veränderte Pflanze wird am häufigsten angebaut?

Die wirtschaftlich wichtigste gentechnisch veränderte Pflanze (gv-Pflanze) ist die Sojabohne, die auf insgesamt 54,4 Mio. ha in den USA, Argentinien, Brasilien, Kanada, Paraguay, Uruguay, Rumänien, Südafrika und Mexiko angebaut wird. Seit in der EU wegen der Rinderkrankheit BSE das Verfüttern von Tiermehl verboten ist, erlebt der Sojaanbau einen Boom. An zweiter Stelle steht gv-Mais. Gentechnisch veränderte Pflanzen finden sich in insgesamt 21 Ländern, mit steigender Tendenz. Weltweit betrug ihre Anbaufläche 2005 rd. 90 Mio. ha.

Übrigens: In Entwicklungs- und Schwellenländern wie China, Argentinien, Brasilien und Indien ist der größte Flächenzuwachs zu verzeichnen. In Brasilien z. B. vergrößerten sich die Anbauflächen für »Gen-Soja« 2005 von 5 auf 9,4 Mio. ha.

Werden in Zukunft alle Tiere genmanipuliert?

Der Einsatz der Gentechnik in der deutschen Tierzucht ist in absehbarer Zeit nicht vorgesehen. Allerdings wird der Bereich der Gendiagnostik für die Zucht einen hohen Stellenwert einnehmen. Solche Verfahren erlauben es schon heute, Träger von fehlerhaften Genen rechtzeitig zu identifizieren und von der Züchtung auszuschließen.

Seit den 1990er Jahren wird an Verfahren zur Erzeugung gentechnisch veränderter, das heißt transgener Tiere gearbeitet, z. B. der »Krebsmaus«. Forscher hoffen, neue Erkenntnisse zu gewinnen, beispielsweise über Genfunktionen, Evolutionsvorgänge und die Möglichkeit neuer Therapien gegen Krankheiten.

Welche Bedenken gibt es gegen Gentechnik?

Neben ethischen bzw. religiösen Bedenken, die sich gegen die Tiergenetik oder Eingriffe in das menschliche Erbgut richten, bestehen auch viele Vorbehalte gegenüber Anwendungen in der Landwirtschaft und im Nahrungsmittelbereich (Genfood). Kritiker warnen, dass Freilandversuche mit gentechnisch veränderten Pflanzen zu einer unkontrollierten Ausbreitung dieser Organismen führen könnten und damit zu schwer kalkulierbaren Auswirkungen auf das Ökosystem. Ebenso besteht die Gefahr der Übertragung von Tierkrankheiten auf den Menschen bei Organtransplantationen zwischen Mensch und Tier.

▲ Zwei genveränderte und geklonte Kälber in Texas; ihre »Produktion« soll der Medizin neue Wirkstoffe zur Verfügung stellen.

Wussten Sie, dass ...

- in Deutschland der Anbau von gentechnisch veränderten Pflanzen bisher nur auf Versuchsfeldern erlaubt ist? Geregelt wird der Anbau über das Gentechnikgesetz (GenTG).
- der Begriff »Grüne Gentechnik« die in der Landwirtschaft eingesetzte Gentechnik und »Rote Gentechnik« die Gentechnologie im medizinischen Sektor beschreibt? »Graue Gentechnik« bzw. »Weiße Gentechnik« beziehen sich dagegen auf die in der Mikrobiologie und in der Umweltschutztechnik angewandte Gentechnologie.
- seit 2004 in der EU eine Kennzeichnungspflicht für gentechnisch veränderte Produkte besteht, auch wenn die Veränderung im Endprodukt nicht mehr nachweisbar ist? Ausgenommen sind Fleisch, Eier und Milchprodukte, da sie selbst nicht genetisch verändert werden, oder Produkte, deren Verunreinigung mit genetisch verändertem Material unter 0,9 % liegt.

▲ Grundnahrungsmittel in Asien ist Reis – der genveränderte »Goldene Reis« soll vor allem dem in asiatischen Entwicklungsländern häufigen Vitamin-A-Mangel entgegenwirken.

▲ Produktionshalle einer Textilfabrik; die deutsche Textilindustrie hat seit den 1960er Jahren stark an Bedeutung verloren. Die Lohn- und Nebenkosten waren zu hoch.

Was ist eigentlich ...

- **G-8**? Eine Vereinigung der Staaten mit dem weltweit höchsten Bruttosozialprodukt, der Deutschland, Frankreich, Großbritannien, Italien, Japan, Kanada, die USA und seit 1997 auch Russland angehören; die G-8 treffen sich jährlich zum Weltwirtschaftsgipfel.
- **G-77**? Eine 1964 von 77 Entwicklungsländern gegründete Gruppe, die für die Gleichberechtigung der armen Länder kämpft; heute gehören ihr 134 Mitgliedsstaaten an.

Wieso investieren immer mehr Unternehmen im Ausland?

Dort kann billiger als im Inland produziert werden. Die Kosten, die für Transporte zu ausländischen Standorten aufgewendet werden müssen, können dadurch mehr als ausgeglichen werden. In Schwellen- oder Entwicklungsländern sind die Löhne und Steuern unvergleichlich niedriger als in den Industriestaaten, Sozialabgaben sind vielfach gar nicht zu entrichten. Durch die viel besseren Kommunikationsmöglichkeiten ist es für Unternehmen heute meist problemlos möglich, auch in ferner liegenden Weltgegenden Fertigungsanlagen zu unterhalten.

Im Dienstleistungssektor ist die Globalisierung, die weltweite Verflechtung der Volkswirtschaften, besonders einfach, denn hier ist ein Gütertransport im eigentlichen Sinne nicht mehr nötig oder aber kostenmäßig zu vernachlässigen. Was hin- und herbewegt wird, sind Daten. Softwarefirmen in Indien und Taiwan lassen sich von den großen Unternehmen in Nordamerika ebenso gut beschäftigen wie einheimische Fertiger. In der Regel sind aber die Dienstleistungen in den genannten Ländern viel billiger und ebenso gut.

Was bringt die Globalisierung den Industriestaaten?

Die Chancen für Hightechfirmen und hoch qualifizierte Mitarbeiter haben sich verbessert. Andererseits werden Industrien mit arbeitsintensiven Fertigungsprozessen abgebaut, weniger qualifizierte Arbeiter finden immer schwerer einen Arbeitsplatz.

Im Grunde findet eine Spezialisierung statt. Vor allem Komponentenfertigung wird ins billige Ausland verlagert. Entwicklung, eventuell Endmontage sowie Qualitätskontrolle verbleiben in den hoch entwickelten, technisierten Staaten.

In der Konsequenz bedeutet dies, dass eine gute Ausbildung für den Einzelnen immer wichtiger wird, gleichzeitig bleibt es aber auch zweifelhaft, ob die Arbeitsplatzverluste überhaupt ausgeglichen werden können. Noch einen Schritt weiter gedacht, gefährdet die Globalisierung in den Industriestaaten die hoch entwickelten sozialen Absicherungssysteme, da es vorrangig die Sozialabgaben sind, die Arbeit in diesen Ländern derart verteuern, dass die Unternehmen die Entscheidung zur Abwanderung in andere Länder fällen.

Stehen die Entwicklungsländer auf der Gewinner- oder Verliererseite?

Für die Entwicklungs- wie auch die Schwellenländer bedeutet die Globalisierung zunächst einmal, dass Arbeitsplätze entstehen. Oft liegen die Arbeitsplätze in Bereichen, in denen die Länder bisher überhaupt keine Rolle gespielt haben und die für die Verhältnisse in diesen Ländern sehr gut bezahlt sind. Mit den ausländischen Betrieben kommt zudem Wissen ins Land, denn die mittlere Führungsebene wird in der Regel mit Arbeitskräften aus dem Land besetzt. Es findet also ein Wissens-, ein Know-how-Transfer statt.

Andererseits nimmt die Abhängigkeit der sog. Dritten Welt von den mächtigen multinationalen Konzernen zu. So hat sich mehrfach gezeigt, wie konsequent marktwirtschaftlich viele große Unternehmen auf regionale Krisen oder Marktveränderungen reagieren. Milliarden von US-Dollar wurden aus Südostasien abgezogen, als es 1997 durch Währungsspekulationen zur Asienkrise kam. Ganze Wirtschaftszweige in diesen Ländern brachen zusammen, die Arbeitslosigkeit stieg sprunghaft an, eben weil diejenigen Firmen, die von ausländischen Geldern und Aufträgen abhängig waren, zahlungsunfähig geworden waren.

Was kritisieren die Globalisierungsgegner?

Für Globalisierungsgegner steht Globalisierung für eine unsoziale, entmoralisierte Wirtschaftsauffassung. Die Gegner einer solchen Perspektive sehen das weltweite freie Wirtschaften als eine neue Form der Ausbeutung und des Kolonialismus in den ärmeren Weltregionen. Globalisierung ist daher ein Aspekt des Nord-Süd-Konfliktes zwischen Industrie- und Entwicklungsländern.

Gleichzeitig ist die Argumentation über soziale Standards in die Industriestaaten selbst zurückgekehrt. In vielen dieser Länder ist die soziale Sicherung bereits reduziert worden, in anderen wird ein Abbau intensiv diskutiert. Dabei werden vor allem die Unternehmen entlastet, denn damit sie ihre Konkurrenzfähigkeit erhalten oder zurückgewinnen können, wird ihr Anteil am Budget für die Absicherung der Menschen verkleinert.

Übrigens: Nicht erst heute rückt die Welt näher zusammen. Schon mit dem flächendeckenden Ausbau des europäischen Verkehrsnetzes im 19. Jahrhundert, dem Zeitalter der Industrialisierung, wurden alte Grenzen überwunden – ein ähnlicher Prozess, wie es heute die Globalisierung leistet.

▼ Wertpapierhändler in der Börse von Tokio: Finanzgeschäfte sind im Zeitalter der Globalisierung in Bruchteilen von Sekunden weltweit möglich. Hier ist der 1967 von dem Kanadier Herbert Marshall McLuhan (1911–80) erfundene Begriff »global village« (globales Dorf) gleichsam mit den Händen zu greifen.

Register

Das Register umfasst alle wichtigen Personen und Sachbegriffe. *Kursive* Seitenzahlen verweisen auf Abbildungen.

A

B

C

D

E

F

G

H

I

J

K

L

M

N

O

P

Q

R

S

Abbildungsnachweis

aisa, Barcelona: 10, 78, 85, 98, 103, 111 u., 123 u., 128 u., 149 u., 157 u., 161, 162, 241 u., 245 u., 263, 268 o., 271 u.; **Archiv für Kunst und Geschichte, Berlin:** 22, 24, 54, 74, 123 o., 137 u., 205 u., 237, 238 o., 239, 246 zu., 255 u., 255 o., 258 o.; **Associated Press GmbH, Frankfurt:** 242/Farrell; **Astrofoto Bildagentur, Sörth:** 154, 185 o.; **Dr. Gisela Benecke, Gütersloh:** 57 u.; **Blickwinkel Dr. Thorsten Schröer, Witten:** 35/Szczepanski, 50/Kneisel 87/Sailer/Schnizler, 93 u./Linke, 117 o., 129/Broders, 168 o./Wisshak, 181/Baesemann, 230/Schulz; **Prof. Dr. Günter Bräuer, Hamburg:** 207 o., 238 u.; **Prof. Dr. A. Bronger, Kiel:** 113 u.; **California Institute of Technology, Pasadena:** 17 o.; **Caro Fotoagentur GbR, Berlin:** 120/Jandke, 142 u./Teich, 183/Aufschlager, 249 o./Waechter, 262 u./Trappe, 272/Bastian, 273 u./Meyerbroeker; **Christoph & Friends, Essen:** 51 u./Schmid, 241 o./Sobolik, 243, 244, 269 u./Stark; **Cinetext Bild- und Textarchiv GmbH, Frankfurt:** 195; **Comet Photoshopping GmbH, Zürich:** 277 u./Germann; **Corbis GmbH, Düsseldorf:** 68/Bean, 135 o./zefa, 253 u./Nimmo/Frank Lane; **Corbis-Bettmann, New York:** 8/UPI, 19, 31 u., 34/UPI, 46 u./UPI, 73, 137 o./AFP, 254, 279/AFP; **Document Vortragsring e.V., München:** 167 o./Utzerath, 180 u./Kremnitz, 229/Belz, 251 o./Göhler; **Dorling Kindersley, London:** 15 o., 20 o., 29 o., 70 u., 76 u., 89 o., 173, 251 u.; **dpa Picture-Alliance GmbH, Frankfurt:** 18/ESO, 25/epa Lehtikuva Oy, 30 u./epa esa, 33/epa PA NASA, 37/akg-images/Garozzo, 40/UPI Tass, 41 u./Rumpenhorst, 44 o./epa afp Nasa, 44 u./Chirikov, 46 o./NASA, 61 u./afp Gacad, 75 epa Rain, 90/ZB/Schulze/Transit, 94/van Hoorick, 101 u./Kasper, 106/epa Nemenov, 107/Breloer, 114 u./Okapia/Janssen, 143/epa Hilton, 144 u./Mewes, 158 u./Sarkar, 163 u./NASA, 176 o., 177/Muni, 193 o./Janfot/Naturbild/Okapia, 194 u./Jaspersen, 196/NASA, 215 u.l./Philips, 217 u./Reinhard/Okapia, 224/Brix, 225 u./Huber/Lawrence, 240/Panasia, 247/Ehlers, 261 o., 262 o./Keystone/Johnson, 265 o./Hache, 266 o.r./Wagner, 271 o./Sanogo, 276 u./Frey, 277 o./epa AFP, 278; **ESO – European Southern Observatory:** 14; **Gesamtverband des deutschen Steinkohlenbergbaus, Essen:** 252; **GSF – Forschungszentrum für Umwelt und Gesundheit GmbH, Wolfenbüttel:** 104; **Prof. Dr. Peter Herzig, Fargau:** 71; **Dr. Volker Höhfeld, Tübingen:** 111 o., 119 o.; **Huber Bildarchiv, Garmisch-Partenkirchen:** 10, 189 u.; **Elke Hudel Bildarchiv Sterne und Weltraum:** 42; **IFA-Bilderteam GmbH, Ottobrunn:** 8/BCI, 8/Phota, 8/AP&F, 9/Int. Stock, 10/Int. Stock, 26 u./Fried, 36/Int. Stock, 50 Icon/IPS, 52/LDW, 58/Koch, 60/Grubb, 62/AP&F, 89/LDW, 97 u./MSAT, 101 o./Jochem, 117 u./BCI, 126/MSAT, 130/BCI, 131 u./BCI, 149 o./TPC, 152/Lahall, 153 u./Rauch, 160 u./Amadeus, 165 u./Hartmann, 170/Jon Arnold Images, 172 Icon/Geiersperger, 172/Kindermann, 174/Aberham, 176 u./Aberham, 178/Picture Finders, 180 o./Photam, 182/BCI, 184/Int. Stock, 186/Mohr, 187/BCI, 211 u./Pott, 212 o.l./BCI, 214, 215 o., 216 o./Aberham, 220/Walz, 225 o./Barkow, 234/Jon Arnold Images, 250 o./NovaStock, 250 u./NovaStock, 264/Direct Stock, 268/Aberham, 273 o./Baron; **Images et Volcans Institut de Physique du Globe, Paris:** 76 o.; **Interfoto, München:** 119 u./aisa, 165 o., 198 o./Weber, 236, 245 o., 258 u., 260/Hansmann, 261 u./IFPA, 274; **ISET, Kassel:** 145/MTC/Dr. Jochen Bard; **Jet Propulsion Laboratory, Pasadena:** 197 o./NASA; **Dr. Rudolf König, Preetz:** 228 u.; **Kreisverkehrsverband Südsauerland Touristik e.V.:** 84 u.; **Helga Lade Fotoagentur, Frankfurt:** 246 o./BAV; **Laif, Köln:** 249 u./Meyborg; **Leybold-Vakuum, Köln:** 276 o./Herraeus; **Hans-Jürgen Lierl, Linau:** 202, 204 u.; **Mauritius, Mittenwald:** 10/StockImage, 10/AGE, 11/Frazier, 11/Martens, 11/Grafica, 21/Grafica, 29 u./van Ravenswaay, 48/Steve Bloom Images, 53/SuperStock, 91 u./Martens, 91 o., 92/Ball, 96 Icon/AGE, 99 u./Steimer, 110 Icon/Westend61, 115 l./Rossenbach, 125/AGE, 127 o./Rossenbach, 131 o./Photo Resource, 134/Workbookstock, 141/Oxford Scientific, 148/Higuchi, 150 o./Paysan, 151/AGE, 153 o./Winter, 155 o./StockImage, 156/AGE, 158 o./Mayer, 159/Novak, 166/Hicker, 175/StockImage, 193 u., 199 u./Frazier, 209/Vidler, 211 o./Oxford Scientific, 212 u./AGE, 219 o.l./Dennis, 1220 Icon, 221 u./SuperStock, 232/Rauschenbach, 248/Gerster; **Mev, Augsburg:** 114 o., 146, 179 u.; **Arnoldo Mondadori Deutschland GmbH, München:** 259; **NASA Dryden Flight Research Center, Edwards:** 45; **NASA Jet Propulsion Laboratory, Pasadena:** 12/Caltech/Smith; **NASA, Washington:** 28 u./JPL/RPIF/DLR, 30 o./USGS, 38 u./National Space Science Data; 39, 41 o./JPL/RPIF/DLR, 47, 185 u.; **NASA-Johnson Space Center, Houston:** 38 o.; **Natural Visions, Farnham:** 144 o./Angel; **Naturbild-buff/w. buff, Biberach:** 266 o.l.; **Okapia KG, Frankfurt:** 139/Sauer, 140 u./Ball, 204 o., 218 l./NAS/Belinky, 218 r./Morell; **Oxford Scientific Films Ltd., Oxfordshire:** 93 o.; **Bildarchiv Paturi, Rodenbach:** 20 u.; **Premium.Stock Photography GmbH, Düsseldorf:** 59 u./Fitzharris/Minden Pictures, 128 o., 149 o./Robison/Minden Pictures, 188/Lanting/Minden Pictures/FLPA, 189 o./Mitsuaki Iwago/Minden Pictures/FLPA, 191/Michio Hoshino/Minden Pictures/FLPA, 217 o./de Roy/Minden Pictures/FLPA, 219 o.r., 231 u./Michio Hoshino/Minden Pictures/FLPA, 256/Ellis/Minden Pictures/FLPA, 267/Wothe/Minden Pictures/FLPA; **Preussag AG, Hannover:** 105; **Public Address, Hamburg:** 77; **RCS Libri & Grandi Opere SpA Milano/Il mondo degli animali:** 122 Icon, 150 u.; **Roebild Kurt Röhrig, Braunfels:** 219 u./Müller; **Peter Schäfer, Rottenburg:** 231 o.; **shutterstock.com:** 68 Icon/Parren, 90 Icon/Dayus, 258 Icon/Rothstein; **Siemens AG, München:** 270; **Silvestris online, Kastl:** 9/Aitken, 9/Wendler, 9/Lenz, 11/Photopress/Schlierbach, 11/Lane, 17 u./Orion Press, 27/Kozeny, 51 o./Stadler, 56 u./TG2/Halaska, 56 o./TG2/Halaska, 56 M.o./TG2/Halaska, 56 M.u./TG2/Halaska, 57 o./Photopress/Schlierbach, 59 o./Dani/Jeske, 63 u./Wendler, 79/Photopress/JBE, 84 o./Keren Su, 88/Rosing, 108/Aska, 112/Photopress/Dr. Brucker, 115 r./TG2/Böhnke, 116/Lenz, 127 u., 132/Aitken, 133 u./Krall, 133 o./Beck, 136/Becker, 138/FLPA, 142 o./Sevcik, 150 o./Kohlrusch, 157 o./Weiss, 163 o./Heine, 164/Photopress/Rauh, 168 u./Photopress/Schimmelpfennig, 179 o./Helfried, 190/FLPA/Wisniewski, 194 o./Weyer, 197 u./Lane, 208, 212 o.r./Kalden, 215 u.r./Wolf, 222/Stadler, 223/Walz, 227/Hecker, 228 o./Partsch, 233/Photopress/Köck, 253 o./Kürschner, 275 u., 275 o./Dennis; **Sipa Press, Paris:** 72/Iwasa, 265 u./Renavand, 266 u./GAFF; **SOHO/Eit consortium:** 23 o.; **Superbild Eric Bach GmbH, München:** 66/Edmaier, 70 o./Gräfenhain, 80, 82/Sayama, 86/Alaska Stock, 96/Panorama Stock, 102/Ducke, 110/Walsh, 122/Ducke, 124 o./Thomas, 135 u./Gläser, 167 u./Incolor, 169/Siegenthaler, 192/Ducke, 200, 226/MLI; **Swissair Phtoo + Vermessungs AG, Regensdorf-Watt:** 65; **TopFoto, Kent:** 26 o./TIW, 83/Jones, 118/Bocxe/TIW, 198 u./Photri, 209 o., 213/Norton; **Wissen Media Verlag GmbH, Gütersloh:** 8/NASA, 14 Icon/NASA, 15 u./ESO, 23 u., 28 o./NASA, 31 o./NASA, 32/NASA, 43 u., 43 o., 55, 63 o., 69, 124 u./NASA, 203, 205 o./Neckim 206/Necki, 207 u., 216 u.

Abbildungen auf dem Cover: getty images/Pete Turner; getty images/StockTreck.

Die BILD-Wissensbibliothek lädt ein zu einer spannenden Reise durch sämtliche Wissensgebiete

Band 1 Erde und Weltall

Band 2 Länder und Kontinente

Band 3 Wissenschaft und Technik

Band 4 Tiere und Lebensräume

Band 5 Pflanzen und Umwelt

Band 6 Mensch und Körper

Band 7 Altertum und Neuzeit

Band 8 Die Großen der Geschichte

Band 9 Musik und Literatur

Band 10 Kunst und Architektur

Band 11 Religionen und Glaube

Band 12 Wirtschaft und Gesellschaft